科学专著: 前沿研究

营养与肠道菌群

郑钜圣　主编

上海科学技术出版社

图书在版编目（ＣＩＰ）数据

营养与肠道菌群 / 郑钜圣主编. -- 上海 ：上海科
学技术出版社，2024.6
（科学专著. 前沿研究）
ISBN 978-7-5478-6636-8

Ⅰ．①营… Ⅱ．①郑… Ⅲ．①肠道微生物－研究
Ⅳ. ①Q939

中国国家版本馆CIP数据核字(2024)第093865号

营养与肠道菌群

郑钜圣　　主编

上海世纪出版（集团）有限公司
上海科学技术出版社　　出版、发行
（上海市闵行区号景路 159 弄 A 座 9F－10F）
邮政编码 201101　　www.sstp.cn
苏州工业园区美柯乐制版印务有限责任公司印刷
开本 787×1092　1/16　印张 17.75
字数 370 千字
2024 年 6 月第 1 版　2024 年 6 月第 1 次印刷
ISBN 978－7－5478－6636－8/R·3012
定价：178.00 元

本书如有缺页、错装或坏损等严重质量问题，请向印刷厂联系调换

内 容 提 要

　　人体肠道微生物组与营养代谢、机体健康状态息息相关，相关领域的研究在过去十几年飞速发展。营养与肠道菌群的互作关系探索正在成为营养学的前沿领域，已经成为精准营养研究必不可少的组成部分。本书系统梳理了营养素、食物、膳食模式等不同层面的营养因素对于肠道菌群的影响，以及肠道菌群对于营养与疾病关系的调节作用。此外，总结了基因组、代谢组与蛋白质组等多组学手段和机器学习等算法进展在研究营养与肠道菌群关系中所起到的重要作用，并进一步从统计方法和生物信息学的角度提供了肠道菌群分析的流程和实践指南。最后，展望了营养与肠道菌群研究的未来趋势，提出开展营养微生物组队列研究的重要性，强调了非细菌的肠道菌群与营养互作研究的价值。本书为读者总结了最新的领域研究进展，构建了营养与肠道菌群互作关系研究的知识体系，为读者围绕营养与肠道菌群的跨学科研究提供了入门指南和重要参考。

本书编委会名单

主编 郑钜圣

编委（按姓氏拼音排序）

邓　魁　付元庆　高　畅　苟望龙　贺　航

蒋增良　李冰冰　梁新袖　梁玉慧　马圣奕

苗泽蕾　沈璐琦　时睿琪　帅梦雷　唐　俊

田韵仪　王佳丽　肖丛梅　许凤喆　叶　萌

张　柯　赵　慧

《科学专著》系列丛书序

进入 21 世纪以来，中国的科学技术发展进入到一个重要的跃升期。我们科学技术自主创新的源头，正是来自科学向未知领域推进的新发现，来自科学前沿探索的新成果。学术著作是研究成果的总结，它的价值也在于其原创性。

著书立说，乃是科学研究工作不可缺少的一个组成部分。著书立说，既是丰富人类知识宝库的需要，也是探索未知领域、开拓人类知识新疆界的需要。特别是在科学各门类的那些基本问题上，一部优秀的学术专著常常成为本学科或相关学科取得突破性进展的基石。

一个国家，一个地区，学术著作出版的水平是这个国家、这个地区科学研究水平的重要标志。科学研究具有系统性和长远性，继承性和连续性等特点，科学发现的取得需要好奇心和想象力，也需要有长期的、系统的研究成果的积累。因此，学术著作的出版也需要有长远的安排和持续的积累，来不得半点的虚浮，更不能急功近利。

学术著作的出版，既是为了总结、积累，更是为了交流、传播。交流传播了，总结积累的效果和作用才能发挥出来。为了在中国传播科学而于 1915 年创办的《科学》杂志，在其自身发展的历程中，一直也在尽力促进中国学者的学术著作的出版。

几十年来，《科学》的编者和出版者，在不同的时期先后推出过好几套中国学者的科学专著。在 20 世纪三四十年代，出版有《科学丛书》；自 20 世纪 90 年代以来，又陆续推出《科学专著丛书》《科学前沿丛书》《科学前沿进展》等，形成了一个以刊物名字样**科学**为标识的学术专著系列。自 1995 年起，截至 2010 年"十一五"结束，在**科学**标识下，已出版了 25 部专著，其中有不少佳作，受到了科学界和出版界的欢迎和好评。

为了继续促进中国学者对前沿工作做有创见的系统总结，"十二五"期间，《科学》的编者和出版者决定对**科学**系列学术著作做新的延伸，将**科学**专著学术丛书扩展为三个系列品种，即《**科学**专著：前沿研究》《**科学**专著：生命科学研究》《**科学**专著：大科学工程》，继续为中国学者著书立说尽一分力。

随着中国科学研究向世界前列的挺进，我们相信，在**科学**系列的学术专著之中，一定会有更多中国学者推陈出新、标新立异的佳作问世，也一定会有传世的名著问世！

周光召

（《科学》杂志编委会主编）

2011 年 5 月

序

　　肠道微生态与人体健康的关系是近年来健康科学相关领域研究的热门议题。人体是一个复杂的生态系统，而各种微生物是其重要的组成部分。人体微生物从婴儿出生开始逐渐形成，婴儿从母乳到添加辅食直至全食物，最后形成个体特有的相对稳定的微生态系统。肠道中的微生物对食物的消化、吸收与代谢，部分营养素，如维生素 B_{12} 和维生素 K 的合成以及免疫系统等生理功能均具有重要的调节作用。

　　肠道微生物作为人体的重要组成部分，其在维持人体健康、预防疾病的发生发展等方面发挥着极为重要的作用。近年来很多研究报道了肠道微生态与不同疾病及疾病风险因子之间的相互作用，不同膳食模式与肠道微生态之间的关系，不同膳食或食物成分对肠道微生态、肠道代谢产物以及不同疾病及疾病风险因子的影响。

　　西湖大学郑钜圣教授团队在这些方面做了大量的研究和探索，取得了一些重要的原创性的研究成果，该团队在此领域的研究与世界同步。该书是郑钜圣教授和他的团队通过总结他们近些年在肠道微生态与人体健康关系方面的研究以及循证了全球在此领域最佳证据的基础上完成的，对从事肠道微生态与人体健康教学与研究相关的教师、学生、研究人员、医务工作者以及从事相关产品的研发人员来说，是一本很有价值的参考书。

李　铎

国际营养科学联合会院士、英国皇家外科医师学会会员、

英国皇家化学会会士、青岛大学营养学首席教授、

浙江大学营养学教授

前　言

营养学是一门既古老又不断与时俱进的学科。近百年间,现代营养学兴起,营养学家们不仅针对众多营养素展开了系统且富有成效的研究,而且也揭示了不同食物以及膳食模式与疾病的关联;这些进展使人们对于食物营养与人体健康的关系有了更深入的理解,为民众健康意识的增强与健康状况的改善奠定了基础,并为有效遏制营养缺乏疾病及慢病的发生发展提供了方案。

营养学本身也是一门跨学科属性极强的学科,从化学、分子生物学、临床医学,到流行病学、遗传学、生物信息学,再到政策制定、公共卫生等领域都与营养学有着紧密的交叉关联。随着现代生物技术的不断进步和基因测序成本的下降,人体微生物组的面貌被逐渐揭开,人们也日渐发现营养与人体微生物,特别是肠道菌群之间具有密不可分的联系。无论是营养素、食物或者膳食模式都在不同的层次上影响着肠道菌群的结构、组成或功能,而肠道菌群本身也在很大程度上决定着食物与营养如何改善人体的代谢与健康。近 10 年,食物营养与肠道菌群的研究领域蓬勃发展并有着诸多激动人心的进展,正在不断革新人们对于营养代谢及背后机理的认知,相关研究不断揭示营养—肠道菌群互作对于人体健康的重要影响。这也促成了本书的写作,希望把这个领域内新的、好的进展带给国内的学生、同行以及相关专业的朋友们。

本书是笔者实验室全体成员集体智慧的结晶,在笔者指导下分工合作,通过系统检索领域内的文献加以归纳总结,在统一的逻辑下把食物营养与肠道菌群研究领域内的知识和进展进行了梳理和呈现。当然,这个过程难免有疏漏之处,敬请读者给予指正。在此,特别感谢过去五年西湖大学对于笔者实验室科研工作的大力支持,以此献礼西湖大学成立五周年;感谢五年间加盟笔者实验室的博士生、博士后、科研助理、访问学生等所有成员,你们的贡献共同促成了本书逻辑体系的完备和写作。最后,以此书献给支持我的家人。

郑钜圣

2023 年 9 月 1 日于西湖大学云谷校区

目　录

第 1 章
食物、营养与健康概述

  食物与人们的日常生产、生活关系密切,也与健康状态息息相关。食物中的营养素、食物组分以及组合模式都在不同程度上影响着人们的疾病和健康状态。随着人口老龄化的加剧,各种慢病已经成为威胁人们健康和生命质量的主要公共卫生问题,而营养预防是公认的延缓慢性病发生、提高生命质量及实现健康衰老的有效手段,并最终能够帮助减轻国家和社会负担。本章将介绍现代营养学的发展历程,简述科学家对营养素(nutrients)、食物组(food groups)以及膳食模式(dietary pattern)的认知和研究历程,探讨现代营养学的研究现状,介绍精准营养的概念以及精准营养领域的发展前沿。

1.1　现代营养学发展历程

  现代营养学兴起于 20 世纪初期,在百年的历程中逐渐形成了相对成熟的研究体系。这个过程伴随着众多营养素的发现、鉴定以及合成,也经历了从研究单营养素到食物组再到膳食模式的探索角度变迁。循证医学与营养学相互整合极大地推动了各国膳食指南的循证化发展,促进了营养与政策的结合,在推动人群健康方面产生了积极影响。

  20 世纪初期至中期被认为是维生素发现的黄金时期,也是现代营养学兴起的标志性阶段。1912 年前后,波兰裔美国生物化学家芬克(Casimir Funk)提出食物中"vital amine"(即 vitamin,维生素)的概念,芬克提出假说认为至少存在 4 种维生素,认为脚气病(beriberi)、糙皮病(pellagra)、坏血病(scurvy)以及佝偻病(rickets)等可能都是由于缺乏相对应的一种维生素所引起的[1]。1926 年,维生素 B₁(Thiamine)和维生素 C 被成功分离并分别于 1933 年和 1936 年被合成;此后,维生素 E 在 1935 年被分离出,三年后又被成功合成。其他一系列维生素如维生素 A、维生素 D、维生素 K、叶酸、烟酸、维生素 B₂、维生素 B₆ 等也都在 1931—1939 年被成功分离与合成[2]。到 20 世纪中叶,科学家已经完成了几乎所有主要维生素的分离与合成工作,这些工作也在很大程度上促进了人们对营养缺乏型疾病的认知,为预防和治疗诸如脚气病、坏血病等营养缺乏疾病奠定了基础。

  疾病与营养素一一对应关系的发现使人们更加深入地了解到营养的重要性,使营养学转变为医学领域中受到广泛关注的重要分支。与此同时,各种重要营养素的化学合成技术的成熟为之后膳食营养补充剂市场的快速发展奠定了基础,补充维生素预防疾病的观念也逐渐深入人心。伴随着营养素缺乏与相关疾病的广泛研究以及第二次世界大战与大饥荒的影响,美国政府于 1941 年首次推出针对不同营养素的每日膳食推荐摄入量(recommended dietary allowances,RDAs),我国也于 1955 年开始制定 RDAs 作为评价膳食质量的标准。政府政策上的进展与推动使得人们更加关注营养素与健康的关系。

在 20 世纪 50 年代之后,营养素缺乏和营养不良的问题逐渐在发达国家得到了解决,膳食营养相关的慢病开始成为人们以及科学界关注的新方向。其中,关于膳食脂肪、糖类摄入与慢性病的关系是当时的一个热点问题。1977 年,美国参议院颁布的美国膳食目标(Dietary Goals for the United States)就此问题进行了推荐,揭示低脂肪、低胆固醇饮食对于慢病的预防作用[3]。同期,全球性的蛋白质缺乏与婴幼儿健康的关系也引起了广泛关注;该争论于 1975 年有一个阶段性结论:由欧美顶尖科学家组成的委员会评估认为不存在全球的蛋白质缺乏问题,一些地区的婴幼儿健康问题主要是由于食物匮乏所致[4]。尽管一直缺乏相关的证据,类似的争论还是广泛带动了工业界的婴幼儿配方奶粉和高蛋白补充剂的发展,相关的营养学研究也一直在持续。类似地,尽管缺乏证据,膳食营养补充剂工业在这一期间蓬勃发展,基于简单的"还原论"补充单一或混合营养素来预防慢性病的误导性概念在公众中广泛流传。

20 世纪 90 年代开始,循证医学的兴起以及营养学随机对照试验、大型前瞻性队列研究和遗传队列协作组的广泛出现,使得科学家能够利用更高等级的循证证据来重新审视和评估营养与健康的关系。伴随着这一过程,研究重点逐步从围绕单个营养素到食物组,最终转变到关注整体膳食模式。来自前瞻性队列和临床随机对照试验的研究结论比较一致地支持整体膳食模式(比如地中海饮食模式)的改变对健康的改善作用,而关于单个营养素与健康的关系依旧缺乏具有说服力的证据。营养循证证据的累积也在慢慢改变着全球各国,包括世界卫生组织膳食指南的制定方式,即基于循证的方式,依赖系统的证据评价和文献综述整合来制定科学客观的膳食指南。

在下面的几个小节,我们将基于最新的医学证据简述营养、食物及膳食模式与健康的相关研究成果和研究现状。

1.2　营养素与健康

1.2.1　维生素、矿物质、鱼油膳食补充剂

维生素、矿物质以及深海鱼油补充剂是全球使用最广泛的膳食补充剂种类,特别在欧美地区的人群中尤为普及。比如,美国成年人维生素 D 补充剂的服用比例从 1999 年到 2012 年就翻了 4 倍,而鱼油(n‑3 或 omega‑3)补充剂服用率增加了 7 倍,维生素 C、D、E、B_{12}、B_6 以及钙、锌、镁等补充剂在美国成年人中的服用率均超过了 30%[5,6]。总体而言,膳食补充剂在美国和加拿大等北美地区最为普及,在其他地区则具有很大异质性,

比如在希腊和西班牙的服用率只有 2％～6％,在英国约为 36％,丹麦则超过了 50％[7]。而在中国,膳食补充剂的服用率相对较低,大城市地区仅为 13％左右[8]。

单营养素缺乏与营养不良相关疾病的对应关系研究构成了膳食补充剂流行的科学基础。人们最初对营养素与健康关系的认知主要源于单营养素缺乏对疾病的影响,比如维生素 C 与坏血病、维生素 B_1 与脚气病、维生素 D 与佝偻病等。在很大程度上,这些早期的营养学研究塑造了当今的主体研究范式。之后,科学家发现了更多的维生素或矿物质与慢性病(心脑血管疾病、癌症等)的统计学关联。不同的试验设计,如生态学研究、队列研究和随机对照试验等发现了诸多不一致的现象和结果;然而,随着越来越多大型随机对照试验及循证系统综述的出现,营养素与健康的关系也越发明晰[5]。

比如,在心血管疾病防治领域,一篇涵盖数十项临床试验的系统综述总结了服用维生素或者矿物质营养补充剂对心血管疾病的保护作用[9]:作者发现复合维生素、维生素 D、维生素 C 以及钙片这 4 种常见营养补充剂干预对于心血管疾病结局或者全因死亡风险等都没有任何显著影响;对叶酸补充剂来说,基于多项临床试验的结果表明该营养补充剂对中风和总心血管疾病发生都有保护作用;B 族维生素营养补充剂对于中风也有一定的保护作用。与之相反,21 项临床研究的综述结果表明抗氧化营养补充剂对于心血管疾病没有保护作用,却能够增加全因死亡的风险。最新的一项为期 5 年针对维生素 D 和 n-3 多不饱和脂肪酸的大型临床随机对照试验发现[10],两种营养素补充剂对主要的心血管事件都没有显著的影响,但是,其中 n-3 多不饱和脂肪酸对于次要结局(比如心肌梗死)具有比较明显的保护作用[11]。另一个涵盖 13 项临床随机对照试验的系统综述进一步支持 n-3 多不饱和脂肪酸补充剂对于心血管疾病的保护作用:该研究发现 n-3 多不饱和脂肪酸营养补充剂能够降低心肌梗死、冠心病死亡以及总心血管疾病的发生风险[12]。

在营养补充剂与癌症的关联研究领域,总体而言,现有证据没有发现任何膳食补充剂对于癌症的保护作用,科学家甚至发现,补充剂可能对癌症的发生具有促进作用。一项早期的大型随机对照试验利用 β-胡萝卜素和维生素 E 补充剂在芬兰抽烟人群中进行了为期 5～8 年的干预,结果发现 β-胡萝卜素能够显著增加大约 18％的肺癌风险[13]。另外一项同期的维生素 A 与 β-胡萝卜素的大型随机对照试验对受试者进行了为期 4 年的两种营养素组合干预,研究发现相比于对照组,干预组肺癌患病风险显著增加,可高达 28％[14]。与以上结果类似,维生素 E 作为广为人知的抗氧化剂,其作为膳食营养补充剂的长期使用能够显著增加健康男性前列腺癌的发病风险[15]。

综上,目前没有充足的证据支持维生素、矿物质、深海鱼油(即 n-3 多不饱和脂肪酸)等膳食营养补充剂对于健康人群的心血管、癌症等慢性病的保护作用。尽管如此,这不能排除某些营养补充剂对于特殊人群或者营养不良(比如维生素缺乏)人群的有益作用[5]。关于维生素与矿物质等营养补充剂仍需要进一步的研究深入探索,有学者提出未来的 6 个关键研究方向:① 进一步区分来自食物及膳食补充剂营养素之间健康效应的差别;② 营养素之间以及与其他食物中生物活性成分的协同作用;③ 特殊人群中营养素的健康效应;④ 营养遗传学研究与组学研究;⑤ 个性化膳食补充剂研究;⑥ 中低收入国家对特定膳食补充剂的特殊需求研究。

1.2.2 三大产能营养素(脂肪、碳水化合物与蛋白质)

关于膳食脂肪与健康关系的科学争论已经持续了半个多世纪且仍然在继续,其中"膳食脂肪-心脏病假说"一直是焦点问题之一。该假说认为,膳食脂肪会导致血液胆固醇的升高,继而导致心脏病的发生。受该假说的影响以及早期一些小型干预研究结果的启示(脂肪摄入可以增加血液胆固醇水平),人们普遍接受一个概念,即需要限制膳食总脂肪的摄入。这些概念也因此深刻地影响了食品工业的发展,众多低脂、脱脂食品(乳制品等)开始广为流行。随着大型队列研究、临床试验的出现以及循证营养学的发展,科学家开始重新审视膳食脂肪与健康的关系,并逐渐意识到总脂肪本身可能并不是关键,不同的脂肪类型(饱和脂肪、单不饱和脂肪与多不饱和脂肪)可能具有完全不同的健康效应。这些科学证据的积累最终反映在膳食指南上,比如 2015—2020 美国膳食指南(Dietary Guidelines for Americans 2015-2020)直接取消了对总脂肪的上限推荐,即不限定总脂肪的摄入,并且强调了脂肪类型的重要性。尽管如此,世界卫生组织(World Health Organization)专家委员会制定的膳食指南推荐总脂肪的供能比为 20%~35%[16]:20%的推荐下限主要考虑到人们需要充足的能量、必需脂肪酸以及脂溶性维生素的摄入等因素,而 35%的推荐上限则是考虑到限制总饱和脂肪摄入以及因能量过量摄入而导致增重和肥胖的风险等因素[17]。

在不同的脂肪类型中,饱和脂肪和反式脂肪及其对心血管的危害作用是众多研究及公众关注的重点。饱和脂肪是"膳食脂肪-心脏病假说"的核心,限制膳食中的饱和脂肪一直是比较公认的预防心血管疾病的重要膳食指南要素[18],无论是世界卫生组织还是美国的膳食指南都认为将膳食中的饱和脂肪供能比限制在 10%以内比较合理。尽管如此,饱和脂肪与心血管疾病的关系仍然存在一定争议,一方面,不同类型的饱和脂肪可能具有不同的生理功能,比如奇数链饱和脂肪可能对代谢有保护作用,而偶数链饱和脂肪则具有升高心血管疾病风险的作用;另一方面,选取合适的取代饱和脂肪的营养素也被视作关键因素,多不饱和脂肪替代饱和脂肪能够降低心血管疾病的风险,而如果用碳水化合物来替代饱和脂肪则对心血管疾病没有益处[19]。与饱和脂肪不同,反式脂肪对于心血管系统的危害性具有比较一致的结论,包括升高低密度脂蛋白胆固醇、甘油三酯、炎症水平以及增加肝脏脂肪堆积等。丹麦在 2003 年就禁止了含有反式脂肪产品的销售;2015 年,美国食品药品管理局也将部分氢化油移出了一般公认安全食物供应链名单[20];美国心脏病学会总结了随机对照试验的结果,认为膳食不饱和脂肪,特别是多不饱和脂肪来替代膳食饱和脂肪能够降低约 30%的心血管疾病发生风险,效果与他汀类药物类似。因此,膳食多不饱和脂肪(包括 n-3 和 n-6)对于机体健康,特别是心血管系统的健康具有较大的益处；当然，多不饱和脂肪对其他疾病，如糖尿病、癌症等也具有保护作用[19]。

碳水化合物与健康的关系也一直备受关注。《中国居民膳食指南(2022)》推荐以谷物为主的平衡膳食模式，其中碳水化合物占每日摄入总能量比例的 50％～60％，相比于碳水化合物的数量，它的质量对健康有更加重要的影响[21]。高升糖负荷(glycemic load)的谷物摄入、马铃薯产品以及来自饮料的添加糖与肥胖、糖尿病及心血管疾病的高发具有直接的关联，因此关注食物本身的升糖指数与升糖负荷，比关注碳水化合物的总量更具有临床意义。然而，值得注意的是，碳水化合物与健康关系的研究仍然存在诸多争议，比如低碳水饮食可能在减重过程中发挥一定作用，但是否优于传统高碳水减肥膳食尚存在争议。2022 年发表的基于 61 个临床试验、涵盖约 7 000 名超重或肥胖人群的系统综述发现，低碳水的减肥饮食无论是短期(如 3～8 个月)还是 1～2 年的长期临床干预在减重的效果上与较均衡的碳水减肥饮食没有显著区别[22]。无论是否降低碳水化合物的摄入水平，两种饮食模式都能够减重，并且减重的效果以及对血脂、血糖指标的改变都没有区别。

蛋白质是人体不可或缺的组成成分。中国营养学会的最新推荐为蛋白质摄入占总能量的 10％～15％[23]。总的膳食蛋白质与慢病的关系相对比较中性，而蛋白质的来源可能更为重要。流行病学证据表明，动物性食物来源的蛋白质摄入与全因死亡风险、心血管疾病死亡风险以及 2 型糖尿病风险都具有显著的正向关联，而植物性食物来源的蛋白质对于心血管代谢疾病以及死亡风险等健康结局则相对更加具有保护作用。在植物性食物中，豆科植物、坚果、全谷物等都是蛋白质的来源[24]。

1.3　食物组、膳食模式与健康

食物是营养素的首要来源，越来越多的证据表明，食物作为整体对于健康的影响超过了其中含有的营养素总和。以果蔬摄入与健康关系的人群研究为例，膳食果蔬对心血管代谢病具有非常显著的保护作用，而其中主要的原因可能是果蔬中富含的维生素(如维生素 C)、矿物质与纤维素等[25]。然而，当科学家逐一解析这些营养素与疾病关联时发现这些单个营养素与疾病并没有明确的因果关系；比如，基于遗传学方法(孟德尔随机化)的因果推断没有发现维生素 C 与糖尿病、心血管病或各种癌症的因果关联，其与随机对照试验的结果类似[26, 27]。此外，以膳食脂肪与心血管疾病的关系为例，一项横跨 9 个国家的前瞻性研究纳入 1 万多例心脏病新发病例，分析发现各种膳食脂肪与心脏病发病风险没有显著关联，但是乳制品(酸奶、奶酪)以及鱼类来源的饱和脂肪与心脏病发病风险具有保护性关联，而红肉与黄油来源的饱和脂肪则与心脏病发病风险具有显著的正向关联[28]。这个例子进一步阐述了食物本身的重要性，并强调了营养素与健康的关系可能只有在交代清楚其食物来源的背景下才能够更加清晰和具有现实意义。

因此,基于食物的膳食推荐是膳食指南所强调的重点。比如,《中国居民膳食指南(2022)》推荐的平衡膳食八准则中第三、四条准则分别提出以食物为基本单元的推荐:多吃蔬果、奶类、全谷、大豆;适量吃鱼、禽、蛋、瘦肉[21]。对于心血管代谢疾病的预防[29],水果(fruits)、蔬菜(vegetables)、坚果(nuts)、鱼类(fish)、全谷物(whole grains)、豆类(beans)以及酸奶(yogurt)等食物通常被认为具有明显保护作用,而具有明显促进心血管代谢病发生的食物组分有精致谷物(refined grain)、淀粉(starches)、加工肉制品(processed meats)、糖(sugars)、高钠食物(high sodium foods)等;相对来说具有一定的争议,但偏向于有益作用的食物有蛋类(eggs)、禽肉(poultry)、牛奶(milk)以及奶酪(cheese),偏向不利于心血管代谢病的食物主要是黄油(butter)以及未加工的红肉(unprocessed red meats)等。

人们日常饮食中不同食物、饮料以及食物中营养素的组合构成了膳食模式,合理的膳食模式也是近些年各国膳食指南所强调的重点[30]。定义膳食模式通常有两种常见的方法:基于已有知识进行定义、假设驱动的膳食模式(index-based dietary pattern)和探索性、数据驱动的膳食模式(exploratory dietary pattern)。前一种膳食模式是基于现有的循证证据及膳食指南为相关的食物成分赋予分值,膳食模式总评分越高,与之对应的膳食质量和健康效应就越好;其中的例子包括美国的健康饮食指数-2010(healthy eating index-2010)、地中海膳食模式(mediterranean diet score)、降高血压膳食模式(dietary approaches to stop hypertension score, DASH)以及星球健康膳食模式(eat-lancet planetary health diet)等[31]。这一类基于先验知识定义膳食模式的优势在于不同人群和研究间具有很高的可重复性和可比性,缺点在于这些膳食模式不能反映那些特定地域或文化特殊性人群的膳食习惯。后一种数据驱动的膳食模式包括利用主成分分析(principal component analysis, PCA),因子分析(factor analysis)以及聚类分析(cluster analysis)得到的膳食模式,其核心在于对众多食物或营养素进行降维和聚类,并根据结果特征对最后得到的膳食模式进行标签,如西方化膳食模式、含糖膳食模式等。当然还有将先验和后验方法整合使用的膳食模式分析方法也比较常用,如秩回归分析(reduced rank regression)得到的膳食模式。

相较于营养素或食物组,膳食模式展现出更加明显的健康效应。营养素或者食物与疾病(如心血管疾病)的关系经常存在不一致的结论;较为常见的有前瞻性队列研究与随机对照试验结果的不一致。而膳食模式与健康结局的研究结果在不同试验设计中具有较高的一致性。比如,无论是前瞻性的队列研究还是大型随机对照试验都一致支持地中海膳食模式对于心血管健康的保护作用。另一个例子是 DASH 饮食对于心血管疾病以及高血压都具有保护作用,其在队列研究和随机对照试验中具有一致的明确结论[31]。根据中国居民膳食指南衍生出来的中国健康饮食指数(Chinese Healthy Eating Index)也被证明与代谢综合征等代谢疾病风险具有显著的保护关联[32]。

1.4　精准营养与单样本随机对照试验(n-of-1 试验)概述

1.4.1　精准营养

精准营养旨在研究个体遗传背景、代谢特征、生理状态、肠道微生态及临床参数等对营养需求和干预效果的影响,从而达到满足个体生长发育、维持个体健康和正常机体生理功能以及预防和控制疾病发生发展的目的[33]。营养遗传学(nutrigenetics)是精准营养发展过程中起到关键推动作用的重要子领域,主要研究探索不同基因型的携带者对于食物营养的差异化应答。目前研究精准营养的方法包含基因组学、微生物组学、代谢组学、蛋白质组学等多组学手段,这些多组学数据的整合将有助于我们深入理解膳食营养与健康的关系。此外,整合肠道微生物组与人工智能算法以预测人体对食物的差异化应答也成为精准营养领域内的热门话题。基于上述证据,单样本随机对照试验(n-of-1)为精准营养的最终实现提供了途径和方案。

营养遗传学旨在探索营养与基因的互作对于人体健康或者疾病等表型的影响,不同基因型的携带者对于疾病或表型的易感性受到膳食营养因素的调节,从而体现出个体特异性的营养-疾病关系。随着人类基因组的飞速发展和全基因组关联研究的普及,营养遗传学也进入了快速发展期。膳食或营养因素不仅和单个基因具有交互作用影响表型水平,也能够与多基因综合评分产生交互作用影响疾病的进展。比如,在单基因水平,膳食饱和脂肪与 APOA2 这个基因上的多态性位点具有交互作用,即某一类 APOA2 基因型携带者对于膳食饱和脂肪更加敏感并容易发展成肥胖,而另一基因型携带者的肥胖指数则对膳食饱和脂肪不敏感;这一交互作用在高加索人群、西班牙裔人群以及汉族人群中都进行了重复验证。在多基因风险评分领域,研究人员通过探索几个大型的美国人群发现,肥胖的多基因评分与摄入含糖饮料互相作用从而影响肥胖的进展,即摄入较多含糖饮料将促进肥胖基因与肥胖进展的关联,而较少的摄入组,肥胖基因的作用则不明显[34]。尽管有以上一些成功的例子,在很多情况下,营养-基因交互作用在不同人群中的可重复性比较低,比如一项研究评估了营养-基因交互作用对新发 2 型糖尿病的前瞻性影响,并尝试在全球最大的 2 型糖尿病前瞻性队列中进行重复,结果发现没有一个已发表的交互作用可以被验证。这些不一致的现象可能是由于不同人群膳食习惯、营养摄入范围的差异以及不同基因背景的影响等。总之,营养遗传学领域需要更多的跨地域、跨种族和多组学研究来进行深入拓展和探索。

膳食营养与人体健康具有密切关联,而这种关联背后的机理是实现疾病精准营养防治的关键。代谢组、蛋白质组及肠道微生物组等多组学手段与营养学的整合是近些年领域内的发展前沿,其能够使科学家在人群水平采用数据驱动的方法深入解析营养作用于人体的可能机制。此外,代谢组可用来开发营养及膳食模式的生物标志物,并用于探索营养与疾病的关联[35]。近 5 年来,随着基因测序成本的下降,肠道微生物组与队列的整合正在日趋成熟,发现和鉴定膳食营养的肠道菌群生物标志物,探索肠道菌群在介导营养与疾病关联中的作用,成为人们理解膳食营养作用于人体的机制黑箱的全新研究角度。与肠道微生物组研究类似,血液蛋白质组与队列研究的整合也是近期新兴的研究领域;膳食营养对应的血液蛋白质组指纹图谱或者生物标志物能够帮助人们解析营养与健康背后的潜在功能机制。

人群队列、肠道微生物与人工智能算法的结合成为精准营养研究的新方式。2015年,以色列科学家结合机器学习算法与肠道微生物组大数据,在 800 多人中开发出基于肠道菌群预测不同食物的餐后血糖应答算法,从而在概念上革新了个性化营养推荐的方式。2020 年前后,基于英国双胞胎队列的一项深度表型测量的千人队列(PREDICT 队列)进一步揭示了个性化的餐后血糖、血脂的变化规律及其与肠道微生物组的关联。这些结合菌群大数据与机器学习算法的新型队列研究为理解营养与疾病及其风险因子的关系提供了不同的研究视角,对于疾病的精准营养防治具有重要推动作用[36, 37]。

基于队列的肠道微生物组等多组学大数据能够为靶向疾病的精准营养研究奠定基础,对这些多组学大数据的解析是探索精准营养与人体健康关联背后机制的重要手段。然而,个体间极大的营养应答差异使得很多个体的结果与集体平均值产生较大偏差。传统临床干预的效果评价是基于群体平均值的循证推断,不一定适用于其中的所有个体。因此,为了实现个体水平的精准营养推荐和健康管理,需要个体水平的精准干预指南,而单样本随机对照干预试验为最终在个体水平实现精准营养推荐提供了可能[38]。

1.4.2　基于 n-of-1 单样本随机对照试验的营养干预研究

单样本随机对照试验是一种以单个样本为研究对象且以自身作为对照的试验设计,试验开展过程中,需要对单个样本进行多轮次的随机、交叉试验,旨在对单一试验对象进行两种或更多干预措施(可以是安慰剂)的效果评价,进而把研究结论应用于该个体。该试验方法能够为受试者选取更优的治疗策略并最大限度地避免不良反应,研究结果具有一级(最高)证据等级。单样本随机对照试验作为在个体水平测试干预效应的方法已在制药、精神心理、教育科学等领域应用多年,其设计细节可以适当调整,从而解决更多其他学科的问题。在区分受试者对不同膳食结构、营养素或营养补充剂的个性化应答时,单样本随机对照试验能够发挥关键作用,在个体水平实现对特定营养因素应答敏感性的评价,在精准营养和个性化营养研究中极具应用潜力。

虽然单病例随机对照试验的应用范围比较广,但也有一定的限制条件和前提,比如所研究的干预措施最好起效迅速、效应不累积、半衰期和洗脱期相对短、残留效应小,不在试验期间改变疾病整体进程,只短暂改善症状或指标;此外,要求个体的健康状态或者生理病理条件相对稳定,具备有利于重复评估、可监测的生理指标或生物标志物,如基于可穿戴设备的血糖监测、血压监测、心率监测等。

在精准营养领域,单样本随机对照试验可获取健康个体或慢病患者对食物或营养素的不同生理应答指标,筛选控制相应指标的最优膳食策略,进而制定最符合受试者本人生理条件或病理状态的营养学建议。观测指标的易恢复性和多次重复测量的可行性,在很大程度上决定了单样本随机对照试验设计与所关注的科学问题是否匹配,常见的营养学观测指标通常来自血液样本。在此类试验中,可以利用可穿戴医疗设备连续监测某些生理参数、行为改变、量表评分等,此外,肠道菌群同样可以作为结局指标反映营养干预的效应。

以下列举一个聚焦宏量营养素干预的营养学单样本随机对照试验作为例子:该研究招募了 30 位健康状况良好的年轻受试者,其中每位受试者均为一个独立的干预试验基本单位,即总共进行了 30 项 n-of-1 临床干预试验。试验过程中,分别对每位个体交替进行为期 6 天的高脂肪／低碳水饮食(60%～70% 的脂肪、15%～25% 的碳水化合物、15% 的蛋白质)和低脂肪／高碳水饮食(10%～20% 的脂肪、65%～75% 的碳水化合物、15% 的蛋白质)干预,两种干预之间设置 6 天的洗脱期。以上过程重复 3 个循环,获取一定规模的重复测量数据。最后利用贝叶斯统计分析方法,基于每一个个体内部的重复测量数据独立计算其对不同干预方式的餐后血糖应答情况[39, 40]。具体来讲,即在个体水平对两种饮食干预期间的餐后血糖数据进行统计分析,结果显示餐后血糖最大值或(和)血糖日内平均振幅的差异超过临界值的后验概率达 80% 以上的有高碳水饮食应答者 9 人(对应的餐后糖代谢指标相对更高),以及高脂肪饮食应答者 6 人;其他人的后验概率在 80% 以下,判定为非应答者。这一营养学单样本随机对照研究作为该领域的首次尝试之一,表明科学家能够通过这种干预方式成功找到营养干预的应答者,作为精准推荐的证据基础。

此外,n-of-1 干预可能在探索肠道菌群对膳食营养的个性化应答领域极具研究潜力。一方面,个体间的肠道菌群特征具有较大的差异,不同的肠道菌群结构能够在很大程度上调节营养对机体代谢的影响;另一方面,膳食营养对于肠道菌群的调节也具有很大的个体间异质性,不同个体间可能具有完全不同的营养-肠道菌群应答模式,从而具有对机体代谢的差异化影响。然而,这个领域才刚刚起步,仍然需要更多的数据和证据积累。

1.5　小结与展望

现代营养学在过去百年间经历了飞速发展,从最初的营养素发现时代,到人们逐渐认识到营养与健康的紧密关联并伴随着膳食营养补充剂工业的发展,再到 21 世纪循证医学和循证营养学的发展,使人们意识到膳食模式与食物本身对于健康和疾病防治的重要性。营养学正在慢慢塑造人们的健康饮食习惯,对慢病预防与管理起到关键作用。

在新时期,营养学进一步展现出跨学科的属性,结合代谢组、基因组、肠道微生物组等现代组学手段,科学家正在深入解析膳食营养与人体代谢健康背后的机制黑箱,使人们重新审视食物与营养作用于人体的方式与机理,为疾病的精准防治打下基础。此外,精准营养的科学领域不断延伸,从最初的营养遗传学,到"肠道微生物组＋人工智能"的个性化营养预测,再到以单样本随机对照试验为逻辑的新型干预策略,科学家在理论上不断突破,在方法学上不断创新,在科学证据上不断积累。这些前沿领域的突破与进步,使得疾病的精准营养防治和管理有可能在不久的将来得以实现。

参考文献

[1] Funk C. The etiology of the deficiency diseases. J State Med (1912 – 1937), 1912, 20(6): 341 – 368.

[2] Carpenter K J. A short history of nutritional science: Part 3 (1912 – 1944). J Nutr, 2003, 133 (10): 3023 – 3032.

[3] Kritchevsky D. History of recommendations to the public about dietary fat. J Nutr, 1998, 128 (2): 449s – 452s.

[4] Waterlow Jc Fau-Payne P R, Payne P R. The protein gap. Nature, 1975, 258(5531): 113 – 117.

[5] Zhang F F, Barr S I, Mcnulty H, et al. Health effects of vitamin and mineral supplements. BMJ, 2020, 369: m2511.

[6] Chen F, Du M, Blumberg J B, et al. Association among dietary supplement use, nutrient intake, and mortality among U.S. adults: A cohort study. Ann Intern Med, 2019, 170(9): 604 – 613.

[7] Skeie G, Braaten T, Hjartåker A, et al. Use of dietary supplements in the European Prospective Investigation into Cancer and Nutrition calibration study. Eur J Clin Nutr, 2009, 63 Suppl 4: S226 – 238.

[8] Wei Yingqi M A, Fang Kai, Dong Jing, et al. Analysis of the current status and related factors of oral nutritional supplements intake among 18 – 79 years old in Beijing in 2017. Chin J Epidemiol, 2022, 43(2): 227 – 233.

[9] Jenkins D J A, Spence J D, Giovannucci E L, et al. Supplemental vitamins and minerals for CVD prevention and treatment. J Am Coll Cardiol, 2018, 71(22): 2570 – 2584.

[10] Manson J E, Cook N R, Lee I M, et al. Vitamin D supplements and prevention of cancer and cardiovascular disease. N Engl J Med, 2019, 380(1): 33 – 44.

[11] Manson J E, Cook N R, Lee I M, et al. Marine n-3 fatty acids and prevention of cardiovascular disease and cancer. N Engl J Med, 2019, 380(1): 23 – 32.

[12] Hu Y, Hu F B, Manson J E. Marine omega-3 supplementation and cardiovascular disease: An updated meta-analysis of 13 randomized controlled trials involving 127 477 participants. J Am Heart Assoc, 2019, 8(19): e013543.

[13] Alpha-Tocopherol, Beta Carotene Cancer Prevention Study Group. The effect of vitamin E and beta carotene on the incidence of lung cancer and other cancers in male smokers. N Engl J Med, 1994, 330(15): 1029 – 1035.

[14] Omenn G S, Goodman G E, Thornquist M D, et al. Effects of a combination of beta carotene and vitamin A on lung cancer and cardiovascular disease. N Engl J Med, 1996, 334(18): 1150 – 1115.

[15] Klein E A, Thompson I M, JR., Tangen C M, et al. Vitamin E and the risk of prostate cancer: The selenium and vitamin E cancer prevention trial (SELECT). JAMA, 2011, 306(14): 1549 – 1556.

[16] Fats and fatty acids in human nutrition. Report of an expert consultation. FAO Food Nutr Pap, 2010, 91: 1 – 166.

[17] Trumbo P, Schlicker S, Yates A A, et al. Dietary reference intakes for energy, carbohydrate, fiber, fat, fatty acids, cholesterol, protein and amino acids. J Am Diet Assoc, 2002, 102(11): 1621 – 1630.

[18] Commission E. Dietary recommendations for fat intake. European Commision, 2021.

[19] Liu A G, Ford N A, Hu F B, et al. A healthy approach to dietary fats: understanding the science and taking action to reduce consumer confusion. Nutr J, 2017, 16(1): 53.

[20] Food And Drug Administration. Final determination regarding partially hydrogenated oils. Notification; declaratory order; extension of compliance date. Fed Regist, 2018, 83(98): 23358 – 23359.

[21] 国家卫生和计划生育委员会. 中国居民膳食指南(2022 版). 北京: 人民卫生出版社, 2022.

[22] Naude C E, Brand A, Schoonees A, et al. Low-carbohydrate versus balanced-carbohydrate diets for reducing weight and cardiovascular risk. Cochrane Database Syst Rev, 2022, 1(1): Cd013334.

[23] 中国营养学会. 中国居民膳食营养素参考摄入量: 2013 版. 北京: 人民卫生出版社, 2014.

[24] Chen Z, Glisic M, Song M, et al. Dietary protein intake and all-cause and cause-specific mortality: results from the Rotterdam Study and a meta-analysis of prospective cohort studies. Eur J Epidemiol, 2020, 35(5): 411 – 429.

[25] Zheng J S, Sharp S J, Imamura F, et al. Association of plasma biomarkers of fruit and vegetable intake with incident type 2 diabetes: EPIC-InterAct case-cohort study in eight European countries. BMJ, 2020, 370: m2194.

[26] Fu Y, Xu F, Jiang L, et al. Circulating vitamin C concentration and risk of cancers: A mendelian randomization study. BMC Med, 2021, 19(1): 171.

[27] Zheng J S, Luan J, Sofianopoulou E, et al. Plasma vitamin C and type 2 diabetes: Genome-wide association study and mendelian randomization analysis in european populations. Diabetes Care, 2021, 44(1): 98 – 106.

[28] Steur M, Johnson L, Sharp S J, et al. Dietary fatty acids, macronutrient substitutions, food Sources and incidence of coronary heart disease: Findings from the EPIC-CVD case-cohort study across nine european countries. J Am Heart Assoc, 2021, 10(23): e019814.

[29] Mozaffarian D. Dietary and policy priorities for cardiovascular disease, diabetes, and obesity: A comprehensive review. Circ, 2016, 133(2): 187 – 225.

[30] U.S. Department Of Agriculture, U.S. Department Of Health And Human Services. Chapter 8: Dietary Patterns — Dietary Guidelines for Americans, 2020 – 2025 // U. S. Department Of Agriculture, U.S. Department of Health and Human Services, 2020.

[31] Chiavaroli L, Viguiliouk E, Nishi S K, et al. DASH dietary pattern and cardiometabolic

outcomes: An umbrella review of systematic reviews and meta-analyses. Nutrients, 2019, 11(2).

[32] Cui N, Ouyang Y, Li Y, et al. Better adherence to the Chinese Healthy Eating Index is associated with a lower prevalence of metabolic syndrome and its components. Nutr Res, 2022, 104: 20 - 28.

[33] Mills S, Stanton C, Lane J A, et al. Precision nutrition and the microbiome, part I: Current state of the science. Nutrients, 2019, 11(4).

[34] Qi Q, Chu A Y, Kang J H, et al. Sugar-sweetened beverages and genetic risk of obesity. N Engl J Med, 2012, 367(15): 1387 - 1396.

[35] Noerman S, Landberg R. Blood metabolite profiles linking dietary patterns with health—Toward precision nutrition. Journal of Internal Medicine, 2023, 293(4): 408 - 432.

[36] Zeevi D, Korem T, Zmora N, et al. Personalized nutrition by prediction of glycemic responses. Cell, 2015, 163(5): 1079 - 1094.

[37] Berry S E, Valdes A M, Drew D A, et al. Human postprandial responses to food and potential for precision nutrition. Nat Med, 2020, 26(6): 964 - 973.

[38] Schork N J, Goetz L H. Single-subject studies in translational nutrition research. Annu Rev Nutr, 2017, 37: 395 - 422.

[39] Tian Y, Ma Y, Fu Y, et al. Application of n-of-1 clinical trials in personalized nutrition research: A trial protocol for westlake N-of-1 trials for macronutrient intake (WE-MACNUTR). Curr Dev Nutr, 2020, 4(9): nzaa143.

[40] Ma Y, Fu Y, Tian Y, et al. Individual postprandial glycemic responses to diet in n-of-1 trials: Westlake N-of-1 trials for macronutrient intake (WE-MACNUTR). J Nutr, 2021, 151(10): 3158 - 3167.

第**2**章
肠道菌群研究进展

肠道菌群作为近 10 年来最热点的研究主题之一,受到了生物信息学、微生物学、医学、公共卫生学、营养学、人工智能等多学科领域学者的广泛关注和探索,并在一定程度上促进了上述不同学科的交叉。人体肠道中数以万亿计的微生物发挥着消化与代谢营养物质、合成维生素、调节宿主免疫等众多生理功能,在维持宿主健康、预防疾病发生,甚至逆转疾病进展等方面发挥着极为重要的作用。鉴于肠道菌群对于宿主的重要性,有大量研究从肠道菌群可塑性的角度探究了肠道菌群的定植、发展、成熟,以及遗传和环境因素对肠道菌群的影响。本章围绕以上研究重点,从肠道菌群的初始定植与稳定、肠道菌群与疾病、遗传与环境因素对肠道菌群的影响三个方面,概述肠道菌群领域的研究进展。

2.1 肠道菌群的初始定植与稳定

人体肠道菌群于婴儿期完成初始定植,此后在婴幼儿期一直处于高度动态变化中,最后在儿童期完成进一步的发展与稳定[1]。肠道菌群在定植之初至 36 月龄期间,所包含的菌群丰富度及均匀度均处于较低水平[2],一直处于高度变化且个性化的状态[3],特别是 4 月龄到 12 月龄这一阶段,肠道菌群的变化最为剧烈(该阶段可解释高达 23% 的菌群变化)[1]。此后,12 月龄到 3 岁之间肠道菌群的变化速度放缓,这一阶段只能解释大概 5% 的肠道菌群变化,而 3~5 岁这一阶段则只能解释肠道菌群 0.9% 的变化,说明肠道菌群的动态变化速度进一步放缓,逐步趋于稳定[1]。若以固体辅食的引入时间(通常在 6 月龄左右)作为分界点,可以将婴幼儿期肠道菌群的发展分为两个阶段:固体食物引入之前主要为母乳或配方奶粉所驱动的肠道菌群特征模式;固体辅食引入之后,随着引入辅食的丰富度和复杂度增加,特别是母乳的戒断和类似成年人的饮食组分的引入[4-6],肠道菌群逐步接近稳定与成熟,但是直到 5 岁的学龄前阶段仍然不能完全达到成年人肠道菌群的复杂度[1]。

通过持续追踪并分析 213 名儿童自出生后 4 个月至 5 岁期间的肠道菌群,研究人员发现生命早期的肠道菌群动态变化主要有四种主要轨迹,对应四类具体菌群。第一类是在 4 月龄时达到最高丰度的菌属,主要为双歧杆菌属以及乳酸菌属;第二类是在 12 月龄时达到通最高丰度的菌属,主要包括真杆菌属和瘤胃球菌属;第三类菌属是在 4~12 月龄期间迅速繁殖,此后持续稳定至 3 岁,这类菌属以拟杆菌属为主;第四类菌属是在 12 月龄后开始迅速繁殖,此后其丰度在 3～5 岁期间仍然持续升高,主要有氢营养菌属,比如甲烷短杆菌、脱硫弧菌属、嗜胆菌属等[1]。值得注意的是,虽然在群体水平可以总结出上述生命早期的菌群发展规律,但我们同时也可以观察到个体间差异的存在,其影响因素主要包括产前因素、出生孕周、分娩方式、产后喂养方式、辅食引入、抗生素暴露等。表 2-1 总结了人体肠道菌群由初始定植到成熟稳定的各阶段时间点及对应的特征。

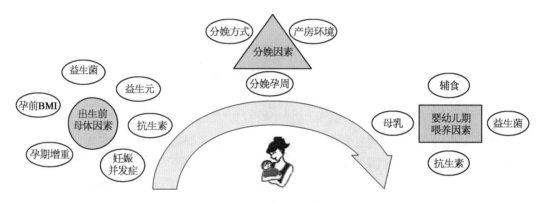

图 2-1　生命早期肠道菌群的初始定值与发展

表 2-1　生命早期肠道菌群定植与发展的典型特征[7]

阶　段	特　　　点
0～1 月龄	厌氧菌快速定植; 早产儿肠道菌群多样性低,且富集肠杆菌而缺少拟杆菌和双歧杆菌; 阴道分娩婴儿拟杆菌相对丰度较高,而剖宫产婴儿肠道中克雷伯菌属、嗜血杆菌属以及韦荣球菌属相对丰度较高,双歧杆菌属相对丰度较低
0～6 月龄	多样性持续稳定在较低水平,但个体间差异较大,体现较高的个性化特征; 喂养方式(母乳喂养或配方奶粉喂养)对肠道菌群具有较强影响; 双歧杆菌占据主导地位,特别是在母乳喂养的婴儿肠道中
6～12 月龄	固体食物的引入增加了拟杆菌属的相对丰度,并使得瘤胃球菌属和阿克曼菌属成为主导菌属; 母乳的戒断可以独立于固体辅食的引入,对肠道菌群的组成产生重要影响; 随着肠道菌群物种丰富度的增加,α 多样性随之升高; 肠道菌群的组成在个体间的差异持续保持在高水平,提示个性化肠道菌群特征的持续
1～3 周岁	物种多样性开始增加,而个体间差异开始降低; 膳食多样性的增加以及母乳的戒断对肠道菌群的组成和多样性继续造成重要影响; 随着对环境因素的持续适应,肠道菌群开始趋于稳定
>3 周岁	肠道菌群开始达到一个稳态,成为个体化的一个稳定特征,且对环境因素的刺激具备一定的弹性; 儿童期的 α 多样性仍然低于成年人的水平

2.1.1　产前因素对生命早期肠道菌群的影响

尽管在胎盘、羊水以及胎粪中均可鉴定到细菌的 DNA，但是当前的共识仍然是肠道菌群初始定植主要发生在分娩过程中及产后，而非在子宫内[7]。因此，我们对影响生命早期肠道菌群定植与发展的产前母体因素的评估，并非关注其对子宫内胎儿肠道菌群的直接作用。目前，已被广泛关注的产前因素包括孕期益生元或益生菌的使用、孕期抗生素暴露、孕前 BMI、孕期增重、孕期营养、妊娠期糖尿病、孕期抑郁以及其他妊娠期并发症等。

孕期益生菌或益生元的使用对产后婴儿肠道菌群的影响，尤其是对肠道菌群发展的长期效应，尚未有一致结论。截至目前，已有一系列随机对照干预试验评估了孕期益生菌干预对产后婴儿肠道菌群的组成结构及多样性的影响。其中，最常用的益生菌主要为乳酸杆菌和双歧杆菌两个菌种下的单个或多个菌株，干预节点主要在孕中期到孕晚期。有研究表明，孕期增补乳酸杆菌(如鼠李糖乳杆菌)，即便是仅在孕晚期进行增补，也有助于促进胎儿产后肠道菌群中双歧杆菌属的定植，但是对婴儿的肠道菌群多样性没有显著性影响[8]。更多的研究表明，孕期益生菌的增补可在短期内使得产后婴儿肠道中对应菌种的丰度升高，但是这种效应不具备可持续性[7, 9-11]。例如，一项纳入了 415 对母婴的随机对照试验发现，母亲在孕晚期及哺乳期持续增补鼠李糖乳杆菌(*Lactobacillus rhamnosus* GG)、动物双歧杆菌(*Bifidobacterium animalis subsp.lactis* Bb - 12)以及嗜酸乳杆菌 La - 5(*Lactobacillus acidophilus* La - 5)，结果表明，在产后 3 个月时间点上，上述增补益生菌的出现频率与相对丰度在母亲的肠道中均有显著的提升。但是，只有鼠李糖乳杆菌成功在产后 10 天与 3 月龄的婴儿肠道中定植，并且干预组的这种定植优势并未能长期持续，在 1 岁龄与 2 岁龄时，干预组与对照组之间无论是特定增补菌种还是肠道菌群的整体组成结构(α 多样性及 β 多样性)均没有显著性的组间差异[11]。另有极少数研究评估了孕期益生元的增补对产后婴儿肠道菌群的影响，结果发现孕期增补低聚半乳糖与低聚果糖可以显著提升孕妇肠道双歧杆菌丰度，但是这种效应并不能在其子代中重现[11]。可见，孕期益生菌或益生元的增补对于产后子代肠道菌群的影响比较有限，特别是可持续的长期效应，且缺乏一致性证据的支持。

孕期抗生素暴露对子代生命早期肠道菌群的定植与发展具有比较明确的影响。多项研究一致性地发现孕期抗生素暴露会显著降低子代出生后肠道菌群中放线菌门的相对丰度(主要为双歧杆菌属)，而升高肠道菌群中厚壁菌门和变形菌门的占比[11-15]。然而，孕期抗生素暴露对于子代肠道菌群中双歧杆菌的影响一般持续不超过产后 1 个月，双歧杆菌属的相对丰度在婴儿 1 月龄时即基本完成恢复[15-17]。此外，婴儿肠道菌种中拟杆菌门的占比也会因母亲在孕期的抗生素暴露而降低，并且这种效应可以持续到婴儿的 6 月龄[13, 18]。值得注意的是，孕期使用抗生素的时间点不同，其对子代肠道菌群产生的影响也不甚一致，相比于没有孕期抗生素暴露的对照组，孕中期发生抗生素暴露可以显著影响子代在 3 月龄和 12 月龄的十几种肠道菌群的相对丰度[19]。分娩时预防性抗生素的使用同样会对子代肠道菌群产生不良影响,产程中对抗生素的预防性使用可以显著降低婴儿在 1 月龄前的肠道菌群多样性[13, 17, 20, 21],并且产程中每经历 1 个小时的预防性抗生素使用,婴儿肠道菌群的双歧杆菌相对丰度就有 7% 的降低[21]。值得强调的是,孕期抗生素暴露对子代肠道菌群的影响同样是只具备有限的持续性;婴儿期肠道菌群定植的不断丰富与发展会引起肠道菌群组成结构的高度变化,一般在 1 岁以后即掩盖了孕期抗生素暴露产生的影响。

母亲孕前 BMI 以及孕期增重作为影响妊娠结局的重要因素,其对子代肠道菌群初始定植与发展的影响也受到广泛关注。一项纳入 74 例新生儿的研究发现,母亲孕前 BMI 达到超重或肥胖水平与子代婴儿期肠道菌群中拟杆菌门的富集和变形菌门的降低相关[22]。另一项纳入 30 对母婴的研究得到了相似的结果,即相比于正常的孕前 BMI,孕前 BMI 达到超重水平与子代 2 周龄时更高丰度的肠道拟杆菌以及更低丰度的变形菌相关[22]。孕前 BMI 或孕期增重与子代肠道菌群的多样性也存在显著的关联,孕前超重或孕期过度增重均与子代婴儿期肠道菌群的多样性减少相关[7]。不过有研究提出,孕前 BMI 与子代肠道菌群的关联更容易在经阴道自然分娩的婴儿中被观测到,而孕期增重与子代婴儿期肠道菌群的关联则可能不受分娩方式的影响[23]。也有研究表明子代出生至 2 周岁这一阶段,肠道菌群经历了从婴儿期到幼儿期的发展与成熟,孕前 BMI 及孕期增重等因素对肠道菌群的影响均不再显著[24]。

膳食摄入是影响肠道菌群的最主要因素之一,但膳食可否跨代对子代肠道菌群产生影响尚缺乏有力的证据。母亲的水果摄入水平被发现与子代 6 月龄时的肠道菌群存在显著性关联,但该研究仅在自然分娩且纯母乳喂养的婴儿中能发现显著性结果[25]。另一项研究还发现母亲的膳食模式越健康,比如蔬菜摄入量越高、加工肉制品与煎炸食品的摄入越低,子代则具有更高的肠道菌群多样性及丰富度[26]。此外,母亲膳食脂肪摄入的提高与子代胎粪中菌群的结构改变相关,并且与子代在 6 周龄时拟杆菌属的丰度降低相关。上述研究提示了母亲膳食摄入因素对子代肠道菌群具备跨代产生影响的潜力,但作为观察性研究的结果,难免会受到混杂因素的影响。因此,未来需要更深入的干预性研究和机制探索研究回答上述问题,并阐明膳食因素跨代影响肠道菌群的潜在机制。

妊娠期糖尿病是孕期最常见的并发症之一,妊娠期糖尿病的发生与发展过程通常伴随着孕妇肠道菌群的紊乱。不仅如此,患有妊娠期糖尿病的孕妇所分娩胎儿的肠道菌群也有显著改变,主要以拟杆菌门的富集与变形菌门的缺失为特点[27]。而在菌属水平上,妊娠期糖尿病患者的子代肠道菌群拥有更低丰度的普氏菌属和乳酸菌属[28]。孕期抑郁与焦虑是发病率较高的另一妊娠期常见并发症,与孕期情绪正常的孕妇子代相比,抑郁评分较高的孕妇所分娩的婴儿在 1 周龄时肠道菌群中的变形菌门丰度更高,而放线菌门的丰度更低。一项纳入 1 681 对母婴的观察性研究还发现,孕期经历更多抑郁症状的孕妇所分娩的婴儿,在 4 月龄时具有更高丰度的毛螺菌科细菌[23]。孕期压力同样也被发现可以影响子代生命早期的肠道菌群组成:孕期压力评分更高的孕妇,其分娩婴儿的肠道菌群会有更高丰度的变形菌门细菌,比如乳酸菌属、气球菌属等[29]。

值得注意的是,当前聚焦产前因素影响子代生命早期肠道菌群的研究主要以观察性为主,确切的因果关系还需要进一步的研究证明;子代生命早期的采样点不足,尚不能全面反映生命早期菌群定植与发展的全貌;此外,菌群分类学解析的分辨率不高,一定程度上限制了研究结果的解读与推广;最后,产前各影响因素对子代肠道菌群的影响也并非相互独立,因此,解析甚至量化单一因素的影响效应仍存在挑战。

2.1.2　分娩方式对生命早期肠道菌群的影响

新生儿肠道菌群的初始定植与发展受到分娩方式的深远影响。自然分娩过程中,新生儿可以接触到母亲的阴道菌群、肠道菌群以及皮肤菌群,不过,通过接触获得的这些细菌只有当婴儿的肠道环境适宜其生长时才会完成定植。因此,即使在婴儿的肠道中能够发现母体的阴道菌群或皮肤菌群,其实能够完成永久定植的菌群仍然以母亲的肠道菌群为主[5, 30-32],具体主要为双歧杆菌与拟杆菌[33, 34]。新生儿在分娩过程中获得母亲肠道菌群的定植影响着近远期肠道菌群的组成与功能[35],对近远期的宿主健康也至关重要[36]。剖宫产分娩方式扰乱了正常的母婴菌群垂直传递,导致新生儿肠道的初始定植菌种主要来源于产房环境,后续发展也显著偏离经阴道自然分娩婴儿的肠道菌群[37, 38],并被认为与宿主未来在生长发育、免疫功能成熟、代谢健康等多方面的不良事件相关[39]。

欧洲的一项大型队列研究发现,经剖宫产分娩的婴儿,其肠道菌群的发展严重迟滞,且肠道中常含有更高水平的致病菌,表明剖宫产的分娩方式严重扰乱了母婴之间正常的菌群传递[39]。对于经阴道分娩的新生儿,有接近 3/4 都可以观察到母婴间肠道菌群的垂直传递,然而对于经剖宫产分娩的新生儿,这一比例只有大约 12.6%。剖宫产的分娩方式对新生儿肠道菌群造成的影响是众多因素中最大的,远大于母乳喂养、围产期抗生素暴露以及住院时间等因素。纵观来看,剖宫产对新生儿肠道菌群的影响效应在产后第 4 天最大,此后该效应随新生儿年龄的增长而降低,最终持续到整个婴儿期结束,直到 3~5 岁阶段,经剖宫产分娩婴儿的肠道菌群才会回归接近正常的水平[1]。具体到肠道菌群的组成差异方面,经阴道自然分娩的新生儿,其生命早期肠道菌群富集双歧杆菌属(如长双歧杆菌和短双歧杆菌)、埃希氏杆菌属(如大肠杆菌)、拟杆菌属(如普通拟杆菌)以及副拟杆菌属(如狄氏副拟杆菌属),这些共生菌属占到了新生儿肠道菌群的接近 70%。相比之下,经剖宫产分娩的新生儿肠道菌群中则缺少这些菌属,取而代之的是粪肠球菌(*Enterococcus faecalis*)、屎肠球菌(*Enterococcus faecium*)、表皮葡萄球菌(*Staphylococcus epidermis*)、副血链球菌(*Streptococcus parasanguinis*)、产酸克雷伯菌(*Klebsiella oxytoca*)、肺炎克雷伯菌(*Klebsiella pneumoniae*)以及产气荚膜梭菌(Clostridium perfringens)等,均为医院环境常见细菌,同样也占据肠道总细菌丰度的近 70%[3, 40]。

缺乏拟杆菌属是经剖宫产分娩新生儿肠道菌群的一个典型特征,几乎所有的经剖宫产分娩新生儿都只有极低丰度的肠道拟杆菌属,更是有高达接近 2/3 的剖宫产新生儿在满 1 周岁时仍然维持这一特征。而对于一些条件致病菌,如粪肠球菌(*Enterococcus faecalis*)、屎肠球菌(*Enterococcus Faecium*)、肺炎克雷伯菌(*Klebsiella pneumoniae*)、产酸克雷伯氏菌(*Klebsiella Oxytoc*)等,则是经剖宫产分娩的新生儿肠道菌群中丰度较高的菌种,有高达 80% 以上的剖宫产分娩婴儿携带这些条件致病菌,并且在产后的最初 1 个月内,这些条件致病菌更是占据了剖宫产分娩新生儿肠道总菌种丰度的 30%。相比之下,经阴道自然分娩的新生儿中只有不足 50% 的比例会携带这些细菌,且在产后的最初 1 个月内这些条件致病菌仅占肠道菌群总丰度的 9.8%。这个菌种丰度差异虽然随着新生儿年龄的增加而逐渐缩小,但是在新生儿 1 周岁时仍维持有统计学的显著性。究其原因,当前的共识为医院环境暴露,特别是产房与新生儿重症监护室(NICU)的环境[41, 42],是导致剖宫产新生儿肠道富集上述条件致病菌的首要因素。

为了预防或改善剖宫产新生儿因母婴肠道菌群垂直传递被扰乱而导致的初始菌群定植异常,已有研究尝试通过粪菌移植的手段,直接将基于母亲粪便制备的粪菌悬液喂入经剖宫产分娩的新生儿口中;该方式安全性良好,且有效改善了新生儿的肠道菌群组成,使得接受粪菌移植的新生儿拥有类似于经阴道自然分娩新生儿的肠道菌群结构[43]。比如,对于剖宫产新生儿最典型缺失的拟杆菌与双歧杆菌,粪菌移植干预可以非常迅速地提升其肠道菌群中拟杆菌的丰度,还使得双歧杆菌的丰度与经阴道自然分娩新生儿的相当。与此同时,对于剖宫产分娩新生儿肠道中比较富集的潜在致病菌,包括粪肠球菌(*Enterococcus faecalis*)、屎肠球菌(*Enterococcus Faecium*)、阴沟肠杆菌(*Enterobacter cloacae*)、肺炎克雷伯菌(*Klebsiella pneumoniae*)、产酸克雷伯氏菌(*Klebsiella Oxytoc*)等,粪菌移植干预同样能预防这些潜在致病菌在新生儿肠道中的定植[43]。值得一提的是,若对剖宫产分娩的新生儿经口移植其母亲阴道菌群,并不能改善新生儿的肠道菌群组成,也无法将其与未接受粪菌移植的对照组肠道菌组成结构进行有效区分。这也说明母婴间菌群的有效垂直传递,主要为母亲的肠道菌群,未来有望通过人为辅助移植的方式,协助完成新生儿肠道菌群的初始定植。

总之,剖宫产的分娩方式对新生儿生命早期(如产后 1 月以内)的肠道菌群影响最大,这种影响效应虽然随着新生儿的年龄增加而逐渐弱化,但仍会持续到新生儿满 1 周岁的阶段,直到 3~5 岁阶段才会消失[44-46]。此外,这种影响主要体现在剖宫产阻碍了母婴间肠道菌群的垂直传递,导致一些环境中的条件致病菌抢先定植于新生儿肠道中,进而持续影响了后续肠道菌群的发展、稳定与成熟。粪菌移植的手段在未来有望被用于临床,辅助经剖宫产分娩的新生儿完成肠道菌群的初始定植。

2.1.3 早产与肠道菌群初始定植

相比于足月儿,早产儿的肠道微生态更为脆弱,也更易受到扰乱[47]。究其原因,早产儿的肠道结构成熟度不足及肠道屏障的完整度有限是主要原因之一。无论是从组织形态上还是从生理功能上,早产儿的肠道均未达到足月儿的成熟水平,导致其黏膜通透性增高[48-51]。此外,早产儿的肠道还有上皮潘氏细胞不足的特点,直接导致黏液分泌不足以及致病菌的侵入定植与转移等[52-54]。值得指出的是,目前还很难评估或者量化早产这一因素对于新生儿肠道菌群初始定植与发展的直接影响效应,因为该效应通常并非早产这一单一因素本身所直接造成,往往还包括一系列易与早产伴随发生的因素,比如胎膜早破、剖宫产、抗生素暴露、住院、肠外营养等。这一系列因素同样对新生儿肠道菌群的初始定植与发展具有重要的作用,且很难从早产的效应中剥离开来。

整体来讲,早产儿的早期肠道菌群具有个体内多样性低、个体间异质性高的特点[55-59]。足月儿的早期肠道菌群中双歧杆菌是优势菌属之一,不过这一特征在早产儿中几乎不存在。极端早产儿的肠道菌群主要以葡萄球菌属、克雷伯氏杆菌属、肠球菌属以及埃希氏菌属中的 1 个或多个为主导,并且在早期的动态发展过程中可能会出现上述几个菌属的主导地位相互切换[60-62]。比如,大部分极端早产儿的肠道中初始定植菌属是以葡萄球菌为主导,之后会向其他菌属切换[62]。此外,早产儿的肠道中肠杆菌科下的克雷伯氏杆菌属与埃希氏菌属的丰度也远高于双歧杆菌属,而在足月儿的肠道中克雷伯氏杆菌属与埃希氏菌属的丰度则非常低[58,59,63,64]。也有研究认为,极端早产儿的肠道环境并不能支持严格厌氧菌的定植与发展,从而导致其肠道中拟杆菌门极度稀少[56]。

论及早产儿肠道菌群特征,我们还不能回避如下几个因素对早产儿早期菌群塑造的影响。首先是早产儿中更易面临的新生儿重症监护室(neonatal intensive care unit,NICU)暴露,NICU 的环境中有高度多样性的细菌,比如成人皮肤、口腔,甚至肠道中的共生菌,这些细菌通常与早产儿特征性的肠道菌群相关[42]。NICU 环境中的菌群也可能并非仅通过外部接触完成在早产儿肠道的定植,因为早产儿在 NICU 接受介入性治疗,比如在气管导管或鼻胃管介入时[65,66],同样也面临着菌群定植的可能。此外,早产儿的母亲同样也可能面临着更高的用药概率,比如糖皮质激素类药物,而这类药物的使用被认为可能会刺激胎儿的表观遗传学改变,最终影响到新生儿肠道菌群的定植模式[67]。

新生儿的肠道菌群在完成初始定植后,会处于高度动态变化的发展期,当前越来越多的研究强调肠道菌群之间的相互作用与协同共变可能对整个肠道菌群的组成与功能发展更为重要[62]。Jeffrey 团队通过对健康生长的 36 名儿童进行持续随访与密集采样(每月一次),分析了其肠道菌群在 1 月龄到 60 月龄之间的动态变化情况,结果鉴定到一组包含 15 个菌属的高度保守共变的互作网络,该互作网络不仅可以用于描绘整个肠道菌群的发展进程,并且可以指征肠道菌群的健康程度[68]。一项中国人群研究聚焦 51 名早产儿与 51 名足月儿,持续随访分析产后至 5 周岁期间肠道菌群的发展,特别针对早产儿构建了高度保守共变的互作网络,包含 10 个菌属。发现该互作网络在 3 月龄之前与足月儿显著不同,但是随着年龄的增加,这种差异也逐渐缩小甚至消失。即便如此,该研究发现证实 3 月龄前这个阶段内的肠道菌群,密切关系到宿主 2~5 岁的生长发育。综上可见,早产的确对新生儿肠道菌群的初始定植与发展具有重要影响,这种影响在 3 月龄之前尤为明显,而随着年龄增长逐渐弱化,这种对生命早期肠道菌群的效应也足以对宿主的远期生长发育造成深远的影响。

2.1.4 母乳喂养与生命早期肠道菌群的发展

母乳喂养是婴儿喂养指南中的最佳推荐方案，母乳不仅可以提供婴儿所需要的所有营养,还富含有利于新生儿生长发育的生物活性成分,且母乳的成分还会为满足婴儿不同阶段的生长发育需求而发生动态变化[69]。既往研究认为母乳是无菌的,但近年来越来越多的研究表明母乳中含有母体特异性的细菌,并且母乳中细菌的 α 多样性(包括丰富度及均匀度)相对稳定,在婴儿生命初期的第 1 年内一直保持稳定[70]。母乳中所含有的细菌是婴儿肠道获取共生细菌,特别是益生菌(如双歧杆菌和乳酸杆菌)的主要来源,这些通过母乳定植到婴儿肠道的细菌可以通过竞争性抑制致病菌的定植以及促进益生菌在肠道内的生长,从而促进婴儿健康[71, 72]。母乳喂养婴儿每天预计经口摄入 80 万个细菌,母乳是仅次于产道向婴儿提供肠道菌群的最主要来源[70, 73]。基于分离培养的研究手段,已从母乳中鉴定到大量的菌属,其中属于双歧杆菌和乳酸杆菌的有益菌种就有短双歧杆菌(*Bifidobacterium breve*)、两歧双歧杆菌(*Bifidobacterium bifidum*)、青春双歧杆菌(*Bifidobacterium adolescentis*)、格式乳杆菌(*Lactobacillus gasseri*)、发酵乳杆菌(*Lactobacillus fermentum*)、植物乳杆菌(*Lactobacillus plantarum*)、鼠李糖乳杆菌(*Lactobacillus rhamnosus*),以及唾液乳杆菌(*Lactobacillus salivarius*)等。随着测序技术的发展,通过测序手段也同样从母乳在鉴定到数十种主要菌属,构成了母乳喂养婴儿肠道中初始定值的主要菌属[74-77]。

至于母乳中细菌的来源,当前仍备受争议。有研究报道了婴儿口腔菌群随吮吸母乳可能发生逆流,导致婴儿口腔细菌向乳腺的转移,在一定程度上贡献了母乳中的细菌[78-80]。然而,因为母乳中发现的严格厌氧细菌不可能在有氧环境下完成转移,以及在婴儿初次吮吸前的初乳中仍可鉴定到细菌,均提示存在一个内源性的途径,即存在肠道-乳腺轴,使得母体肠道细菌可能通过该轴进入乳腺[81, 82]。细菌经肠道-乳腺轴的转移涉及肠上皮细胞、免疫细胞、树突状细胞以及 CD18 细胞的参与。树突状细胞可以通过打开肠上皮细胞间的紧密连接蛋白而穿透肠上皮,因此协助肠道细菌由肠腔向循环系统转移[81]。此后,巨噬细胞可以将细菌进一步转移至肠系膜淋巴结,并最终转移至乳腺[81, 83]。

母乳除了可以直接提供婴儿肠道初始定植的细菌,还可以通过其所富含的生物活性成分影响婴儿肠道菌群的构成。当前被广泛研究的是母乳低聚糖,母乳中鉴定到200 多种不同结构的母乳低聚糖[84]。母乳低聚糖作为母乳中含量第三丰富的物质,尽管无法被婴儿直接消化吸收,但是它可以作为婴儿肠道菌群的食物来源,影响肠道菌群的组成模式[84]。比如,母乳低聚糖一方面可以作为益生元促进婴儿肠道中益生菌的生长,另一方面还可以调节肠道上皮细胞的反应,作为一种可溶性诱饵受体预防致病菌等在肠道上皮上的黏附。具体来讲,婴儿肠道中双歧杆菌属的益生菌会适应性利用母乳低聚糖而进一步繁殖,而潜在的有害菌则因为无法利用母乳低聚糖而受到抑制[85-88]。此外,母乳低聚糖还具有抑菌和抑制生物膜的功效,因而对胎膜或胎儿尿道感染相关的鲍曼不动杆菌(*Acinetobacter buamannii*)和金黄色葡萄球菌(*Staphylococcus aureus*)具有抑制效果[89,90]。

与非母乳喂养的婴儿相比,母乳喂养婴儿在婴儿期,甚至远期的肠道菌群均有显著区别[70]。首先,母乳中的细菌可通过母乳喂养完成母婴间菌群的垂直传递,母乳喂养婴儿的肠道菌群构成与母亲的母乳及乳晕周边皮肤细菌高度相似。研究发现,在生命初期的 30 天内,优先使用母乳喂养的婴儿,其肠道菌群中有 27.7% 来自母乳,10.4% 来自母亲乳房的皮肤细菌。相比之下,未能优先使用母乳喂养的婴儿肠道中,未能发现如此高比例的母乳细菌或乳房周边皮肤细菌[70]。值得注意的是,母乳细菌及乳房周边皮肤细菌对婴儿出生后第一个月内的肠道菌群影响最大,此后随着其他影响因素的介入,这种影响效应逐步降低。聚焦婴儿肠道菌群在物种组成方面的差异,母乳喂养婴儿相比配方奶粉喂养婴儿,其肠道中含有更高的双歧杆菌属细菌[91,92]。即便是在母乳喂养的群体内部,婴儿摄入母乳占总食物摄入的比例仍对其肠道菌群组成具有重大影响,并且呈显著的剂量效应关联。鉴于此,纯母乳喂养婴儿与非纯母乳喂养婴儿的肠道菌群具有较高区分度,研究人员通过机器学习算法基于肠道菌群构建模型以区分纯母乳喂养婴儿与非纯母乳喂养婴儿,结果发现丹毒丝菌(*Erysipelotrichaceae*)、拟杆菌(*Bacteroidaceae*)、瘤胃球菌(*Ruminococcaceae*)等科的菌是预测模型中极为重要的菌群特征,其中 *Ruminococcaceae* 和 *Bacteroidaceae* 是在非纯母乳喂养婴儿肠道中占据主导地位的菌属[70]。紧随母乳喂养之后,婴儿喂养的下一个重要节点是辅食添加。辅食添加时间一般是在婴儿的 4～6 月龄期间,该阶段婴儿的肠道菌群组成会面临一次重大的改变。研究发现,在 4 月龄之前,提早引入辅食会导致婴儿肠道菌群的快速成熟。即便是引入辅食之后,母乳喂养情况仍继续影响着肠道菌群的发展[70]。

2.2　肠道菌群与宿主健康

表 2 - 2　专有名词解释

肠道菌群	肠道环境中所有活微生物的集合
多样性	一些高水平的度量,如 α 多样性和 β 多样性,可以用来描述微生物组; α 多样性估计单个样本内的多样性,而 β 多样性描述两个或多个群落(样本)的多样性
益生菌	活微生物,在食用时通常通过改善或恢复肠道菌群来提供健康益处
短链脂肪酸	由肠道菌群通过发酵膳食纤维和可降解淀粉等产生的低分子量有机酸,主要包括乙酸、丙酸和丁酸
细菌毒素	由许多细菌分泌的蛋白质毒素,是病原菌致病性的重要因素之一

续 表

脂多糖	一种细菌毒素,存在于革兰氏阴性菌的细胞壁
抗微生物肽	一类具有天然来源的抗微生物活性的肽类分子; 广泛存在于动植物和微生物中,并作为宿主防御机制的一部分发挥着重要的生理和药理作用; 与传统的抗生素不同,抗微生物肽具有广谱的抗微生物活性,包括抗细菌、抗真菌和抗病毒等; 此外,抗微生物肽通常不会导致微生物耐药性的产生,因此作为抗感染疾病的治疗药物备受关注
γ-氨基丁酸	成人大脑中主要的抑制性神经递质;对突触的可塑性和学习至关重要

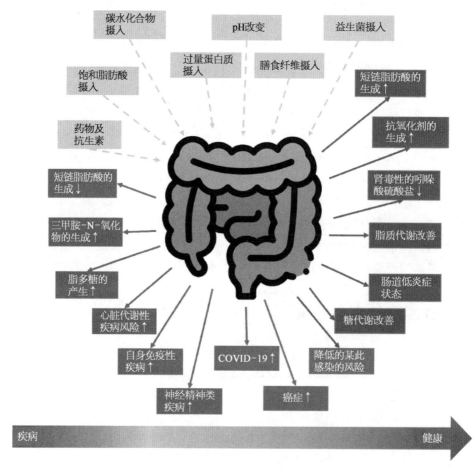

图 2-2　肠道菌群在宿主健康与疾病中的作用示意图

人体肠道菌群由与宿主共生的细菌、病毒、真菌、原生动物和古菌组成,其在维持宿主的健康中起到多种重要作用。例如通过竞争空间和营养物质、产生抗菌物质以及维持肠上皮完整性,发挥抗病原体定植和抑制致病菌过度生长的屏障保护作用。此外,肠道菌群在宿主食物消化、异生素代谢、营养吸收和维生素生产中也起着重要作用。例如肠道菌群可以通过发酵人类无法消化的膳食纤维,产生营养物质——短链脂肪酸(short-chain fatty acids, SCFA)。此外,肠道菌群在调节宿主先天性和适应性免疫过程以及调节肠道屏障完整性方面也发挥着重要作用。例如,微生物的代谢物 SCFA 可以作为促炎细胞因子的抑制剂,减轻肠道炎症,促进黏蛋白合成,通过防止细菌移位来保护肠黏膜屏障,维持肠道内环境稳定。

　　然而,年龄、性别、饮食、心理及生理压力等内源性和外源性因素都会影响肠道菌群的组成和功能,其中不良因素会使致病微生物物种过度生长,微生物生态系统内互惠关系丧失,生物多样性减少,引起微生物失调。微生物失调则会改变肠上皮屏障通透性,引起肠上皮功能所必需的营养物质如丁酸盐和乙酸盐减少,细菌毒素如脂多糖(lipopolysaccharide,LPS)增加,肠道细菌和毒素转移到周围组织和体循环中,从而导致局部和全身炎症,严重影响宿主健康并诱发多种疾病,包括炎症性肠病(inflammatory bowel disease, IBD)、肠易激综合征(irritable bowel syndrome, IBS)、肥胖、糖尿病、癌症、心血管、和神经精神疾病等。本章将从肠道菌群与代谢相关疾病、肠道菌群与免疫相关疾病、肠道菌群与神经相关疾病三个方面,概述肠道菌群与宿主健康的研究进展。

2.2.1　肠道菌群与代谢相关疾病

　　本章节我们将回顾关于肠道微生物组的文献,重点关注细菌对人体代谢的重要影响。尽管代谢健康还未有明确的定义,但流行病学研究将其定义为与理想的生活质量和长寿相关的整体的新陈代谢,可通过一系列不同的身体器官功能测量值进行估计,例如肝脏、肠道、脂肪、肌肉、心脏和脑组织等。然而在现代社会中,由于超加工食品的过量食用、久坐不动以及吸烟等不良生活习惯,使得肥胖、非酒精性肝病、2 型糖尿病等心脏代谢性疾病的患病率居高不下,人们的代谢健康状况不容乐观。尽管常见慢性代谢性疾病的病理学存在巨大差异,但它们都与肠道菌群的组成和功能有关。本章节将聚焦肠道菌群的多样性、组成和功能特征,对其与宿主代谢相关疾病[93],例如肥胖、2 型糖尿病、高血压、高血脂、心脏代谢性疾病、代谢性肝病等的关系进行论述。

　　1. 肥胖

　　自 20 世纪中叶以来,发达国家肥胖及其代谢并发症的发病率急剧上升[94]。越来越多的证据表明,除了生活方式、饮食结构等因素,肠道菌群在肥胖发病机制中同样发挥着重要作用。就肠道菌群的整体组成而言,研究表明肥胖与肠道微生物组的多样性和丰富度较低有关。对于具体的菌来说,克里斯滕森菌科(*Christensenella minuta*)与身体质量指数之间的关联最强。既往研究已在多个人群中证实,该细菌与向心性肥胖标志物(如内脏脂肪量)、血浆甘油三酯、载脂蛋白 B 呈负相关[95]。此外,与肠道微生物基因含量高的个体相比,肠道微生物基因含量低的个体出现内脏脂肪含量高、胰岛素抵抗、高脂血症、高血压和慢性炎症等表型[96]。肠道菌群的代谢物,例如短链脂肪酸,也与肥胖相关。

丁酸、丙酸可抑制肥胖,而乙酸盐可能主要具有致肥胖特性[97]。此外,宿主肥胖也受到胆汁酸的影响。例如次级胆汁酸——石胆酸,可能通过白色和棕色脂肪组织的褐变来消耗能量、刺激产热,从而影响宿主的能量代谢。

2. 2 型糖尿病

2 型糖尿病是最常见的代谢性疾病之一,其发病率和患病率逐年增加,影响 5%～15% 的成年人[98]。2 型糖尿病与肠道微生物组组成的改变有关,其特征是细菌丰富度降低、产丁酸盐细菌丰度降低以及条件致病菌(如梭状芽孢杆菌、门氏梭菌和韦荣球菌)丰度增加。与致病菌的增加比,产丁酸盐的细菌,如粪杆菌、狭义梭菌、罗氏菌、瘤胃球菌科(Ruminococcaceae),亚球菌属(Subdoligranulum),丁酸球菌属(Butyricicoccus)和马蹄菌属(Alistipes)的减少与胰岛素抵抗的相关性更强,这表明产丁酸盐的细菌可以稳定肠道生态系统,并且丁酸盐水平的降低可能会导致致病菌的大量繁殖[96, 99-103]。

除了丁酸外,2 型糖尿病患者的肠道菌群也参与了支链氨基酸产生、糖代谢、乳酸和 B 族维生素的代谢、谷氨酸转运等过程,但这些过程对疾病的贡献尚不明确[104, 105]。

3. 高脂血症

在患有复杂代谢综合征的个体中,肠道微生物多样性与血浆甘油三酯、低密度脂蛋白水平之间存在一致的负相关,而血浆高密度脂蛋白水平与肠道微生物多样性呈正相关[96, 106]。此外,肠道菌群可通过将胆固醇转化为不可吸收的粪甾烷醇(coprostanol)和粪甾烷酮(coprostanone),或将胆固醇转向胆汁酸代谢,直接限制全身循环中的胆固醇水平,从而影响心血管疾病的发展和进展[107, 108]。

4. 高血压

原发性高血压是心血管疾病中最普遍和可调控的危险因素[109]。早期高血压对应的肠道菌群组成特征是肠道细菌丰富度和多样性的降低[110-114]。此外,大量研究表明,高血压患者肠道内缺少产丁酸的菌,尤其是罗斯氏菌属(Roseburia)、粪杆菌属(Faecalibacterium)、几种瘤胃球菌(Ruminococcaceae)和克里斯滕森菌科(Christensenella)[115]。

5. 心血管疾病

研究表明,心血管疾病患者的肠道细菌丰富度和丁酸盐产生菌丰度相对减少,同时几种变形杆菌、条件致病菌和口腔细菌(如链球菌)的相对丰度增加[116-119];不过这些特征菌中的大多数在心血管疾病进展的早期就存在了,说明这些菌群特征可能可以作为心血管相关疾病的潜在治疗靶点[120-122]。

6. 代谢性肝病

非酒精性脂肪肝(NAFLD)通常被认为是代谢综合征的肝脏表现,成年人中患病率为 20%～40%[123]。而肠道菌群紊乱可能是导致 NAFLD 发生与发展的关键因素之一。NAFLD 患者中梭状芽孢杆菌(Clostridium)、厌氧杆菌(Anaerobacter)、链球菌(Streptococcus)、埃希氏菌(Escherichia)和乳酸菌(Lactobacillus)的丰度增加,而振荡杆菌(Oscillibacter),臭杆菌属(Odoribacter)和马蹄菌属(Alistipes)的丰度减少[124-126]。

除了肠道菌群的组成外,与健康人相比,代谢性肝病患者肠道菌群的功能也发生显著改变。NAFLD 患者菌群富含如大肠杆菌等产乙醇的菌,所以 NAFLD 患者的肠道菌群比健康对照组产生更多的乙醇。乙醇激活 NF－κB 信号通路,损害肠屏障功能并导致门静脉内毒素血症,从而引起组织损伤,引发肝脏炎症和脂肪性肝炎[127-130]。

2.2.2　肠道菌群与自身免疫性疾病

在过去的几十年中,全球自身免疫性疾病的患病率迅速增加。自身免疫性疾病的特征是对自身抗原的免疫反应失调,导致慢性炎症。除了遗传和环境因素(如吸烟、有毒化学物质)被认为与自身免疫性疾病的发展有关外,肠道菌群组成的改变也被认为是自身免疫性疾病迅速增加的原因之一[131-133]。在本节中,我们将通过讨论肠道菌群与肠内自身免疫病及肠外自身免疫病的关系,进一步理解这些自身免疫性疾病中肠道菌群所扮演的角色。

1. 炎症性肠道疾病

炎症性肠道疾病(inflammatory bowel disease, IBD)是典型的胃肠道自身免疫性疾病,主要分为溃疡性结肠炎和克罗恩病两种类型。各种证据表明,肠道微生物组与肠道炎症有关。与健康人相比,IBD 患者肠道微生物组的多样性显著降低,表现为厚壁菌门显著减少,而肠杆菌和变形杆菌显著增加。除了细菌外,IBD 患者肠道中的真菌也发生了变化。克罗恩病患者结肠、回肠和粪便中真菌多样性显著增加,表现为白色念珠菌、白色曲霉菌和新型隐球菌增加。此外,肠道菌群的代谢产物也在 IBD 的发病过程中发挥作用。例如 IBD 患者粪便中结合型胆汁酸增加,血清和粪便中的次级胆汁酸减少。与此同时,肠道菌群还可以通过表观遗传调节宿主细胞功能。最新研究表明,肠道菌群代谢物三磷酸肌醇可拮抗丁酸对组蛋白去乙酰化酶 3 的抑制作用,诱导蛋白去乙酰化酶 3 活化,从而促进肠上皮细胞增殖和肠损伤修复,改善炎症性肠病。

2. 多发性硬化症

多发性硬化症的特点是中枢神经系统的慢性炎症。尽管与多发性硬化症相关的细菌在不同研究中可重复低,但仍有一些细菌可以得到验证。比如多发性硬化症患者中的普氏菌属和副杆菌属的减少,可抑制 FOXP3$^+$ 调节性 CD4$^+$ T(regulatory T cell, T_{reg} 细胞)细胞,从而诱导中枢神经系统的炎症反应[134-137]。而黏液降解菌——嗜黏液阿克曼氏菌(*Akkermansia muciniphila*)在多发性硬化症患者中则会增加,使自身反应性 T 细胞分化为 T 辅助 1 细胞(T helper type 1 cell, T_H1)和 T 辅助 17(T helper type 17 cell, T_H17)细胞,从而参与多发性硬化症的炎症过程[136-138]。此外,分段丝状细菌(*Candidatus Savagella*)是研究最深入的共生菌之一,它们紧密附着在上皮细胞上并在小肠中诱导 T_H17 反应,加剧多发性硬化症[139, 140]。

3. 类风湿性关节炎

口腔和肠道菌群都与类风湿性关节炎患者的免疫反应失调有关[141, 142]。类风湿性关节炎患者粪便中普氏菌的丰度升高,尤其是普雷沃(*Prevotella copri*)。普雷沃(*P. copri*)特异性免疫球蛋白A反应与 T_H1 和 T_H17 相关细胞因子的血清浓度呈正相关,表明患者肠道中普雷沃(*P.copri*)增加的免疫反应可能在类风湿性关节炎的发病中起作用[143-146]。类风湿性关节炎患者中产生短链脂肪酸的细菌,如粪杆菌属(Faecalibacterium)和拟杆菌属(Bacteroides),相对丰度明显降低,而柯林氏菌(Collinsella)的丰度则会升高[143, 144, 147, 148]。

4.1 型糖尿病

1型糖尿病是一种儿童期发作的自身免疫性疾病。1型糖尿病儿童的肠道细菌丰富度降低[149, 150],普氏菌属减少、拟杆菌属增加[45, 46, 151-153]。此外,与健康对照相比,1型糖尿病儿童中产短链脂肪酸相关通路减少,这种功能变化可能与在1型糖尿病儿童中观察到肠道通透性的增加有关[45, 154, 155]。

2.2.3 肠道菌群与神经相关疾病

精神疾病曾被认为仅仅是由于大脑缺陷引起的,然而这种以大脑为中心的观点忽略了这样一个事实,即神经系统的发育和功能受到身体代谢和免疫状态的影响[156]。当前,科学家开始认识到微生物可以通过它们在肠道中产生的代谢物、免疫和神经化学因子来影响大脑[136, 157-160],这在神经发育疾病(例如自闭症谱系障碍和精神分裂症)、神经退行性疾病(例如帕金森病、阿尔茨海默病和多发性硬化症)和行为疾病(例如抑郁症和焦虑症)中都有体现[161-164]。

1. 自闭症谱系障碍

自闭症谱系障碍(ASD)是一种在生命早期表现出来的神经发育障碍。美国每59名儿童中就有一名受到ASD影响,并且ASD在男性中的患病率较高[165]。ASD的症状通常表现为行为的变化,例如社交沟通障碍、社交互动障碍和重复行为[166]。而胃肠道症状却是一个重要且常被忽视的自闭症谱系障碍的特征。许多研究报告称,患有ASD的个体和神经正常个体的肠道菌群组成不同,并且肠道菌群能够影响ASD的相关行为特征[167-170]。然而,这些研究的样本量相对较小且异质性强。相比肠道菌群而言,肠道菌群来源的代谢物对ASD样表型影响的结论较为一致[171-175]。与神经正常对照相比,ASD患者的尿液、血液和粪便代谢物(例如5-氨基戊酸、牛磺酸、胆汁酸代谢物和短链脂肪酸)水平均发生了改变[160]。把ASD患者的菌群移植给小鼠,发现小鼠5-氨基戊酸和牛磺酸的水平均有所降低;而补充这两种分子能够改善ASD小鼠的重复行为并恢复其社交能力。

2. 帕金森病

帕金森病是仅次于阿尔茨海默病的第二大常见神经退行性疾病,影响全球0.3%的普通人群和超过1%的老年人口[176]。帕金森病的病理学标志是α-突触核蛋白的异常聚集[177]。最近的研究表明,肠道菌群与帕金森之间具有紧密的联系。帕金森患者的微生物群落组成和血清中的代谢特征都与健康个体不同,主要特征包括肠杆菌科细菌丰度升高,且肠杆菌科细菌丰度的增加与疾病症状的严重程度呈正相关。值得注意的是,肠杆菌科也与克罗恩病的肠道炎症有关,而克罗恩病患者发生帕金森的风险增加,且接受抗炎药治疗的克罗恩患者可部分免受帕金森影响,表明肠道炎症可能是帕金森的驱动因素之一。除此之外,帕金森的特征还包括肠道菌群相关的代谢物的改变,包括 β-葡萄糖醛酸、色氨酸水平以及短链脂肪酸的降低[178]。例如,在帕金森样小鼠体内,健康肠道微生物水平降低,肠道中肠杆菌科细菌水平升高,粪便短链脂肪酸浓度发生改变。总之,上述研究为"一些帕金森病例的病理变化可能始于肠道、终于大脑"的假说提供了有力的支持。

3. 阿尔茨海默病

肠道菌群也在阿尔茨海默病中发挥了作用。与健康人群相比,阿尔茨海默病患者的肠道菌群组成发生了一系列变化,包括厚壁菌门和双歧杆菌的丰度降低,拟杆菌门、大肠杆菌和志贺氏菌属丰度的增加[179, 180]。志贺氏菌属与阿尔茨海默患者中淀粉样蛋白表达增加有关,其作用方式与帕金森非常相似。

4. 抑郁症

抑郁症影响着全世界数百万人,并与认知功能障碍、快感缺乏和绝望等神经系统症状有关。重度抑郁症是抑郁症的一种形式,与全身的生理变化有关,包括肠道上皮通透性的变化和全身炎症的增加[C 反应蛋白、白细胞介素(interleukin, IL)- 1β、IL - 6 和肿瘤坏死因子水平的升高][181]。最近的证据表明,与健康成年人相比,重度抑郁症患者的肠道细菌种类发生了变化,例如拟杆菌门、厚壁菌门、粪球菌属和放线菌门的丰度减少,变形菌门以及马蹄菌属(*Alistipes spp.*)的增加[161, 163, 182, 183]。然而,上述大多数与抑郁症相关的微生物特征在不同研究中可重复性低,这是许多横断面研究中所普遍存在的问题。

2.2.4　肠道菌群与其他疾病

癌症是全球第二大致死疾病。虽然癌症及其发病机制已经被广泛研究了几十年,但微生物对癌症的发展、进展和治疗的影响直到近些年才得到广泛关注。其中,幽门螺杆菌是被最为深入研究的一种癌症相关的微生物。研究表明,幽门螺杆菌是一种致癌菌,其通过干扰调节细胞更新和细胞凋亡的 WNT/β-连环蛋白通路,导致消化性溃疡、胃癌和淋巴瘤的发生[184, 185]。另外,一些致病菌(如大肠杆菌、脆弱拟杆菌和具核梭杆菌)数量的增加,以及肠道益生菌(如双歧杆菌、乳酸杆菌和拟杆菌)种类的减少,是结直肠癌(colorectal cancer, CRC)患者肠道菌群失调的特点[186]。此外,沙门氏菌感染对于胆囊癌的发生也至关重要[186]。这些研究揭示了微生物组在癌症发展中的潜在作用,为癌症的预防和治疗提供了新的思路。然而,尽管取得了一些重要的进展,我们对微生物与癌症之间的相互作用和机制仍需进一步研究和理解。随着科学技术的不断进步,我们有望更全面地认识微生物组在癌症中的作用,并为开发个体化的癌症治疗策略提供更多的依据。

除了癌症外,肠道菌群也与由严重急性呼吸系统综合征冠状病毒 2(SARS - CoV - 2) 引起的新型冠状病毒肺炎(COVID - 19)有关[187]。不同国家的不同人群研究均表明新冠患者的肠道菌群多样性下降,短链脂肪酸产生菌丰度降低,肠杆菌科条件致病菌丰度升高。

2.3 宿主基因、环境与肠道菌群

肠道菌群通过参与人体的营养代谢、免疫调节、炎症反应以及内分泌调节等生理过程,直接或间接地影响人体健康。维持肠道菌群的稳态可以促进人体的健康。虽然既往研究表明成熟的菌群相对稳定,但肠道细菌群也是动态变化的,可以通过内部和外部刺激而发生改变。大量研究显示,环境因素和宿主遗传因素是影响肠道微生态的主要驱动因素。

2.3.1 宿主遗传对肠道菌群的影响

来自双胞胎、家庭和群体研究的证据表明,一些肠道微生物具有一定的遗传性[188]。相关遗传机制和位点的发现对于理解宿主-微生物的共生关系和共同进化机制具有重要意义。宿主遗传学对人类微生物组影响的分析始于 2014—2015 年的几项小型研究(<100 人)。2016 年,研究人员开始在大型队列——TwinsUK 队列的 1 126 对双胞胎中进行了遗传度分析和 mbGWAS 分析[189]。这些研究发现,一些肠道微生物显示出显著的遗传度:945 个分类群中有 90 个 (9.5%) 显示出大于 0.20 的遗传度 (h^2)。这些遗传度的评估后来在加拿大和荷兰的家庭研究中也得到证实。基于 TwinsUK 的研究,研究人员发现克里斯滕氏菌(*Christensenellaceae*)具有最强的遗传力,而克里斯滕氏菌也与机体的代谢有关。除了遗传度外,宿主遗传变异位点与微生物组之间的关系也受到了广泛关注。迄今为止已经发布了 12 个 mbGWAS[190],每个研究的样本量均为 1 000 名左右的参与者。这 12 项研究报告了在全基因组显著性水平上的数十个位点,但只有两个位点即乳糖酶基因(lactase gene, LCT) 和 ABO 血型(ABO blood group system)在至少三项研究中获得验证。

研究表明,LCT 基因或附近的遗传变异与肠道菌群落中双歧杆菌的相对丰度相关。在英国、荷兰、加拿大、芬兰人群以及在 MiBioGen 联盟的荟萃分析中[189-192],该关联都能够得到全基因组水平上的验证,而其他队列在较低的显著性水平上也显示了这种关联,这使得该基因成为迄今为止微生物数量性状基因座(microbial quantitative trait loci, mbQTL)研究中重复性最好的发现,而且这种关联与乳制品的消费有关。LCT 编码乳糖酶,可将乳糖分解为葡萄糖和半乳糖。位于 LCT 基因附近的功能位点 rs4988235 * G / G 基因型对应乳糖酶非耐受性表型,即断奶后代谢乳糖的能力下降,而另一种基因型则为乳糖耐受基因型。而双歧杆菌作为重要的乳糖降解菌,在家畜化奶牛之后、乳糖耐受等位基因选择之前,帮助成年宿主从乳制品中提取能量。在畜牧业兴起之后,乳糖代谢细菌很可能对没有乳糖耐受等位基因的宿主的适应性产生了积极影响。随后,有益的宿主等位基因,即乳糖耐受基因,产生并取代了微生物群落功能,并在西方人群中固定。双歧杆菌(或功能上冗余的微生物)产生的 β-半乳糖苷酶也可能通过减少 LCT 基因型间的适应度差异,减轻了对乳糖不耐等位基因的选择压力。总之,乳糖耐受基因型与双歧杆菌相对丰度之间的反向关系的结果支持了哺乳动物乳糖酶和细菌 β-半乳糖苷酶直接竞争乳糖的观点,并为肠道菌群与宿主互作提供了一个很好的例子。

除了 LCT 基因外,ABO 基因与菌群的结果在不同人群中也相对一致[192-194]。在德国、荷兰和芬兰的队列中已经报道了微生物组与 ABO 基因的关联。在德国队列中,ABO 基因中的两个独立 SNP 与粪杆菌属(*Faecalibacterium*)和拟杆菌属(*Bacteroides*)的丰度相关。在芬兰队列中,ABO 附近的部分连锁不平衡(LD)变异位点与乳糖粪便(*Faecalicatena lactaris*)和柯林氏菌(*Collinsella*)的丰度相关。在荷兰人群中,LD 中的相同和其他变异位点与双歧杆菌丰度、乳糖降解途径和柯林氏菌(*Collinsella*)丰度相关。ABO 基因座与肠道微生物组的关联在猪中也有报道,其中使 ABO 基因失活的常见缺失与丹毒科(*Erysipelotrichaceae*)的丰度相关。

此外,三项人类研究都发现 ABO 和 FUT2 基因的交互作用与肠道细菌丰度之间的关系。具体而言,FUT2 基因中的无义突变(rs601338)决定了 ABO 抗原在黏膜细胞上的表达。如果一个人是 FUT2 基因 rs601338 G 等位基因纯合子(rs601338 * G/G 基因型),他们的黏膜(包括肠道黏膜)上将不会表达 ABO 的 A 或 B 抗原,这些人被称为非分泌者。而在所有研究中,ABO 基因对相关细菌的影响取决于宿主的分泌状态。有趣的是,尽管我们认为 FUT2 基因的分泌状态与肠道菌群有关,且多项研究发现 ABO 和 FUT2 基因之间基因—基因相互作用的结果一致,但只有一项研究在全基因组水平上观察到该关联。相信随着研究样本量的增加,之后的研究将持续发现该基因位点的重要性。

2.3.2　环境因素对肠道菌群的影响

相比于遗传因素,环境因素对肠道菌群落的塑造作用更为显著。既往研究表明,影响肠道微生物的内源性和外源性因素包括新生儿的分娩方式、宿主免疫反应、饮食(包括膳食补充剂)、抗生素和其他药物、昼夜节律以及环境微生物暴露等。这些因素对人类肠道菌群的组成、功能的影响以及持久性差异很大,其中膳食营养是影响微生物组成和功能最有效的调节剂之一。下面我们将对几种最常见的膳食相关因素与肠道微生物及其代谢物之间的关系进行简要的阐述。

1. 碳水化合物

既往研究表明,宏量营养素和微量营养素都可以改变肠道微生物组。在宏量营养素中,可被微生物利用的碳水化合物(microbiota-accessible carbohydrates, MAC)对肠道微生物组成和功能的影响最为突出。MAC 虽然无法被宿主直接利用,但其可为肠道细菌提供能量,提高肠道菌群的丰富度和多样性[6, 195],同时使肠道细菌产生的短链脂肪酸增加,使宿主受益。

2. 脂肪

膳食脂肪的增加也会显著改变肠道菌群的组成[196, 197]。膳食脂肪对肠道菌群的影响研究主要集中在高脂与低脂水平的对比上[198]。喂食高脂肪饮食(40%~80% 总热量摄入)的实验小鼠拟杆菌门水平下降、厚壁菌门和变形菌门增加,这意味着膳食脂肪对菌群有直接影响。长期的高脂饮食导致乳杆菌属(Lactobacillus spp.)、双歧杆菌属(Bifidobacterium spp.)、拟杆菌-普氏菌属(Bacteroides-Prevotella spp.)等肠屏障保护功能菌属丰度下降,肠道通透性增加,同时还可以使硫酸盐还原菌的丰度显著增加,硫化氢和内毒素脂多糖的含量增加,肠道屏障被破坏,进而造成宿主慢性炎症反应,导致多种疾病的发生。

除了高脂饮食之外,膳食脂肪中饱和脂肪酸、单不饱和脂肪酸和多不饱和脂肪酸对肠道菌群结构和功能的影响具有明显差异。与鱼油或大豆油相比,饲喂猪油的大鼠粪便中富含疣微菌门(Verrucomicrobia)、软壁菌门(Tenericutes)和阿克曼菌(Akkermansia muciniphila)。类似地,高饱和脂肪酸(猪油来源)饮食喂养的小鼠肠道微生物多样性和丰富度降低,拟杆菌门(Bacteroidetes)的丰度降低,厚壁菌门(Firmicutes)丰度提高。而单不饱和脂肪酸(monounsaturated fatty acids, MUFA)的摄入可以增加肠道菌群的多样性,降低厚壁菌门(Firmicutes)与拟杆菌门(Bacteroidetes)的比率,并产生短链脂肪酸,降低肥胖、肠炎等疾病的风险。多不饱和脂肪酸中 n - 3 被认为对肠道菌群有益,在野生型小鼠(C57BL/6)研究中,将饮食从富含 n - 6 PUFA 向富含 n - 3 PUFA 切换 2 个月后,产脂多糖(LPS)和促炎的肠道细菌丰度下降,抑制 LPS 和抗炎细菌如变形杆菌门(Proteobacteria)的数量增加,可以推测 n - 3 PUFA 可能会抑制引起肥胖和炎症相关的肠道微生物的生长,促进有益菌的生长。

3. 膳食蛋白质

膳食蛋白质也可以调节微生物组成和代谢物的产生,其中氨基酸为肠道菌群提供必需的碳和氮[197, 198]。氨基酸分解产生的代谢物,包括支链脂肪酸、吲哚、酚类、氨和胺,都会影响人体健康。例如,酚类、吲哚类和胺类可以与一氧化氮结合形成具有遗传毒性的 N -亚硝基化合物,这些化合物与胃肠道癌症有关;吲哚丙酸可维持肠道稳态并防止结肠炎;吲哚-3 -乙酸盐可以减少肝细胞和巨噬细胞的炎症;氨基酸左旋肉碱产生的复合三甲胺氧化物(TMAO),可预测多种人群的心血管事件,并且与脂肪肝疾病的发展有关。

4. 微量营养素

肠道微生物能够调节各种微量营养素的合成和代谢[197, 199-201]。以 B 族维生素为例,人体中有 100 多种细菌可以合成 B 族维生素,细菌之间通过合作交换 B 族维生素以确保生存。不仅微生物可以调控维生素的合成,维生素也可以反过来调控微生物的组成并在细菌内提供关键功能。例如,核黄素可以调节细菌细胞外电子转移和氧化还原状态,维生素 D 及其受体有助于调节肠道炎症。与维生素一样,金属是许多哺乳动物和细菌生理过程所需的辅助因子,可以显著改变微生物。锌缺乏会增加致病菌的数量,是儿童腹泻的一个重要危险因素。高盐摄入使乳酸杆菌水平降低,促炎性辅助 T 细胞 17 增加,进而可导致心血管病的发生。总的来说,肠道菌群和微量营养素之间的相互作用是未来研究的一个重要方向。

5. 食品添加剂

食品添加剂对肠道菌群和肠道稳态的影响是一个未被充分研究的重要领域[197, 202, 203]。尽管西方饮食对微生物和宿主健康的影响通常归因于宏量营养素,但多项研究也表明,这些有害影响可能也是由食品添加剂,包括膳食乳化剂和非营养性甜味剂(non-nutritive sweeteners, NNS)引起的。总体而言,这个领域仍然处于起步阶段,亟须更多的高质量研究。

6. 饮食模式

虽然研究单个营养素与健康的关系有一定意义,但也存在较大局限[197]。例如高脂饮食影响肠道菌群的原因,可能是由于高脂饮食膳食纤维含量低对微生物的影响改变了宿主的代谢,而不是脂肪含量升高本身。鉴于单独研究营养素的局限性,人们越来越倾向于从这些单个营养素的研究转向探索更广泛的饮食模式对健康的影响。

研究表明不当的膳食模式可诱导肠道菌群紊乱,并会对宿主的健康产生负面影响。以红肉、加工食品、高精制糖和低膳食纤维为特征的西方饮食可导致宿主肠道微生态失衡,菌群的多样性下降,有害代谢产物增加,肠屏障通透性受损,触发宿主先天免疫激活,从而引发脂肪炎症、动脉粥样硬化、非酒精性脂肪肝等疾病。高脂饮食会导致肠道中马蹄菌属(*Alistipes*)和拟杆菌属显著增加、粪便杆菌属显著减少、总短链脂肪酸水平降低,并伴随着血液中促炎因子增加对代谢系统产生不利影响。

有益膳食模式对肠道菌群及宿主健康起到改善作用。与高脂高糖为特征的西方饮食模式相比,以植物性食物(即蔬果、豆类、谷类食品)为主,食用橄榄油、每日适量奶酪、酸奶,每周适量鱼、禽、蛋类的地中海饮食被认为是更为健康的膳食模式。地中海式饮食模式对总体菌群组成和功能具有显著影响,并会影响肠道菌群的植物多糖降解潜力、产短链脂肪酸的能力和果胶代谢能力等;此外,地中海饮食与心脏代谢健康的保护性关联也与肠道菌群组成紧密相关[204]。除了地中海饮食模式外,健康食品多样性(HFD)指数(包括膳食多样性和食品质量)、健康(hPDI)/非健康植物性饮食指数(uPDI)(考虑植物性食品的质量和数量)、健康饮食指数(HEI)都与菌群组成之间有密切相关性。

综上所述,本章节对肠道菌群的定植、发展与稳定、肠道菌群与宿主健康之间的关系以及影响肠道菌群组成与功能的遗传与环境因素进行了介绍。后续章节将为读者详细阐述膳食营养与肠道菌群之间的关联,更深入地为读者解析肠道菌群如何与膳食营养互作从而影响宿主健康或疾病的发生发展。

参考文献

[1] Roswall J, Olsson L M, Kovatcheva-Datchary P, et al. Developmental trajectory of the healthy human gut microbiota during the first 5 years of life. Cell Host Microbe, 2021, 29(5): 765 - 776.

[2] Grech A, Collins C E, Holmes A, et al. Maternal exposures and the infant gut microbiome: A systematic review with meta-analysis. Gut Microbes, 2021, 13(1): 1 - 30.

[3] Shao Y, Forster S C, Tsaliki E, et al. Stunted microbiota and opportunistic pathogen colonization in caesarean-section birth. Nature, 2019, 574(7776): 117 - 121.

[4] Moore R E, Townsend S D. Temporal development of the infant gut microbiome. Open Biol, 2019, 9(9): 190128.

[5] Bäckhed F, Roswall J, Peng Y, et al. Dynamics and stabilization of the human gut microbiome during the first year of life. Cell Host Microbe, 2015, 17(5): 690 - 703.

[6] Yatsunenko T, Rey F E, Manary M J, et al. Human gut microbiome viewed across age and geography. Nature, 2012, 486(7402): 222 - 227.

[7] Korpela K, De Vos W M. Infant gut microbiota restoration: state of the art. Gut Microbes, 2022, 14(1): 2118811.

[8] Ismail I H, Oppedisano F, Joseph S J, et al. Prenatal administration of Lactobacillus rhamnosus has no effect on the diversity of the early infant gut microbiota. Pediatr Allergy Immunol, 2012, 23(3): 255 - 258.

[9] Abrahamsson T R, Sinkiewicz G, Jakobsson T, et al. Probiotic lactobacilli in breast milk and infant stool in relation to oral intake during the first year of life. J Pediatr Gastroenterol Nutr, 2009, 49(3): 349 - 354.

[10] Enomoto T, Sowa M, Nishimori K, et al. Effects of bifidobacterial supplementation to pregnant women and infants in the prevention of allergy development in infants and on fecal microbiota. Allergol Int, 2014, 63(4): 575 - 585.

[11] Gueimonde M, Sakata S, Kalliomäki M, et al. Effect of maternal consumption of lactobacillus GG on transfer and establishment of fecal bifidobacterial microbiota in neonates. J Pediatr Gastroenterol Nutr, 2006, 42(2): 166 - 170.

[12] Azad M B, Konya T, Persaud R R, et al. Impact of maternal intrapartum antibiotics, method of birth and breastfeeding on gut microbiota during the first year of life: a prospective cohort study. Bjog, 2016, 123(6): 983 - 993.

[13] Aloisio I, Quagliariello A, De Fanti S, et al. Evaluation of the effects of intrapartum antibiotic prophylaxis on newborn intestinal microbiota using a sequencing approach targeted to multi hypervariable 16S rDNA regions. Appl Microbiol Biotechnol, 2016, 100(12): 5537 - 5546.

[14] Arboleya S, Sánchez B, Solís G, et al. Impact of Prematurity and Perinatal Antibiotics on the Developing Intestinal Microbiota: A Functional Inference Study. Int J Mol Sci, 2016, 17(5).

[15] Nogacka A, Salazar N, Suárez M, et al. Impact of intrapartum antimicrobial prophylaxis upon the intestinal microbiota and the prevalence of antibiotic resistance genes in vaginally delivered full-term neonates. Microbiome, 2017, 5(1): 93.

[16] Corvaglia L, Tonti G, Martini S, et al. Influence of Intrapartum Antibiotic Prophylaxis for Group B Streptococcus on Gut Microbiota in the First Month of Life. J Pediatr Gastroenterol Nutr, 2016, 62(2): 304 – 308.

[17] Mazzola G, Murphy K, Ross R P, et al. Early Gut Microbiota Perturbations Following Intrapartum Antibiotic Prophylaxis to Prevent Group B Streptococcal Disease. PLoS One, 2016, 11(6): e0157527.

[18] Fallani M, Young D, Scott J, et al. Intestinal microbiota of 6 – week-old infants across Europe: geographic influence beyond delivery mode, breast-feeding, and antibiotics. J Pediatr Gastroenterol Nutr, 2010, 51(1): 77 – 84.

[19] Zhang M, Differding M K, Benjamin-Neelon S E, et al. Association of prenatal antibiotics with measures of infant adiposity and the gut microbiome. Ann Clin Microbiol Antimicrob, 2019, 18 (1): 18.

[20] Imoto N, Morita H, Amanuma F, et al. Maternal antimicrobial use at delivery has a stronger impact than mode of delivery on bifidobacterial colonization in infants: a pilot study. J Perinatol, 2018, 38(9): 1174 – 1181.

[21] Stearns J C, Simioni J, Gunn E, et al. Intrapartum antibiotics for GBS prophylaxis alter colonization patterns in the early infant gut microbiome of low risk infants. Sci Rep, 2017, 7(1): 16527.

[22] Mueller N T, Shin H, Pizoni A, et al. Birth mode-dependent association between pre-pregnancy maternal weight status and the neonatal intestinal microbiome. Sci Rep, 2016, 6: 23133.

[23] Singh S B, Madan J, Coker M, et al. Does birth mode modify associations of maternal pre-pregnancy BMI and gestational weight gain with the infant gut microbiome?. Int J Obes (Lond), 2020, 44(1): 23 – 32.

[24] Stanislawski M A, Dabelea D, Wagner B D, et al. Pre-pregnancy weight, gestational weight gain, and the gut microbiota of mothers and their infants. Microbiome, 2017, 5(1): 113.

[25] Lundgren S N, Madan J C, Emond J A, et al. Maternal diet during pregnancy is related with the infant stool microbiome in a delivery mode-dependent manner. Microbiome, 2018, 6(1): 109.

[26] Savage J H, Lee-Sarwar K A, Sordillo J E, et al. Diet during Pregnancy and Infancy and the Infant Intestinal Microbiome. J Pediatr, 2018, 203: 47 – 54.

[27] Hu J, Nomura Y, Bashir A, et al. Diversified microbiota of meconium is affected by maternal diabetes status. PLoS One, 2013, 8(11): e78257.

[28] Su M, Nie Y, Shao R, et al. Diversified gut microbiota in newborns of mothers with gestational diabetes mellitus. PLoS One, 2018, 13(10): e0205695.

[29] Zijlmans M A, Korpela K, Riksen-Walraven J M, et al. Maternal prenatal stress is associated with the infant intestinal microbiota. Psychoneuroendocrinology, 2015, 53: 233 – 245.

[30] Jakobsson H E, Abrahamsson T R, Jenmalm M C, et al. Decreased gut microbiota diversity, delayed Bacteroidetes colonisation and reduced Th1 responses in infants delivered by caesarean section. Gut, 2014, 63(4): 559 – 566.

[31] Dominguez-Bello M G, Costello E K, Contreras M, et al. Delivery mode shapes the acquisition and structure of the initial microbiota across multiple body habitats in newborns. Proc Natl Acad Sci U S A, 2010, 107(26): 11971 – 11975.

[32] Ferretti P, Pasolli E, Tett A, et al. Mother-to-Infant Microbial Transmission from Different Body Sites Shapes the Developing Infant Gut Microbiome. Cell Host Microbe, 2018, 24(1): 133 – 145.

[33] Asnicar F, Manara S, Zolfo M, et al. Studying Vertical Microbiome Transmission from Mothers to Infants by Strain-Level Metagenomic Profiling. mSystems, 2017, 2(1).

[34] Nayfach S, Rodriguez-Mueller B, Garud N, et al. An integrated metagenomics pipeline for strain profiling reveals novel patterns of bacterial transmission and biogeography. Genome Res, 2016, 26(11): 1612 – 1625.

[35] Koenig J E, Spor A, Scalfone N, et al. Succession of microbial consortia in the developing infant gut microbiome. Proc Natl Acad Sci U S A, 2011, 108 Suppl 1(Suppl 1): 4578 – 4585.

[36] Stiemsma L T, Michels K B. The Role of the Microbiome in the Developmental Origins of Health and Disease. Pediatrics, 2018, 141(4).

[37] Bäckhed F, Roswall J, Peng Y, et al. Dynamics and Stabilization of the Human Gut Microbiome during the First Year of Life. Cell Host Microbe, 2015, 17(6): 852.

[38] Korpela K, De Vos W M. Early life colonization of the human gut: microbes matter everywhere. Curr Opin Microbiol, 2018, 44: 70 – 78.

[39] Sandall J, Tribe R M, Avery L, et al. Short-term and long-term effects of caesarean section on the health of women and children. Lancet, 2018, 392(10155): 1349 – 1357.

[40] Lax S, Sangwan N, Smith D, et al. Bacterial colonization and succession in a newly opened hospital. Sci Transl Med, 2017, 9(391).

[41] Shin H, Pei Z, Martinez K A, 2ND, et al. The first microbial environment of infants born by C-section: the operating room microbes. Microbiome, 2015, 3: 59.

[42] Brooks B, Olm M R, Firek B A, et al. The developing premature infant gut microbiome is a major factor shaping the microbiome of neonatal intensive care unit rooms. Microbiome, 2018, 6 (1): 112.

[43] Korpela K, Helve O, Kolho K L, et al. Maternal Fecal Microbiota Transplantation in Cesarean-Born Infants Rapidly Restores Normal Gut Microbial Development: A Proof-of-Concept Study. Cell, 2020, 183(2): 324 – 334.

[44] Wampach L, Heintz-Buschart A, Fritz J V, et al. Birth mode is associated with earliest strain-conferred gut microbiome functions and immunostimulatory potential. Nat Commun, 2018, 9 (1): 5091.

[45] Stewart C J, Ajami N J, O'brien J L, et al. Temporal development of the gut microbiome in early childhood from the TEDDY study. Nature, 2018, 562(7728): 583 – 588.

[46] Vatanen T, Franzosa E A, Schwager R, et al. The human gut microbiome in early-onset type 1 diabetes from the TEDDY study. Nature, 2018, 562(7728): 589 – 594.

［47］ Cuna A, Morowitz M J, Ahmed I, et al. Dynamics of the preterm gut microbiome in health and disease. Am J Physiol Gastrointest Liver Physiol, 2021, 320(4): G411－419.

［48］ Healy D B, Ryan C A, Ross R P, et al. Clinical implications of preterm infant gut microbiome development. Nat Microbiol, 2022, 7(1): 22－33.

［49］ Weaver L T, Laker M F, Nelson R. Intestinal permeability in the newborn. Arch Dis Child, 1984, 59(3): 236－241.

［50］ Ravisankar S, Tatum R, Garg P M, et al. Necrotizing enterocolitis leads to disruption of tight junctions and increase in gut permeability in a mouse model. BMC Pediatr, 2018, 18(1): 372.

［51］ Beach R C, Menzies I S, Clayden G S, et al. Gastrointestinal permeability changes in the preterm neonate. Arch Dis Child, 1982, 57(2): 141－145.

［52］ Mallow E B, Harris A, Salzman N, et al. Human enteric defensins. Gene structure and developmental expression. J Biol Chem, 1996, 271(8): 4038－4045.

［53］ Salzman N H, Underwood M A, Bevins C L. Paneth cells, defensins, and the commensal microbiota: a hypothesis on intimate interplay at the intestinal mucosa. Semin Immunol, 2007, 19(2): 70－83.

［54］ Zhang C, Sherman M P, Prince L S, et al. Paneth cell ablation in the presence of Klebsiella pneumoniae induces necrotizing enterocolitis (NEC)-like injury in the small intestine of immature mice. Dis Model Mech, 2012, 5(4): 522－532.

［55］ Cong X, Xu W, Janton S, et al. Gut Microbiome Developmental Patterns in Early Life of Preterm Infants: Impacts of Feeding and Gender. PLoS One, 2016, 11(4): e0152751.

［56］ Latuga M S, Ellis J C, Cotton C M, et al. Beyond bacteria: a study of the enteric microbial consortium in extremely low birth weight infants. PLoS One, 2011, 6(12): e27858.

［57］ Moles L, Gómez M, Heilig H, et al. Bacterial diversity in meconium of preterm neonates and evolution of their fecal microbiota during the first month of life. PLoS One, 2013, 8(6): e66986.

［58］ Schwiertz A, Gruhl B, Löbnitz M, et al. Development of the intestinal bacterial composition in hospitalized preterm infants in comparison with breast-fed, full-term infants. Pediatr Res, 2003, 54(3): 393－399.

［59］ Barrett E, Kerr C, Murphy K, et al. The individual-specific and diverse nature of the preterm infant microbiota. Arch Dis Child Fetal Neonatal Ed, 2013, 98(4): F334－340.

［60］ Stewart C J, Embleton N D, Marrs E C, et al. Temporal bacterial and metabolic development of the preterm gut reveals specific signatures in health and disease. Microbiome, 2016, 4(1): 67.

［61］ Stewart C J, Embleton N D, Marrs E C L, et al. Longitudinal development of the gut microbiome and metabolome in preterm neonates with late onset sepsis and healthy controls. Microbiome, 2017, 5(1): 75.

［62］ Rao C, Coyte K Z, Bainter W, et al. Multi-kingdom ecological drivers of microbiota assembly in preterm infants. Nature, 2021, 591(7851): 633－638.

［63］ Young G R, Van Der Gast C J, Smith D L, et al. Acquisition and Development of the Extremely Preterm Infant Microbiota Across Multiple Anatomical Sites. J Pediatr Gastroenterol Nutr, 2020,

70(1): 12 – 19.

[64] Patel A L, Mutlu E A, Sun Y, et al. Longitudinal Survey of Microbiota in Hospitalized Preterm Very-Low-Birth-Weight Infants. J Pediatr Gastroenterol Nutr, 2016, 62(2): 292 – 303.

[65] Vandecandelaere I, Matthijs N, Nelis H J, et al. The presence of antibiotic-resistant nosocomial pathogens in endotracheal tube biofilms and corresponding surveillance cultures. Pathog Dis, 2013, 69(2): 142 – 148.

[66] Petersen S M, Greisen G, Krogfelt K A. Nasogastric feeding tubes from a neonatal department yield high concentrations of potentially pathogenic bacteria- even 1 d after insertion. Pediatr Res, 2016, 80(3): 395 – 400.

[67] Chernikova D A, Koestler D C, Hoen A G, et al. Fetal exposures and perinatal influences on the stool microbiota of premature infants. J Matern Fetal Neonatal Med, 2016, 29(1): 99 – 105.

[68] Raman A S, Gehrig J L, Venkatesh S, et al. A sparse covarying unit that describes healthy and impaired human gut microbiota development. Science, 2019, 365(6449).

[69] Kulski J K, Hartmann P E. Changes in human milk composition during the initiation of lactation. Aust J Exp Biol Med Sci, 1981, 59(1): 101 – 114.

[70] Pannaraj P S, Li F, Cerini C, et al. Association Between Breast Milk Bacterial Communities and Establishment and Development of the Infant Gut Microbiome. JAMA Pediatr, 2017, 171(7): 647 – 654.

[71] Olivares M, Díaz-Ropero M P, Martín R, et al. Antimicrobial potential of four Lactobacillus strains isolated from breast milk. J Appl Microbiol, 2006, 101(1): 72 – 79.

[72] Jara S, Sánchez M, Vera R, et al. The inhibitory activity of Lactobacillus spp. isolated from breast milk on gastrointestinal pathogenic bacteria of nosocomial origin. Anaerobe, 2011, 17(6): 474 – 477.

[73] Heikkilä M P, Saris P E. Inhibition of Staphylococcus aureus by the commensal bacteria of human milk. J Appl Microbiol, 2003, 95(3): 471 – 478.

[74] Murphy K, Curley D, O'callaghan T F, et al. The Composition of Human Milk and Infant Faecal Microbiota Over the First Three Months of Life: A Pilot Study. Sci Rep, 2017, 7: 40597.

[75] Jost T, Lacroix C, Braegger C, et al. Assessment of bacterial diversity in breast milk using culture-dependent and culture-independent approaches. Br J Nutr, 2013, 110(7): 1253 – 1262.

[76] Hunt K M, Foster J A, Forney L J, et al. Characterization of the diversity and temporal stability of bacterial communities in human milk. PLoS One, 2011, 6(6): e21313.

[77] Chen P W, Lin Y L, Huang M S. Profiles of commensal and opportunistic bacteria in human milk from healthy donors in Taiwan. J Food Drug Anal, 2018, 26(4): 1235 – 1244.

[78] Ramsay D T, Kent J C, Owens R A, et al. Ultrasound imaging of milk ejection in the breast of lactating women. Pediatrics, 2004, 113(2): 361 – 367.

[79] Williams J E, Carrothers J M, Lackey K A, et al. Strong Multivariate Relations Exist Among Milk, Oral, and Fecal Microbiomes in Mother-Infant Dyads During the First Six Months Postpartum. J Nutr, 2019, 149(6): 902 – 914.

[80]　Geddes D T. The use of ultrasound to identify milk ejection in women - tips and pitfalls. Int Breastfeed J, 2009, 4: 5.

[81]　Rodríguez J M. The origin of human milk bacteria: is there a bacterial entero-mammary pathway during late pregnancy and lactation?. Adv Nutr, 2014, 5(6): 779 - 784.

[82]　Damaceno Q S, Souza J P, Nicoli J R, et al. Evaluation of Potential Probiotics Isolated from Human Milk and Colostrum. Probiotics Antimicrob Proteins, 2017, 9(4): 371 - 379.

[83]　Langa S, Maldonado-Barragán A, Delgado S, et al. Characterization of Lactobacillus salivarius CECT 5713, a strain isolated from human milk: from genotype to phenotype. Appl Microbiol Biotechnol, 2012, 94(5): 1279 - 1287.

[84]　German J B, Freeman S L, Lebrilla C B, et al. Human milk oligosaccharides: evolution, structures and bioselectivity as substrates for intestinal bacteria. Nestle Nutr Workshop Ser Pediatr Program, 2008, 62: 205 - 18; discussion 18 - 22.

[85]　Ward R E, Niñonuevo M, Mills D A, et al. In vitro fermentation of breast milk oligosaccharides by Bifidobacterium infantis and Lactobacillus gasseri. Appl Environ Microbiol, 2006, 72(6): 4497 - 4499.

[86]　Bidart G N, Rodríguez-Díaz J, Monedero V, et al. A unique gene cluster for the utilization of the mucosal and human milk-associated glycans galacto-N-biose and lacto-N-biose in Lactobacillus casei. Mol Microbiol, 2014, 93(3): 521 - 538.

[87]　Triantis V, Bode L, Van Neerven R J J. Immunological Effects of Human Milk Oligosaccharides. Front Pediatr, 2018, 6: 190.

[88]　Marcobal A, Sonnenburg J L. Human milk oligosaccharide consumption by intestinal microbiota. Clin Microbiol Infect, 2012, 18 Suppl 4(0 4): 12 - 15.

[89]　Ackerman D L, Doster R S, Weitkamp J H, et al. Human Milk Oligosaccharides Exhibit Antimicrobial and Antibiofilm Properties against Group B Streptococcus. ACS Infect Dis, 2017, 3(8): 595 - 605.

[90]　Ackerman D L, Craft K M, Doster R S, et al. Antimicrobial and Antibiofilm Activity of Human Milk Oligosaccharides against Streptococcus agalactiae, Staphylococcus aureus, and Acinetobacter baumannii. ACS Infect Dis, 2018, 4(3): 315 - 324.

[91]　Collado M C, Cernada M, Baüerl C, et al. Microbial ecology and host-microbiota interactions during early life stages. Gut Microbes, 2012, 3(4): 352 - 365.

[92]　Lee S A, Lim J Y, Kim B S, et al. Comparison of the gut microbiota profile in breast-fed and formula-fed Korean infants using pyrosequencing. Nutr Res Pract, 2015, 9(3): 242 - 248.

[93]　Chakaroun R M, Olsson L M, Bäckhed F. The potential of tailoring the gut microbiome to prevent and treat cardiometabolic disease. Nat Rev Cardiol, 2023, 20(4): 217 - 235.

[94]　Obesity: preventing and managing the global epidemic. Report of a WHO consultation. World Health Organ Tech Rep Ser, 2000, 894: i-xii, 1 - 253.

[95]　Waters J L, Ley R E. The human gut bacteria Christensenellaceae are widespread, heritable, and associated with health. BMC Biol, 2019, 17(1): 83.

[96] Le Chatelier E, Nielsen T, Qin J, et al. Richness of human gut microbiome correlates with metabolic markers. Nature, 2013, 500(7464): 541 - 546.

[97] Gao X, Lin S H, Ren F, et al. Acetate functions as an epigenetic metabolite to promote lipid synthesis under hypoxia. Nat Commun, 2016, 7: 11960.

[98] Deshpande A D, Harris-Hayes M, Schootman M. Epidemiology of diabetes and diabetes-related complications. Phys Ther, 2008, 88(11): 1254 - 1264.

[99] Wu H, Tremaroli V, Schmidt C, et al. The Gut Microbiota in Prediabetes and Diabetes: A Population-Based Cross-Sectional Study. Cell Metab, 2020, 32(3): 379 - 390.

[100] Allin K H, Tremaroli V, Caesar R, et al. Aberrant intestinal microbiota in individuals with prediabetes. Diabetologia, 2018, 61(4): 810 - 820.

[101] Karlsson F H, Tremaroli V, Nookaew I, et al. Gut metagenome in European women with normal, impaired and diabetic glucose control. Nature, 2013, 498(7452): 99 - 103.

[102] Forslund K, Hildebrand F, Nielsen T, et al. Disentangling type 2 diabetes and metformin treatment signatures in the human gut microbiota. Nature, 2015, 528(7581): 262 - 266.

[103] Forslund S K, Chakaroun R, Zimmermann-Kogadeeva M, et al. Combinatorial, additive and dose-dependent drug-microbiome associations. Nature, 2021, 600(7889): 500 - 505.

[104] Wang T J, Larson M G, Vasan R S, et al. Metabolite profiles and the risk of developing diabetes. Nat Med, 2011, 17(4): 448 - 453.

[105] Sun H, Olson K C, Gao C, et al. Catabolic Defect of Branched-Chain Amino Acids Promotes Heart Failure. Circulation, 2016, 133(21): 2038 - 2049.

[106] Cotillard A, Kennedy S P, Kong L C, et al. Dietary intervention impact on gut microbial gene richness. Nature, 2013, 500(7464): 585 - 588.

[107] Kenny D J, Plichta D R, Shungin D, et al. Cholesterol Metabolism by Uncultured Human Gut Bacteria Influences Host Cholesterol Level. Cell Host Microbe, 2020, 28(2): 245 - 257.

[108] Perino A, Schoonjans K. Metabolic Messengers: bile acids. Nat Metab, 2022, 4(4): 416 - 423.

[109] Mills K T, Stefanescu A, He J. The global epidemiology of hypertension. Nat Rev Nephrol, 2020, 16(4): 223 - 237.

[110] Verhaar B J H, Collard D, Prodan A, et al. Associations between gut microbiota, faecal short-chain fatty acids, and blood pressure across ethnic groups: the HELIUS study. Eur Heart J, 2020, 41(44): 4259 - 4267.

[111] Louca P, Nogal A, Wells P M, et al. Gut microbiome diversity and composition is associated with hypertension in women. J Hypertens, 2021, 39(9): 1810 - 1816.

[112] Sun S, Lulla A, Sioda M, et al. Gut Microbiota Composition and Blood Pressure. Hypertension, 2019, 73(5): 998 - 1006.

[113] Li J, Zhao F, Wang Y, et al. Gut microbiota dysbiosis contributes to the development of hypertension. Microbiome, 2017, 5(1): 14.

[114] Palmu J, Salosensaari A, Havulinna A S, et al. Association Between the Gut Microbiota and Blood Pressure in a Population Cohort of 6953 Individuals. J Am Heart Assoc, 2020, 9(15):

e016641.

[115] Menni C, Lin C, Cecelja M, et al. Gut microbial diversity is associated with lower arterial stiffness in women. Eur Heart J, 2018, 39(25): 2390 - 2397.

[116] Zhu Q, Gao R, Zhang Y, et al. Dysbiosis signatures of gut microbiota in coronary artery disease. Physiol Genomics, 2018, 50(10): 893 - 903.

[117] Toya T, Corban M T, Marrietta E, et al. Coronary artery disease is associated with an altered gut microbiome composition. PLoS One, 2020, 15(1): e0227147.

[118] Talmor-Barkan Y, Bar N, Shaul A A, et al. Metabolomic and microbiome profiling reveals personalized risk factors for coronary artery disease. Nat Med, 2022, 28(2): 295 - 302.

[119] Fromentin S, Forslund S K, Chechi K, et al. Microbiome and metabolome features of the cardiometabolic disease spectrum. Nat Med, 2022, 28(2): 303 - 314.

[120] Vandeputte D, Kathagen G, D'hoe K, et al. Quantitative microbiome profiling links gut community variation to microbial load. Nature, 2017, 551(7681): 507 - 511.

[121] Vieira-Silva S, Falony G, Belda E, et al. Statin therapy is associated with lower prevalence of gut microbiota dysbiosis. Nature, 2020, 581(7808): 310 - 315.

[122] Kasahara K, Krautkramer K A, Org E, et al. Interactions between Roseburia intestinalis and diet modulate atherogenesis in a murine model. Nat Microbiol, 2018, 3(12): 1461 - 1471.

[123] Younossi Z M, Koenig A B, Abdelatif D, et al. Global epidemiology of nonalcoholic fatty liver disease-Meta-analytic assessment of prevalence, incidence, and outcomes. Hepatology, 2016, 64(1): 73 - 84.

[124] Jiang W, Wu N, Wang X, et al. Dysbiosis gut microbiota associated with inflammation and impaired mucosal immune function in intestine of humans with non-alcoholic fatty liver disease. Sci Rep, 2015, 5: 8096.

[125] Zhu L, Baker S S, Gill C, et al. Characterization of gut microbiomes in nonalcoholic steatohepatitis (NASH) patients: a connection between endogenous alcohol and NASH. Hepatology, 2013, 57(2): 601 - 609.

[126] Del Chierico F, Nobili V, Vernocchi P, et al. Gut microbiota profiling of pediatric nonalcoholic fatty liver disease and obese patients unveiled by an integrated meta-omics-based approach. Hepatology, 2017, 65(2): 451 - 564.

[127] Nair S, Cope K, Risby T H, et al. Obesity and female gender increase breath ethanol concentration: potential implications for the pathogenesis of nonalcoholic steatohepatitis. Am J Gastroenterol, 2001, 96(4): 1200 - 1204.

[128] Rao R K, Seth A, Sheth P. Recent Advances in Alcoholic Liver Disease I. Role of intestinal permeability and endotoxemia in alcoholic liver disease. Am J Physiol Gastrointest Liver Physiol, 2004, 286(6): G881 - 884.

[129] Xu J, Lai K K Y, Verlinsky A, et al. Synergistic steatohepatitis by moderate obesity and alcohol in mice despite increased adiponectin and p-AMPK. J Hepatol, 2011, 55(3): 673 - 682.

[130] De Medeiros I C, De Lima J G. Is nonalcoholic fatty liver disease an endogenous alcoholic fatty

liver disease? - A mechanistic hypothesis. Med Hypotheses, 2015, 85(2): 148 - 152.

[131] Song H, Fang F, Tomasson G, et al. Association of Stress-Related Disorders with Subsequent Autoimmune Disease. JAMA, 2018, 319(23): 2388 - 2400.

[132] Thorburn A N, Macia L, Mackay C R. Diet, metabolites, and "western-lifestyle" inflammatory diseases. Immunity, 2014, 40(6): 833 - 842.

[133] Bach J F. The hygiene hypothesis in autoimmunity: the role of pathogens and commensals. Nat Rev Immunol, 2018, 18(2): 105 - 120.

[134] Miyake S, Kim S, Suda W, et al. Dysbiosis in the Gut Microbiota of Patients with Multiple Sclerosis, with a Striking Depletion of Species Belonging to Clostridia XIVa and IV Clusters. PLoS One, 2015, 10(9): e0137429.

[135] Chen J, Chia N, Kalari K R, et al. Multiple sclerosis patients have a distinct gut microbiota compared to healthy controls. Sci Rep, 2016, 6: 28484.

[136] Cekanaviciute E, Yoo B B, Runia T F, et al. Gut bacteria from multiple sclerosis patients modulate human T cells and exacerbate symptoms in mouse models. Proc Natl Acad Sci U S A, 2017, 114(40): 10713 - 10718.

[137] Ventura R E, Iizumi T, Battaglia T, et al. Gut microbiome of treatment-naïve MS patients of different ethnicities early in disease course. Sci Rep, 2019, 9(1): 16396.

[138] Berer K, Gerdes L A, Cekanaviciute E, et al. Gut microbiota from multiple sclerosis patients enables spontaneous autoimmune encephalomyelitis in mice. Proc Natl Acad Sci U S A, 2017, 114(40): 10719 - 10724.

[139] Ivanov I I, Atarashi K, Manel N, et al. Induction of intestinal Th17 cells by segmented filamentous bacteria. Cell, 2009, 139(3): 485 - 498.

[140] Atarashi K, Tanoue T, Ando M, et al. Th17 Cell Induction by Adhesion of Microbes to Intestinal Epithelial Cells. Cell, 2015, 163(2): 367 - 380.

[141] Zhang X, Zhang D, Jia H, et al. The oral and gut microbiomes are perturbed in rheumatoid arthritis and partly normalized after treatment. Nat Med, 2015, 21(8): 895 - 905.

[142] Vural M, Gilbert B, Üstün I, et al. Mini-review: Human microbiome and rheumatic diseases. Front Cell Infect Microbiol, 2020, 10: 491160.

[143] Scher J U, Sczesnak A, Longman R S, et al. Expansion of intestinal Prevotella copri correlates with enhanced susceptibility to arthritis. Elife, 2013, 2: e01202.

[144] Maeda Y, Kurakawa T, Umemoto E, et al. Dysbiosis Contributes to Arthritis Development via Activation of Autoreactive T Cells in the Intestine. Arthritis Rheumatol, 2016, 68(11): 2646 - 2661.

[145] Alpizar-Rodriguez D, Lesker T R, Gronow A, et al. in individuals at risk for rheumatoid arthritis. Ann Rheum Dis, 2019, 78(5): 590 - 593.

[146] Marietta E V, Murray J A, Luckey D H, et al. Suppression of Inflammatory Arthritis by Human Gut-Derived Prevotella histicola in Humanized Mice. Arthritis Rheumatol, 2016, 68 (12): 2878 - 2888.

［147］ Chen J, Wright K, Davis J M, et al. An expansion of rare lineage intestinal microbes characterizes rheumatoid arthritis. Genome Med, 2016, 8(1): 43.

［148］ Maeda Y, Takeda K. Host-microbiota interactions in rheumatoid arthritis. Exp Mol Med, 2019, 51(12): 1 – 6.

［149］ Alkanani A K, Hara N, Gottlieb P A, et al. Alterations in Intestinal Microbiota Correlate with Susceptibility to Type 1 Diabetes. Diabetes, 2015, 64(10): 3510 – 3520.

［150］ Kostic A D, Gevers D, Siljander H, et al. The dynamics of the human infant gut microbiome in development and in progression toward type 1 diabetes. Cell Host Microbe, 2015, 17(2): 260 – 273.

［151］ Brown C T, Davis-Richardson A G, Giongo A, et al. Gut microbiome metagenomics analysis suggests a functional model for the development of autoimmunity for type 1 diabetes. PLoS One, 2011, 6(10): e25792.

［152］ Mejía-León M E, Petrosino J F, Ajami N J, et al. Fecal microbiota imbalance in Mexican children with type 1 diabetes. Sci Rep, 2014, 4: 3814.

［153］ Davis-Richardson A G, Ardissone A N, Dias R, et al. Bacteroides dorei dominates gut microbiome prior to autoimmunity in Finnish children at high risk for type 1 diabetes. Front Microbiol, 2014, 5: 678.

［154］ Chelakkot C, Choi Y, Kim D K, et al. Akkermansia muciniphila-derived extracellular vesicles influence gut permeability through the regulation of tight junctions. Exp Mol Med, 2018, 50(2): e450.

［155］ Harbison J E, Roth-Schulze A J, Giles L C, et al. Gut microbiome dysbiosis and increased intestinal permeability in children with islet autoimmunity and type 1 diabetes: A prospective cohort study. Pediatr Diabetes, 2019, 20(5): 574 – 583.

［156］ Cryan J F, O'riordan K J, Cowan C S M, et al. The Microbiota-Gut-Brain Axis. Physiol Rev, 2019, 99(4): 1877 – 2013.

［157］ Erny D, Hrabě De Angelis A L, Jaitin D, et al. Host microbiota constantly control maturation and function of microglia in the CNS. Nat Neurosci, 2015, 18(7): 965 – 977.

［158］ Clarke G, Grenham S, Scully P, et al. The microbiome-gut-brain axis during early life regulates the hippocampal serotonergic system in a sex-dependent manner. Mol Psychiatry, 2013, 18(6): 666 – 673.

［159］ Lyte M. Microbial endocrinology and the microbiota-gut-brain axis. Adv Exp Med Biol, 2014, 817: 3 – 24.

［160］ Sharon G, Cruz N J, Kang D W, et al. Human Gut Microbiota from Autism Spectrum Disorder Promote Behavioral Symptoms in Mice. Cell, 2019, 177(6): 1600 – 1618.

［161］ Jiang H, Ling Z, Zhang Y, et al. Altered fecal microbiota composition in patients with major depressive disorder. Brain Behav Immun, 2015, 48: 186 – 194.

［162］ Choi J G, Kim N, Ju I G, et al. Oral administration of Proteus mirabilis damages dopaminergic neurons and motor functions in mice. Sci Rep, 2018, 8(1): 1275.

[163] Kelly J R, Borre Y, O'Brien C, et al. Transferring the blues: Depression-associated gut microbiota induces neurobehavioural changes in the rat. J Psychiatr Res, 2016, 82: 109 - 118.

[164] Morais L H, Schreiber H L, Mazmanian S K. The gut microbiota-brain axis in behaviour and brain disorders. Nat Rev Microbiol, 2021, 19(4): 241 - 255.

[165] Corcoran J, Berry A, Hill S. The lived experience of US parents of children with autism spectrum disorders: a systematic review and meta-synthesis. J Intellect Disabil, 2015, 19(4): 356 - 366.

[166] Lenroot R K, Yeung P K. Heterogeneity within Autism Spectrum Disorders: What have We Learned from Neuroimaging Studies?. Front Hum Neurosci, 2013, 7: 733.

[167] Luna R A, Oezguen N, Balderas M, et al. Distinct Microbiome-Neuroimmune Signatures Correlate With Functional Abdominal Pain in Children with Autism Spectrum Disorder. Cell Mol Gastroenterol Hepatol, 2017, 3(2): 218 - 230.

[168] Kang D W, Adams J B, Gregory A C, et al. Microbiota Transfer Therapy alters gut ecosystem and improves gastrointestinal and autism symptoms: an open-label study. Microbiome, 2017, 5 (1): 10.

[169] Strati F, Cavalieri D, Albanese D, et al. New evidences on the altered gut microbiota in autism spectrum disorders. Microbiome, 2017, 5(1): 24.

[170] Liu F, Li J, Wu F, et al. Altered composition and function of intestinal microbiota in autism spectrum disorders: a systematic review. Transl Psychiatry, 2019, 9(1): 43.

[171] Needham B D, Adame M D, Serena G, et al. Plasma and Fecal Metabolite Profiles in Autism Spectrum Disorder. Biol Psychiatry, 2021, 89(5): 451 - 462.

[172] West P R, Amaral D G, Bais P, et al. Metabolomics as a tool for discovery of biomarkers of autism spectrum disorder in the blood plasma of children. PLoS One, 2014, 9(11): e112445.

[173] Emond P, Mavel S, Aïdoud N, et al. GC-MS-based urine metabolic profiling of autism spectrum disorders. Anal Bioanal Chem, 2013, 405(15): 5291 - 5300.

[174] Ming X, Stein T P, Barnes V, et al. Metabolic perturbance in autism spectrum disorders: a metabolomics study. J Proteome Res, 2012, 11(12): 5856 - 5862.

[175] Kałużna-Czaplińska J, Żurawicz E, Struck W, et al. Identification of organic acids as potential biomarkers in the urine of autistic children using gas chromatography / mass spectrometry. J Chromatogr B Analyt Technol Biomed Life Sci, 2014, 966: 70 - 76.

[176] Tysnes O B, Storstein A. Epidemiology of Parkinson's disease. J Neural Transm (Vienna), 2017, 124(8): 901 - 905.

[177] Blandini F, Nappi G, Tassorelli C, et al. Functional changes of the basal ganglia circuitry in Parkinson's disease. Prog Neurobiol, 2000, 62(1): 63 - 88.

[178] Unger M M, Spiegel J, Dillmann K U, et al. Short chain fatty acids and gut microbiota differ between patients with Parkinson's disease and age-matched controls. Parkinsonism Relat Disord, 2016, 32: 66 - 72.

[179] Cattaneo A, Cattane N, Galluzzi S, et al. Association of brain amyloidosis with pro-

inflammatory gut bacterial taxa and peripheral inflammation markers in cognitively impaired elderly. Neurobiol Aging, 2017, 49: 60 - 68.

[180] Vogt N M, Kerby R L, Dill-Mcfarland K A, et al. Gut microbiome alterations in Alzheimer's disease. Sci Rep, 2017, 7(1): 13537.

[181] Dowlati Y, Herrmann N, Swardfager W, et al. A meta-analysis of cytokines in major depression. Biol Psychiatry, 2010, 67(5): 446 - 457.

[182] Zheng P, Zeng B, Zhou C, et al. Gut microbiome remodeling induces depressive-like behaviors through a pathway mediated by the host's metabolism. Mol Psychiatry, 2016, 21(6): 786 - 796.

[183] Valles-Colomer M, Falony G, Darzi Y, et al. The neuroactive potential of the human gut microbiota in quality of life and depression. Nat Microbiol, 2019, 4(4): 623 - 632.

[184] Cover T L, Blaser M J. Helicobacter pylori in health and disease. Gastroenterology, 2009, 136 (6): 1863 - 1873.

[185] Correa P, Piazuelo M B. The gastric precancerous cascade. J Dig Dis, 2012, 13(1): 2 - 9.

[186] Sepich-Poore G D, Zitvogel L, Straussman R, et al. The microbiome and human cancer. Science, 2021, 371(6536).

[187] Zhang F, Lau R I, Liu Q, et al. Gut microbiota in COVID-19: key microbial changes, potential mechanisms and clinical applications. Nat Rev Gastroenterol Hepatol, 2023, 20(5): 323 - 337.

[188] Goodrich J K, Waters J L, Poole A C, et al. Human genetics shape the gut microbiome. Cell, 2014, 159(4): 789 - 799.

[189] Goodrich J K, Davenport E R, Beaumont M, et al. Genetic Determinants of the Gut Microbiome in UK Twins. Cell Host Microbe, 2016, 19(5): 731 - 743.

[190] Sanna S, Kurilshikov A, Van Der Graaf A, et al. Challenges and future directions for studying effects of host genetics on the gut microbiome. Nat Genet, 2022, 54(2): 100 - 106.

[191] Turpin W, Espin-Garcia O, Xu W, et al. Association of host genome with intestinal microbial composition in a large healthy cohort. Nat Genet, 2016, 48(11): 1413 - 1417.

[192] Lopera-Maya E A, Kurilshikov A, Van Der Graaf A, et al. Effect of host genetics on the gut microbiome in 7,738 participants of the Dutch Microbiome Project. Nat Genet, 2022, 54(2): 143 - 151.

[193] Qin Y, Havulinna A S, Liu Y, et al. Combined effects of host genetics and diet on human gut microbiota and incident disease in a single population cohort. Nat Genet, 2022, 54 (2): 134 - 142.

[194] Rühlemann M C, Hermes B M, Bang C, et al. Genome-wide association study in 8,956 German individuals identifies influence of ABO histo-blood groups on gut microbiome. Nat Genet, 2021, 53(2): 147 - 155.

[195] Schnorr S L, Candela M, Rampelli S, et al. Gut microbiome of the Hadza hunter-gatherers. Nat Commun, 2014, 5: 3654.

[196] Hildebrandt M A, Hoffmann C, Sherrill-Mix S A, et al. High-fat diet determines the composition of the murine gut microbiome independently of obesity. Gastroenterology, 2009,

137(5): 1716 - 1724.

[197] Gentile C L, Weir T L. The gut microbiota at the intersection of diet and human health. Science, 2018, 362(6416): 776 - 780.

[198] Martinez-Guryn K, Hubert N, Frazier K, et al. Small Intestine Microbiota Regulate Host Digestive and Absorptive Adaptive Responses to Dietary Lipids. Cell Host Microbe, 2018, 23 (4): 458 - 469.

[199] Wang J, Thingholm L B, Skiecevičienė J, et al. Genome-wide association analysis identifies variation in vitamin D receptor and other host factors influencing the gut microbiota. Nat Genet, 2016, 48(11): 1396 - 1406.

[200] Lopez C A, Skaar E P. The Impact of Dietary Transition Metals on Host-Bacterial Interactions. Cell Host Microbe, 2018, 23(6): 737 - 748.

[201] Jaeggi T, Kortman G A, Moretti D, et al. Iron fortification adversely affects the gut microbiome, increases pathogen abundance and induces intestinal inflammation in Kenyan infants. Gut, 2015, 64(5): 731 - 742.

[202] Chassaing B, Koren O, Goodrich J K, et al. Dietary emulsifiers impact the mouse gut microbiota promoting colitis and metabolic syndrome. Nature, 2015, 519(7541): 92 - 96.

[203] Suez J, Korem T, Zeevi D, et al. Artificial sweeteners induce glucose intolerance by altering the gut microbiota. Nature, 2014, 514(7521): 181 - 186.

[204] Wang D D, Nguyen L H, Li Y, et al. The gut microbiome modulates the protective association between a Mediterranean diet and cardiometabolic disease risk. Nat Med, 2021, 27 (2): 333 - 343.

第3章
宏量营养素与肠道菌群

碳水化合物、脂肪和蛋白质是人体所需要的三大宏量营养素,它们不仅是人体的主要能量来源,同时也是维持身体正常机能重要物质。在膳食宏量营养素的吸收、代谢与转化过程中,肠道菌群发挥着重要作用。肠道菌群的代谢产物如短链脂肪酸、甘油和胆碱衍生物、支链氨基酸、胺、硫化等不仅是细胞重要的能量和物质来源,而且对肠道以及其他器官的代谢和功能都有一定的调节作用。同时,膳食宏量营养素的组成、种类和质量等能显著影响肠道菌群的组成与多样性,进而影响肠道微生态平衡以及机体免疫等。本章内容主要基于体外试验、动物试验、人群观察性研究以及临床干预试验的最新证据,阐述膳食碳水化合物、脂肪和蛋白质与肠道菌群的复杂互作,及其相关代谢产物对宿主健康的影响。

3.1 碳水化合物与肠道菌群

碳水化合物(carbohydrate, CHO)是由碳、氢和氧三种元素组成的有机化合物,是人体必需的宏量营养素之一,也是人体的主要能量来源。人类食物中含量最多的碳水化合物是淀粉,但其不能被人体直接吸收利用,需要在消化道内被水解酶降解后,转变为葡萄糖以及其他单糖才能被吸收。碳水化合物分为可消化碳水化合物和不消化碳水化合物两类。可消化碳水化合物在被吸收过程中能引起血糖水平升高,主要包括单糖、寡糖和淀粉(抗性淀粉除外)。不可消化的碳水化合物在大肠内发酵并产生能量,主要包括非淀粉多糖(例如纤维素)。人体肠道是食物的主要消化和吸收器官,也是菌群定居的主要场所。肠道菌群不仅参与了营养物质的吸收和代谢,还参与了机体免疫系统的发育和调节、胃肠道稳态的维持等重要生理过程,对人类的健康起着非常重要的作用。近年来研究发现,碳水化合物会影响肠道菌群的组成,从而影响肠道菌群的结构和功能。本节就膳食碳水化合物与肠道菌群的相互作用进行简要阐述。

3.1.1 碳水化合物的分类
根据碳水化合物的化学结构及生理作用,膳食中主要碳水化合物可根据聚合度

(degree of polymerization, DP)分为糖(1~2 个单糖)、寡糖(3~9 个单糖)和多糖(≥10
个单糖)三类,分类详见表 3-1。

表 3-1 碳水化合物分类

分类(DP)	亚 组	组 成
糖(1~2)	单糖	葡萄糖、半乳糖、果糖
	双糖	蔗糖、乳糖、麦芽糖、海藻糖
	糖醇	山梨醇、甘露醇、木糖醇、麦芽糖醇
寡糖(3~9)	异麦芽低聚糖	麦芽糊精
	其他寡糖	棉籽糖、水苏糖、低聚果糖、大豆低聚糖
多糖(≥10)	淀粉	直链淀粉、支链淀粉、抗性淀粉
	非淀粉多糖	纤维素、半纤维素、果胶、菊粉

糖(sugar)包括单糖、双糖(disaccharide)和糖醇(sugar alcohol)。食物中最常见的单
糖是葡萄糖(glucose)和果糖(fructose)。自然界中最常见的双糖是蔗糖(sucrose)及乳糖
(lactose),此外还有麦芽糖(maltose)和海藻糖(trehalose)等。糖醇由于其代谢不受胰岛
素调节的特性,可作为甜味剂用于糖尿病患者专用食品以及许多药物中,常见有甘露醇
(mannitol)、木糖醇(xylitol)和麦芽糖醇(maltitol)等。

寡糖(oligose)又称低聚糖,多数低聚糖不能或只能部分被吸收,并被肠道菌群利用。
目前已知的几种重要的功能性寡糖包括异麦芽低聚寡糖(isomalto-oligosaccharide)、棉
籽糖(raffinose)、水苏糖(stachyose)、低聚果糖(fructooligosaccharide)、大豆低聚糖
(soybean oligosaccharide)等。异麦芽低聚寡糖和大豆低聚糖具有水溶性膳食纤维的功
能,在大肠内可被大肠双歧杆菌(*Bifidobacterium*)利用,促使人体内的双歧杆菌
(*Bifidobacterium*)显著增殖[1]。低聚果糖不能被变异链球菌(*Streptococcus mutans*)发
酵产生不溶性葡聚糖,可作为防龋齿甜味剂。因而低聚糖在医疗保健、功能性食品以及
食品添加剂等行业中有广泛的应用[2]。

多糖(polysaccharide)可分为淀粉(starch)和非淀粉多糖(non-starch polysaccharide)。淀粉
主要存在于谷类和根茎类植物当中,因葡萄糖聚合方式不同分为直链淀粉(amylose)和
支链淀粉(amylopectin)。而抗性淀粉(resistant starch, RS)是健康人体小肠内不被消化
吸收的淀粉及其水解物的总称。非淀粉多糖包括纤维素(cellulose)、半纤维素
(hemicellulose)、果胶(pectin)、菊粉(inulin)等,也就是人们常说中的膳食纤维(dietary
fiber)。膳食纤维可分为可溶性纤维和不溶性纤维两类。纤维素是植物细胞壁的主要成
分,属于不可溶性膳食纤维。尽管人体消化道中缺乏相应的水解酶,但纤维素可以刺激
肠道蠕动,增加肠道转运率,从而增加结肠发酵,促进粪便排泄。近年研究表明,不消化

的碳水化合物可刺激肠道内乳酸杆菌（*Lactobacillus*）和双歧杆菌（*Bifidobacterium*）等有益菌群的生长，并抑制病原菌增值，从而维持肠道菌群结构[3]。此外，发酵所产生的代谢产物，如短链脂肪酸能够改变肠道酸碱度和渗透压，维持肠道功能和健康。

3.1.2　肠道菌群与碳水化合物的消化、吸收和代谢

人体肠道菌群可以利用的主要能量和营养来源是宿主和膳食中的碳水化合物。人体碳水化合物的消化吸收分为两种主要形式：小肠消化和结肠发酵。人体肠道菌群具有降解膳食中复杂的植物衍生聚糖，例如纤维素、半纤维素、果胶、阿拉伯半乳糖蛋白等，和动物源性多聚糖以及人类肠上皮分泌的内源性黏蛋白的功能。降解碳水化合物的能力不仅为细菌自身提供了竞争优势，同时也为宿主提供了实质性的益处[4]。而碳水化合物的利用率取决于代谢酶的数量及种类。

人类自身基因组所编码的消化酶数量有限，包括淀粉酶（amylase）、α-糊精酶（α-dextrinase）、糖淀粉酶（glycoamylase）、麦芽糖酶（maltase）、异麦芽糖酶（isomaltase）、蔗糖酶（sucrase）和乳糖酶（lactase）等 17 种酶。而肠道菌群含有的基因数量远远超过人体自身基因，因此能够编码多种人体自身不具备的酶类，并参与食物成分、氨基酸、维生素等营养物质的代谢。人体肠道菌群中多糖的代谢由碳水化合物活性酶（CAZymes）介导。根据其作用可将 CAZymes 分为糖苷水解酶（glycoside hydrolases，GHs）、多糖裂解酶（polysaccharide lyases，PLs）、碳水化合物酯酶（carbohydrate esterases）和糖基转移酶（glycosyltransferases）四类。CAZymes 具有降解、修饰及生成糖苷键功能，作用于纤维素、聚糖、淀粉和糖原等，将大分子碳水化合物分解为可被肠上皮吸收的次生代谢物，同时伴随 ATP 的释放，进而影响细胞功能，改变宿主代谢和调节免疫反应等[4]。不同类型的细菌所编码的 CAZymes 基因数量不同，并且在同一菌门内，不同菌种对多糖的降解能力也有差异。拟杆菌属（*Bacteroides*）作为参与碳水化合物代谢的主要微生物，其基因组中编码了数量庞大的 CAZymes，因此近年来关于拟杆菌属（*Bacteroides*）消化酶的研究较其他门微生物的研究更为深入[5]。多形拟杆菌（*B. thetaiotaomicron*）和卵形拟杆菌（*Bacteroides ovatus*）能编码 α，β-半乳糖苷酶、α，β-葡糖苷酶、β-葡糖醛酸糖苷酶、β-呋喃果糖苷酶、α-甘露糖苷酶、淀粉酶以及 1,2-β-木糖苷酶在内的 261 种糖苷水解酶以及多糖裂合酶，而纤维素类杆菌（*Bacteroides cellulolyticus*）编码了 421 个 CAZymes，具有强大的多糖分解能力[6]。人体内拟杆菌属（*Bacteroides*）中的聚糖利用是由基因簇编码的聚糖降解系统——多糖利用位点（PULs）所协调。拟杆菌（*Bacteroides*）与多个 PUL 协同合作，在降解多糖时常通过胞外降解的方式，被表面聚糖降解酶部分降解产生了大量的寡糖，随后这些寡糖被迅速转运到细胞周质中，在其内部发生酶促反应被降解成单糖和二糖，再通过内膜转运蛋白将其导入细胞质中[5]。厚壁菌门（*Firmicutes*）降解多糖的机制与拟杆菌（*Bacteroides*）相似，目标底物首先与胞外碳水化合物结合蛋白结合，由 CAZymes 部分加工，然后依赖 ATP 转运至细胞质进行下一步降解。此外，属于厚

壁菌门（*Firmicutes*）的一些物种，包括粪杆菌属（*Faecalibacterium*）、真杆菌（*Eubacterium*）和瘤胃球菌属（*Ruminococcus*），尤其是布氏瘤胃球菌（*Ruminococcus bromii*），含有纤维素酶的复合体。这种蛋白质分子机器可以促进纤维素和木聚糖的降解[7,8]。而放线菌门(*Actinobacteria*)编码的 CAZymes 较少，但其拥有更丰富的多糖特异性 ATP 结合转运体，降解的糖类可以通过这些转运体进入到人体循环中[9]。此外，一些肠道厌氧菌，特别是梭状芽孢杆菌属(*Clostridium*)的成员，如梭状芽孢杆菌簇 XIVa (*Clostridium* cluster XIVa)，也具有降解不可消化碳水化合物的能力[10]。

3.1.3 碳水化合物对肠道菌群的影响

碳水化合物对肠道菌群的丰度、多样性和丰富性具有重要的影响，可以促进肠道功能成熟、能量代谢、调节免疫及机体脑部功能，进而影响人体健康状况(图 3-1)。在生命早期，母乳喂养的婴儿肠道微生物以双歧杆菌(*Bifidobacterium*)和乳酸杆菌(*Lactobacillus*)为主。母乳低聚糖(HMOs)以乳糖为核心，通过不同的糖苷键在酶促作用下连接 5 种基本单糖，形成一个由 3 个及 3 个以上的单糖组成的水溶性多聚糖。母乳低聚糖能够有效促进婴儿肠道中双歧杆菌(*Bifidobacterium*)的生长，抑制病原菌的侵袭，从而促进婴儿生长发育。随着固体食物(包括不可消化的碳水化合物)的引入，婴儿肠道微生物群落的构

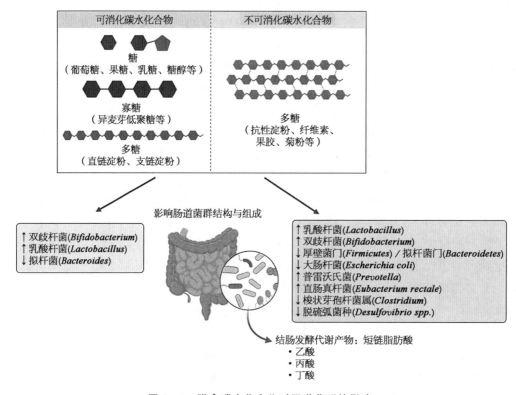

图 3-1 膳食碳水化合物对肠道菌群的影响

成开始向拟杆菌门(*Bacteroides*)和厚壁菌门(*Firmicutes*)进行转变[11]。

可消化的碳水化合物,在小肠内水解酶的作用下,转变为葡萄糖和相应的其他单糖形式。果糖作为膳食中不可缺少的碳水化合物,天然存在于水果中,少量存在于蔬菜中,例如胡萝卜、洋葱和红薯等。然而当这些类型的糖在食品工业中被广泛用作食品甜味剂,如以玉米糖浆的形式存在于饮料中。果糖摄入过多会引起多种慢性疾病,如高血压、胰岛素抵抗、糖尿病和非酒精性脂肪肝等[12]。尽管果糖可以在小肠中被吸收,但吸收率较低,在 80% 人群中 50 g 游离果糖就能引起吸收不良。在人体肠道中乳酸杆菌(*Lactobacillus*)是利用和分解果糖的主要物种[13]。根据已有的研究结果显示,富含有单糖和双糖的饮食可能增加人体肠道内双歧杆菌(*Bifidobacterium*)并减少拟杆菌(*Bacteroides*)的数量[14]。动物研究的证据表明,高葡萄糖饮食模式会导致肠道菌群生态失调,具体表现为拟杆菌(*Bacteroides*)比例减少,而变形菌门(*Proteobacteria*)比例增加,进而引发高血糖、葡萄糖耐受不良、血脂异常和脂肪量沉积增加等症状[15]。此外,在高果糖饮食喂养的小鼠中副萨特氏菌属(*Parasutterella*)和布劳特菌(*Blantia*)的丰度增加,颤螺旋菌科(*Intestinimonas*)丰度降低,同时增加促炎细胞因子表达与肠道通透性,并诱发胰腺和结肠的炎症反应[16]。在高蔗糖膳食喂养四周后的小鼠中,小鼠肠道菌群多样性降低,拟杆菌门(*Bacteroidetes*)与厚壁菌门(*Firmicutes*)的比例增加,疣微菌科(*Verrucomicrobiaceae*)丰度增加[17]。

多元醇对改变宿主肠道菌群的组成和功能具有重要作用。动物实验表明,高剂量木糖醇(5.42 g/kg/d)喂养的小鼠肠道中双歧杆菌(*Bifidobacterium*)、乳酸杆菌(*Lactobacillus*)和韦荣球菌(*Erysipelotrichaceae*)丰度增加,而布劳特菌(*Blautia*)和葡萄球菌(*Staphylococcus*)的丰度降低[18]。此外,在山梨醇(2.07 g/kg/d)喂养 16 天的小鼠中,小鼠盲肠和结肠中乳酸杆菌(*Lactobacillus*)和丁酸盐的水平明显提高[19]。

不同于可消化的碳水化合物,膳食纤维作为微生物群可利用的碳水化合物(microbiota-accessible carbohydrate, MACs),会进入大肠被肠道微生物产生的特定糖苷酶发酵分解。迄今为止,研究最多的 MACs 包括菊粉、低聚果糖、半乳糖低聚糖(galacto-oligosaccharides, GOS)、低聚木糖(xylo-oligosaccharide, XOS)和阿拉伯低聚糖(arabino-saccharide, AOS)等,目前这些不消化碳水化合物已被定义为"益生元"。已有研究证据显示,在 49 名肥胖人群中,高 MACs 饮食会导致肠道微生物基因丰度增加;与之相反,低 MACs 饮食人群中微生物基因丰度降低,并会引起炎症和代谢功能紊乱[20]。高膳食纤维饮食增加了双歧杆菌(*Bifidobacterium*)的丰度,同时降低人体和动物肠道内厚壁菌门(*Firmicutes*)与拟杆菌门(*Bacteroidetes*)的比例,从而调节血糖和体重并预防肥胖和糖尿病的发生[21]。随着膳食纤维摄入量的增加,肠道有益细菌的丰富度和稳定性会相应提高,如普雷沃氏菌(*Prevotella*)、直肠真杆菌(*Eubacterium rectale*)和副杆菌属(*Parabacteroides*)的增加,并伴随着众多与健康负相关的细菌如大肠杆菌(*Escherichia coli*)、梭状芽孢杆菌属(*Clostridium*)、脱硫弧菌种(*Desulfovibrio spp.*)、活泼瘤胃球菌(*Ruminococcus gnavus*)和厚壁菌门(*Firmicutes*)的下降[22-24]。

3.1.4　肠道菌群利用碳水化合物调节宿主代谢

当不可消化碳水化合物到达远端肠道时,肠道微生物把多糖降解成次级代谢产物及发酵终产物,之后被肠道上皮细胞吸收或通过门静脉转运至肝脏。结肠发酵的主要产物为短链脂肪酸(short-chain fatty acid, SCFA),发酵产生的短链脂肪酸有助于增加排便量。短链脂肪酸主要包含乙酸、丙酸和丁酸。短链脂肪酸可以调节肠道、神经、血液、内分泌、免疫以及神经系统的功能,在维持肠道健康、预防和改善疾病方面发挥了重要作用[25]。常见的代谢短链脂肪酸的肠道菌群主要包括拟杆菌(*Bacteroides*)、梭状芽孢杆菌属(*Clostridium*)、双歧杆菌(*Bifidobacterium*)、真杆菌属(*Eubacterium*)、链球菌属(*Streptococcus*)和瘤胃球菌(*Ruminococcus*)等。短链脂肪酸与肠道菌群的具体机制在本章不做详细叙述。除了短链脂肪酸之外,丙酮酸可以经肠道菌群发酵,转化为琥珀酸、乳酸和乙酰辅酶A。丙酮酸和乳酸可以促进抗原特异性免疫反应,抵抗病原菌的感染[26]。

碳水化合物代谢与肥胖、糖尿病等代谢病相关,肠道菌群在这类疾病中也起着重要的作用。与正常人群相比,糖尿病患者人群的肠道菌群多样性显著降低,并含有更多的条件致病菌,如梭状芽孢杆菌属(*Clostridium*)细菌,从而影响宿主对脂肪和能量的代谢与储存功能[27]。研究发现,肥胖小鼠和正常小鼠的拟杆菌(*Bacteroides*)和厚壁菌门(*Firmicutes*)的相对丰度存在较大差异。且厚壁菌门(*Firmicutes*)与拟杆菌门(*Bacteroidetes*)的比例增加,可能会促进小鼠的肥胖[28]。当肠道菌群生态失调时会引起多种肠道炎症性疾病,具体表现为肠道功能紊乱,肠道微生物多样性降低,致病菌异常增多。试验发现,低发酵性发窠糖、二糖、单糖和多元醇(fermentable oligosaccharides, disaccharides, monosaccharides and polyols, FODMAP)膳食能增加厚壁菌门(*Firmicutes*),梭状芽孢杆菌目(*Clostridiales*)和放线菌门(*Actinobacteria*)的丰度,并减轻肠易激综合征的症状[29]。

综上所述,碳水化合物在小肠吸收时被分解转化为可吸收的单糖,具有提供能量和调节血糖等重要生理功能,而不消化的碳水化合物在结肠发酵、刺激肠道有益细菌的增殖方面都有一定的作用。其中,拟杆菌是参与碳水化合物代谢的主要微生物种类。另外,菌群发酵碳水化合物所产生的短链脂肪酸,也参与肠道细胞的生长发育、免疫调节、影响肠道微生物菌群的构成与代谢等过程,对肠道稳态的维持和人体健康都具有重要意义。

3.2　脂类与肠道菌群

脂类是脂肪和类脂的统称,大多数脂类是脂肪酸和醇所形成的酯类及其衍生物。在膳食中,脂类是仅次于碳水化合物的第二大宏量营养素。膳食中的脂类主要为脂肪,又称甘油三酯(triglycerides),约占脂类总量的95%,剩余5%是其他脂类。食物中的脂肪除了给人体提供能量、构成人体成分以及提供脂溶性维生素之外,也为人体提供必需脂肪酸。研究表明膳食脂肪酸可以直接或间接影响肠道微生态,改变肠道菌群的结构和组成。此外,膳食脂肪酸与肠道微生物的相互作用影响肠道黏膜屏障,并能够影响肥胖、胰岛素抵抗、代谢综合征、心血管疾病、焦虑和抑郁等疾病的发生发展。本章主要讨论膳食脂肪酸摄入量、种类和质量对肠道菌群和代谢健康的影响。

3.2.1 脂类的分类

脂肪又称甘油酯(acylglycerol),由一分子的甘油(glycerol)和一到三分子的脂肪酸(fatty acid, FA)构成。类脂包括磷脂(phospholipid)和固醇类(sterols)。脂肪酸碳链的长短、是否含有双键会对脂肪酸的结构和功能有着很大的影响。由不同脂肪酸组成的脂肪,对人体的作用也有所不同。脂肪酸从结构上可分为饱和脂肪酸(saturated fatty acid, SFA)和不饱和脂肪酸(unsaturated fatty acid, USFA)。不饱和脂肪酸又分为单不饱和脂肪酸(monounsaturated fatty acid, MUFA)和多不饱和脂肪酸(polyunsaturated fatty acid, PUFA)。不饱和脂肪酸空间结构不同可分为顺式脂肪酸(cis-fatty acid)和反式脂肪酸(trans fatty acid, TFA)。亚油酸(linoleic acid, LA)和 α-亚麻酸(α-linolenic acid, ALA)人体自身无法合成,必须从食物中摄取,因此称为"必需脂肪酸"(essential fatty acid, EFA)。亚油酸和花生四烯酸(arachidonic acid, ARA)是 n-6 多不饱和脂肪酸中主要的脂肪酸,可以调节血脂和参与磷脂组成。α-亚麻酸是 n-3 系列脂肪酸的母体,在人体内可衍生为二十碳五烯酸(eicosapentaenoic acid, EPA)、二十二碳五烯酸(docosapentaenoic acid, DPA)和二十二碳六烯酸(docosahexaenoic acid, DHA),对机体生长发育方面发挥着重要作用。人类膳食中,动物性脂肪通常含有较多的饱和脂肪酸和单不饱和脂肪酸,如牛油、奶油和猪油等食物含有较丰富的油酸(oleic acid),而水产品中富含多不饱和脂肪酸,如 EPA 和 DHA。植物油中通常含有较多的不饱和脂肪酸,如豆油和亚麻籽油中含有较多 α-亚麻酸,而椰子油和棕榈油则富含饱和脂肪酸。

3.2.2 膳食脂肪酸与肠道菌群的关系

膳食脂肪的摄入与人体健康密切相关,尤其是脂肪酸种类和含量的不同,其营养价值和功能也不尽相同(图 3-2)。不同类型的膳食脂肪酸可调节宿主的脂肪消化代谢过程,直接或间接调节肠道菌群的结构和功能;而人体肠道的微生物对膳食的变化可快速做出反应,进而影响宿主的能量代谢及炎症反应[30, 31]。富含饱和脂肪酸和反式脂肪酸的膳食与肥胖、2 型糖尿病和心血管疾病的发病率呈显著正相关,而单不饱和脂肪酸和多不饱和脂肪酸则被认为是中性或有益于代谢健康[32]。此外,不同膳食脂肪摄入水平会影响机体胆汁酸的分泌,而胆汁酸可以直接对肠道微生物产生重要影响。高脂饮食可降低肠道菌群的多样性及细菌总量,引起肠道氧化应激反应,导致兼性厌氧菌丰度增加,专性厌氧菌丰度下降[33]。

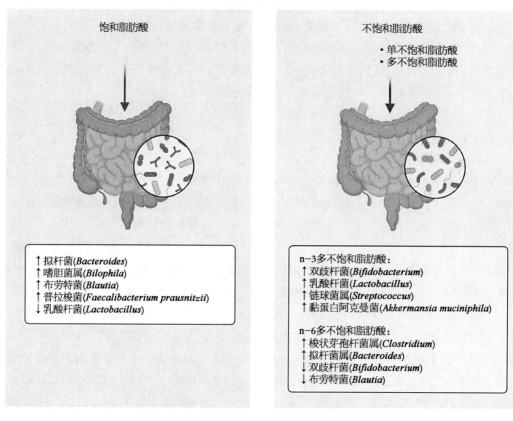

图 3 - 2　膳食脂肪对肠道菌群的影响

1. 脂肪酸含量对肠道菌群的影响

来自动物实验的研究证据表明,高脂膳食会增加小鼠的厚壁菌门(*Firmicutes*)以及减少拟杆菌门(*Bacteroidetes*)的丰度,即厚壁菌门(*Firmicutes*)与拟杆菌门(*Bacteroidetes*)比例的增加[33]。高脂膳食在增加小鼠肠道菌群中革兰氏阴性菌数量的同时,也会增加内源性乙醇生成,从而诱导胆碱和胆汁酸的生物利用度降低,进而激活肝脏炎症反应以及促进脂肪肝的发展[34]。此外,摄入高脂肪食物会导致大鼠肠道乳酸杆菌(*Lactobacillus*)数量显著减少,而生产丙酸盐和乙酸盐的菌,包括梭状芽孢杆菌属(*Clostridium*)、拟杆菌(*Bacteroides*)和肠杆菌科(*Enterobacteriaceae*)增多[34]。

与过量膳食脂肪摄入相关的菌群生态失调通常与体重增加有关,其主要特征是肠道微生物总数减少、细菌丰度发生变化以及肠道通透性增加等[35]。来自超重和肥胖人群干预研究表明,高脂膳食会导致双歧杆菌(*Bifidobacterium*)丰度下降,而低脂膳食会增加厌氧菌总数[36, 37]。此外,以动物性饮食为基础的高脂膳食增加了另枝菌属(*Alistipes*)、嗜胆菌属(*Bilophila*)和拟杆菌(*Bacteroides*)等耐胆汁酸细菌的数量,并降低代谢膳食植物多糖的厚壁菌门(*Firmicutes*)的水平[30]。在观察性研究中,长期习惯性摄入高脂膳食与拟杆菌门(*Bacteroidetes*)和放线菌门(*Actinobacteria*)之间存在相关性[21]。同样在超重孕妇中,研究发现高脂肪摄入与肠道菌群的丰度和多样性呈负相关关系。

2. 脂肪酸类型对肠道菌群的影响

不同类型的脂肪酸对小鼠肠道菌群的影响也不同。与饱和脂肪酸相比,膳食多不饱和脂肪酸(鱼油和红花油)增加了小鼠肠道菌群多样性,降低了厚壁菌门(*Firmicutes*)与拟杆菌(*Bacteroides*)的比例,而饱和脂肪酸对小鼠体重增加和肝脏甘油三酯积累具有更强的刺激作用[38-40]。富含饱和脂肪酸的猪油和富含 n-3 多不饱和脂肪酸的鱼油相比,猪油喂养小鼠的拟杆菌(*Bacteroides*)和嗜胆菌属(*Bilophila*)增多;而用鱼油来源喂养的小鼠双歧杆菌(*Bifidobacterium*)、乳酸杆菌(*Lactobacillus*)、链球菌属(*Streptococcus*)和黏蛋白阿克曼菌(*Akkermansia muciniphila*)增加[41]。此外,n-3 和 n-6 多不饱和脂肪酸对小鼠肠道菌群会产生不同的影响。例如,n-6 多不饱和脂肪酸喂养的小鼠体内梭状芽孢杆菌属(*Clostridium*)的数量增加而双歧杆菌(*Bifidobacterium*)数量减少[42,43]。富含 n-3 多不饱和脂肪酸的饮食可改变小鼠的肠道微生物组成,显著提高能对抗内毒素血症和炎症的双歧杆菌(*Bifidobacterium*)和乳酸杆菌(*Lactobacillus*)的丰度,并提高与谷氨酸水平呈负相关的红蝽菌菌群(*Coriobacteriaceae*)的丰度[44]。单不饱和脂肪酸对小鼠肠道菌群的调控也具有非常重要的作用。在高脂饮食的小鼠模型中,相比于棕榈油,富含单不饱和脂肪酸的橄榄油显著增加了小鼠肠道中拟杆菌科(*Bacteroidaceae*)的数量,油酸衍生化合物降低了肠杆菌科(*Enterobacteriaceae*)的含量,并增加了双歧杆菌(*Bifidobacterium*)的数量[38]。

在人群水平的观察性研究发现过多的饱和脂肪酸摄入,会使机体胆固醇和甘油三酯水平升高,增加肥胖、动脉粥样硬化和心血管疾病发生风险[45]。在孕妇和代谢综合征高风险的人群研究中,膳食饱和脂肪酸摄入量与肠道菌群多样性减少,厚壁菌门(*Firmicutes*)与拟杆菌门(*Bacteroidetes*)的比例增加和普拉梭菌(*Faecalibacterium prausnitzii*)数量增加有关。此外,饱和脂肪酸摄入量与布劳特菌(*Blautia*)和多尔氏菌属(*Dorea*)丰度增加,以及肠球菌属(*Enterococcus*)和消化球菌科(*Peptococcaceae*)丰度降低密切相关。长期摄入富含饱和脂肪酸食物会影响肠道菌群对能量调节的控制,容易导致肥胖[37,46,47]。总之,膳食饱和脂肪酸可显著改变肠道微生物的组成,进而破坏肠道生态平衡,导致炎症性肠病或代谢性疾病。

在人群干预研究中,通常将不同油类(包括富含多不饱和脂肪酸的玉米油和亚麻油,富含单不饱和脂肪酸的菜籽油、橄榄油和红花油,以及鱼油)与对照饮食进行比较。研究表明,n-3 多不饱和脂肪酸摄入能提高 2 型糖尿病患者肠道乳酸杆菌(*Lactobacillus*)的数量,降低厚壁菌门(*Firmicutes*)与拟杆菌门(*Bacteroidetes*)的比例;而 n-6 多不饱和脂肪酸摄入量与双歧杆菌(*Bifidobacterium*)丰度呈负相关[35,48]。此外,在中国人群中,大豆油(富含 n-6 多不饱和脂肪酸)干预后的肠道菌群 α-多样性减少,布劳特菌(*Blautia*)的丰度减少,而拟杆菌属(*Bacteroides*)的丰度增加[49]。另一项基于中国人群的前瞻性队列研究同样发现,n－6多不饱和脂肪酸摄入与肠道菌群的多样性显著负相关[50]。同样在超重和肥胖孕妇中也观察到,n－6多不饱和脂肪酸摄入降低肠道菌群的丰度[47]。另一项为期8周的干预研究发现,高剂量EPA和DHA胶囊补充剂能够增加双歧杆菌(*Bifidobacterium*)、罗氏菌属(*Roseburia*)和乳酸杆菌(*Lactobacillus*)数量[51]。总的来说,膳食中n－3以及n－6多不饱和脂肪酸都与肠道菌群的结构和组成相关,但不同研究间没有一致的结论。

基于现有的干预和观察性研究证据,高脂膳食和富含饱和脂肪酸膳食可能会引起肠道菌群多样性和丰富度的降低,并且通常与菌群生态失调和代谢紊乱相关。富含单不饱和脂肪酸的膳食可能对肠道菌群结构的没有显著影响。相比之下,富含n－3或n－6的多不饱和脂肪酸与肠道菌群多样性增加,以及厚壁菌门(*Firmicutes*)与拟杆菌门(*Bacteroidetes*)的比例降低有关。然而,不同类型的脂肪酸对肠道菌群的数量和组成的影响还需要进一步研究论证。

3.2.3　膳食脂肪酸与肠道菌群的互作机制

膳食脂肪主要消化场所是小肠,但在大量摄入情况下,部分脂肪会到达结肠。脂类被脂肪酶水解后的小分子,如甘油、短链和中链脂肪酸被小肠细胞吸收进入血液,最终在肝脏内被吸收和代谢。来自人类和小鼠的研究证据显示,肠道菌群对富含不同膳食脂肪酸的饮食反应迅速,并且在与饮食改变相关的代谢性疾病中发挥因果作用。一方面,膳食脂肪酸可通过多种机制改变菌群的组成和功能,从而影响菌群的代谢产物;另一方面,肠道菌群也可以调节膳食脂肪酸的吸收和代谢。

1.膳食脂肪酸的抗菌性能

膳食脂肪酸具有抗菌、抗炎和抗氧化作用,因此可以调节具有抗炎特征的菌群的丰度,比如双歧杆菌(*Bifidobacterium*);或者调节具有促进炎症作用的菌群的丰度,从而改变细菌的代谢产物。例如膳食中的n－3长链多不饱和脂肪酸可以提高肠碱性磷酸酶(intestinal alkaline phosphate, IAP)的活性,诱导肠道细菌成分的改变[52]。此外,碳链长的中链脂肪酸可以抑制革兰氏阳性菌的生长,而碳链短的中链脂肪酸对革兰氏阴性菌的抗菌作用更高。生长培养基中高浓度的高亚油酸、γ-亚麻酸、α-亚麻酸、花生四烯酸和DHA能有效抑制鼠李糖乳酸杆菌(*Lactobacillus rhamnosus GG*),干酪乳杆菌(*Lactobacillus casei Shirota*)和保加利亚乳杆菌(*Lactobacillus bulgaricus*)的生长[53]。

2.胆汁酸的抗菌性能

肠道菌群与宿主胆汁酸之间存在双向相互作用。除了溶解小肠中的膳食脂质和脂溶性营养素之外,胆汁酸还具有强大的抗菌性能。初级胆汁酸由肝脏产生,在胆囊中储存,进一步释放到肠道中。初级胆汁酸可促进肠道微生物组的变化,对宿主代谢产生重要影响。在动物研究中,喂食0.1%(w/w)胆酸和0.1%鹅脱氧胆酸会导致小鼠的肠道菌群组成发生变化,包括引起脱硫弧菌科(*Desulfovibrionaceae*)和解乳酸芽孢杆菌

(*Clostridium lactatifermentans*)丰度增加,以及毛螺菌科(*Lachnospiraceae*)丰度减少[54]。引入胆酸的饮食会导致小鼠肠道中厚壁菌门(*Firmicutes*)数量增加而拟杆菌(*Bacteroides*)数量减少,表明胆汁酸可能通过高脂饮食诱导肠道菌群组成改变[55]。肠道菌群可以通过影响胆汁酸组成和胆汁酸受体信号,进而调节宿主的脂质代谢[56]。初级胆汁酸池大部分循环回肝脏,但其中小部分胆汁酸进入大肠,在特定酶(例如胆盐水解酶和胆汁酸诱导酶)的作用下进一步代谢为次级胆汁酸,包括脱氧胆酸和石胆酸[31]。肠道菌群的改变可以调节胆盐水解酶的表达水平,进而改变胆汁酸的组成。肠道菌群代谢的胆汁酸及其复合物,可以激活法尼酯 X 受体(Farnesoid X receptor),调节激素的分泌;也可能与 G 蛋白偶联受体 TGR5 结合,降低促炎症表型和脂蛋白摄取,从而调节脂肪和葡萄糖代谢。胆盐水解酶在革兰氏阳性菌和阴性菌中均有发现,包括乳酸杆菌(*Lactobacillus*)、双歧杆菌(*Bifidobacterium*)、肠球菌属(*Enterococcus*)、梭状芽孢杆菌属(*Clostridium*)和拟杆菌(*Bacteroides*)等[57]。

3. 膳食脂肪酸对肠道菌群代谢物的调节

肠道菌群可以通过影响发酵产物短链脂肪酸水平调节脂质代谢,而短链脂肪酸。肠道中普拉梭菌(*Faecalibacterium prausnitzii*)、直肠真杆菌(*Eubacterium rectale*)、霍氏真杆菌(*Eubacterium hallii*)和布氏瘤胃球菌(*Ruminococcus bromii*)是产丁酸的主要菌株[58]。膳食脂肪可以通过改变短链脂肪酸发酵细菌的丰度,间接影响短链脂肪酸的产生。例如高脂饮食可以降低生产丙酸的嗜黏蛋白阿克曼菌(*Akkermansia muciniphila*)的丰度,而 n-3 多不饱和脂肪酸则会增加该物种的丰度[52, 59]。短链脂肪酸通过多种机制调节宿主与肠道菌群代谢,在维持肠道健康、预防和改善包括癌症在内的多种非传染性疾病方面发挥了重要作用。

4. 肠道屏障功能

目前动物研究表明,高脂膳食会增加肠道菌群中革兰氏阴性菌及其代谢产物的比例,例如增加产脂多糖(lipopolysaccharides, LPS)细菌的丰度,以及盲肠中脂多糖的含量。脂多糖是引起低级别慢性炎症的触发因子,会导致肠上皮发生改变,肠道黏膜屏障通透性增加,甚至导致肠屏障完整性丧失。脂多糖进入血液循环后会引起全身炎症,诱导胰岛素抵抗和糖尿病的发展,增加动脉粥样硬化的风险[60, 61]。

5. 肠道菌群对脂质代谢的调节

肠道微生物具有调节膳食脂质组成、消化和吸收以及潜在改变肠道蛋白形成的能力[31]。肠道微生物具有消化脂类的酶,能将甘油三酯和磷脂降解为极性头基和游离脂。肠道中的乳酸杆菌(*Lactobacillus*)、肠球菌属(*Enterococcus*)、梭状芽孢杆菌属(*Clostridium*)和变形菌门(*Proteobacteria*)可以将甘油还原为 1,3-丙二醇[26]。肠道菌群可以通过抑制腺苷一磷酸激酶(AMPK)和空腹诱导脂肪因子(FIAF)来调节脂肪储存。空腹诱导脂肪因子是一种循环脂蛋白脂肪酶抑制剂,其活性的降低会导致脂肪细胞中甘油三酯的积累[28]。相关研究表明,肠道细菌基因丰富度较低的超重或肥胖人群出现胰岛素抵抗的频率更高,也具有更高的空腹血清甘油三酯和低密度脂蛋白胆固醇水平[20]。

由于脂类的疏水性,脂类需要与蛋白质结合并以血浆脂蛋白的形式进行运输。根据所含的甘油三酯密度大小,脂蛋白可分为五类:乳糜微粒、极低密度脂蛋白、中间密度脂蛋白、低密度脂蛋白和高密度脂蛋白。研究发现,在无菌小鼠和经抗生素处理清除肠道菌群的小鼠中,脂蛋白水平出现异常[62]。给常规饲养的小鼠补充特定细菌菌株,如鼠李糖乳酸杆菌(*Lactobacillus rhamnosus GG*),会导致小鼠体重增加、低密度脂蛋白和胆固醇水平升高,并改变一些参与脂质运输的基因的表达[63]。同时,肠道菌群也可以通过调节载脂蛋白的产生和微粒体甘油三酯转移蛋白的分泌促进脂质的吸收。给小鼠进行为期 4 天的青霉素和链霉素处理可以减少甘油三酯和磷脂的淋巴转运,降低黏膜载脂蛋白的水平[64]。此外,大型队列研究结果显示,肠道菌群的多样性与体脂指数和多项血脂指标相关。其中,梭状芽孢杆菌科(*Clostridiaceae*)或毛螺菌科(*Lachnospiraceae*)与低密度脂蛋白水平呈正相关;爱格氏菌属(*Eggerthella*)与甘油三酯水平和高密度脂蛋白水平呈负有关,而丁酸单胞菌属(*Butyricimonas*)与甘油三酯水平降低密切相关[65]。

3.2.4 膳食脂肪酸、肠道菌群互作与宿主健康

如前文所述,膳食脂肪对肠道菌群的功能和结构变化具有显著影响。膳食脂肪酸能有效地通过调节肠道菌群来影响多种慢性疾病发生和发展,例如肥胖、2 型糖尿病、动脉粥样硬化等心血管疾病、炎症性肠病和肠易激综合征等。

大量的动物和人类研究表明,肠道微生物与肥胖密切相关:① 肠道菌群会增加宿主能量摄入以及调节脂肪储存;② 肠道菌群结构失调会引起慢性炎症,进而促进肥胖发生;③ 肠道菌群可作用于特定神经递质从而调节食欲。高脂膳食不仅会降低肠道菌群丰富度,影响肠道菌群代谢途径,也会进一步加剧胃肠道微生态的失衡,促进脂肪沉积导致肥胖。长期进食高脂膳食会造成黏蛋白阿克曼菌(*Akkermansia muciniphila*)和普拉梭菌(*Faecalibacterium prausnitzii*)等有益细菌的丧失;或者造成变形菌门(*Proteobacteria*)等病原体的扩张进而导致易感宿主感染[59]。与消瘦者相比,肥胖人群肠道中拟杆菌(*Bacteroides*)水平较低,而通过低能量膳食干预后拟杆菌(*Bacteroides*)水平显著上升[66, 67]。

研究发现短链脂肪酸能改善肠道菌群结构,增加拟杆菌(*Bacteroides*)丰度并减少厚壁菌门(*Firmicutes*)丰度。人群研究发现短链脂肪酸还具有抗炎特征,可通过调节胰高血糖素样肽 1(glucagon like peptide 1,GLP-1)的产生来增加胰岛素的分泌,在调控血糖方面起着至关重要的作用[68]。丙酸和丁酸也参与肝脏中的糖异生作用,调节葡萄糖的产生,降低胰岛素抵抗水平[69]。高脂膳食会增加肠道菌群中脂多糖的比例,肠屏障完整性丧失后血液中脂多糖浓度升高,引起代谢性内毒素血症,进而诱发慢性炎症,干扰胰岛素信号传导和葡萄糖代谢机制[61]。

此外,肠道菌群在产生和调节神经活性代谢物 5-羟色胺(serotonin,5-HT)和 γ-氨基

丁酸(γ - aminobutyric acid, GABA)中起到关键作用。5 -羟色胺的代谢可通过调节黑皮质系神经元降低食欲;相反地,由乳酸杆菌(*Lactobacillus*)和双歧杆菌(*Bifidobacterium*)参与合成的 γ -氨基丁酸,作为大脑中主要的抑制性神经递质可有效刺激人体进食[70, 71]。因此,除了改变肠道菌群结构和比例之外,膳食脂肪还可能通过增加参与能量吸收、脂肪贮存、内毒素分泌、促进食欲的菌属丰度,降低其他有益菌丰度等机制,导致宿主体重增加和肥胖。

综上所述,膳食脂肪酸不仅为宿主提供营养,而且可以改变肠道菌群的组成和功能;而肠道菌群又通过调节肠道营养物质的吸收和代谢从而影响宿主的生理状态。合理均衡的膳食脂肪酸比例有助于维持机体健康肠道菌群,预防由肠道菌群失衡导致的相关代谢疾病及肠道相关疾病。

3.3　蛋白质与肠道菌群

蛋白质是三大宏量营养素之一,对维持机体的稳态与健康起到重要的作用。膳食蛋白质摄入与肠道菌群关系密切。一方面,肠道菌群能够调节膳食蛋白质的吸收、代谢和利用,某些肠道菌群能够合成机体所需要的氨基酸;另一方面,蛋白质的代谢产物氨基酸是肠道菌群的营养物质,膳食蛋白质的摄入量和种类能引起肠道菌群组成及功能的变化。膳食蛋白质与肠道菌群的交互作用对机体稳态和代谢健康产生重要影响。本节主要阐述膳食蛋白质与肠道菌群的交互作用及其健康效应。

3.3.1　肠道菌群影响膳食蛋白质的消化、吸收及代谢
1. 肠道菌群与膳食蛋白质水解

膳食蛋白质主要通过各种蛋白酶和肽酶分解为寡肽和氨基酸。除宿主消化液中的蛋白酶和肽酶外,肠道微生物分泌的蛋白酶也能参与部分蛋白质的胞外水解过程。根据已有的大型 MEROPS 蛋白酶数据库(https://www.ebi.ac.uk/merops/)显示,常见的肠道微生物种类如梭菌属(*Clostridium spp.*)、杆菌属(*Bacteroides spp.*)、乳酸菌属(*Lactobacillus spp.*)等含有数百种已确定的蛋白酶[72],在肠道不同部位对蛋白质的水解起到了重要作用。

研究表明,与小肠蛋白质代谢有关的主要细菌包括克雷伯氏菌属(*Klebsitella spp.*)、大肠杆菌(*Escherichia coli*)、链球菌属(*Streptococcus spp.*)、糖原酸梭菌(*Succinivibrio dextrinosolvens*)、多杆菌属(*Mitsuokella spp.*)和脂肪型厌氧单胞菌(*Anaerovibrio lipolytica*)等[73];而单胃动物大肠内能促进蛋白质水解的菌群主要包括拟杆菌属(*Bacteroides spp.*)、丙酸杆菌属(*Propionibacterium spp.*)、链球菌属(*Streptococcus spp.*)、梭菌属(*Fusobacterium spp.*)、乳酸菌属(*Clostridium spp.*)和梭菌属(*Lactobacillus spp.*)[74, 75]。这些肠道细菌通过蛋白质的水解作用,大量吸收肠道中

的蛋白质和氨基酸,作为原料进一步合成维持其生命活动的代谢物。例如,肠道中部分细菌如乳酸杆菌合成氨基酸的能力极为有限,但其发展出了有效的蛋白质水解系统以分解和利用肠道中的蛋白质作为氨基酸来源[76]。乳酸菌中的蛋白质水解系统主要由 PrtP 和 CEP 等蛋白酶组成,这些蛋白酶在胞外将蛋白质水解为寡肽后,再通过寡肽转运体 Opp、Dpp 及 Dtp 分别将胞外寡肽、二肽和三肽转运至胞内,并最终由众多胞内肽酶将寡肽分解成短肽和氨基酸[77]。此外,研究表明拟杆菌属在吸收细胞的刷状边缘可以分泌活性较高的蛋白酶,进而参与分解肠上皮细胞刷状边缘的麦芽糖酶和浆液酶[78]。

2. 肠道菌群与氨基酸生物合成

大量研究证据表明,肠道菌群具有氨基酸生物合成能力。体外试验表明反刍动物的细菌如牛链球菌(*Streptococcus bovis*)、反刍兽新月形单胞菌(*Selenomonas ruminantium*)和布氏普雷沃氏菌(*Prevotella bryantii*)等在体外生理浓度的肽存在下能够进行氨基酸的生物合成[79];体内研究也表明,宿主蛋白质中的部分氨基酸来源于微生物合成[80-82]。肠道菌具有不同的氨基酸内源性合成能力,从而表现出不同的外源性肽/氨基酸的依赖特性。例如,弯曲杆菌(*Campylobacter jejuni*)、幽门螺杆菌(*Helicobacter pylori*)、肠球菌(*Enterococcus faecalis*)和乳链球菌(*Streptococcus agalactiae*)、产气荚膜梭状芽孢杆菌(*Clostridium perfringens*)以及约翰逊氏乳杆菌(*Lactobacillus johnsonii*)等常见肠道菌缺乏合成部分或全部氨基酸的基因,从而表现出对外源氨基酸的显著依赖性[83-85]。此外,某些肠道菌如乳酸链球菌尽管具有合成氨基酸的完整基因,但由于基因突变等原因丧失了部分氨基酸的内源性合成能力[86]。

根据合成所需要的起始物和所使用的常见酶,氨基酸可以分为谷氨酸、丝氨酸、天冬氨酸、丙酮酸和芳香族氨基酸等家族[87]。在复杂的氨基酸代谢途径中,α-酮戊二酸通过转化为谷氨酸以及参与其他氨基酸的生物合成途径,在氨基酸生物合成中发挥核心作用。对于某些依赖氨作为氮源的肠道菌如拟杆菌属细菌,谷氨酸及谷氨酰胺作为氮/氨基供体显得尤为重要,因为这些细菌无法利用尿素、硝酸、肽等其他物质作为氮源[88]。在不同的能量状态和铵离子浓度下,肠道细菌主要通过谷氨酸脱氢酶(glutamate dehydrogenase, GDH)或者谷氨酰胺羟戊二酸转氨酶(glutamine oxoglutarate aminotransferase, GOGAT)途径合成谷氨酸,前者主要发生于细胞能量受限且铵和磷酸盐充足时,而后者主要发生于能量不受限状态时[89]。然而,不同肠道菌合成谷氨酸的途径可能更加复杂和多样。例如,脆弱拟杆菌(*Bacteroides fragilis*)作为一种肠道中常见的革兰氏阴性菌,发展出了两种不同的谷氨酸脱氢酶,即高浓度铵依赖的还原态烟酰胺腺嘌呤二核苷酸(Nicotinamide adenine dinucleotide, NADH)双辅酶以及高浓度肽依赖的特异性 NADH 酶[90,91]。此外,在革兰氏阳性的枯草芽孢杆菌(*Bacillus subtilis*)中,谷氨酸仅能由 gltAB 操纵子编码的谷氨酸合酶对 α-酮戊二酸进行还原胺化而合成[92]。谷氨酰胺合成主要通过谷氨酰胺合成酶(glutamine synthetase, GS)催化作用下的 ATP 水解将氢离子添加到谷氨酸,在该过程中,不同的肠道菌所利用的谷氨酰胺合成酶主要有三种:真细菌和古细菌主要利用谷氨酰胺合成酶Ⅰ合成谷氨酰胺,真核生物及集中土壤细菌如根瘤菌(*Rhizobium*)、法兰克菌(*Frankia*)和链霉菌(*Streptomyces*)等主要利用谷氨酰胺合成酶Ⅱ合成谷氨酰胺,而其他细菌如脆弱拟杆菌(*Bacteroides fragilis*)、豆科根瘤菌(*Rhizobium leguminosarum*)以及溶纤维丁酸弧菌(*Butyrivibrio fibrisolvens*)等主要利用谷氨酰胺合成酶Ⅲ合成谷氨酰胺[93]。

在丝氨酸家族中,丝氨酸是合成甘氨酸、半胱氨酸和色氨酸的前体物质。研究表明,肠杆菌和枯草芽孢杆菌可通过两步反应利用丝氨酸合成半胱氨酸:首先在乙酰辅酶 A 的催化作用下生成中间产物乙酰基丝氨酸,并进一步利用硫化氢底物生成半胱氨酸[94]。而其他细菌如长双歧杆菌只具有不分半胱氨酸的合成能力,其可能利用其他肠道细菌产生的酶完成半胱氨酸的生物合成[95]。

在天冬氨酸家族中,已知细菌的赖氨酸生物合成途径主要包括二氨基庚二酸(diaminopimelic acid, DAP)和氨基己二酸(aminoadipic acid, AAA)途径。其中,DAP 为大多数细菌合成赖氨酸的途径,该途径以天冬氨酸和丙酮酸为起始物质,以中间体 meso-2-6-二氨基庚二酸为中间产物[96]。值得注意的是,不同细菌衍生出 4 种 DAP 途径的变种,包括琥珀酰化酶、乙酰化酶、转氨酶以及脱氢酶途径,其中以琥珀酰化途径最为常见[97]。在以天冬氨酸为前体物质合成蛋氨酸的途径中,一些革兰氏阳性菌可能会通过 lL-半胱氨酸或将无机硫与乙酰基高丝氨酸结合形成同型半胱氨酸,进而将硫基附着在 O-琥珀酰-L-高丝氨酸上,最终合成蛋氨酸[98]。

亮氨酸、异亮氨酸、缬氨酸以及丙氨酸的生物合成均以丙酮酸及其代谢产物起始。肠道细菌可产生不同类型的同工酶参与丙酮酸家族氨基酸的合成途径。例如,大肠杆菌(*Escherichia coli*)和鼠伤寒沙门氏菌(*Salmonella enterica*)具有 ilvIH、ilvBN 和 ilvGM 基因编码 3 种不同的同工酶参与乙酰乳酸合成[99]。此外,拟杆菌属(*Bacteroides fragilis*)和反刍瘤胃亚菌(*Prevotella ruminicola*)可以直接以短链脂肪酸异戊酸为前提进行羧化反应合成亮氨酸,也可以利用 2-甲基丁酸作为前体合成异亮氨酸[100]。

芳香族氨基酸的生物合成通常以磷酸烯醇丙酮酸和赤藓糖 4-磷酸为前体物质,并以分支酸作为分歧点化合物进一步合成各种氨基酸[101]。不同的肠道细菌合成芳香族氨基酸具有共同的中间代谢产物,但合成途径也具有异质性。在以磷酸烯醇丙酮酸和赤藓糖 4-磷酸为前体合成 3-脱氧-d-阿拉伯七聚酸 7-磷酸的过程中,大肠杆菌主要利用 AroF、AroG 和 AroH 等同工酶,而枯草芽孢杆菌则主要通过 AroA 同工酶催化这一反应[101, 102]。此外,肠道细菌中的替代途径也在合成芳香族氨基酸过程中发挥了重要的作用。例如,大肠杆菌通过芳香氨基酸氨基转移酶和谷氨酰胺转移酶途径催化谷氨酸生成苯丙氨酸和酪氨酸外,也可以通过预苯酸脱水酶等途径利用预苯酸最终合成苯丙氨酸和酪氨酸[100]。

上述研究证据表明,肠道细菌具有复杂的催化氨基酸合成的酶系,能够通过典型或替代性途径内源性合成氨基酸。然而,已有证据大多集中于少数肠道细菌如大肠杆菌和拟杆菌等,对肠道细菌参与氨基酸生物合成的复杂途径仍有待进一步挖掘。

3.3.2 膳食蛋白质对肠道菌群组成及功能的影响

膳食蛋白质为肠道菌群提供了维持细胞活动所必需的氨基酸等前体物质,膳食蛋白质及其氨基酸组成等因素均能够显著调节肠道菌群组成、结构和功能,最终对宿主健康产生重要影响[94]。

膳食蛋白质按照来源主要分为植物性蛋白和动物性蛋白,不同种类的蛋白质结构、营养和功能差异很大[103]。植物性蛋白和动物性蛋白具有各异的消化率和降解模式。根据膳食蛋白质消化率的差异,人体内每天有 12～18 g 的残留蛋白质(约占膳食蛋白质总量的 10%)到达结肠[104]。这些残留蛋白质被结肠中常见的肠道细菌如拟杆菌、大肠菌群和梭状芽孢杆菌等分解转化[105],进而生成微生物代谢产物和肠道毒素等,最终引起微生态系统平衡的转变[106]。

由于受不可消化性的植物细胞壁等因素影响,植物蛋白的消化率相对于动物蛋白更低。作为一种最主要的植物性蛋白,大豆蛋白被广泛应用于饲料工业,同时也是膳食蛋白质的重要来源。大豆中粗蛋白质约为总蛋白含量的 40%,这些粗蛋白主要是具有免疫原性和热稳定性的球蛋白[107]。值得注意的是,大豆中具有抗原活性的抗营养因子可刺激宿主的免疫应答,由 T 淋巴细胞介导分泌免疫球蛋白 E,引发绒毛受损和隐窝细胞增殖,最终对肠道稳态产生负面影响[108]。肠道细菌代谢大豆蛋白代谢过程中可能产生组胺、尸胺、腐胺等多种毒素,可能损伤肠壁[109]。与酪蛋白相比,饲喂大豆蛋白的大鼠体内正丁酸及乳酸等腐化物的含量显著上升,表明大豆蛋白摄入可能导致肠道生理的变化。同时大豆蛋白的摄入,能引起相应肠道细菌如大肠杆菌的过度生长,而大肠杆菌等病原体在肠内大量定植可能会引发肠道微生态失调[110]。尽管如此,膳食大豆蛋白经过加工处理后抗原活性能显著降低,大豆蛋白仍然被认为是相对健康的蛋白质来源。研究证据表明,大豆蛋白可以改变肠道菌群组成,增加埃希氏菌和丙酸杆菌的相对丰度[73]。其中,埃希氏菌是一种有益的肠道菌群,能够调节盐和水的代谢而不损害肠黏膜[111]。此外,大豆蛋白的消化产物胃蛋白酶水解伴大豆球蛋白能够抑制大肠杆菌的生长,促进双歧杆菌的生长,并具有降血压等药理和生理活性[112, 113]。此外,其他的植物性蛋白如花生蛋白也能引起肠道菌群的变化。在大鼠模型中,含 20%花生蛋白的饮食能够改变大鼠肠道微生物群的多样性,并增加肠道双歧杆菌丰度,并减少大肠杆菌和产气荚膜梭菌的丰度,表明花生蛋白能够促进肠道菌群的健康稳态[114]。类似地,糖化豌豆蛋白能够促进乳酸菌和双歧杆菌的生长,并增加人类粪便批量培养中的乳酸产量[115]。

与豌豆蛋白喂养的动物相比,肉类饲料喂养显著降低了大鼠盲肠中短链脂肪酸的含量,并增加了支链脂肪酸及氨的含量[116]。作为一种典型的动物性蛋白,酪蛋白可在近端结肠被宿主酶消化。尽管酪蛋白降解过程相对较少的涉及肠道细菌的代谢作用,但有研究证据表明酪蛋白可以增加粪便中乳酸杆菌和双歧杆菌丰度,并降低葡萄球菌、大肠菌群、链球菌以及直肠真杆菌的丰度[117, 118]。此外,由于独特的氨基酸组成,酪蛋白可通过诱导肠道内氨基酸转运蛋白基因的转录水平影响氨基酸代谢平衡,并最终影响肠道微生态。例如,研究证据表明,酪蛋白能促进肠道中赖氨酸和精氨酸的积累,并伴随着阳离子氨基酸转运蛋白等相关酶含量的提升[119, 120]。氨基酸浓度以及相关酶的变化,可能进一步影响肠道内氨基酸特定代谢物的衍生和转化途径,并最终改变肠道的微生态平衡。

除膳食蛋白质的种类外,膳食蛋白质摄入量也能引起肠道菌群的变化。与前述一致,膳食摄入过多的蛋白质可能会增加硫化氢和氨等化合物的增加,进而对宿主健康产生负面的作用。高浓度的膳食蛋白质可能会增加肠道中大肠杆菌等病原体丰度的增加,从而破坏肠道微生态系统的稳态。相反,低浓度的蛋白质摄入能降低肠道内病原体的丰度,且能显著改善动物体内的氮沉积[121, 122]。动物实验研究表明,低浓度的蛋白质饮食能够显著增加肠道中乳酸菌数量,并降低大肠杆菌和葡萄球菌的数量[123],而在老年动物中,肠道微生物对膳食蛋白质浓度的响应性变低[124]。这些研究证据表明,膳食蛋白质的合理摄入量有助于维持肠道微生态的稳态。

3.3.3　肠道菌群酵解蛋白质产物及其健康效应

膳食蛋白质在肠道细菌的作用下进行发酵产生各种代谢产物,这些代谢产物对宿主的肠道以及远隔器官的代谢及稳态产生重要影响。蛋白质发酵后产生的不同代谢产物及其生理功能列举如下。

1. 短链脂肪酸

短链脂肪酸是肠道菌群最重要的代谢产物之一。虽然肠道内的短链脂肪酸主要来源于以碳水化合物为底物的酵解反应,蛋白质也能在细菌的酵解作用下生成短链脂肪酸。例如,蛋白质来源甘氨酸、丙氨酸、苏氨酸、谷氨酸、赖氨酸和天冬氨酸可由肠道细菌发酵产生乙酸,丙氨酸和苏氨酸可产生丙酸,而苏氨酸、谷氨酸和赖氨酸可产生丁酸[125, 126]。此外,肠道内许多革兰氏阳性菌以从缬氨酸、异亮氨酸和亮氨酸中衍生的引物异丁基辅酶 A、异戊酰辅酶 A 和 2-甲基丁基辅酶 A 为前体物质,使用特异性的支链-酮酸脱氢酶生产异丁酸、异戊酸以及 2-甲基丁酸等支链脂肪酸[127]。短链脂肪酸对维持肠道健康、调节免疫系统、调节能量代谢以及调控宿主糖脂代谢等方面起到了重要的作用,相关综述已经系统总结了短链脂肪酸的生理功能[128, 129],本节不再赘述。

2. 硫化物

硫化物是人体结肠和粪便中广泛存在的肠道代谢产物。膳食蛋白质中的几种含硫氨基酸在细菌的发酵作用下可以生成甲硫醇和硫化氢等硫化物。例如,肠道细菌可通过发酵蛋氨酸产生甲硫醇,并利用半胱氨酸脱硫酶,胱硫醚 B 裂解酶和色氨酸酶等发酵色氨酸生成硫化氢[125, 130, 131]。硫化氢对宿主的健康效应与其浓度有关。在低浓度状态下,硫化氢能够促进线粒体功能增加细胞呼吸并促进 ATP 产生[132],并通过调节免疫减轻肠道炎症[133]。然而,过高浓度的硫化氢与溃疡性结肠炎的发生密切相关[134];此外,硫化氢也是结肠癌细胞维持生物功能所必需的物质,表明其对结肠肿瘤的进展可能起到了负面作用[135]。体外试验结果表明,硫化氢能降低结肠上皮细胞的氧消耗量,并上调缺氧诱导因子 1A 以及合成一氧化氮合成酶及白介素 6 的基因的表达[136]。这些证据表明,膳食蛋白质来源的硫化物在肠道炎症和肿瘤的发展过程中起到了重要的调节作用。

3. 芳香族化合物

肠道细菌在蛋白质来源的苯丙氨酸、酪氨酸和色氨酸等芳香族氨基酸的分解代谢过程中会产生酚类和吲哚类化合物[137, 138]。其中,吲哚主要由色氨酸酶代谢色氨酸产生。大量研究证据表明,肠道微生物来源的吲哚能显著影响宿主健康,然而其健康效应具有两面性[139]。一方面,吲哚可以通过激活免疫细胞释放 IL-22 等抗炎因子,调节肠道屏障从而维持肠道稳态[140],抑制包括出血性大肠杆菌等致病菌在肠道内的定植[141],通过重构肠道菌群并降低炎症反应以缓解强直性脊柱炎等[142];另一方面,吲哚被转运至肝脏后生成的硫酸吲哚酚等代谢产物,具有肾脏和心血管毒性[143, 144]。苯酚是另一种常见的肠道微生物代谢芳香族氨基酸(酪氨酸)产物。体外试验结果表明,苯酚会降低结肠屏障功能的完整性,并在一定的浓度下损害人体结肠上皮细胞的活性[145]。此外,酪氨酸转化为 4-羟基苯乙酸酯代谢过程中可生成对甲酚。对甲酚能抑制人结肠细胞的增殖和呼吸,并增加超氧化物的产生[146]。与硫酸吲哚类似,硫酸对甲酚也具有一定的肾脏毒性,可促进慢性肾病患者的胰岛素抵抗[147]。

4. 多胺

除膳食成分中的多胺,肠上皮细胞以及肠道微生物的内源性合成也是肠道中多胺的重要来源。已有研究证据表明,肠道细菌参与代谢氨基酸过程中能生成胍丁胺、腐胺、亚精胺、尸胺等多胺化合物。其中,胍丁胺由结肠细菌利用精氨酸脱羧酶对精氨酸进行脱羧生成[148],也可由亚精胺大肠杆菌以腐胺和脱羧 s-腺苷甲硫氨酸为底物利用亚精胺合成酶生成[149],而尸胺则可在大肠杆菌中通过赖氨酸与赖氨酸脱羧酶一步反应合成[150]。多胺类化物对肠道健康稳态起重要作用。例如,胍丁胺对结肠腺细胞的增殖有显著的抑制作用[148];亚精胺和精胺则可以缓解细胞氧化应激,并诱导自噬延长细胞寿命[151];而腐胺合成则是肠上皮细胞增殖的严格必要条件[152]。

5. 单胺及其他神经活性类物质

肠道微生物代谢氨基酸过程中可生成一系列具有神经活性的物质,主要包括单胺类物质(酪胺、色胺、苯乙胺等)、γ-氨基丁酸以及一氧化氮等。其中,酪胺、色胺以及苯乙胺分别由酪氨酸、色氨酸以及苯丙氨酸在肠道细菌脱羧酶作用下的脱羧反应生成,这些单胺类物质均具有一定程度的神经活性。例如,研究证据表明肠道微生物来源的酪胺可以促进肠道细胞合成血清素进而提升其在循环中的水平[153],而血清素是一种与行为、学习以及精神障碍密切相关的神经递质[154];色胺作为一种 β-芳香胺神经递质,不仅可以诱导肠内分泌细胞释放血清素,同时可以增强肠上皮屏障、促进肠道激素分泌以及在体循环中发挥抗炎抗氧化的作用[155, 156];类似地,苯乙胺作为一种肠道细菌来源的微量神经递质,对宿主的饱腹感和情绪具有显著的调节作用[157],且与抑郁、注意力不足多动障碍以及精神分裂等心理障碍密切相关[158]。γ-氨基丁酸是一种抑制性神经递质,可由一系列革兰氏阳性和阴性菌分泌的谷氨酸脱羧酶作用的谷氨酸脱羧反应生成[159]。动物实验结果表明,鼠李糖乳杆菌诱导的γ-氨基丁酸受体表达变化,可减少小鼠焦虑和抑郁等相关行为[160]。最后,一氧化氮是另外一种重要的神经递质,可由肠道细菌通过一氧化氮合酶催化的精氨酸氧化两步反应生成[161]。一氧化氮主要通过与细胞膜上的受体结合,调节神经元之间的信号传递。在中枢神经系统中,一氧化氮参与调节多种神经功能,如学习、记忆、情绪、注意力和运动控制等;还可以影响神经元的兴奋性和抑制性,调节神经元之间的突触传递,并参与神经发育和修复[162]。

上述证据表明,肠道菌群参与的蛋白质酵解产物对宿主肠道稳态、免疫屏障、炎症以及精神稳态等产生了广泛的影响。然而,肠道微生物参与膳食蛋白质/氨基酸的代谢活动及相关代谢产物可能更加复杂,进一步阐明肠道菌群参与蛋白质代谢的途径及相关产物的生理活性,将有助于深入理解膳食蛋白质与肠道菌群互作及其对宿主健康的影响。

3.4　小结与展望

本章综述了膳食宏量营养素(碳水化合物、脂肪和蛋白质)与肠道菌群之间的相互作用关系,并探讨了肠道菌群在膳食宏量营养素消化、吸收和代谢过程中的重要调节作用,以及膳食宏量营养素对肠道菌群组成和功能的影响。这种相互作用对于宿主的健康至关重要。现有的研究证据表明,膳食宏量营养素的肠道菌群代谢产物对宿主的肠道屏障功能、代谢稳态和免疫功能等方面起着重要的调节作用。然而,考虑到膳食宏量营养素和肠道菌群的多样性和复杂性,未来研究仍需进一步挖掘膳食宏量营养素与肠道菌群之间的作用机理和途径。此外,膳食宏量营养素相关肠道菌群代谢产物对应的健康效应研究需要更多的高质量临床试验。

参考文献

[1] Logtenberg M J, Akkerman R, Hobé R G, et al. Structure-Specific Fermentation of Galacto-Oligosaccharides, Isomalto-Oligosaccharides and Isomalto/ Malto-Polysaccharides by Infant Fecal Microbiota and Impact on Dendritic Cell Cytokine Responses. Mol Nutr Food Res, 2021, 65(16): e2001077.

[2] Sabater-Molina M, Larqué E, Torrella F, et al. Dietary fructooligosaccharides and potential benefits on health. J Physiol Biochem, 2009, 65(3): 315 – 328.

[3] Jardon K M, Canfora E E, Goossens G H, et al. Dietary macronutrients and the gut microbiome: a precision nutrition approach to improve cardiometabolic health. Gut, 2022, 71(6): 1214 – 1226.

[4] Wardman J F, Bains R K, Rahfeld P, et al. Carbohydrate-active enzymes (CAZymes) in the gut

microbiome. Nat Rev Microbiol, 2022, 20(9): 542 - 556.

[5] Cockburn D W, Koropatkin N M. Polysaccharide Degradation by the Intestinal Microbiota and its Influence on Human Health and Disease. J Mol Biol, 2016, 428(16): 3230 - 3252.

[6] Tremaroli V, Bäckhed F. Functional interactions between the gut microbiota and host metabolism. Nature, 2012, 489(7415): 242 - 249.

[7] Chassard C, Delmas E, Robert C, et al. Ruminococcus champanellensis sp. nov., a cellulose-degrading bacterium from human gut microbiota. Int J Syst Evol Microbiol, 2012, 62(Pt 1): 138 - 143.

[8] Koropatkin N M, Cameron E A, Martens E C. How glycan metabolism shapes the human gut microbiota. Nat Rev Microbiol, 2012, 10(5): 323 - 335.

[9] Mahowald M A, Rey F E, Seedorf H, et al. Characterizing a model human gut microbiota composed of members of its two dominant bacterial phyla. Proc Natl Acad Sci U S A, 2009, 106 (14): 5859 - 5864.

[10] Costabile A, Fava F, Röytiö H, et al. Impact of polydextrose on the faecal microbiota: a double-blind, crossover, placebo-controlled feeding study in healthy human subjects. Br J Nutr, 2012, 108(3): 471 - 481.

[11] Eckburg P B, Bik E M, Bernstein C N, et al. Diversity of the human intestinal microbial flora. Science, 2005, 308(5728): 1635 - 1638.

[12] Drożdż K, Nabrdalik K, Hajzler W, et al. Metabolic-Associated Fatty Liver Disease (MAFLD), Diabetes, and Cardiovascular Disease: Associations with Fructose Metabolism and Gut Microbiota. Nutrients, 2021, 14(1): 103.

[13] Payne A N, Chassard C, Lacroix C. Gut microbial adaptation to dietary consumption of fructose, artificial sweeteners and sugar alcohols: implications for host-microbe interactions contributing to obesity. Obes Rev, 2012, 13(9): 799 - 809.

[14] Ruiz-Ojeda F J, Plaza-Díaz J, Sáez-Lara M J, et al. Effects of Sweeteners on the Gut Microbiota: A Review of Experimental Studies and Clinical Trials. Adv Nutr, 2019, 10(suppl_1): S31 - S48.

[15] Do M H, Lee E, Oh M J, et al. High-Glucose or Fructose Diet Cause Changes of the Gut Microbiota and Metabolic Disorders in Mice without Body Weight Change. Nutrients, 2018, 10(6).

[16] Wang Y, Qi W, Song G, et al. High-Fructose Diet Increases Inflammatory Cytokines and Alters Gut Microbiota Composition in Rats. Mediators Inflamm, 2020, 2020: 6672636.

[17] Sun S, Araki Y, Hanzawa F, et al. High sucrose diet-induced dysbiosis of gut microbiota promotes fatty liver and hyperlipidemia in rats. J Nutr Biochem, 2021, 93: 108621.

[18] Xiang S, Ye K, Li M, et al. Xylitol enhances synthesis of propionate in the colon via cross-feeding of gut microbiota. Microbiome, 2021, 9(1): 62.

[19] Sarmiento-Rubiano L A, Zúñiga M, Pérez-Martínez G, et al. Dietary supplementation with sorbitol results in selective enrichment of lactobacilli in rat intestine. Res Microbiol, 2007, 158(8 - 9): 694 - 701.

[20]　Cotillard A, Kennedy S P, Kong L C, et al. Dietary intervention impact on gut microbial gene richness. Nature, 2013, 500(7464): 585 – 588.

[21]　Wu G D, Chen J, Hoffmann C, et al. Linking long-term dietary patterns with gut microbial enterotypes. Science, 2011, 334(6052): 105 – 108.

[22]　So D, Whelan K, Rossi M, et al. Dietary fiber intervention on gut microbiota composition in healthy adults: a systematic review and meta-analysis. Am J Clin Nutr, 2018, 107(6): 965 – 983.

[23]　Makki K, Deehan E C, Walter J, et al. The Impact of Dietary Fiber on Gut Microbiota in Host Health and Disease. Cell Host Microbe, 2018, 23(6): 705 – 715.

[24]　Kovatcheva-Datchary P, Nilsson A, Akrami R, et al. Dietary Fiber-Induced Improvement in Glucose Metabolism is Associated with Increased Abundance of Prevotella. Cell Metab, 2015, 22(6): 971 – 982.

[25]　Koh A, De Vadder F, Kovatcheva-Datchary P, et al. From Dietary Fiber to Host Physiology: Short-Chain Fatty Acids as Key Bacterial Metabolites. Cell, 2016, 165(6): 1332 – 1345.

[26]　Oliphant K, Allen-Vercoe E. Macronutrient metabolism by the human gut microbiome: major fermentation by-products and their impact on host health. Microbiome, 2019, 7(1): 91.

[27]　Snyder D B, Marquardt W W, Yancey F S, et al. An enzyme-linked immunosorbent assay for the detection of antibody against avian influenza virus. Avian Dis, 1985, 29(1): 136 – 144.

[28]　Bäckhed F, Ding H, Wang T, et al. The gut microbiota as an environmental factor that regulates fat storage. Proc Natl Acad Sci U S A, 2004, 101(44): 15718 – 15723.

[29]　Bennet S M P, Böhn L, Störsrud S, et al. Multivariate modelling of faecal bacterial profiles of patients with IBS predicts responsiveness to a diet low in FODMAPs. Gut, 2018, 67(5): 872 – 881.

[30]　David L A, Maurice C F, Carmody R N, et al. Diet rapidly and reproducibly alters the human gut microbiome. Nature, 2014, 505(7484): 559 – 563.

[31]　Yu Y, Raka F, Adeli K. The Role of the Gut Microbiota in Lipid and Lipoprotein Metabolism. J Clin Med, 2019, 8(12).

[32]　Wolters M, Ahrens J, Romaní-Pérez M, et al. Dietary fat, the gut microbiota, and metabolic health - A systematic review conducted within the MyNewGut project. Clin Nutr, 2019, 38(6): 2504 – 2520.

[33]　Forouhi N G, Krauss R M, Taubes G, et al. Dietary fat and cardiometabolic health: evidence, controversies, and consensus for guidance. Bmj, 2018, 361: k2139.

[34]　Spruss A, Kanuri G, Wagnerberger S, et al. Toll-like receptor 4 is involved in the development of fructose-induced hepatic steatosis in mice. Hepatology, 2009, 50(4): 1094 – 1104.

[35]　Simões C D, Maukonen J, Kaprio J, et al. Habitual dietary intake is associated with stool microbiota composition in monozygotic twins. J Nutr, 2013, 143(4): 417 – 423.

[36]　Brinkworth G D, Noakes M, Clifton P M, et al. Comparative effects of very low-carbohydrate, high-fat and high-carbohydrate, low-fat weight-loss diets on bowel habit and faecal short-chain fatty acids and bacterial populations. Br J Nutr, 2009, 101(10): 1493 – 1502.

[37] Fava F, Gitau R, Griffin B A, et al. The type and quantity of dietary fat and carbohydrate alter faecal microbiome and short-chain fatty acid excretion in a metabolic syndrome "at-risk" population. Int J Obes (Lond), 2013, 37(2): 216 – 223.

[38] de Wit N, Derrien M, Bosch-Vermeulen H, et al. Saturated fat stimulates obesity and hepatic steatosis and affects gut microbiota composition by an enhanced overflow of dietary fat to the distal intestine. Am J Physiol Gastrointest Liver Physiol, 2012, 303(5): G589 – 599.

[39] Patterson E, RM O D, Murphy E F, et al. Impact of dietary fatty acids on metabolic activity and host intestinal microbiota composition in C57BL/6J mice. Br J Nutr, 2014, 111(11): 1905 – 1917.

[40] Gibson D L, Gill S K, Brown K, et al. Maternal exposure to fish oil primes offspring to harbor intestinal pathobionts associated with altered immune cell balance. Gut Microbes, 2015, 6(1): 24 – 32.

[41] Caesar R, Tremaroli V, Kovatcheva-Datchary P, et al. Crosstalk between Gut Microbiota and Dietary Lipids Aggravates WAT Inflammation through TLR Signaling. Cell Metab, 2015, 22 (4): 658 – 668.

[42] Lam Y Y, Ha C W, Hoffmann J M, et al. Effects of dietary fat profile on gut permeability and microbiota and their relationships with metabolic changes in mice. Obesity (Silver Spring), 2015, 23(7): 1429 – 1439.

[43] Ghosh S, DeCoffe D, Brown K, et al. Fish oil attenuates omega-6 polyunsaturated fatty acid-induced dysbiosis and infectious colitis but impairs LPS dephosphorylation activity causing sepsis. PLoS One, 2013, 8(2): e55468.

[44] Zhuang P, Li H, Jia W, et al. Eicosapentaenoic and docosahexaenoic acids attenuate hyperglycemia through the microbiome-gut-organs axis in db/db mice. Microbiome, 2021, 9(1): 185.

[45] Kris-Etherton P M, Fleming J A. Emerging nutrition science on fatty acids and cardiovascular disease: nutritionists' perspectives. Adv Nutr, 2015, 6(3): 326s – 337s.

[46] Mandal S, Godfrey K M, McDonald D, et al. Fat and vitamin intakes during pregnancy have stronger relations with a pro-inflammatory maternal microbiota than does carbohydrate intake. Microbiome, 2016, 4(1): 55.

[47] Röytiö H, Mokkala K, Vahlberg T, et al. Dietary intake of fat and fibre according to reference values relates to higher gut microbiota richness in overweight pregnant women. Br J Nutr, 2017, 118(5): 343 – 352.

[48] Balfegó M, Canivell S, Hanzu F A, et al. Effects of sardine-enriched diet on metabolic control, inflammation and gut microbiota in drug-naïve patients with type 2 diabetes: a pilot randomized trial. Lipids Health Dis, 2016, 15: 78.

[49] Wan Y, Wang F, Yuan J, et al. Effects of dietary fat on gut microbiota and faecal metabolites, and their relationship with cardiometabolic risk factors: a 6 – month randomised controlled-feeding trial. Gut, 2019, 68(8): 1417 – 1429.

［50］ Miao Z, Lin J S, Mao Y, et al. Erythrocyte n-6 Polyunsaturated Fatty Acids, Gut Microbiota, and Incident Type 2 Diabetes: A Prospective Cohort Study. Diabetes Care, 2020, 43(10): 2435 - 2443.

［51］ Watson H, Mitra S, Croden F C, et al. A randomised trial of the effect of omega-3 polyunsaturated fatty acid supplements on the human intestinal microbiota. Gut, 2018, 67(11): 1974 - 1983.

［52］ Kaliannan K, Wang B, Li X Y, et al. A host-microbiome interaction mediates the opposing effects of omega-6 and omega-3 fatty acids on metabolic endotoxemia. Sci Rep, 2015, 5: 11276.

［53］ Kankaanpää P E, Salminen S J, Isolauri E, et al. The influence of polyunsaturated fatty acids on probiotic growth and adhesion. FEMS Microbiol Lett, 2001, 194(2): 149 - 153.

［54］ Just S, Mondot S, Ecker J, et al. The gut microbiota drives the impact of bile acids and fat source in diet on mouse metabolism. Microbiome, 2018, 6(1): 134.

［55］ Islam K B, Fukiya S, Hagio M, et al. Bile acid is a host factor that regulates the composition of the cecal microbiota in rats. Gastroenterology, 2011, 141(5): 1773 - 1781.

［56］ Yokota A, Fukiya S, Islam K B, et al. Is bile acid a determinant of the gut microbiota on a high-fat diet?. Gut Microbes, 2012, 3(5): 455 - 459.

［57］ Jones B V, Begley M, Hill C, et al. Functional and comparative metagenomic analysis of bile salt hydrolase activity in the human gut microbiome. Proc Natl Acad Sci U S A, 2008, 105(36): 13580 - 13585.

［58］ Louis P, Young P, Holtrop G, et al. Diversity of human colonic butyrate-producing bacteria revealed by analysis of the butyryl-CoA: acetate CoA-transferase gene. Environ Microbiol, 2010, 12(2): 304 - 314.

［59］ Everard A, Belzer C, Geurts L, et al. Cross-talk between Akkermansia muciniphila and intestinal epithelium controls diet-induced obesity. Proc Natl Acad Sci U S A, 2013, 110(22): 9066 - 9071.

［60］ Cândido F G, Valente F X, Grześkowiak Ł M, et al. Impact of dietary fat on gut microbiota and low-grade systemic inflammation: mechanisms and clinical implications on obesity. Int J Food Sci Nutr, 2018, 69(2): 125 - 143.

［61］ Cani P D, Amar J, Iglesias M A, et al. Metabolic endotoxemia initiates obesity and insulin resistance. Diabetes, 2007, 56(7): 1761 - 1772.

［62］ Leone V, Gibbons S M, Martinez K, et al. Effects of diurnal variation of gut microbes and high-fat feeding on host circadian clock function and metabolism. Cell Host Microbe, 2015, 17(5): 681 - 689.

［63］ Martinez-Guryn K, Hubert N, Frazier K, et al. Small Intestine Microbiota Regulate Host Digestive and Absorptive Adaptive Responses to Dietary Lipids. Cell Host Microbe, 2018, 23(4): 458 - 469.

［64］ Sato H, Zhang L S, Martinez K, et al. Antibiotics Suppress Activation of Intestinal Mucosal Mast Cells and Reduce Dietary Lipid Absorption in Sprague-Dawley Rats. Gastroenterology, 2016, 151(5): 923 - 932.

[65] Fu J, Bonder M J, Cenit M C, et al. The Gut Microbiome Contributes to a Substantial Proportion of the Variation in Blood Lipids. Circ Res, 2015, 117(9): 817 - 824.

[66] Fernandes J, Su W, Rahat-Rozenbloom S, et al. Adiposity, gut microbiota and faecal short chain fatty acids are linked in adult humans. Nutr Diabetes, 2014, 4(6): e121.

[67] Schwiertz A, Taras D, Schäfer K, et al. Microbiota and SCFA in lean and overweight healthy subjects. Obesity (Silver Spring), 2010, 18(1): 190 - 195.

[68] Boulangé C L, Neves A L, Chilloux J, et al. Impact of the gut microbiota on inflammation, obesity, and metabolic disease. Genome Med, 2016, 8(1): 42.

[69] Morrison D J, Preston T. Formation of short chain fatty acids by the gut microbiota and their impact on human metabolism. Gut Microbes, 2016, 7(3): 189 - 200.

[70] Barrett E, Ross R P, O'Toole P W, et al. γ-Aminobutyric acid production by culturable bacteria from the human intestine. J Appl Microbiol, 2012, 113(2): 411 - 417.

[71] Heisler L K, Jobst E E, Sutton G M, et al. Serotonin reciprocally regulates melanocortin neurons to modulate food intake. Neuron, 2006, 51(2): 239 - 249.

[72] Rawlings N D, Waller M, Barrett A J, et al. MEROPS: the database of proteolytic enzymes, their substrates and inhibitors. Nucleic Acids Research, 2013, 42(D1): D503 - D509.

[73] Zhao J, Zhang X, Liu H, et al. Dietary Protein and Gut Microbiota Composition and Function. Curr Protein Pept Sci, 2019, 20(2): 145 - 154.

[74] Davila A M, Blachier F, Gotteland M, et al. Re-print of "Intestinal luminal nitrogen metabolism: role of the gut microbiota and consequences for the host". Pharmacol Res, 2013, 69(1): 114 - 126.

[75] Macfarlane G T, Allison C, Gibson S A, et al. Contribution of the microflora to proteolysis in the human large intestine. J Appl Bacteriol, 1988, 64(1): 37 - 46.

[76] Pessione E. Lactic acid bacteria contribution to gut microbiota complexity: lights and shadows. Front Cell Infect Microbiol, 2012, 2: 86.

[77] Liu M, Bayjanov J R, Renckens B, et al. The proteolytic system of lactic acid bacteria revisited: a genomic comparison. BMC genomics, 2010, 11: 1 - 15.

[78] Riepe S P, Goldstein J, Alpers D H. Effect of secreted Bacteroides proteases on human intestinal brush border hydrolases. J Clin Invest, 1980, 66(2): 314 - 322.

[79] Atasoglu C, Valdés C, Walker N D, et al. De novo synthesis of amino acids by the ruminal bacteria Prevotella bryantii B₁₄, Selenomonas ruminantium HD4, and Streptococcus bovis ES1. Appl Environ Microbiol, 1998, 64(8): 2836 - 2843.

[80] Metges C C, Petzke K J, Hennig U. Gas chromatography/combustion/isotope ratio mass spectrometric comparison of N-acetyl and N-pivaloyl amino acid esters to measure 15N isotopic abundances in physiological samples: a pilot study on amino acid synthesis in the upper gastro-intestinal tract of minipigs. J Mass Spectrom, 1996, 31(4): 367 - 376.

[81] Metges C C, El-Khoury A E, Henneman L, et al. Availability of intestinal microbial lysine for whole body lysine homeostasis in human subjects. Am J Physiol, 1999, 277(4): E597 - 607.

［82］ Millward D J, Forrester T, Ah-Sing E, et al. The transfer of 15N from urea to lysine in the human infant. Br J Nutr, 2000, 83(5): 505 – 512.

［83］ Shimizu T, Ohtani K, Hirakawa H, et al. Complete genome sequence of Clostridium perfringens, an anaerobic flesh-eater. Proceedings of the National Academy of Sciences of the United States of America, 2002, 99(2): 996 – 1001.

［84］ Pridmore R D, Berger B, Desiere F, et al. The genome sequence of the probiotic intestinal bacterium Lactobacillus johnsionii NCC 533. Proceedings of the National Academy of Sciences of the United States of America, 2004, 101(8): 2512 – 2517.

［85］ Yu X-J, Walker D H, Liu Y, et al. Amino acid biosynthesis deficiency in bacteria associated with human and animal hosts. Infection, Genetics and Evolution, 2009, 9(4): 514 – 517.

［86］ Bolotin A, Wincker P, Mauger S, et al. The complete genome sequence of the lactic acid bacterium lactococcus lactis ssp. lactis IL1403. Genome Research, 2001, 11(5): 731 – 753.

［87］ Umbarger H E. Amino acid biosynthesis and its regulation. Annual review of biochemistry, 1978, 47: 532 – 606.

［88］ Fischbach Michael A, Sonnenburg Justin L. Eating For Two: How Metabolism Establishes Interspecies Interactions in the Gut. Cell Host & Microbe, 2011, 10(4): 336 – 347.

［89］ Shimizu H, Hirasawa T. Production of Glutamate and Glutamate-Related Amino Acids: Molecular Mechanism Analysis and Metabolic Engineering // Wendisch V F. Amino Acid Biosynthesis ～ Pathways, Regulation and Metabolic Engineering. Berlin, Heidelberg: Springer Berlin Heidelberg. 2007: 1 – 38.

［90］ Abrahams G L, Abratt V R. The NADH-dependent glutamate dehydrogenase enzyme of Bacteroides fragilis Bf1 is induced by peptides in the growth medium. Microbiology, 1998, 144 (6): 1659 – 1667.

［91］ Yamamoto I, Saito H, Ishimoto M. Regulation of Synthesis and Reversible Inactivation in Vivo of Dual Coenzyme-specific Glutamate Dehydrogenase in Bacteroides fragilis. Microbiology, 1987, 133(10): 2773 – 2780.

［92］ Belitsky B R. Biosynthesis of Amino Acids of the Glutamate and Aspartate Families, Alanine, and Polyamines. Bacillus subtilis and its Closest Relatives. 2001: 203 – 231.

［93］ Brown J R, Masuchi Y, Robb F T, et al. Evolutionary relationships of bacterial and archaeal glutamine synthetase genes. Journal of Molecular Evolution, 1994, 38(6): 566 – 576.

［94］ Portune K J, Beaumont M, Davila A-M, et al. Gut microbiota role in dietary protein metabolism and health-related outcomes: the two sides of the coin. Trends in Food Science & Technology, 2016, 57: 213 – 232.

［95］ Schell M A, Karmirantzou M, Snel B, et al. The genome sequence of Bifidobacterium longum reflects its adaptation to the human gastrointestinal tract. Proceedings of the National Academy of Sciences of the United States of America, 2002, 99(22): 14422 – 14427.

［96］ Patte J. Biosynthesis of threonine and lysine. Escherichia coli and Salmonella, 1996: 528 – 541.

［97］ Liu Y, White R H, Whitman W B. Methanococci use the diaminopimelate aminotransferase

(DapL) pathway for lysine biosynthesis. Journal of Bacteriology, 2010, 192(13): 3304 - 3310.

[98] Rodionov D A, Vitreschak A G, Mironov A A, et al. Comparative genomics of the methionine metabolism in Gram-positive bacteria: A variety of regulatory systems. Nucleic Acids Research, 2004, 32(11): 3340 - 3353.

[99] Umbarger H. Biosynthesis of the branched-chain amino acids. Escherichia coli and Salmonella: cellular and molecular biology, 2nd ed ASM Press, Washington, DC, 1996: 442 - 457.

[100] Allison M J, Baetz A L, Wiegel J. Alternative pathways for biosynthesis of leucine and other amino acids in Bacteroides ruminicola and Bacteroides fragilis. Applied and Environmental Microbiology, 1984, 48(6): 1111 - 1117.

[101] Sprenger G A. Aromatic Amino Acids// Wendisch V F. Amino Acid Biosynthesis ~ Pathways, Regulation and Metabolic Engineering. Berlin, Heidelberg: Springer Berlin Heidelberg. 2007: 93 - 127.

[102] Panina E M, Vitreschak A G, Mironov A A, et al. Regulation of biosynthesis and transport of aromatic amino acids in low-GC Gram-positive bacteria. FEMS Microbiology Letters, 2003, 222 (2): 211 - 220.

[103] Hicks T M, Verbeek C J R. Chapter 3 - Meat Industry Protein By-Products: Sources and Characteristics// Singh Dhillon G. Protein Byproducts. Academic Press. 2016: 37 - 61.

[104] Scott K P, Gratz S W, Sheridan P O, et al. The influence of diet on the gut microbiota. Pharmacol Res, 2013, 69(1): 52 - 60.

[105] Macfarlane G, Cummings J, Allison C. Protein degradation by human intestinal bacteria. Microbiology, 1986, 132(6): 1647 - 1656.

[106] Farooq S, Hussain I, Mir M A, et al. Isolation of atypical enteropathogenic Escherichia coli and Shiga toxin 1 and 2f-producing Escherichia coli from avian species in India. Lett Appl Microbiol, 2009, 48(6): 692 - 697.

[107] Maruyama N, Fukuda T, Saka S, et al. Molecular and structural analysis of electrophoretic variants of soybean seed storage proteins. Phytochemistry, 2003, 64(3): 701 - 708.

[108] He L, Han M, Qiao S, et al. Soybean Antigen Proteins and their Intestinal Sensitization Activities. Curr Protein Pept Sci, 2015, 16(7): 613 - 621.

[109] Han P, Ma X, Yin J. The effects of lipoic acid on soybean beta-conglycinin-induced anaphylactic reactions in a rat model. Arch Anim Nutr, 2010, 64(3): 254 - 264.

[110] Rist V T, Weiss E, Sauer N, et al. Effect of dietary protein supply originating from soybean meal or casein on the intestinal microbiota of piglets. Anaerobe, 2014, 25: 72 - 79.

[111] Liu H, Zhang J, Zhang S, et al. Oral administration of Lactobacillus fermentum I5007 favors intestinal development and alters the intestinal microbiota in formula-fed piglets. J Agric Food Chem, 2014, 62(4): 860 - 866.

[112] Song P, Zhang R, Wang X, et al. Dietary grape-seed procyanidins decreased postweaning diarrhea by modulating intestinal permeability and suppressing oxidative stress in rats. J Agric Food Chem, 2011, 59(11): 6227 - 6232.

[113]　Ma X, Sun P, He P, et al. Development of monoclonal antibodies and a competitive ELISA detection method for glycinin, an allergen in soybean. Food Chemistry, 2010, 121(2): 546 - 551.

[114]　Peng M, Bitsko E, Biswas D. Functional properties of peanut fractions on the growth of probiotics and foodborne bacterial pathogens. J Food Sci, 2015, 80(3): M635 - 641.

[115]　Świątecka D, Narbad A, Ridgway K P, et al. The study on the impact of glycated pea proteins on human intestinal bacteria. Int J Food Microbiol, 2011, 145(1): 267 - 272.

[116]　Lhoste E F, Mouzon B, Andrieux C, et al. Physiological effects of a pea protein isolate in gnotobiotic rats: comparison with a soybean isolate and meat. Ann Nutr Metab, 1998, 42(1): 44 - 54.

[117]　Hancock R E, Haney E F, Gill E E. The immunology of host defence peptides: beyond antimicrobial activity. Nat Rev Immunol, 2016, 16(5): 321 - 334.

[118]　Faith J J, McNulty N P, Rey F E, et al. Predicting a human gut microbiota's response to diet in gnotobiotic mice. Science, 2011, 333(6038): 101 - 104.

[119]　Weintraut M L, Kim S, Dalloul R A, et al. Expression of small intestinal nutrient transporters in embryonic and posthatch turkeys. Poult Sci, 2016, 95(1): 90 - 98.

[120]　Woyengo T A, Weihrauch D, Nyachoti C M. Effect of dietary phytic acid on performance and nutrient uptake in the small intestine of piglets. J Anim Sci, 2012, 90(2): 543 - 549.

[121]　Tilg H, Moschen A R. Food, immunity, and the microbiome. Gastroenterology, 2015, 148(6): 1107 - 1119.

[122]　Kau A L, Ahern P P, Griffin N W, et al. Human nutrition, the gut microbiome and the immune system. Nature, 2011, 474(7351): 327 - 336.

[123]　Windey K, De Preter V, Verbeke K. Relevance of protein fermentation to gut health. Mol Nutr Food Res, 2012, 56(1): 184 - 196.

[124]　Sandrini S, Aldriwesh M, Alruways M, et al. Microbial endocrinology: host-bacteria communication within the gut microbiome. J Endocrinol, 2015, 225(2): R21 - 34.

[125]　Davila A-M, Blachier F, Gotteland M, et al. Intestinal luminal nitrogen metabolism: Role of the gut microbiota and consequences for the host. Pharmacological Research, 2013, 68(1): 95 - 107.

[126]　Neis E P J G, Dejong C H C, Rensen S S. The Role of Microbial Amino Acid Metabolism in Host Metabolism. Nutrients, 2015, 7(4): 2930 - 2946.

[127]　Cronan J E, Thomas J. Chapter 17 Bacterial Fatty Acid Synthesis and its Relationships with Polyketide Synthetic Pathways. Methods in Enzymology. Academic Press. 2009: 395 - 433.

[128]　Ríos-Covián D, Ruas-Madiedo P, Margolles A, et al. Intestinal Short Chain Fatty Acids and their Link with Diet and Human Health. Frontiers in Microbiology, 2016, 7.

[129]　Tan J, McKenzie C, Potamitis M, et al. Chapter Three - The Role of Short-Chain Fatty Acids in Health and Disease// Alt F W. Advances in Immunology. Academic Press. 2014: 91 - 119.

[130]　Blachier F, Davila A-M, Mimoun S, et al. Luminal sulfide and large intestine mucosa: friend or foe?. Amino Acids, 2010, 39(2): 335 - 347.

[131] Awano N, Wada M, Mori H, et al. Identification and functional analysis of Escherichia coli cysteine desulfhydrases. Applied and Environmental Microbiology, 2005, 71(7): 4149 – 4152.

[132] Bouillaud F, Blachier F. Mitochondria and Sulfide: A Very Old Story of Poisoning, Feeding, and Signaling?. Antioxidants & Redox Signaling, 2010, 15(2): 379 – 391.

[133] Flannigan K L, Agbor T A, Motta J-P, et al. Proresolution effects of hydrogen sulfide during colitis are mediated through hypoxia-inducible factor-1α. The FASEB Journal, 2015, 29(4): 1591 – 1602.

[134] Pitcher M C, Cummings J H. Hydrogen sulphide: a bacterial toxin in ulcerative colitis?. Gut, 1996, 39(1): 1 – 4.

[135] Szabo C, Coletta C, Chao C, et al. Tumor-derived hydrogen sulfide, produced by cystathionine-β-synthase, stimulates bioenergetics, cell proliferation, and angiogenesis in colon cancer. Proceedings of the National Academy of Sciences, 2013, 110(30): 12474 – 12479.

[136] Beaumont M, Andriamihaja M, Lan A, et al. Detrimental effects for colonocytes of an increased exposure to luminal hydrogen sulfide: The adaptive response. Free Radical Biology and Medicine, 2016, 93: 155 – 164.

[137] Nyangale E P, Mottram D S, Gibson G R. Gut Microbial Activity, Implications for Health and Disease: The Potential Role of Metabolite Analysis. Journal of Proteome Research, 2012, 11(12): 5573 – 5585.

[138] Sridharan G V, Choi K, Klemashevich C, et al. Prediction and quantification of bioactive microbiota metabolites in the mouse gut. Nature Communications, 2014, 5.

[139] Ye X, Li H, Anjum K, et al. Dual Role of Indoles Derived From Intestinal Microbiota on Human Health. Front Immunol, 2022, 13: 903526.

[140] Zelante T, Iannitti R G, Cunha C, et al. Tryptophan catabolites from microbiota engage aryl hydrocarbon receptor and balance mucosal reactivity via interleukin-22. Immunity, 2013, 39(2): 372 – 385.

[141] Bansal T, Alaniz R C, Wood T K, et al. The bacterial signal indole increases epithelial-cell tight-junction resistance and attenuates indicators of inflammation. Proc Natl Acad Sci U S A, 2010, 107(1): 228 – 233.

[142] Shen J, Yang L, You K, et al. Indole-3-Acetic Acid Alters Intestinal Microbiota and Alleviates Ankylosing Spondylitis in Mice. Front Immunol, 2022, 13: 762580.

[143] Falconi C A, Junho C, Fogaça-Ruiz F, et al. Uremic Toxins: An Alarming Danger Concerning the Cardiovascular System. Front Physiol, 2021, 12: 686249.

[144] Meijers B K I, Evenepoel P. The gut-kidney axis: indoxyl sulfate, p-cresyl sulfate and CKD progression. Nephrology Dialysis Transplantation, 2011, 26(3): 759 – 761.

[145] Pedersen G, Brynskov J, Saermark T. Phenol Toxicity and Conjugation in Human Colonic Epithelial Cells. Scandinavian Journal of Gastroenterology, 2002, 37(1): 74 – 79.

[146] Andriamihaja M, Lan A, Beaumont M, et al. The deleterious metabolic and genotoxic effects of the bacterial metabolite p-cresol on colonic epithelial cells. Free Radical Biology and Medicine,

2015, 85: 219 - 227.

[147] Koppe L, Pillon N J, Vella R E, et al. p-Cresyl sulfate promotes insulin resistance associated with CKD. J Am Soc Nephrol, 2013, 24(1): 88 - 99.

[148] Mayeur C, Veuillet G, Michaud M, et al. Effects of agmatine accumulation in human colon carcinoma cells on polyamine metabolism, DNA synthesis and the cell cycle. Biochimica et Biophysica Acta (BBA) - Molecular Cell Research, 2005, 1745(1): 111 - 123.

[149] Gevrekci A Ö. The roles of polyamines in microorganisms. World Journal of Microbiology and Biotechnology, 2017, 33(11): 204.

[150] Le Gall G, Noor S O, Ridgway K, et al. Metabolomics of Fecal Extracts Detects Altered Metabolic Activity of Gut Microbiota in Ulcerative Colitis and Irritable Bowel Syndrome. Journal of Proteome Research, 2011, 10(9): 4208 - 4218.

[151] Yamamoto T, Hinoi E, Fujita H, et al. The natural polyamines spermidine and spermine prevent bone loss through preferential disruption of osteoclastic activation in ovariectomized mice. British Journal of Pharmacology, 2012, 166(3): 1084 - 1096.

[152] Mouillé B, Delpal S, Mayeur C, et al. Inhibition of human colon carcinoma cell growth by ammonia: a non-cytotoxic process associated with polyamine synthesis reduction. Biochimica et Biophysica Acta (BBA) - General Subjects, 2003, 1624(1): 88 - 97.

[153] Yano Jessica M, Yu K, Donaldson Gregory P, et al. Indigenous Bacteria from the Gut Microbiota Regulate Host Serotonin Biosynthesis. Cell, 2015, 161(2): 264 - 276.

[154] Lin S H, Lee L T, Yang Y K. Serotonin and mental disorders: a concise review on molecular neuroimaging evidence. Clin Psychopharmacol Neurosci, 2014, 12(3): 196 - 202.

[155] Roager H M, Licht T R. Microbial tryptophan catabolites in health and disease. Nature Communications, 2018, 9(1): 3294.

[156] Williams Brianna B, Van Benschoten Andrew H, Cimermancic P, et al. Discovery and Characterization of Gut Microbiota Decarboxylases that Can Produce the Neurotransmitter Tryptamine. Cell Host & Microbe, 2014, 16(4): 495 - 503.

[157] Pessione E. Lactic acid bacteria contribution to gut microbiota complexity: lights and shadows. Frontiers in cellular and infection microbiology, 2012, 2: 86.

[158] Irsfeld M, Spadafore M, Prüß B M. β-phenylethylamine, a small molecule with a large impact. Webmedcentral, 2013, 4(9).

[159] Feehily C, Karatzas K A G. Role of glutamate metabolism in bacterial responses towards acid and other stresses. Journal of Applied Microbiology, 2013, 114(1): 11 - 24.

[160] Bravo J A, Forsythe P, Chew M V, et al. Ingestion of <i>Lactobacillus</i> strain regulates emotional behavior and central GABA receptor expression in a mouse via the vagus nerve. Proceedings of the National Academy of Sciences, 2011, 108(38): 16050 - 16055.

[161] Sudhamsu J, Crane B R. Bacterial nitric oxide synthases: what are they good for?. Trends in Microbiology, 2009, 17(5): 212 - 218.

[162] Brown G C. Nitric oxide and neuronal death. Nitric Oxide, 2010, 23(3): 153 - 165.

第 4 章
微量营养素与肠道菌群

　　矿物质和维生素因人体需要量较少,在膳食中所占比重也小,被统称为微量营养素。维生素是维持机体生命活动过程所必需的一类微量有机化合物,种类很多,化学结构各不相同,在生理上既不是构成各种组织的主要原料,也不是体内的能量来源,但它们却在机体物质和能量代谢过程中起着重要作用。维生素作为一类微量营养素,它们对于身体的正常发育、生长和功能至关重要,这些有机化合物不能内源性合成,或者合成的量并不能完全满足机体的需要(如维生素 B_3 和维生素 D 可由机体合成,维生素 K 和生物素可由肠道细菌合成),因此必须从饮食中获得。目前所发现的维生素根据化学结构分为脂肪族、芳香族、脂环族、杂环族和甾类化合物等,生理功能也各异。通常根据维生素的溶解性可将其分为两大类,即脂溶性维生素和水溶性维生素。

　　人体组织中含有自然界的各种元素,目前在地壳中发现的 92 种天然元素在人体内几乎都能检测到,元素的种类和含量与其生存的地理环境表层元素的组成及膳食摄入有关。这些元素除了组成有机化合物的碳、氢、氧、氮外,其余的元素均称为矿物质,亦称无机盐或灰分。按照化学元素在体内的含量多少,通常将矿物质元素分为常量元素和微量元素两种。凡体内含量大于体重 0.01% 的矿物质称为常量元素或宏量元素,凡体内含量小于体重 0.01% 的称为微量元素。矿物质在体内不能合成,必须从外界摄取。矿物质可以通过食物和天然水途径获取,而且矿物质是唯一可以通过天然水途径获取的营养素。矿物质在体内分布不均,不同矿物质之间存在协同或拮抗作用。某些微量元素的生理剂量与中毒剂量范围较小,摄入不当易产生毒性。虽然矿物质在人体内的总量不及体重的 5%,也不能提供能量,可是它们却在人体组织的生理作用中发挥着重要的功能。

　　肠道是微量营养素吸收的主要部位,肠道菌群产生的有机酸等能够促进维生素、矿物质的吸收;同时,维生素与矿物质的吸收与利用也会影响肠道菌群的结构与组成。随着当前测序技术的不断发展,人们对于肠道菌群的了解也愈发深入,肠道菌群的稳态对维持肠道屏障和宿主健康十分重要。微量营养素与肠道菌群的互作会影响宿主的生理状态,延缓或促进疾病的进程。本节将针对维生素和矿物质如何调节肠道菌群,又是如何被肠道菌群代谢展开介绍。

4.1　维生素与肠道菌群

维生素可以根据其性质分为脂溶性维生素(fat-soluble vitamins)与水溶性维生素(water-soluble vitamins)。脂溶性维生素是不溶于水而溶于脂肪及非极性有机溶剂(如苯、乙醚及氯仿等)的一类维生素,包括维生素 A、维生素 D、维生素 E、维生素 K 等。这类维生素一般只含有碳、氢、氧三种元素,在食物中多与脂质共存,其在机体内的吸收通常与肠道中的脂质密切相关,吸收后易储存于体内(尤其是肝脏)而不易排出体外(除维生素 K 外);摄入量过多易在体内积蓄而导致毒性作用,如长期摄入大剂量维生素 A 和维生素 D(超出人体需要量 3 倍)易出现中毒症状;若长期摄入不足,可能出现缺乏症状,但出现时间较水溶性维生素慢。另外,脂溶性维生素大多稳定性较强。

水溶性维生素是可溶于水的维生素,包括 B 族维生素(维生素 B_1、B_2、PP、B_6,叶酸,维生素 B_{12},泛酸,生物素等)和维生素 C。这类维生素除碳、氢、氧元素外,有的还含有氮、硫等元素。水溶性维生素在体内仅有少量贮存,较易自尿中排出,但维生素 B_{12} 例外,它甚至比维生素 K 更易贮存在体内;大多数水溶性维生素以辅酶的形式参与机体的物质代谢。与脂溶性维生素不同,水溶性维生素在体内没有非功能的单纯贮存形式,当机体饱和后,多摄入的维生素将从尿中排出。反之,若机体中的水溶性维生素耗竭,则摄入的维生素将大量被组织摄取利用。水溶性维生素一般无毒性,但是过量摄入时也可能出现毒性,如摄入维生素 C、B_6 或烟酸达正常人体需要量的 15～100 倍时,可出现毒性作用;若摄入量较少,可较快地出现缺乏症状。

维生素可以直接调节肠道微生物的组成或功能,也可以通过在机体循环过程中的间接机制,如改变肠道免疫系统和肠道上皮屏障,进而影响肠道菌群。例如维生素 A、B_6、C 和 E 具有抗菌作用,对肠道微生物组有直接影响。同时这些具有抗菌作用的维生素可以改变宿主免疫反应或机体对感染的易感性,间接影响肠道菌群。而作为产能反应辅助因子的维生素可参与细菌的能量代谢,进而直接改变微生物的丰度。肠道微生物也是维生素的生产者。对人和动物的研究表明,微生物可以合成维生素 C 和 K 以及部分 B 族维生素。在人类和动物的肠道样本中鉴定出几种肠道维生素转运蛋白,说明宿主对微生物来源的维生素的有效利用。因此,维生素和肠道菌群的双向作用有助于维持维生素的充足状态和肠道菌群的稳定性[1]。

4.1.1　脂溶性维生素

1. 维生素 A

维生素 A 是指含有视黄醇结构并具有生物活性的一大类物质,包括已形成的维生素 A 和维生素 A 原以及其代谢产物。维生素 A 的两个主要来源分别是来自动物性食品,尤其是肉类和鱼类的视黄醇,以及来自水果和蔬菜的维生素 A 原类胡萝卜素。视黄醇的肠道吸收发生在小肠管腔内,吸收效率为 70%～90%。一项研究报告中显示,健康受试者粪便中回收的视黄醇中位数为摄入量的 1.8%。具有维生素 A 活性的类胡萝卜素主要在肠黏膜中裂解形成维生素 A。其吸收范围为 5%～65%,具体取决于类胡萝卜素类型、食物基质和宿主相关的因素。未在小肠中吸收的类胡萝卜素也从粪便中排出。维生素 A 对视觉、生殖、胚胎发育、抗氧化、生长和免疫等多方面都具有影响。维生素 A 被认为在细胞膜表面糖蛋白的合成中发挥重要作用,而糖蛋白与细胞膜表面的功能,如细胞连接、受体识别、细胞黏附和聚集等密切相关。因此,维生素 A 可能通过改变肠道黏膜的通透性或者功能来影响肠道微生物组。

孟加拉国一项包含 306 名婴儿的干预研究发现,在男孩中补充维生素 A 与粪便中双歧杆菌的相对丰度正相关,同时在 2 岁女孩中发现血浆视黄醇与放线菌和阿克曼菌(*Akkermansia*)属呈正相关[2]。在一项单盲、非对照的研究中,发现对 20 名患有自闭症谱系障碍的儿童完成 6 个月单次高剂量的维生素 A 干预以后,拟杆菌门、拟杆菌目增加,变形杆菌门、放线菌门、肠杆菌属、志贺氏菌属、梭状芽孢杆菌属和双歧杆菌属与基线相比减少[3]。同时,一些观察性研究也证明膳食摄入或血浆中维生素 A 浓度与肠道微生物群组成之间存在显著关联。例如在中国持续性腹泻婴儿肠道中发现,与维生素 A 充足组相比,维生素 A 缺乏组肠道微生物群的多样性(香农和辛普森指数)显著降低。此外,他们还发现埃希氏-志贺氏菌(*Escherichia-Shigella*)和梭状芽孢杆菌是维生素 A 充足组的关键菌群,而肠球菌科,包括常见的肠道病原体粪肠球菌,在维生素 A 缺乏组中占主导地位。然而,这项研究不包括有关膳食和食品补充剂的信息,如益生元和益生菌,这可能会对引起结果的偏倚[4]。另一项研究分析了 16 名患有囊性纤维化的成年人肠道菌群,发现 β-胡萝卜素当量的摄入量与拟杆菌门呈负相关,与厚壁菌及其下层分类群(包括梭状芽孢杆菌)呈正相关[5]。但是,一项针对 98 名健康个体的关联研究中未发现维生素 A 摄入量与肠道菌群之间的显著相关性[6]。

Mandal 等在 60 名产妇中发现怀孕期间视黄醇饮食摄入量的增加与分娩后肠道细菌的系统发育多样性(whole-tree phylogenetic diversity)呈负相关,与变形杆菌／放线菌和变形杆菌／厚壁菌比率的增加有关[7]。Carrothers 及其同事根据 20 名哺乳期妇女的产后 6 个月内粪便样本的测序结果发现,维生素 A 和 β-胡萝卜素的摄入量与阴性菌纲(*Negativicutes*)、丹毒菌(*Erysipelotrichia*)和戴阿利斯特杆菌(*Dialister*)属的相对丰度之间存在显著的正相关[8]。此外,一项使用结肠递送维生素 A 的健康爱尔兰成年人研究发现 α 多样性没有改变,只有毛螺菌科(*Lachnospiraceae*)显著增加[9]。

综上所述,虽然不同的患者群体和观察性研究设计限制了目前证据的质量,但是现有证据已表明维生素 A 对肠道菌群组成有影响,此外,在人群研究中发现维生素 A 与胃肠道传染病和炎症因子的免疫反应相关,而在小鼠实验中已经将维生素 A 与肠黏膜的变化联系起来,包括肠黏液生成和肠黏膜厚度变化[10, 11],这对于维生素 A 如何影响肠道菌群提供了一点机制上的合理解释。当然,未来仍需更多的研究来探索理解维生素 A 影响肠道菌群的深入机制。

2. 维生素 D

维生素 D 是含有环戊烷氢烯菲环的结构并具有钙化醇生物活性的一大类物质,最常见的是维生素 D_2 和维生素 D_3。维生素 D_2 是由酵母菌或者植物中的麦角固醇经紫外光照射而成,维生素 D_3 是由储存在皮下的胆固醇的衍生物(7-脱氢胆固醇)在紫外光照射下转变而成。人类可以从皮肤合成和膳食摄入两条途径获得维生素 D。食物中的维生素 D 进入小肠后,在胆汁作用下被动吸收入小肠黏膜细胞,然后掺入乳糜微粒经淋巴入血。在皮肤中产生的维生素 D_3 可缓慢扩散进入血液,但是不管是膳食摄入还是皮肤合成的维生素 D 都没有生理活性,必须在相应的羟化酶作用下于肝脏和肾脏处进行激活。

1,25-(OH)-D 作为维生素 D 的活性形式,作用于小肠、肾、骨等靶器官,参与维持细胞内、外的钙浓度,以及钙磷代谢的调节。此外,它还通过与维生素 D 受体(vitamin D receptor,VDR)结合后作用于其他很多器官,如心脏、肌肉、大脑、造血和免疫器官,参与细胞代谢或分化的调节。近年来大量研究发现机体低维生素 D 水平与高血压、部分肿瘤、糖尿病、心脑血管疾病、脂肪肝、低水平的炎性反应、部分传染病和自身免疫性疾病密切相关[12]。

在一项对 7 名克罗恩病患者和 10 名健康对照补充维生素 D_3 的研究中发现,在克罗恩病患者中给予 1 周维生素 D 后,另枝菌属(*Alistipes*)、巴恩斯氏菌(*Barnesiella*)、未分类的卟啉菌科(均为放线菌)、罗氏菌属、厌氧棍状菌属、见小球菌属和未分类的瘤胃菌科(*Ruminococcaceae*)的丰度显著增加。在健康对照组中未发现肠道菌群组成的变化[13]。一项双盲、随机、安慰剂对照临床试验表明,在维生素 D 干预之前属于 γ-变形菌纲(Class *Gamma proteobacteria*)的分类群在维生素 D 不足的囊性纤维化受试者中显著富集,而类拟杆菌纲(Class *Bacteroidia*)在维生素 D 充足的患者中富集。而在补充维生素 D_3 的 12 周后,维生素 D 不足囊性纤维化患者中乳球菌属(*Lactococcus*)显著增加,而韦荣球菌属(*Veillonella*)和丹毒菌科(*Erysipelotrichaceae*)显著降低[14]。

在全基因组关联分析中发现宿主的 *VDR* 基因上的多个遗传位点变异与整体微生物 β-多样性和副拟杆菌等多个特定菌属具有显著关联[15]。在一项囊括了 913 名 1 月龄婴儿的前瞻性出生队列研究中,研究人员发现婴儿的双歧杆菌属(*Bifidobacterium spp.*)与母体维生素 D 的补充量和母体 25-羟基维生素 D 五分位数水平之间分别都存在显著负相关。而母体 25-羟基维生素 D 五分位数水平和脆弱双歧杆菌(*Bacteroides fragilis*)组计数之间呈正相关[16]。这些数据表明,维生素 D 影响婴儿微生物群中几个关键细菌分类群的丰度。在另一项关于婴儿肠道微生物组的研究中,研究人员在 333 名 3～6 月龄婴儿中发现脐带血维生素 D 浓度与乳杆菌(*Lachnobacterium*)增加有关,但与乳球菌(*Lactococcus*)减少有关[17]。在加拿大健康婴儿纵向发展队列研究中的 1 157 对母婴中,母亲饮用维生素 D 强化牛奶能够降低婴儿艰难梭菌定植的可能性[18]。

最近的一项双盲、安慰剂对照研究调查了维生素 D 作为使用结肠递送形式给药对肠道菌群的影响,在 12 名志愿者使用维生素 D 和 24 名志愿者使用安慰剂 4 周后,干预组在引起粪便微生物组的变化包括红蝽菌科(*Coriobacteriaceae*)和瘤胃球菌科(*Ruminococcaceae*),柯林斯氏菌属(*Collinsella*),霍式真杆菌(*Eubacterium hallii*),唾液链球菌(*Streptococcus salivarius*),长链多尔氏菌(*Dorea longicatena*)和长双歧杆菌(*Bifidobacterium longum*)增加,脱硫弧菌科(*Desulfovibrionaceae*)和嗜胆菌属(*Bilophila*)减少[9]。在一项开放标签的研究中,16 名健康志愿者接受了高剂量口服维生素 D 补充剂 8 周后,其粪便中的 β 变形菌纲(*Betaproteobacteria*)相对丰度减少,放线菌属(*Actinomyces spp.*)增加,上消化道黏膜的 γ-变形菌纲(*Gammaproteobacteria*)减少[19]。

在一项干预研究中,50 名青春期女孩每周补充 50 000 IU 胆钙化醇,持续 9 周后,拟杆菌(*Bacteroidetes*)和乳酸杆菌(*Lactobacillus*)减少,而厚壁菌(*Firmicutes*)和双歧杆菌(*Bifidobacterium*)增加[20]。在一项针对 150 名健康成年人的横断面研究中,在通过食物频率调查问卷计算的维生素 D 摄入量高的受试者中,普雷沃氏菌(*Prevotella*)含量更高,而嗜血杆菌(*Haemophilus*)和韦荣氏球菌属(*Veillonella*)含量较低[21]。而在一项针对 60 名孕妇的关联研究中,发现通过 FFQ 计算的维生素 D 摄入量与微生物 α-多样性呈强负相关,并且发现与更高水平的变形杆菌门(*Proteobacteria*)和较高的葡萄球菌(*Staphylococcus*)相对丰度有关[22]。在另一项随机安慰剂对照试验中,在 26 名超重或肥胖的维生素 D 缺乏症成年人中口服维生素 D₃ 或者安慰剂 15 周后,补充维生素 D 组的毛螺菌属(*Lachnospira*)的丰度较高,经黏液真杆菌属(*Blautia*)丰度较低。此外,与 25(OH)D <50 nmol/L 的个体相比,25(OH)D >75 nmol/L 的个体具有更高的粪球菌属(*Coprococcus*)丰度和较低的瘤胃球菌属(*Ruminococcus*)丰度[23]。

综上所述,虽然研究设计存在异质性,目前的结果也较为分散,但是越来越多的临床证据支持维生素 D 可能对肠道微生物组有一定调节作用。

3. 维生素 E

维生素 E 是指含苯并二氢吡喃结构并具有 α-生育酚生物活性的一类化合物。它包括 8 种化合物:4 种生育酚(tocopherols,即 α-T、β-T、γ-T、δ-T)和 4 种生育三烯酚(tocotrienols,即 α-TT、β-TT、γ-TT、δ-TT),其中 α-生育酚的生物活性最高,故通常以其作为维生素 E 的代表进行研究。生育酚在食物中以游离的形式存在,而生育三烯酚则以酯化的形式存在。游离的维生素 E 及其脂类消化产物通过掺入乳糜微粒,经淋巴导管进入血液循环。而在血液中的维生素 E 可从乳糜微粒转移到其他的脂蛋白上进行运输,如高密度脂蛋白(HDL)、低密度脂蛋白(LDL)和极低密度脂蛋白(VLDL),以及转移到红细胞膜上。由于维生素 E 溶于脂质并主要由脂蛋白转运,所以血浆维生素 E 浓度与血浆总脂浓度呈正相关。

维生素 E 的主要作用包括抗氧化、预防衰老、调节血小板的黏附力和聚集、抑制肿瘤细胞的生长和增殖,以及与动物的生殖功能和精子生成有关。另外,维生素 E 还可以通过抑制胆固醇合成过程中还原酶的作用来降低血浆胆固醇水平。维生素 E 在自然界中分布甚广,维生素 E 缺乏在人类中较为少见,但可出现在低体重的早产儿、血 β-脂蛋白缺乏症以及脂肪吸收障碍的患者中。

目前,有关维生素 E 对肠道微生物组影响的证据有限。在 16 名患有囊性纤维化的成年人中,研究人员发现通过 3 天饮食日记计算的膳食维生素 E 摄入量与厚壁菌门(Firmicutes)及泰式菌属(Tissierellaceae)有显著的正相关,并且与拟杆菌门有显著的负相关[5]。在美国 20 名哺乳期妇女中进行的一项观察性研究中也发现了通过 24 小时膳食回顾计算的膳食维生素 E 摄入量与厚壁菌(Firmicutes)之间存在正相关[24]。在一项包括 60 名孕妇的关联研究中,Mandal 等发现,维生素 E 摄入量较高(通过 FFQ 计算)与变形杆菌的减少有关[7]。相反,一项对健康成年人长期饮食模式和肠道微生物肠型的关联研究表明,维生素 E 摄入量与肠道微生物分类群之间没有显著相关性[6]。Tang 等在随机对照试验发现,对 32 名婴幼儿分别给予铁或铁加维生素 E 的干预 8 周以后,在接受铁加维生素 E 补充的实验组中,与单独给予铁的组相比,拟杆菌科(Bacteroidaceae)减少,毛螺菌科增加,罗氏菌属(Roseburia)增加[25]。

来自动物模型和体外实验的证据也为维生素 E 可以调节肠道菌群提供了可能的因果性证据[26]。在小鼠结肠癌模型中,δTE 及其代谢物 δTE-13′能够引起微生物 β-多样性的显著变化和乳球菌属、拟杆菌属的相对丰度的提高。δTE 还可以增加真杆菌属(Coprostanoligenes),并减少梭菌属(Clostridiales vadinBB60)[26]。在体外实验中[27],α-生育酚可以通过干扰脂质运载蛋白结合来增加抗生素的杀伤力,维生素 E 还可以抑制金黄色葡萄球菌和表皮葡萄球菌的生物膜形成。也有假设称,维生素 E 可能通过改变肠道氧化还原电位影响肠道微生物组。综上所述,维生素 E 与肠道菌群的关系仍然不是特别明确,还需要进一步探索。

4. 维生素 K

维生素 K 是所有具有叶绿醌生物活性的 α-甲基-1,4-萘醌衍生物的统称。天然维生素 K 有两种:一种是维生素 K_1,存在于绿叶植物中,称为叶绿醌;另一种是维生素 K_2(包括 MK-n, n=4～13,MK 指甲基萘醌类),存在于发酵食品中,可由包括人类肠道细菌在内的许多微生物合成。此外,还有两种人工合成的维生素 K,分别是 α-甲基-1,4-萘醌(维生素 K_3)和二乙酰甲萘醌(维生素 K_4)。维生素 K 的吸收需要胆汁和胰液,被吸收的维生素 K 经淋巴进入血液。维生素 K 的作用主要是促进肝脏生成凝血酶原,从而具有促进凝血的作用,故又称为抗出血维生素。维生素 K 也可能参与静脉血栓形成,血管钙化的发展,并可能影响骨骼健康。10％～50％的人体维生素 K 需求可通过内源性合成得到满足,而绿叶蔬菜是外源维生素 K 最好的来源。

维生素 K 和肠道菌群互相影响。一方面,肠道细菌可以合成维生素 K;另一方面,循环中的维生素 K 又可以影响肠道菌群的组成。肠道细菌合成维生素 K 有两种途径,包括 Men 途径(menaquinone biosynthesis pathway)和 Mqn 途径(menaquinone biosynthesis pathway via futalosine)。在人类微生物组计划中,已经对 254 个肠道细菌基因组进行了测序。24 个厚壁菌和变形杆菌基因组具有完整的 Men 途径。10 个厚壁菌、变形杆菌和拟杆菌基因组具有完整的 Mqn 途径[28]。而体外实验中已经证明迟钝优杆菌(*E.lentum*)可以产生 MK-6,乳酸乳杆菌不同的亚种(*L. lactis subsp. L.actis* 和 *L. lactis subsp. cremoris*)可以产生 MK-5、MK-7、MK-8 和 MK-9,脆弱拟杆菌(*Bacteroides fragilis*)和普通拟杆菌(*Bacteroides vulgatus*)可以产生 MK-10、MK-11 和 MK-12,某些普雷沃氏菌(*Prevotella sp.*)可以合成 MK-5、MK-11、MK-12 和 MK-13 等[29-32]。因此,肠道生态失调会干扰血清中维生素 K₂ 的水平。Gus 等在肠道微生物组紊乱的雄性小鼠中发现其盲肠、肝脏和肾脏中维生素 K 的总含量降低了 32%～66%,同时小鼠粪便宏基因组学分析发现参与维生素 K 合成的生物途径也因肠道微生物组的扰动而改变[33]。

反过来,肠道微生物群的组成也可能受到饮食维生素 K 的影响。Karl 等在 80 名志愿者中评估了粪便和血清维生素 K₂ 浓度与粪便微生物群组成的关系。结果显示,未在参与者血清样品中检测到维生素 K₂。而根据粪便维生素 K₂ 的不同形式和浓度,可以将个体分为两组,包括拟杆菌和普雷沃氏菌在内的几种肠道菌群在两组中有不同的相对丰度,而且有 42% 的细菌与至少 1 种形式的维生素 K₂ 相关[34]。此外,基于 28 名日本女性的研究发现,通过 3 天食物日记评估的低膳食维生素 K 摄入组具有更高的瘤胃球菌科(以前分类为梭状芽孢杆菌簇 IV)和拟杆菌丰度,而在高膳食维生素 K 摄入组具有更高的双歧杆菌和乳酸杆菌丰度[35]。

MK-7 干预人单核细胞来源的巨噬细胞,可以下调 TNF-α、IL-1a 和 IL-1b 等细胞因子的表达[36],进而进行免疫调节,影响肠道菌群。Ellis 等也在小鼠实验中证明,维生素 K 缺乏的饮食和维生素 K 补充的饮食会对肠道菌群组成产生不同的影响。而且,使用稳定同位素标记的维生素 K 前体会被重塑为 MK-4、MK-10、MK-11 和 MK-12[37]。此外,研究人员还发现某些细菌产生的 MK 是其他细菌的必要生长因子或生长促进剂,例如粪杆菌属,就需要 MK-n 作为生长因子[38]。因此,补充 MK-n 也许可以促进肠道菌群的选择性生长,进而调节人类肠道菌群[39]。

综上所述,肠道微生物组既可以产生维生素 K 被宿主使用,也可以被某些需要它或其衍生物生长的细菌用作辅助因子,而外源维生素 K 又可作用于肠道菌群。然而,还需要进一步的研究提供更多的证据来确定肠道菌群和维生素 K 之间的相互作用和潜在机制。

4.1.2　水溶性维生素

1. 维生素 B

B 族维生素是一类水溶性小分子化合物,由生物活性相似但化学成分不同的化合物组成,可以以自由形式存在。它无法们在动物和部分微生物中自身合成,必须从外界获得。生物机体对维生素的需求不高,但却必不可少。B 族维生素以辅酶的形式广泛参与到各种生理过程中。已知的 B 族维生素主要为:维生素 B₁(硫铵)、维生素 B₂(核黄素)、

维生素 B_3（烟酸）、维生素 B_5（泛酸）、维生素 B_6（吡哆醇）、维生素 B_7（生物素）、维生素 B_9（叶酸）和维生素 B_{12}（钴胺素）。

哺乳动物不能从头产生除了烟酸外的 B 族维生素，因此，B 族维生素严格依赖外源供应，如饮食和肠道菌群。对肠道细菌和体外培养分离出的细菌（如双歧杆菌和乳杆菌）的研究表明，细菌可以产生 7 种 B 族维生素。B 族维生素通过支持产生菌共生物种的适应性和抑制竞争物种的生长在宿主菌群稳态的维持中发挥着重要的生理作用。同时，B 族维生素是在许多代谢途径中普遍使用的基本辅因子的生物合成前体，这些辅因子对宿主和肠道菌群都是不可或缺的。然而，20％～30％的肠道菌群缺乏生产必需 B 族维生素的能力。由于 B 族维生素的产生也受饮食的控制，因此一些肠道微生物会影响宿主的饮食偏好，促使宿主倾向于选择富含 B 族维生素的食物，借以维持菌群的生长。

饮食中的 B 族维生素主要从小肠吸收，小肠无法吸收的过量 B 族维生素将被结肠中表达的维生素 B 转运体转运到远端肠道。此外，B 族维生素可由远端肠道菌群生物合成。远端结肠中的 B 族维生素可能在体内发挥许多重要的功能：① 宿主及其微生物群的营养物质；② 调节免疫细胞活性；③ 调节药物疗效；④ 增强某些细菌的适应性；⑤ 病原细菌定植的抑制因子；⑥ 结肠炎的调节因子。对基本生物物理原理的认识，包括 B 族维生素与肠道菌群的相互作用仍未完全阐明。接下来笔者将分别阐述各 B 族维生素在肠道中的作用，以及肠道菌群如何调节 B 族维生素。

1）维生素 B_1——硫胺

从细胞内维生素浓度、细菌重量和人类肠道菌群的组成来看，肠道微生物产生的硫胺可提供人体每日所需维生素 B_1 的约 2.3％。硫胺是焦磷酸硫胺的生物合成前体，对碳水化合物代谢和神经功能至关重要。Kunisawa 等报道了维生素 B_1 对依赖糖酵解的宿主细胞的重要作用，特别是派尔集合淋巴结细胞（Peyer's patch cell，含有多种免疫细胞，包括巨噬细胞、树突状细胞、T 细胞和 B 细胞）[39]。因此，膳食维生素 B_1 缺乏可能通过调节免疫细胞的分化和增殖影响宿主的免疫反应，进而影响肠道微生物群。硫胺素对多形拟杆菌（*B. thetaiotaomicron*）的体外生长至关重要。

硫胺可由肠道细菌在体内和体外产生。4 种参与硫胺素生物合成途径的酶在以普雷沃氏菌富集为特征的肠型 2（肠道菌群组成簇 2）中过度表达。在人类结肠黏膜和上皮细胞系中发现高亲和力硫胺转运蛋白 1 和 2（THTR1：SLC19A2，THTR2：SLC19A3）能够介导硫胺的吸收。动物实验中，小鼠食用缺乏维生素 B_1 的食物一周会导致维生素 B_1 的缺乏，表明哺乳动物宿主的肠道菌群只能合成极少量的硫胺。一种产生硫胺素的 *Acetobacter pomorum* 可以在饮食中缺乏硫胺素的情况下挽救无菌果蝇的发育。然而，目前还没有数据表明在远端肠道从肠道菌群向宿主供应硫胺的实际重要性。以上结果表明，肠道菌群产生的硫胺在菌群的组成或功能中具有特定的作用。

2）维生素 B_2——核黄素

一项对 256 种人类肠道微生物的基因组分析发现，超过一半（56％）的微生物保存了

用于核黄素生物合成的基因[40]。小鼠和人类的大肠中含有功能性核黄素转运体 3
(RFVT3：SLC52A3)。Qi 等证明了活细菌能够在肠道中为秀丽隐杆线虫提供微量营养
素(如核黄素)[41]。来自肠道菌群的核黄素在宿主体内起着关键作用,如核黄素支持氧敏
感菌(如普氏粪杆菌)中的电子转移。当食物中缺乏核黄素时,嗜食果蝇(而非传统果蝇)
的存活率显著降低。当小鼠出现膳食核黄素缺乏时,肠道菌群能够在短期内提供代偿性
核黄素。补充核黄素到热灭活细菌中,可以促进线虫肠道蛋白酶活性,这表明共生细菌
是线虫核黄素的来源。事实上,一项成年志愿者小型队列研究表明,在 14 天的饮食中补
充核黄素能够增加普鲁斯尼茨菌,同时减少大肠杆菌丰度[42]。核黄素前体 5 -氨基- 6 -
D -核糖氨基尿嘧啶通过各种微生物核黄素代谢途径产生的代谢物 5 - OP - RU 和 5 -
OE - RU 是 MAIT 细胞(mucosal-associated invariant T)的高效活化配体。总之,肠道
菌群产生的核黄素在许多宿主中发挥必要营养素或细菌适应性和宿主免疫功能调节剂
的作用。

3) 维生素 B₃——烟酸

烟酸可以由哺乳动物的色氨酸和肠道细菌生成。哺乳动物结肠细胞具有载体介导
的烟酸摄取机制,卵母细胞中人钠偶联单羧酸转运体 1(SMCT1：SLC5A8)的外源表达
可以运输烟酸及其结构类似物。烟酸的细胞表面受体为烟酸受体 1,也称为羟基羧酸受
体 2 或 G 蛋白偶联受体 109A(GPR109A：HCAR2)。烟酸缺乏会导致肠道炎症和腹泻。
此外,烟酸还具有强大的抗氧化和抗炎特性,并作为肠道屏障功能和细菌内毒素产生的
调节剂。因此,烟酸对肠道微生物群有直接影响。事实上,色氨酸和烟酸处理均可恢复
血管紧张素 Ⅰ 转换酶 2(肽基二肽酶 A2,Ace2)突变小鼠肠道微生物群的组成。由于拟杆
菌缺乏烟酰胺酶和烟酰胺磷酸核糖基转移酶,因此摄入烟酸微胶囊(900～3 000 mg)会导
致拟杆菌菌群显著增加。总之,这些结果表明烟酸可能对人体肠道微生物组成产生有利
影响。

4) 维生素 B₅——泛酸

对 256 种人类肠道微生物基因组的分析发现,泛酸的从头合成在拟杆菌属和变形杆
菌属基因组中是有限的。斯皮尔曼相关性分析表明,泛酸摄入量增加与放线菌的相对丰
度增加有关,但是放线菌不具备合成泛酸盐的能力。乳酸杆菌属、链球菌属和肠球菌属,
这些不具备泛酸产生能力的厚壁菌门成员需要泛酸才能在体外生长。以上结果表明,泛
酸消耗细菌和泛酸产生细菌之间的远端肠道存在共生关系。钠依赖性复合维生素转运
体(SMVT：SLC5A6)和生物素可通过肠环吸收泛酸,抗生素治疗的小鼠表现出泛酸缺乏
的迹象,但是缺乏关于泛酸在结肠中吸收的直接证据。此外,目前仍然不清楚远端肠道
中的泛酸是否是宿主的营养素,以及其能否调节肠道微生物的组成和宿主细胞的功能。

5) 维生素 B₆——吡哆醇、吡哆醇胺、吡哆醛

吡哆醇每日参考摄入量(86%)是 8 种 B 族维生素中占比最高的。宿主细胞中维生
素 B₆ 生物合成的维持对于宿主健康和疾病中的各种稳态过程,包括宿主免疫反应至关

重要。管腔代谢分析和 DNA 序列分析表明,维生素 B_6 的代谢途径在不同条件下是动态
变化的。用抗生素处理的野生型小鼠结肠中维生素 B_6 的浓度降低导致其肠道微生物群
的破坏,益生菌(酸性拟杆菌)的使用部分恢复了抗生素处理的小鼠结肠中维生素 B_6 的
含量。维生素 B_6 产生菌(酸性芽孢杆菌)的服用可减少鼠伤寒沙门氏菌的丰度、促进抗
生素处理的小鼠肠道炎症的恢复。多项队列研究的结果显示,维生素 B_6 代谢的微生物
组基因与疾病表型显著相关。Scott 等表明,在秀丽隐杆线虫中共生细菌产生的吡哆醇
5′-磷酸(PLP)与核糖核苷酸代谢协同作用,促进 5 -氟尿嘧啶的作用[43]。令人惊讶的是,
适量补充维生素 B_6 和轻度耗竭都显著减轻了结肠炎症的组织学和分子特征,这提示维
生素 B_6 在肠道中的生物利用度对结肠炎症疾病有间接作用。放线杆菌、拟杆菌变形杆
菌(≈256 个人类肠道微生物基因组中的 50%)具有至少一个维生素 B_6 常见辅酶 PLP 的
从头生物合成途径。吡多胺和吡哆醇转化为需要黄素单核苷酸(源自维生素 B_2)的 PLP,
也正是从色氨酸合成烟酸的两种关键酶的必要辅因子,协助色氨酸及代谢物烟酸改善血
管紧张素转化酶 2(angiotensin-converting enzyme 2,Ace2)敲除鼠的肠道炎症。色氨酸
代谢产物的产生和供应受到色氨酸或其他营养素的膳食供应以及肠道微生物组成的复
杂调节,因此结肠中维生素 B_6、B_2 和 B_3 可能在色氨酸代谢物的产生中起重要作用。

　　6) 维生素 B_7——生物素

　　人体肠道微生物为宿主提供必需的营养素,包括 B 族维生素。Magnúsdóttir 等使用
PubSEED 平台[40],系统评估了 256 种常见的人类肠道细菌基因组,发现其中 40%能够
从头合成维生素 B_7。放线菌基因组缺乏必需的生物素生物合成基因,但 23 个基因组中
的 19 个(83%)含有生物素转运体。另一项研究也表明,鼠乳杆菌会消耗并减少肠道中
的可用生物素。生物素缺乏的饮食会诱导小鼠脱发,而抗生素诱导的生物失调会加剧该
表型的形成,这可能是因为抗生素的使用进一步减少了肠道菌群来源的生物素水平。与
放线菌不同,拟杆菌肠型中过度表达 4 种生物素生物合成途径中的 4 种酶。生物素在小
肠和大肠中的吸收通过载体介导的过程发生,该过程涉及 SLC5A6 基因编码的 SMVT
系统。脂质多糖通过干扰其转运蛋白的膜表达抑制结肠摄取生物素,Hayashi 等揭示了
宿主和细菌之间存在生物素利用的竞争[44]。

　　7) 维生素 B_9——叶酸

　　肠道的微生物群,特别是拟杆菌、双歧杆菌、链球菌和乳球菌,可以合成叶酸,作为碳
水化合物的常见食物发酵产物。此外,需氧菌总数的增加与肠内叶酸总量的增加有关。
细菌生物合成的叶酸可以被大鼠、猪和人结肠中的叶酸转运蛋白吸收。目前两种叶酸转
运蛋白被认为在结肠中起作用,即人质子偶联叶酸转运蛋白(hPCFT:SLC46A1)和还原
叶酸载体(RFC1:SLC19a1)。肠道细菌中的叶酸生物合成和/或宿主中的转运表达受到
低碳水化合物饮食、高蛋白质饮食、益生菌和益生元补充的影响。

　　肠道中叶酸的水平与宿主疾病相关。癌细胞需要使用叶酸来生长,因此远端肠道中
的叶酸水平可能与结直肠癌的增殖有关。叶酸或叶酸衍生代谢产物在免疫功能调节中

也发挥着作用。叶酸相关代谢产物 6 -甲酰蝶呤会拮抗 MAIT 细胞效应器功能。

8) 维生素 B_{12}——钴胺素

钴胺素生物合成途径存在于 42%(110/256 种)的人类肠道微生物基因组中,并且可以在所有梭杆菌中找到。但半数拟杆菌属基因组缺少这种生物合成途径。人类肠道微生物组的研究表明,83%的细菌(260/313 种)能够编码钴胺素依赖性酶。有趣的是,这260 个物种中的大多数都缺乏合成钴胺素所需的基因。基因组的分析表明,这些细菌依靠钴胺素摄取机制从周围环境中获取足够水平的钴胺素。3 种钴胺素结合蛋白(IF、转钴胺-1 和转钴胺素)被证明通过 3 种受体(即 IFcbl R/cublin、去唾液酸糖蛋白 R 和转钴胺受体)介导成年哺乳动物的细胞钴胺素摄取。结肠来源的钴胺素是否在宿主营养中起作用仍需进一步探索。补充 3.94 $\mu g/mL$ 氰基钴胺素增加了小鼠粪便中的钴胺素,并减少了类咕啉类似物,同时降低了类杆菌的丰度。这些结果表明,钴胺素及其类似物的联合和交换可能会潜在地决定微生物的适应性。钴胺素及其衍生物不仅决定了微生物的适应性,还决定了微生物活性,包括对宿主的致病性。细菌转录因子 EutR 需要乙醇胺(钴胺素的前体)和钴胺素衍生物腺苷钴胺素来转录生成宿主感染和肠出血性大肠杆菌(EHEC)O157:H7 型和沙门氏菌传播所需的毒力因子。肠道共生细菌多形拟杆菌(*Bacteroides thetaiotaomicron*)钴胺素的摄取限制了肠出血性大肠杆菌产生志贺毒素。钴胺素也作为免疫调节剂,促进细胞免疫。这些结果表明,肠道钴胺素及其类似物可以调节肠道感染。

2. 维生素 C

在化学上,维生素 C 是一种葡萄糖酸内酯,来源于葡萄糖醛酸和水溶性酮内酯,具有2 个可电离的羟基和显著的抗氧化性能。在自然界中,维生素 C 的两种基本异构体分子是相等的,即还原形式的 D -抗坏血酸和氧化形式的 L -抗坏血酸,它们可以相互转化。由于与葡萄糖的结构相似,维生素 C 通过葡萄糖转运蛋白(GLUT)以脱氢抗坏血酸的形式进行细胞内转运。在细胞内,脱氢抗坏血酸随后被还原为维生素 C。由于这些特点,维生素 C 参与了一些重要的体内生理生化过程,如能量代谢、基因转录、激素表达和表观遗传途径的调节。

肠道对维生素 C 的吸收是通过一个可饱和的、剂量依赖性和钠依赖性的主动转运过程进行的。在低维生素 C 浓度时,主动转运占主导地位,而在高浓度时则发生简单的扩散。膳食摄入的维生素 C 中,70%～90%会被吸收;相反,当剂量增加到 1 g/d 及以上时,吸收下降到约 50%或更低。在高摄入量时,大肠中的维生素 C 被肠道微生物降解为D -阿拉伯-抗坏血酸、乳酸(瞬时产物)和核糖等产物。

与 B 族维生素类似,维生素 C 也可以由肠道微生物合成。绝大多数脊椎动物能从葡萄糖中合成维生素 C,但包括豚鼠和人类在内的少数哺乳动物由于缺乏 L -葡萄糖-γ-内酯氧化酶而丧失了合成维生素 C 的能力。微生物产生的维生素 C 不是人类维生素 C 摄入的主要来源。而膳食中的维生素 C 在运输到结肠之前大部分被吸收,因此,微生物产生的维生素 C 可能是远端肠道中维生素 C 的重要贡献者。变形杆菌属被认为是产生维生素 C 的潜在菌属。除此之外,铜绿假单胞菌和相关物种以其产生氧化还原活性小分子而闻名,这些小分子可以改变细胞氧化还原状态,作为微生物间信号来控制生物膜的形成。维生素 C 也可以参与这种微生物间的相互作用。

维生素 C 具有体外抗微生物作用,因此可能具有调节肠道微生物群落的能力。一项临床研究使用结肠递送形式探索维生素 C 对肠道微生物组的直接影响,结果发现,与基线和安慰剂相比,每天 500 毫克的剂量持续 4 周后,维生素 C 会增加肠道微生物组的 α - 多样性(均匀性)。虽然在属或种水平上未检测到细菌组成的显著变化,但补充维生素 C 后丁酸和丙酸浓度增加,总短链脂肪酸增加,提示维生素 C 可能增加了短链脂肪酸产生菌的丰度,或抑制短链脂肪酸产生菌的竞争菌的丰度[45]。其可能的机制为:通过改变氧化还原电位,从而调节消化道中的厌氧菌/需氧菌平衡,因此选择性地支持肠道微生物的生长。与安慰剂相比,维生素 C 组粪便样品的 pH 和氧化还原平衡降低。Million 等提出了类似的关联假设,他们发现从人体肠道中分离出的 3 种最臭的厌氧微生物:生孢梭菌(*Clostridium sporogenes*)、近端梭菌(*Clostridium subterminale*)和罗氏菌属(*Romboutsia lituseburensis*)在添加维生素 C 的情况下可能会进行有氧生长,而在未添加维生素 C 的情况下没有生长[46]。以上研究结果表明,维生素 C 可由肠道菌群生成,但具体种属尚未明确。同时,维生素 C 在体内和体外均会调节部分肠道微生物的丰度,但具体的机制仍待阐明。微生物遗传学和生态学研究对于评估肠道中抗坏血酸的控制和生物利用度,以及测试其在微生物生态学中的潜在作用是非常必要的。

4.2　矿物质与肠道菌群

人体 96% 是有机物和水分,4% 为无机元素。这些无机元素中 25 种是构成人体组织、维持生理功能、生化代谢所必需的。钙、镁、钾、钠、磷、硫、氯 7 种元素含量较多,占矿物质总量的 60%～80%,称为宏量元素。其他元素如铁、铜、碘、锌、锰、钼、钴、铬、锡、钒、硅、镍、氟、硒共 14 种,存在数量极少,在机体内含量少于 0.005%,被称为微量元素。矿物质在体内不能自行合成,必须通过膳食进行补充。肠道菌群可能会参与微量矿物质元素的代谢与作用途径,同时微量矿物质元素也可能会改变菌群结构与丰度。因此,本节将围绕矿物质元素与肠道菌群的相互作用展开介绍。

4.2.1　常量矿物质元素与肠道菌群

1. 钙

钙是人体内含量最丰富的矿物质元素,占成人体重的 1.5%～2.0%,其中约 99% 集中在骨骼和牙齿中。它不仅是构成机体不可缺少的组成元素,也在各种生理和生化过程中起着极为重要的作用。钙的吸收有主动吸收和被动吸收两种途径,膳食中钙水平和机体生理状况都会影响钙的吸收。钙的生理功能包括构成骨骼和牙齿的成分、维持神经和肌肉的活动、细胞信息传递、血液凝固、机体酶活性的调节、细胞膜稳定性的维持等。钙缺乏是较常见的营养性疾病,主要表现为骨骼的病变,即儿童时期的佝偻病和成年人的骨质疏松症。过量摄入钙也会增加患肾结石、奶碱综合征的危险性。

膳食钙不仅可以促进肠道中部分益生菌物种的生长,而且一些肠道细菌可以增加肠道对钙的吸收。Narva 等 2004 年的研究表明,乳杆菌属可以通过降低血清甲状旁腺激素(PTH)和增加血清钙浓度来积极影响钙代谢[47]。在小鼠模型中发现,钙和维生素 D 的补充会增加喂食西式饮食的小鼠粪便中的大量有益细菌,包括双歧杆菌属(*Bifidobacteria*)、罗氏菌属(*Roseburia*)、颤螺菌属(*Oscillospira*)、乳酸菌(*Lactobacillus*)、乳球菌(*Lactococcus*)和另枝菌(*Alistipes*),并且降低副沙门氏菌(*Parasutterela*)和坦纳菌(*Tannerela*)属的丰度[48]。在 12 名志愿者中进行的一项干预实验证明,补充钙会降低变形杆菌门的丰度,但是对粪便中短链脂肪酸的浓度没有影响[49]。而在卵巢切除大鼠中发现,补充钙可增加肠道短链脂肪酸的浓度以及粪便不动杆菌和丙酸杆菌的丰度[50]。另外一项在大鼠中的研究发现,高磷酸钙饮食会增加厚壁菌门和乳酸杆菌的丰度,并增加粪便乳酸、琥珀酸、乙酸、丙酸和丁酸水平[51]。

此外,益生菌和益生元的补充也会影响钙的吸收。一项研究在老年受试者中使用添加了活的瑞士乳杆菌(*L. helveticus*)(至少 108 CFU/mL)和嗜热链球菌(未提及剂量)的发酵乳[52]。结果表明,与安慰剂相比,益生菌组的血清钙有所改善。在绝经后妇女中进行的研究也证明,在补充了用瑞士乳杆菌发酵的牛奶后血清钙呈增加趋势[47]。在另一项研究中,健康的儿童补充了合生元片剂(植物乳杆菌、嗜酸乳杆菌、婴儿双歧杆菌、乳酸双歧杆菌等)后血清钙水平增加 4%[53]。可溶性玉米纤维(一种耐受性良好的益生元)也可增加青少年的钙吸收,同时在肠道微生物群中检测到较低的厚壁菌和较高丰度的拟杆菌[54]。此外,钙本身可以发挥益生元作用。钙喂养的小鼠表现出普雷沃氏菌、双歧杆菌属和拟杆菌水平的升高。体外实验中也发现唾液乳杆菌可以增加细胞模型中钙离子的吸收[55]。

关于益生菌和益生元对血清钙水平的影响,已经提出了几种机制。短链脂肪酸可以通过增加盲肠绒毛的表面积,从而增加钙的吸收,并可能增加钙结合蛋白的表达和细胞旁钙的转运。此外,益生菌补充后的短链脂肪酸水平升高会降低盲肠和结肠的 pH,增强钙的溶解度和吸收。同时,免疫系统与骨骼之间的密切关系解释了肠道微生物组在维持骨骼健康和矿化方面的重要作用。肠道菌群可以增加钙离子吸收和调节肠道血清素的产生,并调节骨代谢。而摄入钙的有益作用可能与调节肠道微生物组成和增加肠黏膜完整性有关。

2. 磷

磷是机体重要的元素,在成年人体内的含量约占体重 1%。它不仅是细胞膜和核酸的组成成分,也是骨骼的必需构成物质。体内的磷有 85%～90% 以羟磷灰石形式存在于骨骼和牙齿中。磷广泛存在于动、植物食物中,不易引起缺乏。70％从膳食中摄入的磷会在小肠吸收。磷不仅是构成骨骼和牙齿的重要成分,也是核酸、酶等生命重要物质的组成部分。它的功能还包括参与能量代谢、调节细胞因子活性和调节酸碱平衡。

磷是细菌生存和繁殖的主要营养素之一,其肠道浓度可能会影响肠道微生物的活性和组成。而磷酸盐结合剂通过形成磷酸盐复合物的形成会减轻肠腔中磷酸盐的负担,降低了磷酸根离子水平和吸收,导致肠道中依赖磷酸盐的细菌产生变化。一项针对 12 名健康成年男性进行干预的研究表明,与正常磷含量饮食相比,低磷饮食组增加了拟杆菌、瘤胃球菌科和螺旋体科等微生物的相对丰度,且多种细菌代谢途径发生了变化[56]。Miao 等在 21 名使用了磷酸盐结合剂碳酸镧的血液透析患者中发现血清磷与包括弧菌属(*Anaerovibrio*)、贝格氏菌属(*Bergeriella*)、梭菌属 XIX(*Clostridium XIX*)、乔治菌属(*Georgenia*)等在内的 11 种菌属正相关,与食蛋白质菌属(*Proteiniborus*)和罗氏菌属(*Robinsoniella*)负相关[57]。基于 62 名志愿者进行的不同剂量的磷酸盐和钙补充剂干预研究发现,高磷饮食显著升高了粪便总短链脂肪酸和乙酸盐的浓度,而且不同浓度的钙和磷会对肠道群落产生不同的影响,同时补充高钙/高磷的男性肠道中具有丰富的梭菌属[58]。

磷在其他生物功能中也起着重要作用。有更多关于猪和鸡等农场动物如何提高磷酸盐利用率的研究中发现,饲喂不同的磷酸盐或者植酸酶(用于增加植物来源的磷酸盐可用性)会导致肠道微生物组成和代谢活性的变化,包括对细菌基因拷贝数和短链脂肪酸产量的影响。而在慢性肾病的大鼠模型中发现补充副植物乳杆菌会显著降低血清磷酸盐水平[59]。而且体外培养实验证明,植物乳杆菌可以吸收比其他细菌更多的磷,并将其储存在细胞中[60]。

磷是微生物群存活的主要营养素之一,对于细菌增殖和代谢过程有重要的作用,可能会影响肠道微生物群的活性、组成和分布。在安慰剂对照临床试验中,口服长双歧杆菌可降低血液透析患者的血清磷酸盐。体外研究结果表明,培养基的磷酸盐浓度与淀粉样杆菌(一种淀粉质和果胶溶解瘤胃细菌)的生长速度呈正相关,另外磷作为辅酶对于细菌降解膳食纤维至关重要,细菌纤维分解酶的浓度和活性会受培养基中磷含量的调节。而且发现多种细菌细胞和单细胞酵母能够感应环境中磷浓度的变化。此外,磷对肠道微生物群的潜在影响不仅限于共生微生物群,也可能适用于潜在的致病菌。已有证据表明,宿主内部的肌醇磷酸盐(InsPx)代谢与特定的肠道致病菌密切相关。

肠道微生物群通过将磷储存或者通过粪便排出以减少宿主肠道中的磷负担,继而维持磷稳态。膳食中磷的缺乏可能会对淋巴细胞功能,细胞因子分泌和抗体生成产生负面影响。这也提示磷可能会通过影响肠道上皮屏障功能的完整性和免疫系统,调节肠道微生物群的组成和功能。西方饮食模式中包含多种富含磷酸盐添加剂的食物和饮料,所以肠道菌群可能与磷酸盐相互作用影响身体健康。总体而言,人们逐渐意识到磷对肠道微生物群落的重要性,但仍不完全。这需要详细的临床研究来表征其与肠道微生物群的相互作用[61]。

3. 钠

随着肠道微生物群与血压之间的潜在联系被逐步挖掘,膳食钠摄入能否通过肠道菌群进而调节血压水平已成为一个重要的研究课题,亟须进行深入探索[62]。

在身体的所有器官系统中,胃肠道是最先遇到钠的。钠质子交换器3(NHE3)位于胃肠道和肾近端小管,可以调节钠的吸收。已有研究表明,服用NHE3抑制剂可增加自发性高血压大鼠的粪便钠和水含量,减少尿钠排泄,并降低血压[63]。对NHE3敲除小鼠的肠道菌群研究表明,与野生型相比,从回肠到远端结肠的管腔和黏膜部位的细菌丰度增加,门和属水平的细菌发生变化。特别是在回肠末端、盲肠和远端结肠中,厚壁菌门的丰度较低,拟杆菌门的丰度较高。在回肠末端发现了一种丰度显著增加的共生拟杆菌(*Bacteroides thetaotaomin*)。而抑制NHE3可改变细菌结构,但NHE3缺乏会导致肠易激疾病样症状、肠道失调和炎症免疫系统反应。以上研究表明NHE3可能是钠的菌群调节作用的关键环节,同时证实了维持适宜NHE3水平的重要性。

高盐饮食(3.15%~5%钠;持续6周)的实验结果显示[64],其可以通过快速消耗小鼠和人类肠道中的梭状芽孢杆菌属和乳酸杆菌来改变肠道微生物群的结构,加剧小鼠的结肠炎。与非工业化、以农业为基础的社会相比,食用高钠饮食的西方社会人类肠道中的乳酸杆菌丰度较低。正常盐饮食的小鼠表现出较高的乳酸杆菌丰度和较低的拉氏螺旋菌科和瘤胃菌科。而且钠可能通过调节肠道菌群影响其代谢产物,如短链脂肪酸和次级胆汁酸的水平。

钠可能通过调节肠道菌群诱导免疫系统激活,调节宿主的炎症水平,包括TH17细胞和特异性白细胞介素的免疫激活和各种组织(例如,脾脏、肠道相关淋巴组织和中枢神经系统)的免疫细胞功能。肠道微生物组成和功能的变化证实菌群在其中的关键作用。具体机制尚未阐明,但可能涉及免疫细胞信号传导、NHE3和短链脂肪酸代谢途径[65]。为了加深对盐、微生物组和免疫之间相互作用的理解,未来仍然需要更多的研究探索,尤其是去揭示盐通过微生物组对免疫细胞的间接影响与盐对免疫细胞直接影响的关系。

细菌对盐的抵抗是一种重要的生存策略,因为它们需要应对高盐环境所带来的压力。人类肠道微生物组中的几个基因已被检测为耐盐基因(盐元基因组,SMG,包括SMG 3、SMG 5、SMG 9和SMG 25),其代谢活性在高盐环境中增加。这些基因的鉴定对开发新的治疗方法(例如功能性食品、膳食补充剂和药物)具有意义,这些治疗方法可以在高盐摄入诱导或介导的条件下针对肠道微生物群的特定成员发挥作用。

4. 钾

钾是细菌和真核细胞中主要的胞内阳离子。钾离子(K^+)作为细胞质信号分子,激活或诱导酶和运输系统,使细胞适应升高的渗透压。钾离子稳态对细菌生存至关重要,不仅在渗透压调节中,也在细菌的pH稳态、蛋白质合成调节、酶活化、膜电位调节和电信号传导中发挥重要作用。细菌通过许多不同的运输系统积累K^+,如在许多远亲物种中发现并已被充分研究的 Trk 和 Kdp 系统(两种 K⁺ 转运系统)。一个非常普遍的特性是通过增加介质渗透压来激活 K⁺ 摄取。这种反应受到内部和外部 K⁺ 浓度的调节。Kdp 是唯一的 K⁺ 运输系统,其表达受环境条件的调节。膨压(turgor pressure)的降低或外部 K⁺ 的降低会迅速增加 Kdp 的表达。这些变化产生的信号(推测为膨压减少)由 KdpD 传感器激酶传递到 KdpE 反应调节器,进而刺激 Kdp 基因的转录。信号可以是离子强度或是 K⁺。这种信号响应可能由每个特定系统对内部离子强度的直接感应介导,而不是由协调不同系统对升高的 K⁺ 进行响应的部位或系统介导[66]。

致病菌需要 K⁺ 转运来满足营养和化学渗透需求,K⁺ 已被证实可直接调节毒力基因表达、抗生素耐药性和生物膜形成。但宿主细胞也需要 K⁺ 维持基本的生物过程。因此,宿主与细菌针对 K⁺ 的竞争是感染发生过程的关键因素之一[67]。

5. 镁

正常成人体内含镁(Mg)20～28 克,其中 60%～65% 存在于骨骼和牙齿中,27% 存在于肌肉和软组织。人体摄入的镁 30%～50% 在小肠吸收。镁的摄入水平和食物中的钙、磷、乳糖含量等均会影响镁的吸收。肾脏是镁排泄的主要途径。由于饥饿、蛋白质-能量营养不良和胃肠道疾病等会造成镁缺乏。镁的生理功能包括多种酶的激活剂,对钾、钙离子通道的作用、促进骨骼生长和神经肌肉的兴奋性、促进胃肠道功能以及对激素的调节作用。

镁是细胞内第二主要的阳离子,对大量酶的功能和生理生化都至关重要。它是一种强制性矿物质,参与体内数百种生化反应和生理功能。研究人员发现较低的镁摄入量会减弱运动员对慢性炎症的免疫反应,从而对其短期和长期健康及表现产生影响。与镁转运相关的蛋白质在胃肠道中大量表达。低膳食镁与结肠甲酸水平升高有关。这两项发现都提示肠道环境紊乱可能与镁相关。

目前,关于镁缺乏与人类肠道微生物群之间的相互作用的研究较少。研究人员发现镁与罗伊氏乳杆菌(益生菌)的组合能缓解儿童的慢性便秘。氧化镁(MgO)作为一种渗透性泻药会显著抑制了戴阿利斯特杆菌(Dialister)属的存在。据报道,给予 MgO 可显著增加血清镁浓度[68],而菊粉和菊粉＋MgO 组之间也观察到不同微生物群的组成变化。菊粉＋MgO 组大幅度降低了苏黎世杆菌属(Turicibacter)的相对丰度水平。菊粉组和菊粉＋MgO 组丁酸单胞菌相对丰度较对照组显著降低。菊粉组乳酸杆菌的相对丰度升高。菊粉＋MgO 组的乳酸菌相对丰度低于菊粉组[69]。在菊粉喂养过程中,MgO 增加了盲肠 pH,并降低了盲肠短链脂肪酸和乳酸水平。

动物研究为膳食镁与肠道微生物组成之间的关联提供了证据。Jørgensen 等[70]研究发现镁缺乏饮食 6 周会改变小鼠肠道微生物组成,并与其焦虑样行为改变有关。García-Legorreta 等[71]发现低镁和高镁饮食会对雄性大鼠肠道微生物群有不同的影响。在喂养两周后,对照组和低镁组的细菌多样性都高于高镁组。这可能是由于小鼠补充过量的镁导致的肠道生态失调。在低膳食镁摄入组中多雷亚属(Dorea)、乳酸杆菌属和杜里杆菌属(*Turibacter*)富集。相比之下,脱硫菌属、副拟杆菌属、幽门螺杆菌属、丁单胞菌属、苏特氏菌属、弯曲杆菌属和食物谷菌属(*Victivallis*)在高膳食镁摄入组中的比例更高。研究人员[72]在小鼠模型中发现补充镁可提高小鼠结肠的微生物群丰富度,增加双歧杆菌丰度并减少肠杆菌科丰度。同样在小鼠中进行的研究发现膳食镁含量与阿克曼氏菌(*Akkermansia*)和苏黎世杆菌属(*Turicibacter*)呈正相关;与 S247、梭状芽孢杆菌、示波螺旋体、苏氏菌和消化球菌科呈负相关。

镁稳态对细菌也至关重要,许多细菌物种都含有传感器蛋白,通过改变同源 DNA 结合调节蛋白的活性来响应细胞外镁的变化。体外实验已经证明,镁会影响瘤胃细菌的生长和纤维素降解功能。但同时体外研究也发现,益生菌可以提高奶制品中镁的生物利用度。

6. 硫

硫元素在自然界中通常以硫化物、硫酸盐或单质的形式存在[73]。硫是所有细胞中必不可少的一种元素,半胱氨酸、蛋氨酸、同型半胱氨酸和牛磺酸等氨基酸和一些常见的酶含有硫元素。在蛋白质中,多肽之间的二硫键是蛋白质构造中的重要组成部分。有些细菌在一些类似光合作用的过程中使用硫化氢(H_2S)作为电子提供物。

硫不仅由心血管组织酶促反应产生,还由哺乳动物结肠中普遍存在的硫酸盐还原细菌产生。肠道菌群,如革兰氏阴性菌放线杆菌和普雷沃氏菌等,代谢含硫基质产生挥发性硫化合物。乳制品衍生的饱和脂质增加了牛磺酸结合的相对量,这种含硫化合物导致肠道中硫酸盐还原细菌的增加。

在肠道微环境中存在硫循环,含硫氨基酸半胱氨酸和蛋氨酸的分解分别导致硫化氢和甲硫醇的产生,大量分类多样的细菌物种在其基因组中含有必需的降解酶,如梭菌属和双歧杆菌属。H_2S 可甲基化为甲硫醇,甲硫醇可进一步甲基化为二甲基硫,由于这些化合物的毒性逐渐降低,这种甲基化被认为是解毒过程的一部分。然而,甲硫醇也可能转化为 H_2S,后被氧化为硫酸盐,用于解毒,硫酸盐还原细菌可以利用这种硫酸盐。在盲肠组织中也观察到相应的反应。

H_2S 是循环系统中重要的生物介质,可参与生物信号的转导。H_2S 主要通过两种途径产生[74],一是硫酸盐还原菌(sulfate reducing bacteria, SRB)代表哺乳动物肠道中 H_2S 的非酶源。SRB 产生 H_2S 需要两种底物,即硫酸盐和硫酸盐还原的电子供体。硫酸盐还原细菌优势属为脱硫弧菌属(*D.piger* 和 *D.sulfucans*)、脱硫杆菌属、脱硫球属和脱硫球属。富含硫酸盐的饮食会导致 *D.piger* 生长,增加人类和小鼠结肠中的 H_2S 产量。*D.piger* 也可以利用硫酸聚糖。由于 SRB 是非糖酵解的,其可以通过硫酸酯酶从磺黏蛋白和黏多糖中释放硫酸盐。此外,肠道细菌可能通过亚硫酸盐还原产生 H_2S。亚硫酸盐还原酶存在于许多肠道菌群物种中,如大肠杆菌、沙门氏菌、肠杆菌、克雷伯菌、芽孢杆菌、葡萄球菌、棒状杆菌和红球菌。第二种途径是肠道细菌或结肠组织进行的酶促生成途径。几种厌氧细菌菌种(大肠杆菌、肠炎沙门氏菌、梭状芽孢杆菌和产气肠杆菌)通过半胱氨酸脱硫酶将半胱氨酸转化为 H_2S、丙酮酸和氨。最后,哺乳动物组织可以在胱硫醚 β 合酶(CBS)、胱硫醚 γ 裂解酶(CSE)和 3 - 巯基吡啶硫转移酶(3 - MST)催化的反应中,从 L - 半胱氨酸和 L - 同型半胱氨酸合成 H_2S。据报道,CSE 和 CBS 存在于啮齿动物和人类的胃肠道,而 CSE 催化的反应似乎是肠道 H_2S 生成的主要来源。

结肠上皮细胞比其他组织更有效地将硫化物转化为硫代硫酸盐。这可能是由于结肠组织中的酶促 H_2S 合成反应受到抑制,饮食中维生素 B_6 的缺乏会显著降低了粪便中的 H_2S 水平。有意思的是,在缺乏维生素 B_6 的饮食 6 周后,粪便中的 H_2S 水平能够恢复到与对照组相同的水平。这表明,通过增加 SRB 活性,无菌小鼠肠道中的 H_2S 生成向非酶途径转移[75]。几项研究探索了肠道 H_2S 对肠道功能的影响。一方面,结肠 H_2S 水平高可能是结肠炎症和癌症的原因。另一方面,结肠上皮细胞很好地适应了富含 H_2S 的环境,H_2S 在保护肠-血屏障(GBB)中发挥了有益作用。首先,有人提出 H_2S 可能作为结肠上皮细胞的能量来源,因为肠道 H_2S 的氧化导致 ATP 的形成。其次,H_2S 被报道促进结肠黏液生成和微生物群生物膜的完整性。最后,服用非甾体抗炎药引起的肠道生物失调被外源性 H_2S 逆转。同时动物实验的结果显示,肠道衍生的 H_2S 具有强大持久的降压效果[74]。

7. 氯

氯是人体的必需常量元素之一,在自然界中常以氯化物形式存在,最普通形式是食盐[76]。氯在人体含量平均为 $1.17~g/kg$,总量为 $82\sim100~g$,占体重的 0.15%,广泛分布于全身。主要以氯化钠和氯化钾存在。其中氯化钾主要在细胞内液,而氯化钠主要在细胞外液中。膳食氯几乎完全来源于氯化钠,仅少量来自氯化钾。氯的主要生理功能包括:维持体液酸碱平衡;氯离子与钠离子是细胞外液中维持渗透压的主要离子;参与胃酸形成,胃酸促进维生素 B_{12} 和铁的吸收;激活唾液淀粉酶分解淀粉,促进食物消化;刺激肝脏功能,促使肝中代谢废物排出;稳定神经细胞膜电位的作用等[77]。

表 4 - 1　持久性有机物日摄入最大量

持久性有机物	日摄入最大量		饮食暴露量	参考资料
	欧洲食品安全局	美国环境保护局		
多氯联苯		20 ng/kg b.w./d	9.5~2 340 ng/kg/d	[78 - 80]
有机氯农药	HCH: 5 μg/kg/d	DDT: 0.5 μg/kg/d HCH: 0.3 μg/kg/d	0~12.4 μg/kg/d	[81, 82]

除膳食外,人类摄入氯还包含以下途径:有机氯农药的制造和使用,有毒化学品的生产和使用,以及废物焚烧、燃烧和金属生产过程中无意形成的副产品。这些污染物会附着于土壤、水和食材中。持久性有机污染物包括遗留的持久性有机物,即多氯联苯

(PCB)、二噁英、呋喃和有机氯农药(OCPs)等。

摄入的污染物和肠道微生物群的相互作用通过直接或间接机制发生在胃肠道内。直接途径包括吸收不良的化学物质,这些化学物质可能被肠道微生物群代谢。例如,肠道中的产气荚膜梭菌和贝氏梭菌能够将 PCB 153 和 PCB 77 脱氯并降解为低氯化形式。1,1,1-三氯-2,2-双(对氯苯基)乙烷(DDT)也可以通过还原脱氯被肠道细菌利莫真杆菌代谢为1,1-二氯2,2-双(对氯苯基)乙烷(DDD)。肠道微生物组改变了这些化学物质在体内的化学性质和毒性,同时,污染物改变了肠道微生物群的组成和代谢活性,从而导致菌群失调,并可能导致多种人类肠道或肠外疾病的发生和发展。肠道微生物能够通过在肠道内与这些化学物质直接结合来隔离这些化学物质。因此,微生物群落的变化会显著影响人体对这些污染物的暴露。此外,持久性有机污染物还可以通过干扰肠道微生物群的组成或代谢活动与肠道微生物群相互作用。

4.2.2 微量矿物质元素与肠道菌群

1. 铁

铁是所有活体组织的组成成分,是人体重要的必需微量元素。但是又对细胞有潜在的毒性作用,因此既要保证细胞对铁的需求,同时又要防止铁过量。正常人体内含铁总量为 4~5 g,其中 65%~70%的铁存在于血红蛋白,3%在肌红蛋白,1%在含铁酶类。食物中的铁主要以三价铁的形式存在,其进入体内后在胃酸的作用下还原成二价铁后被小肠吸收。铁在食物中的存在形式会直接影响其吸收率。另外膳食中的多种因素、肠道内铁的浓度及人体生理状况也会影响铁的吸收。长期膳食铁供给不足引起铁缺乏或缺铁性贫血。铁的主要生理功能包括参与体内氧的运送和组织呼吸过程,维持正常的造血功能和参与维持正常的免疫功能等。

铁对于地球上生命的出现和维持至关重要。几乎所有生物体都需要通过竞争或合作获取铁维持生物和生理过程,保持代谢稳态。在人类和其他哺乳动物中,肠道菌群和宿主与铁之间的相互作用会密切影响宿主和菌群的代谢以及铁稳态。细菌会影响宿主铁的吸收,而宿主铁的摄入、缺铁和铁过量会影响菌群的多样性、分类和功能。

肠道微生物群可以通过两种方式调节宿主体内的铁稳态:通过下调基础的缺氧诱导因子(hypoxiainduciblefactor-2α,HIF-2α)功能抑制肠道铁吸收途径,以及通过诱导铁泵蛋白(ferroprotein,FPN)表达促进细胞铁储存。已经有多项人群干预研究证明,摄入益生菌(尤其是植物乳杆菌)会影响铁蛋白水平,提高血清铁水平和非血红素铁吸收。因此可用作铁补充剂的组成部分,以减轻口服铁剂的负面副作用。乳酸杆菌作为一种对健康有积极影响的细菌,其生长不需要铁,因此在铁可用性低时具有选择性优势。相反,当铁可用性高时(例如过量补充铁后),其他细菌生长增加会使乳酸杆菌失去竞争优势。几乎所有已知的细菌物种都会产生铁载体。微生物具有多种铁载体系统,典型的细菌铁载体是儿茶酚肠杆菌素,会参与从宿主转铁蛋白中回收铁,进而影响宿主铁水平。

肠道铁的可用性塑造了肠道细菌生态系统,缺铁和铁超负荷与宿主的特定肠道微生物群有关。在健康人中进行的一型铁补充剂干预实验发现[83],螺旋体科(*Lachnospiraceae*)中的多个属和多个种对补铁反应最灵敏,此外,拟杆菌科、瘤胃球菌科、乳腺螺旋体科、肠杆菌科和肠球菌科的成员,也对铁有应答。而体外铁剥夺实验[84]发现群落的物种数量会出现不可逆降低,而在螺旋体科和瘤胃球菌科(*Ruminococcaceae*)家族中观察到最显著地相对丰度的下调。在低收入和中等收入国家婴儿进行的对照干预实验中[85],含铁微量元素粉可以改变婴儿肠道微生物组,减少双歧杆菌和乳酸杆菌,增加肠道病原体,特别是致病性大肠杆菌。铁强化还增加了肠杆菌科和拟杆菌,改变了婴儿对广谱抗生素的反应。这可能是因为铁是许多肠道病原体的生长限制营养素,铁强化剂增加结肠铁水平,可能会促进病原体的生长和毒力。最近一项在 14 名美国婴儿摄入铁强化谷物或肉类中的研究[86],报告了拟杆菌的增加和双歧杆菌、乳酸杆菌的减少;而在巴基斯坦的婴儿中,铁强化能够导致气单胞菌种类增加。另一项探索低水平补铁对健康和肠易激综合征(IBS)志愿者肠道微生物群影响的研究中发现[87],硫酸亚铁会增强拟杆菌属。体外培养实验中证明[88],硫酸亚铁对微生物群具有破坏性,导致双歧杆菌和乳酸杆菌减少。

铁是真核细胞和原核细胞许多代谢过程所必需的营养素。铁稳态对于人体健康具有重要的作用。肠道内的许多生物需要铁元素才能生长,铁可以增强微生物发酵,导致短链脂肪酸的增加,铁水平升高可能会通过"铁死亡"诱导细胞死亡,口服补充的过量未吸收铁降低了有益微生物的丰度,增加了有害微生物的丰度,导致生态失调。

2. 铜

铜在人体中含量较低,总量为 $50\sim150$ mg。但是它广泛分布于体内各组织器官中,如肌肉、骨骼中占 $50\%\sim70\%$,肝脏占 20% 等。铜主要在小肠被吸收,机体对其吸收有自动调节作用。人体一般能从正常膳食中获得足够的铜,因而不易发生铜缺乏。但是早产儿、长期腹泻、营养不良或者小肠吸收不良的人也可能出现铜缺乏。铜过量会引起急、慢性中毒。铜的主要生理功能包括维持正常的造血功能、促进骨骼、血管和皮肤健康、维护中枢神经系统的完整性、抗氧化作用、促进正常色素形成及保护毛发正常结构等。

铜是大多数生物体必需的微量营养素,是原核生物和真核生物编码关键铜依赖性酶的辅助因子所必需的。铜在哺乳动物免疫系统的功能中起着重要作用。铜的抗菌性可以被吞噬细胞用来杀死病原体。在动物中缺铜更容易受到感染,而喂食富含铜的饮食则更具抵抗力。但是铜过量会引起神经系统等多种组织器官的损伤。目前,铜摄入量对人体肠道微生物群的影响尚不清楚。但是因铜代谢异常导致铜排泄障碍和铜在靶器官中沉积的威尔逊氏病(Wilson's disease, WD)患者肠道菌群稳态被破坏,多样性降低,菌群密度下调。与对照组相比[89],WD 组的肠道微生物组中厚壁菌门、放线菌门和疣状微生物门,厚壁菌与拟杆菌的比例显著降低,变形杆菌和梭杆菌丰度升高。在属分类水平上,WD 组的黏液真杆菌属(*Blautia*)、瘤胃球菌属(*Ruminococcus*)和粪球菌属(*Coprococcus*)的丰度显著降低,巨单胞菌、巨球型菌属(*Megasphaera*)和梭菌丰度增加。

虽然缺乏人群层面的证据,但是在不同动物中的研究都显示铜补充对肠道菌群具有影响。Song 等[90]发现低铜喂养大鼠的厚壁菌门增加,尤其是乳杆菌科和消化链球菌科的增加,而高铜喂养大鼠厚壁菌的增加是由于乳酸杆菌科(乳酸杆菌)、乳杆菌科和丹毒科的增加。Meng 等[91]研究了水溶性铜暴露导致幼年鲤鱼阿克曼氏菌(Akkermansia)丰度降低。此外,小的假短链产脂肪酸细菌(包括异体菌、布劳特菌、粪球菌、粪杆菌、玫瑰花菌、乳酸杆菌、芽孢杆菌和瘤胃球菌)的丰度显著下降。Ruan 等[92]研究了高剂量铜对小鼠盲肠微生物群的影响。结果表明,与对照组相比,补铜组菌属、全盖球菌属、葡萄球菌属丰度显著降低,而棒状杆菌属丰度显著增加。Di Giancamillo 等[93]研究了日粮补充硫酸铜对断奶仔猪的影响,结果显示盲肠中的细菌和肠杆菌科细菌总数低于其他组,并且在结肠中,补充硫酸铜组的链球菌属均低于对照组。Yang 等[94]研究了接触铜如何影响中国林蛙(Rana chensinensis)的肠道微生物群。结果表明,梭杆菌的相对丰度显著降低,而黄杆菌的丰度显著较高。另一项在雌性小鼠中进行的实验发现[95],高浓度的铜可以诱导组织损伤并损害肠道微生物群的稳态,包括盲肠中棒状杆菌显著增加,而葡萄球菌科、利氏菌(Rikenella)和海鲜球菌(Jeotgalicoccus)显著降低。直肠中的脱盐杆菌、粪球菌和螺旋体显著增加,而盐酸球菌、杆菌、葡萄球菌和乳酸杆菌急剧下降。

过量的铜暴露会破坏肠道屏障,并通过导致肠道微生物群紊乱来增加肠道通透性,从而引起炎症反应。但是补充益生菌能否缓解铜过量造成的损伤还未知。铜对于免疫系统和人体肠道菌群的影响也需要更多的研究。

3. 碘

正常人体内含有 20～50 mg 的碘,其中 70%～80%存在于甲状腺中,剩下的分布在肌肉和其他组织中。食物中的碘进入胃肠道后,绝大部分转变为碘化物。虽然在胃就开始吸收碘,但其主要吸收部位在小肠。碘是甲状腺激素的主要组成成分,其生理功能主要是通过甲状腺激素发挥作用。碘缺乏是机体引起单纯性甲状腺肿的主要因素,缺碘引起的甲状腺功能低下,会影响脑神经发育。碘过量也会引起高碘性甲状腺肿大、甲状腺功能亢进、桥本甲状腺炎等。碘的主要功能包括参与三大营养素及能量代谢,促进生长发育,激活酶活性,调节水和盐平衡,促进维生素的吸收和利用等。

目前对碘和甲状腺激素与肠道微生物的研究很少。越来越多的研究支持肠道菌群在疾病[96]和健康中发挥关键作用,饮食、药物等环境因素对肠道菌群具有重要影响,因此饮食中摄入的碘和甲状腺激素有可能与肠道菌群产生相互作用。虽然碘没有被描述为肠道菌群必需的微量元素,但已经在体外实验中发现有一些菌株能够积累放射性碘。

碘酒或碘伏作为当今用于杀死细菌、真菌和病毒的主要试剂之一,通过游离状态的碘原子的超强氧化作用,可以破坏病原体的细胞膜结构及蛋白质分子。碘的抗菌作用也提示饮食中碘与菌群之间可能存在密切关系。目前没有人群研究探索碘与肠道菌群之间的关系,但是在奶牛中使用海洋褐藻作为碘补充剂时,其粪便中的假单胞菌属相对丰度显著下降,而乳酸菌相对丰度上升。在小鼠模型中发现碘补充会使正常小鼠的有益肠道细菌丰度增加,而使肥胖小鼠的有益肠道细菌下降。碘对菌群的不同作用有可能取决于宿主的健康状态。

碘作为甲状腺激素的主要成分,其缺乏和不足都会影响甲状腺激素合成,而甲状腺激素又对细胞生长、代谢和分化至关重要。饮食中碘缺乏或者过剩都可能会造成健康问题,包括甲状腺功能减退症、低甲状腺素血症、甲状腺炎、甲状腺功能亢进和自身免疫甲状腺疾病等。也有研究评估了甲状腺疾病和肠道菌群的关系。一项研究发现[97],甲状腺功能亢进的患者双歧杆菌和乳酸杆菌减少,肠球菌增加。另一项研究[98]比较了桥本氏甲状腺炎患者与健康对照的肠道菌群,发现疾病组的普雷沃特氏菌属和戴阿利斯特杆菌属(*Dialister*)的丰度下降,埃希氏菌、志贺氏菌和副伤寒杆菌有所增加。甲状腺疾病患者的肠道微生物群组成改变、肠道微生物群显著影响甲状腺激素的代谢以及无菌大鼠的甲状腺比正常大鼠的小等现象,都说明肠道微生物群在调控宿主甲状腺功能中起着重要的作用[99]。

与健康肠道相比,弥漫性毒性甲状腺肿(graves disease, GD)患者的肠道含有更高水平的针对小肠耶尔森菌和幽门螺杆菌的抗体,酵母的定植程度更高,拟杆菌的定植率更低。而自身免疫性甲状腺疾病患者的 α-多样性和某些肠道微生物群的丰度发生了变化。与对照组相比,桥本甲状腺炎组的微生物群落丰富度指数 Chao1 升高,而 GD 病组降低。自身免疫性甲状腺疾病组中一些有益细菌如双歧杆菌和乳酸杆菌减少;与对照组相比,脆弱拟杆菌等有害微生物群显著增加[100]。益生菌的干预可以改善甲状腺切除患者对于甲状腺激素戒断的不良反应[96]。另外,肠道菌群失调会增加桥本甲状腺炎和格雷夫斯病的患病率[101]。

不断累积的证据证实"肠-甲状腺"轴的存在,而肠道微生物通过调节碘的摄取、降解和肠肝循环来影响甲状腺激素水平。这似乎显示肠道微生物群和甲状腺功能之间的相互作用效应。因此,碘和甲状腺可能共同调节肠道菌群的多样性和功能。

4. 锌

人类摄入锌途径是饮食或膳食补充剂[102]。膳食锌的大部分吸收发生在十二指肠和空肠。Zn^{2+} 通过位于肠上皮细胞顶表面的跨膜锌转运蛋白 Zip4 流入肠上皮细胞。接着,Zn^{2+} 被锌调节蛋白 ZnT2-10 运输到金属蛋白合成位点,或被输出到细胞外空间,然后通过锌转运蛋白 ZnT1 进入循环。在全身锌过量的情况下,Zn^{2+} 通过 Zip5 在这些细胞的基底外侧向肠上皮细胞输送而从循环中去除,随后通过 ZnT5 从肠上皮细胞流出并最终作为废物排出。在健康状态下,未被小肠吸收的膳食铁、血红素和锌到达结肠,可供结肠细胞或共生细菌使用。共生细菌可能通过释放和摄取 α-羟基酸或通过消化食源性分子(如植酸盐或血红素)来获取铁。推测共生细菌通过这些机制以及使用铁和锌外排泵向人类宿主提供铁和锌(否则将无法生物利用)。类似地,肠细胞通过 ZnT5 将锌排出到管腔中,宿主可能会向共生细菌提供锌。锌对几乎所有细菌都是必需的,但过量时也会产生毒性。因此,必须严格调节细胞内锌的水平。细菌已经进化出吸收和储存机制来满足其细胞需求以及当细胞内浓度过高时的去除机制。病原体的锌摄取受锌摄取抑制因子(Zur)的调控,在金黄色葡萄球菌中受锌流出抑制因子(CzrA)的调控。锌的摄取由ZnuABC转运系统介导,一旦进入细胞,锌即参与小分子(如金属硫蛋白)之间的快速化学交换,或通过锌伴侣转运至金属蛋白合成位点。然而,在锌充足的条件下,锌依赖蛋白的合成和金属化将会是优先发生的。

微量元素锌是多种生理和生化功能所必需的[103],包括维持肠道屏障和肠道相关免疫功能、减少氧化应激和抑制细胞凋亡。胃肠道是调节锌稳态的主要场所。当锌摄入量减少时,通过特定的锌载体介导的跨黏膜的锌转运速率增加,这提高了锌吸收的效率。当锌摄入量极低或边际摄入量延长时,会发生继发性稳态事件,包括尿锌排泄减少、血浆锌周转增加以及骨等组织释放增加。在分子水平上,锌被证明能够通过结肠中咬合蛋白的蛋白水解和转录来调节肠通透性[104]。同样,缺锌除了允许大量招募中性粒细胞外,还限制了肠道紧密连接的功能。补充锌可以通过增厚黏液层和改善绒毛质量来加强肠壁,从而减少腹泻的发生和频次。

某些细菌(如空肠弯曲杆菌)能够在肠道菌群中竞争锌,并在缺锌条件下优先生长,而这些细菌又在老年人的肠道微生物组中富集。在缺锌条件下优先生长的细菌有大肠杆菌和肠炎沙门氏菌等致病菌种。这些菌种中存在有锌特异性的高亲和力转运系统ZnuACB,确保在缺锌条件下的生长。尽管这种高亲和力锌捕获系统的存在似乎对宿主不利,但这些系统通常仅限于致病菌,这一事实使它们成为开发特定抗菌剂的良好目标。同时,衰老小鼠的微生物组移植到无菌鼠中会引发慢性低度炎症,而将微生物组进行锌处理后可以减少无菌受体小鼠的肠道 Th17 炎症。这提示锌是否可以作为调节衰老相关肠道菌群稳态的治疗靶点。

高水平的氧化锌显示出抗菌性能,被认为是可能替代抗生素的饲料添加剂之一,并用于对仔猪断奶后的抗细菌感染。氧化锌可以减少断奶仔猪胃和小肠中肠杆菌科和乳酸菌的水平;但因其会在脏器中积累,其有益作用尚未得到普遍承认[105]。在锌摄取抑制剂存在的情况下,喂食低锌饮食或锌充足饮食的小鼠,其肠道微生物组的组成均发生了显著变化。这些变化包括两种饮食中厚壁菌的大量增加,低锌饮食中放线菌和细菌的增加以及锌抑制剂饮食中疣微菌门的增加。两种饮食引起的其他变化包括星形胶质细胞介导的神经炎症和促炎性 IL-6 水平升高。幸运的是,在随后补充氨基酸锌复合物后,微生物群组成和炎性细胞因子水平得到了部分回调。这些结果再次说明需要确保足够的锌摄入,以避免引起微生物组发生促炎变化。

5. 硒

硒分布于机体的各组织器官和体液中,肝脏和肾脏浓度最高,肌肉骨骼和血液中浓度中等,脂肪组织最低。人体硒量的多少与地区膳食硒的摄入量差异有关,成人体内硒总量为 3~20 mg。硒的有机形式是硫氨基酸类似物、硒蛋氨酸(SeMet)、硒代半胱氨酸(SeCys)和甲基化衍生物。无机形式对应于硒盐,如硒酸盐(SeO-24)和亚硒酸盐。

SeMet 存在于植物和动物源产品以及一些食品补充剂中。此外,SeCys 主要存在于动物源性食物中,而硒甲基硒代半胱氨酸(SeMeCys)是一种天然的单甲基化有机硒,存在于一些蔬菜中,如大蒜、洋葱、花椰菜和韭菜。在无机形式中,亚硒酸盐主要存在于食品补充剂中,而硒酸盐存在于植物和鱼类来源中。这些形式的硒已被用于生物强化一些蔬菜[105]。

从有机或无机来源摄入的膳食硒在胃肠道中被吸收,随后被输送到肝脏,在肝脏中被代谢并用于生产硒蛋白,然后分配到身体的其他组织。硒氨基酸通过各种膜转运机制在十二指肠、盲肠和结肠中积极转运,而硒酸盐通过 SLC26 基因家族的阴离子交换剂转运。硒的主要排泄形式是通过尿液,然而,如果摄入过量,可能会出现呼吸道排泄。当尿液中三甲基硒(CH3)3Se 形式的硒的消除达到饱和时,肺部就会排出,而硒的消除主要以挥发性二甲基硒(CH2)2Se 的形式发生。在适度摄入硒的情况下,通过肾脏消除的主要是单甲基化化合物硒糖,即 1β-甲基硒 N-乙酰-D-半乳糖胺。食物中残余的硒被吸收到胆汁、胰腺和肠道分泌物中,并在粪便中排出。指甲主要由富含半胱氨酸的蛋白质组成,后者能够与硒形成复合物。因此,指甲中的硒浓度被认为是硒状态的一个优良生物标志物,因为它提供了长期暴露(长达 1 年)的综合测量,而血液生物标志物表明了短期暴露。

通过调查硒和硒蛋白使用的进化趋势,检测 5 200 多个细菌基因组,形成了该领域最大的硒利用图谱。然而,在总数中,2/3 的细菌不使用硒,这表明这种能力随着时间的推移而丧失。结合环境因素和硒使用的调查结果,以及结肠是硒吸收程度最高的部位,其含氧量较低,最适温度为 25～30℃ 的情况,科学家们推测,人类肠道可以成为原核生物利用硒的有利生态系统。

硒是肠道菌群的调节剂。膳食硒影响宿主的硒状态和硒蛋白的表达。肠道微生物可以利用摄入的硒来合成自身的硒蛋白。硒会影响肠道微生物的组成和定植。大约1/4的细菌具有编码硒蛋白的基因。其中一些,如大肠杆菌、梭状芽孢杆菌和肠杆菌类,能够在人和动物的肠道中定植。微生物的组成也可以由通过细胞呼吸机制参与肠道菌群生长的调节,作为自养生长的能量来源,以及在细胞之间转移和储存电子。锰、锌、硒和铁作为细菌酶的关键辅因子,负责 DNA 复制和转录、抗氧化和细胞呼吸。一些物种需要硒来实现正常的代谢功能,例如,大肠杆菌的结构中有 3 种硒蛋白。硒化合物存在于动物和植物源中,具有不同的生物利用度。在使用大鼠的实验模型中,除了口服三甲基硒鎓离子(TMSe)外,未观察到亚硒酸盐、硒酸盐和硒氰酸盐(SeCN)、SeMeCys、SeMet、硒高硫醚(SeHLan)、硒代烯(SeCys2)、1β-甲基乙酰基-D-半乳糖胺(SeSug1)之间的营养可用性差异。胃肠道酶可在肠道中将二硒化合物降解为单硒化合物。

用含有充足和高硒水平的饮食喂养的无菌小鼠与对照组相比[106],发现硒蛋白表达的改变,但肝脏中谷胱甘肽过氧化物酶 1(GPX1)和甲硫氨酸 R-亚砜还原酶 1(MSRB1)的水平和活性更高,表明肠道微生物部分封存了硒,因此导致宿主的可用性有限。在这些实验中,副杆菌属与硒膳食补充剂表现出相反的相关性。膳食硒可能会影响肠道菌群的组成和肠道的细菌定植。进一步比较不同水平的硒膳食补充剂(缺乏、充足和超营养)对小鼠肠道微生物群的影响。补充不同量的硒导致了肠道微生物群组成的显著变化。与缺硒饮食相比,营养补硒能够显著降低了 Dorea sp.的丰度,并增加了对结肠炎和肠屏障功能障碍具有潜在保护作用的微生物水平,如苏黎世杆菌属(Turicibacter)和阿克曼氏菌(Akkermansia)。Dorea sp.是肠道微生物中最常见的物种之一,在肠道中提供 H_2 和 CO_2。提示补充硒可以优化肠道菌群,防止肠道功能障碍。

肠道微生物是影响体内硒的重要环境因素。尽管宿主和肠道微生物群受益于共生关系,但当微量营养素的供应变得有限时,这些环境可能成为竞争对手。此外,肠道微生物群有利于硒化合物的生物转化。肠道细菌对硒的摄取会对宿主中硒蛋白的表达产生负面影响,导致在硒限制条件下硒蛋白的水平降低 2~3 倍。这种影响对人类和动物的不利后果尚未得到证实。用动物模型进行的研究表明,肠道微生物群可能影响硒的状态和硒蛋白的表达。无菌小鼠的定植实验表明[107],即使在硒缺乏的饮食条件下,也能诱导几种硒蛋白的胃肠道形式的表达;无菌小鼠在肠道和肝脏中显示出更高的 GPX 和硫氧化还原酶 1(TXNRD1)活性,肝脏中 GPX1 的表达更高,近端和远端空肠和结肠中 GPX2 的表达更高,结肠中 GPX1 和 GPX2 的活性更高。研究表明,无菌动物对硒蛋白生物合成的需求比常规定植动物少。另一项研究表明[108],几种无机和有机硒化合物被大鼠的肠道菌群代谢为 SeMet,SeMet 被结合到细菌蛋白中。含有 SeMet 的蛋白质作为宿主动物的硒库,在肠道微生物区系中积累。

一些细菌物种能够通过硒来影响宿主的疾病状态。面对这种类型细菌的感染,宿主的免疫反应、微生物病原体、微生物群和宿主的硒状态之间发生了复杂互作。具有硒依赖性酶的细菌可以在哺乳动物肠道的厌氧条件下生存。因此,这些细菌通过利用硒来提高其毒力和致病性。缺乏硒会使个体免疫功能低下,从而使不需要硒的细菌得以存活,从而感染并导致疾病。宿主内的微生物组成也可能因硒含量的不同而不同,可以通过对硒的竞争或产生对致病菌有害的有毒代谢物来防止硒依赖性细菌的感染。

硒与肠道菌群的互作影响疾病状态。硒甲基化和挥发性硒化合物在肠道中的形成,表明了微生物群在保护宿主免受高剂量硒补充剂方面的毒性。鉴于人类结肠的相对大小要大得多,硒化合物在人体肠道中的代谢可能主要发生在结肠中。硒和硒蛋白可能在某些疾病的发病机制中起重要作用,尤其是炎症性肠病(inflammatory bowel disease,IBD)、癌症、甲状腺功能障碍和神经再生障碍。硒状态可能影响 NF-κB 转录因子和过氧化物酶体增殖物激活受体 γ(PPARγ)的表达,这些转录因子和 PPARγ 参与免疫细胞激活,最终导致炎症的各个阶段。因此,硒缺乏和硒蛋白表达不足会损害先天性和适应性免疫反应。低硒摄入可能导致更易感染结肠炎和鼠伤寒沙门氏菌。与这一发现一致,硒缺乏对肠道屏障功能产生不利影响,导致小鼠肠道和免疫反应紊乱。多尔氏菌属(Dorea sp.)细菌是肠道微生物群中最常见的物种之一,其丰度在硒缺乏的情况下会增加,并与 IBS、癌症、多发性硬化症和非酒精性肝病相关。

硒缺乏在 IBD 患者中很常见,其在改善 IBD 中的重要性归因于硒蛋白降低炎症反应的能力。Zhu 等研究了含有莼菜多糖(ULP SeNPs)的硒纳米颗粒对 DSS 诱导的小鼠急性结肠炎的保护作用[109]。主要益处是结肠中 CD68 的减少、白细胞介素-6(IL-6)和肿瘤坏死因子 α(TNF-α)的调节、巨噬细胞的灭活和 NF-κB 的抑制。具有促炎活性的细菌(如大肠杆菌和梭杆菌)在 IBD 患者中增加,而具有抗炎活性的细菌减少[110]。其他细菌门与 IBD 患者摄入硒有关。在克罗恩病和溃疡性结肠炎患者中,膳食硒分别与厚壁菌门呈正相关,与疣状菌病呈负相关。与单独补充干酪乳杆菌的动物相比,将硒纳米颗粒与干酪乳杆菌 ATCC 393 一起给药可保护小鼠免于肠屏障功能障碍和肠毒性大肠杆菌感染 K88 相关的氧化应激。

硒、肠道微生物群和癌症之间的联系仍然难以明确,微生物组、饮食和人类宿主之间的复杂互作可能涉及多种机制。肠道微生物群对硒蛋白和其他与氧化还原稳态相关的分子以及与 WNT/β-catenin 信号通路相关的分子的影响可能对氧化应激、细胞凋亡、炎症和免疫反应的调节产生影响,这表明对癌症风险增加有直接影响。此外,动物研究表明[111, 112],硒可以调节肠道疾病(如结肠炎)和肝脏慢性疾病(如慢性肝损伤和癌症相关炎症)。目前的研究结果表明,膳食硒能够调节肠道微生物群的组成,影响宿主的硒状态和硒蛋白瘤的表达。作为回报,生物体提供了细菌用于能量生产和维持其代谢途径的营养素,因此其具有共生关系的特征。肠道微生物群可以与硒相互作用,以合成自身的硒蛋白。此外,一些肠道微生物可以提高硒的生物利用度并保护其免受其毒性。

6. 锰

成人体内锰的总量为 12～20 mg,锰分布在身体各个组织和体液中,以肝、胰、骨骼中含量较高。锰主要在小肠吸收,吸收率不高,仅为 3%～4%。机体通过对锰吸收率的调节机制来维持体内锰的稳态。膳食中钙和磷浓度高时,锰的吸收率降低;铁缺乏时,锰的吸收率增高。人体的锰 90% 以上从肠道排出,仅少量从尿液汗液排出。锰缺乏不多见,我国成人锰的适宜摄入量为 3.5 mg/d,可耐受最高摄入为 10 mg/d。

锰是一种对正常骨骼发育、脂肪和碳水化合物代谢、血糖调节以及多种酶的生物学功能至关重要的必需微量元素。然而,过量的锰被认为是一种神经毒性物质,帕金森病的风险因素[113]。β-淀粉样蛋白(Aβ)以核苷酸结合寡聚化结构域样受体蛋白 3(NOD-like receptor protein 3,NLRP3)依赖的方式诱导轴突微管相关蛋白(Tau 蛋白)病理是阿尔茨海默病和帕金森病的核心。锰暴露增加大脑中 Aβ 和 Tau 的产生,导致海马变性和坏死。锰暴露可通过增加外周血和中枢神经系统的炎症来发挥神经毒性。重要的是,将正常大鼠的肠道微生物群移植到锰暴露大鼠体内,降低了 Aβ 和 Tau 的表达,NLRP3 的脑表达下调,神经炎症因子的表达也下调[114],这表明肠道微生物群在锰介导的神经毒性级联中的重要作用。因此,改善锰暴露大鼠肠道微生物群的组成可以减轻神经炎症,这被认为是通过重塑肠道微生物群来治疗锰暴露的新策略。然而,尽管锰的流行和对人类健康存在潜在风险,锰对肠道和肠道微生物组产生毒性作用的机制仍有待阐明。

最近的数据表明[115],锰暴露可能通过改变志贺氏菌、瘤胃球菌、多尔氏菌、螺旋链菌属(Fusicatenibacter)、罗氏菌、拟杆菌、厚壁菌、瘤胃球菌、链球菌和其他细菌门的丰度来影响肠道微生物群的多样性。锰诱导的拟杆菌丰度增加和厚壁菌门/拟杆菌门比率降低可能会增加脂多糖水平。此外,除了增加系统性脂多糖(LPS)水平外,锰还能够增强 LPS 的神经毒性。由于肠道微生物群的高代谢活性,锰引起的肠道微生物群紊乱导致肠道代谢组的显著变化,这可能至少部分介导了锰过度暴露的生物学效应。高剂量的锰可能导致肠细胞毒性,通过破坏上皮细胞紧密连接影响肠壁完整性。由此导致的肠壁通透性增加,进一步促进 LPS 和神经活性细菌代谢产物向全身血流的转移,最终进入大脑并导致神经炎症和神经递质失衡。

动物实验证实[116],通过灌胃法将小鼠暴露于 15 mg/kg/d 的 $MnCl_2$ 30 天,小鼠粪便代谢谱特征改变。使用气相色谱质谱联用技术对粪便样本进行分析,结果表明,接触锰会减少丁酸盐和 α-生育酚的产生,增加胆酸的产生。胆酸会使胆盐饱和,导致胆结石的发生。因此,该结果表明金属毒性可以影响肠道动力和关键肠道微生物代谢产物。此外,金属锰离子 Mn^{2+} 的氧自由基解毒特性以及这种二价金属阳离子支持中枢代谢的能力,有助于沙门氏菌在哺乳动物肠道内定植并建立全身感染。因此,暴露于环境毒素可能会影响肠道微生物群,并可能产生不利的生理影响。

然而锰在体内的作用并非全然不利,锰(20～30 mg/kg)可提高繁殖期产蛋鹅肠道拟杆菌属、拟杆菌科、拟杆菌属和瘤胃球菌科的水平,减少链球菌科数量。膳食中添加锰可以改善生产性能、鸡蛋质量、抗氧化能力、肠道结构以及肠道微生物群[117]。现有数据使我们假设肠道微生物群应被视为锰毒性的潜在目标,未来需要更多的研究来详细表征锰暴露与肠道菌群之间的相互作用,以及其在神经变性和其他疾病发病机制中的作用。

7. 其他微量元素

氟的主要来源是饮用水,大约占人体每日摄入量的 65%,其余约 35% 来自食物。氟摄入人体后,主要在胃部吸收。膳食中铝盐钙盐可降低氟在肠道中的吸收,而脂肪水平提高可增加氟的吸收。肾脏是氟排泄的主要部位,从肠道排出的氟量很小,也有极少部分随汗液和毛发排出。中国营养学会推荐成人氟的适宜摄入量为 1.5 mg/d,成人氟的最高耐受量为 3.0 mg/d。关于氟对肠道微生物群组成的影响的文献很少[117]。有研究通过使用电子显微镜和 16S rRNA 测序技术来探索氟对鸭子肠道菌群的影响。结果表明,氟暴露组的肠道结构受损,杯状细胞相对分布减少。此外,肠道微生物的 α-多样性显著降低。变形菌门、厚壁菌门和拟杆菌门是对照组和氟暴露组中数量最多的门。具体而言,氟暴露导致 9 个细菌门和 15 个细菌属的相对丰度显著降低,如河床菌门(Zixibacteria)、纤维杆菌门(Fibrobacteres)、陶厄氏菌属(Thauera)和噬氢菌属(Hydrogenophaga)。

钼广泛存在于各种食物中,动物和人对钼的需求量很小,摄入的钼存在于人体的各个组织。在正常饮食下不会出现钼缺乏症状。钼的吸收部位是胃和小肠。中国营养学会推荐成人钼的适宜摄入量为 $60\ \mu g/d$,可耐受最高摄入量为 $350\ \mu g/d$。有研究表明[122],高钼饮食水平会对蛋鸡的生产性能和健康状况产生负面影响,而茶多酚可以减轻高钼暴露的负面影响。高钼饮食引发的具体变化为厚壁菌门丰度降低较低,变形杆菌门三角锥菌(类)、米托科菌目(Mytoccocales)和纳米囊藻科(Nanocystaceae)的丰度增加。钼辅因子(Moco)生物合成是一种古老、普遍和高度保守的途径。有研究使用宏基因组测序,确定了 MoCo 依赖性代谢途径是炎症相关失调的标志。MoCo 依赖性厌氧呼吸酶和甲酸脱氢酶独立地促进肠杆菌科,如大肠杆菌的激增。研究人员推断,将 MoCo 依赖性过程识别为肠道菌群失调的驱动因素,从而能够设计出一种在肠道炎症期间控制微生物群代谢和组成的策略。微生物群的选择性编辑将有助于研究肠道菌群失调的潜在后果,如黏膜炎症的恶化。

　　人体含铬量甚微,总量仅为 $5\sim10\ mg$。铬的主要功能是帮助维持身体内正常的葡萄糖水平。铬不仅是葡萄糖耐量因子(glucose tolerance factor)的组成成分,也是胰岛素的辅助因子。人体含镍总量为 $6\sim10\ mg$,摄入过量的镍会诱发毒性反应。镍作为某些金属酶的成分或辅助因子,具有调节内分泌、增强胰岛素作用及刺激造血功能的作用。铬和镍是重要的微量矿物质,对维持人体健康稳态有重要意义,但是所需浓度甚微,一般不会缺乏,而过量摄入会对人体产生损害。目前,关于它们与肠道菌群关系的研究较少。在一项使用体外肠道微生物生态系统模拟器进行的实验中发现,蔬菜中不同含量的铬会对肠道中的菌群产生影响。反过来,肠道微生物群又会增加蔬菜的铬溶解,并加速毒性较大的四价铬(VI)向毒性较低的三价铬(III)的还原。一项评估益生菌罗伊氏乳杆菌 DSM 17938 菌株补充剂对患有全身性镍过敏综合征的患者影响的双盲随机安慰剂对照研究[118]中发现,补充益生菌会使患者肠道菌群发生显著变化,其多样性增加。此外,胃肠道反应和皮肤症状(荨麻疹、瘙痒和湿疹)也会显著改善。

4.3　小结与展望

　　近年来,越来越多的研究表明,维生素、矿物质和肠道菌群之间存在着密切的关联。一方面,脂溶性维生素可以影响肠道菌群的组成和功能。例如,维生素 A 可以促进肠道上皮细胞的分化和增殖,从而提高肠道黏膜屏障的完整性和功能[119]。这种作用可以抑制有害菌群的生长,增加菌群多样性和有益菌群的数量,从而改善肠道微生态环境。另外,维生素 D 和 K 也可以调节肠道菌群的代谢活性,从而影响其对营养物质的利用和吸收。维生素 E 则可以抑制肠道内氧化应激反应,减少有害菌群的生长和代谢产物的生成,保护肠道黏膜的健康。另一方面,肠道菌群也可以影响脂溶性维生素的吸收和代谢。肠道菌群可以合成和分解脂溶性维生素,从而影响其在肠道内的浓度和活性。例如,肠道内的一些细菌可以分解维生素 K_1 和 K_2,从而影响其在肠道和全身内的水平。另外,肠道菌群也可以调节胆汁酸的合成和分泌,从而影响维生素 D 的吸收和代谢。肠道菌群还可以参与维生素 A 代谢途径中的转化和利用过程,从而影响其在人体内的水平和作用。

B 族维生素作为水溶性维生素的一种,主要来自食物和肠道微生物合成作用。B 族维生素的含量会因肠道微生物群的组成而不同。在肠道微生物群中,一些细菌利用而非合成 B 族维生素,说明微生物之间存在着围绕 B 族微生物的竞争关系。微生物还从 B 族维生素中产生其他代谢产物,这些代谢产物在宿主或细菌的生物学过程中发挥着重要作用,如改善结肠炎症。肠道对维生素 C 的吸收是通过主动转运过程进行的,肠道微生物产生的维生素 C 主要用于远端肠道结肠。变形杆菌可能具备产生维生素 C 的能力。维生素 C 可以增加肠道菌群的 α 多样性,增加短链脂肪酸产生菌的丰度。由于肠道微生物群在个体之间存在差异,因此远端结肠中每种 B 族维生素、维生素 C 的含量在宿主和细菌种群之间会有所不同。未来仍需要进一步研究探索 B 族维生素和维生素 C 对于菌群的调节作用以及多种 B 族维生素的相互作用。

常量矿物质是人体必需的微量元素,例如钙、铁、锌等,它们参与了人体的各种代谢过程,包括骨骼形成、血红蛋白合成等。而肠道菌群是人体内最为复杂的微生物生态系统,它们参与了许多代谢和免疫功能,影响了整个人体的健康状况。常量矿物质对肠道菌群的组成和代谢有着重要影响。例如,钙、镁和铁等矿物质对肠道菌群的生长和代谢都有促进作用。铁离子是许多肠道细菌的重要生长因子,其可促进多种肠道细菌的生长和代谢。而镁和钙则可作为肠道细菌的营养源,促进它们的生长和代谢。此外,矿物质对肠道菌群的代谢也有影响。例如,镁、铁和锌等矿物质可影响肠道细菌的代谢产物,铁可以影响肠道细菌的亚硝酸盐代谢,镁可以影响肠道细菌的菌群代谢活性,锌可以影响肠道细菌的氨代谢。而且肠道菌群也可以影响常量矿物质的吸收和利用。例如,肠道菌群中的一些细菌可以通过代谢植酸酸解酶来分解植酸,从而释放出钙、镁、锌等矿物质,促进它们的吸收和利用。

微量矿物质元素在影响宿主健康方面发挥着重要作用。不论是目前研究热点的钠,还是健康剂量窗口较窄的锰,均有研究报道该微量元素或者微量元素的化合物影响肠道菌群的结构或丰度,不同微量元素调节的细菌具体种类存在不同。微量元素发挥作用的具体肠段主要在十二指肠和空肠以及远端肠段结肠。肠道菌群也针对微量元素产生适应性变化,如具有耐盐基因的微生物活性会在高盐环境中增加。肠道菌群产生微量元素,也需要微量元素,例如革兰氏阴性菌代谢含硫基质产生含硫化合物,含硫化合物促进硫酸盐还原细菌的增加。益生菌与致病菌甚至会针对某些微量元素产生竞争,如钠和钾。微量元素和肠道菌群互作的结果会影响宿主健康,其疾病类型涉及炎症(肝脏和肠道炎症)、高血压和衰老。即便现在的研究足以引起对微量元素、肠道菌群和疾病的重视,但仍有部分微量元素的功能缺乏探索,如钾和氟。同时,多数研究仅涉及细菌属的层面,微量元素具体影响哪些种类的细菌,哪些细菌具有代谢产生微量元素的能力,以及细菌与微量元素的互作具体如何影响疾病的进程,仍有待于进一步阐明。

随着人们对微量营养素和肠道菌群关系的重视,未来的研究方向将会更加深入和多元化。一方面,未来的研究将更加注重探索微量营养素和肠道菌群之间的因果关联和相互作用机制。这包括探究微量营养素如何调节肠道菌群的组成和功能,以及肠道菌群如何影响微量营养素的吸收和代谢。同时,随着单细胞测序等技术的发展,将会有更多的细菌物种被发现,未来的研究也需要对这些细菌的功能和相互关系进行深入探究。另一方面,未来的研究将更加注重微量营养素、肠道菌群与健康三者之间的关系。例如,研究微量营养素和肠道菌群在肠道炎症、代谢性疾病和免疫系统等疾病中的作用和调节机制。此外,应关注微量营养素和肠道菌群在人群中的分布和差异,以及环境和生活方式等因素对微量营养素和肠道菌群的影响。此外,还需探索微量营养素和肠道菌群在治疗和预防疾病中的潜力。例如,利用微生物代谢产生的物质来增强微量营养素的吸收和利用,或者使用肠道菌群作为治疗某些疾病的靶点,以及设计针对特定菌群的定制营养干预方案等。

总的来说,微量营养素和肠道菌群之间的关系是一个复杂的系统,未来的研究需要在不同学科的合作下进行,综合利用生物学、营养学、微生物学等多学科的知识和技术手段,来探究这一重要领域的奥秘。

参考文献

[1] Steinert R E, Lee Y K, Sybesma W. Vitamins for the gut microbiome. Trends Mol Med, 2020, 26(2): 137 - 140.

[2] Huda M N, Ahmad S M, Kalanetra K M, et al. Neonatal vitamin a supplementation and vitamin A status are associated with gut microbiome composition in bangladeshi infants in early infancy and at 2 years of age. J Nutr, 2019, 149(6): 1075 - 1088.

[3] Liu J, Liu X, Xiong X Q, et al. Effect of vitamin A supplementation on gut microbiota in children with autism spectrum disorders — a pilot study. BMC Microbiol, 2017, 17(1): 204.

[4] Lv Z, Wang Y, Yang T, et al. Vitamin A deficiency impacts the structural segregation of gut microbiota in children with persistent diarrhea. J Clin Biochem Nutr, 2016, 59(2): 113 - 121.

[5] Li L, Krause L, Somerset S. Associations between micronutrient intakes and gut microbiota in a group of adults with cystic fibrosis. Clin Nutr, 2017, 36(4): 1097 - 1104.

[6] Wu G D, Chen J, Hoffmann C, et al. Linking long-term dietary patterns with gut microbial enterotypes. Science, 2011, 334(6052): 105 - 108.

[7] Mandal S, Godfrey K M, Mcdonald D, et al. Fat and vitamin intakes during pregnancy have stronger relations with a pro-inflammatory maternal microbiota than does carbohydrate intake. Microbiome, 2016, 4(1): 55.

[8] Carrothers J M, York M A, Brooker S L, et al. Fecal Microbial Community Structure is Stable over Time and Related to Variation in Macronutrient and Micronutrient Intakes in Lactating Women. J Nutr, 2015, 145(10): 2379 - 2388.

[9] Pham V T, Fehlbaum S, Seifert N, et al. Effects of colon-targeted vitamins on the composition and metabolic activity of the human gut microbiome — a pilot study. Gut Microbes, 2021, 13 (1): 1875774.

[10] Oehlers S H, Flores M V, Hall C J, et al. Retinoic acid suppresses intestinal mucus production and exacerbates experimental enterocolitis. DNM Dis Models Mech, 2012, 5(4): 457 - 467.

[11] Hibberd M C, Wu M, Rodionov D A, et al. The effects of micronutrient deficiencies on bacterial species from the human gut microbiota. Sci Transl Med, 2017, 9(390): eaal4069.

[12] Sun J. Dietary vitamin D, vitamin D receptor, and microbiome. Curr Opin Clin Nutr Metab Care, 2018, 21(6): 471 - 474.

[13] Schäffler H, Herlemann D P, Klinitzke P, et al. Vitamin D administration leads to a shift of the intestinal bacterial composition in Crohn's disease patients, but not in healthy controls. J Dig Dis, 2018, 19(4): 225 - 234.

[14] Kanhere M, He J, Chassaing B, et al. Bolus weekly vitamin D_3 supplementation impacts gut and airway microbiota in adults with cystic fibrosis: A double-blind, Randomized, placebo-controlled clinical trial. J Clin Endocrinol Metab, 2018, 103(2): 564 - 574.

[15] Wang J, Thingholm L B, Skieceviċienė J, et al. Genome-wide association analysis identifies variation in vitamin D receptor and other host factors influencing the gut microbiota. Nature Genetics, 2016, 48(11): 1396 - 1406.

[16] Talsness C E, Penders J, Jansen E, et al. Influence of vitamin D on key bacterial taxa in infant microbiota in the KOALA Birth Cohort Study. PLoS One, 2017, 12(11): e0188011.

[17] Sordillo J E, Zhou Y, Mcgeachie M J, et al. Factors influencing the infant gut microbiome at age 3 - 6 months: Findings from the ethnically diverse Vitamin D Antenatal Asthma Reduction Trial (VDAART). J Allergy Clin Immunol, 2017, 139(2): 482 - 491.

[18] Drall K M, Field C J, Haqq A M, et al. Vitamin D supplementation in pregnancy and early infancy in relation to gut microbiota composition and C. difficile colonization: implications for viral respiratory infections. Gut Microbes, 2020, 12(1): 1799734.

[19] Bashir M, Prietl B, Tauschmann M, et al. Effects of high doses of vitamin D_3 on mucosa-associated gut microbiome vary between regions of the human gastrointestinal tract. Eur J Nutr, 2016, 55(4): 1479 - 1489.

[20] Tabatabaeizadeh S A, Fazeli M, Meshkat Z, et al. The effects of high doses of vitamin D on the composition of the gut microbiome of adolescent girls. Clin Nutr ESPEN, 2020, 35: 103 - 108.

[21] Luthold R V, Fernandes G R, Franco-De-Moraes A C, et al. Gut microbiota interactions with the immunomodulatory role of vitamin D in normal individuals. Metab Clin Exp, 2017, 69: 76 - 86.

[22] Mandal S, Godfrey K M, Mcdonald D, et al. Fat and vitamin intakes during pregnancy have stronger relations with a proinflammatory maternal microbiota than does carbohydrate intake. Microbiome, 2016, 4.

[23] Naderpoor N, Mousa A, Fernanda Gomez Arango L, et al. Effect of vitamin D supplementation on faecal microbiota: A randomised clinical trial. Nutrients, 2019, 11(12): 2888.

［24］ Carrothers J M, York M A, Brooker S L, et al. Fecal microbial community structure is stable over time and related to variation in macronutrient and micronutrient intakes in lactating women1 - 3. Journal of Nutrition, 2015, 145(10): 2379 - 2388.

［25］ Tang M, Frank D N, Sherlock L, et al. Effect of vitamin E with therapeutic iron supplementation on iron repletion and gut microbiome in US iron deficient infants and toddlers. J Pediatr Gastroenterol Nutr, 2016, 63(3): 379 - 385.

［26］ Vergalito F, Pietrangelo L, Petronio Petronio G, et al. Vitamin E for prevention of biofilm-caused healthcare-associated infections. Open Med (Wars), 2018, 15: 14 - 21.

［27］ Smith A D, Botero S, Shea-Donohue T, et al. The pathogenicity of an enteric Citrobacter rodentium infection is enhanced by deficiencies in the antioxidants selenium and vitamin E. Infect Immun, 2011, 79(4): 1471 - 1478.

［28］ Yan H, Chen Y, Zhu H, et al. The relationship among intestinal bacteria, vitamin K and response of vitamin K antagonist: A review of evidence and potential mechanism. Front Med (Lausanne), 2022, 9: 829304.

［29］ Kurosu M, Begari E. Vitamin K_2 in electron transport system: Are enzymes involved in vitamin K_2 biosynthesis promising drug targets?. Molecules, 2010, 15(3): 1531 - 1553.

［30］ Mathers J C, Fernandez F, Hill M J, et al. Dietary modification of potential vitamin K supply from enteric bacterial menaquinones in rats. Br J Nutr, 1990, 63(3): 639 - 652.

［31］ Iyobe S, Tsunoda M, Mitsuhashi S. Cloning and expression in Enterobacteriaceae of the extended-spectrum beta-lactamase gene from a Pseudomonas aeruginosa plasmid. FEMS Microbiol Lett, 1994, 121(2): 175 - 180.

［32］ Conly J M, Stein K. Quantitative and qualitative measurements of K vitamins in human intestinal contents. Am J Gastroenterol, 1992, 87(3): 311 - 316.

［33］ Guss J D, Taylor E, Rouse Z, et al. The microbial metagenome and bone tissue composition in mice with microbiome-induced reductions in bone strength. Bone, 2019, 127: 146 - 154.

［34］ Karl J P, Meydani M, Barnett J B, et al. Fecal concentrations of bacterially derived vitamin K forms are associated with gut microbiota composition but not plasma or fecal cytokine concentrations in healthy adults. Am J Clin Nutr, 2017, 106(4): 1052 - 1061.

［35］ Seura T, Yoshino Y, Fukuwatari T. The relationship between habitual dietary intake and gut microbiota in young Japanese women. J Nutr Sci Vitaminol (Tokyo), 2017, 63(6): 396 - 404.

［36］ Pan M H, Maresz K, Lee P S, et al. Inhibition of TNF - α, IL - 1α, and IL - 1β by pretreatment of human monocyte-derived macrophages with menaquinone-7 and cell activation with TLR agonists in vitro. J Med Food, 2016, 19(7): 663 - 669.

［37］ Ellis J L, Karl J P, Oliverio A M, et al. Dietary vitamin K is remodeled by gut microbiota and influences community composition. Gut Microbes, 2021, 13(1): 1 - 16.

［38］ Walther B, Karl J P, Booth S L, et al. Menaquinones, bacteria, and the food supply: The relevance of dairy and fermented food products to vitamin K requirements. Adv Nutr, 2013, 4 (4): 463 - 473.

[39] Pereira L, Monteiro R. Tailoring gut microbiota with a combination of Vitamin K and probiotics as a possible adjuvant in the treatment of rheumatic arthritis: a systematic review. Clin Nutr ESPEN, 2022, 51: 37 - 49.

[40] Magnusdottir S, Ravcheev D, De Crecy-Lagard V, et al. Systematic genome assessment of B-vitamin biosynthesis suggests co-operation among gut microbes. Front Genet, 2015, 6: 148.

[41] Qi B, Kniazeva M, Han M. A vitamin-B_2 - sensing mechanism that regulates gut protease activity to impact animal's food behavior and growth. Elife, 2017, 6: e26243.

[42] Liu L, Sadaghian Sadabad M, Gabarrini G, et al. Riboflavin supplementation promotes butyrate production in the absence of gross compositional changes in the gut microbiota. Antioxid Redox Signal, 2023, 38(4 - 6): 282 - 297.

[43] Scott T A, Quintaneiro L M, Norvaisas P, et al. Host-microbe co-metabolism dictates cancer drug efficacy in C. elegans. Cell, 2017, 169(3): 442 - 456.

[44] Hayashi A, Mikami Y, Miyamoto K, et al. Intestinal dysbiosis and biotin deprivation induce alopecia through overgrowth of Lactobacillus murinus in mice. Cell Rep, 2017, 20(7): 1513 - 1524.

[45] Kennes B, Dumont I, Brohee D, et al. Effect of vitamin C supplements on cell-mediated immunity in old people. Gerontology, 1983, 29(5): 305 - 310.

[46] Million M, Armstrong N, Khelaifia S, et al. The antioxidants glutathione, ascorbic acid and uric acid maintain butyrate production by human gut clostridia in the presence of oxygen in vitro. Sci Rep, 2020, 10(1): 7705.

[47] Narva M, Nevala R, Poussa T, et al. The effect of Lactobacillus helveticus fermented milk on acute changes in calcium metabolism in postmenopausal women. Eur J Nutr, 2004, 43(2): 61 - 68.

[48] Zeng H, Safratowich B D, Liu Z, et al. Adequacy of calcium and vitamin D reduces inflammation, β-catenin signaling, and dysbiotic Parasutterela bacteria in the colon of C57BL/6 mice fed a western-style diet. J Nutr Biochem, 2021, 92: 108613.

[49] Yoon L S, Michels K B. Characterizing the effects of calcium and prebiotic fiber on human gut microbiota composition and function using a randomized crossover design-a feasibility study. Nutrients, 2021, 13(6): 1937.

[50] He W, Xie Z, Thøgersen R, et al. Effects of calcium source, inulin, and lactose on gut-bone associations in an ovarierectomized rat model. Mol Nutr Food Res, 2022, 66(8): e2100883.

[51] Fuhren J, Schwalbe M, Boekhorst J, et al. Dietary calcium phosphate strongly impacts gut microbiome changes elicited by inulin and galacto-oligosaccharides consumption. Microbiome, 2021, 9(1): 218.

[52] Gohel M K, Prajapati J B, Mudgal S V, et al. Effect of probiotic dietary intervention on calcium and haematological parameters in geriatrics. J Clin Diagn Res, 2016, 10(4): Lc05 - 9.

[53] Ballini A, Gnoni A, De Vito D, et al. Effect of probiotics on the occurrence of nutrition absorption capacities in healthy children: a randomized double-blinded placebo-controlled pilot

study. Eur Rev Med Pharmacol Sci, 2019, 23(19): 8645 – 8657.

[54] Bielik V, Kolisek M. Bioaccessibility and bioavailability of minerals in relation to a healthy gut microbiome. Int J Mol Sci, 2021, 22(13): 6803.

[55] Trinidad T P, Wolever T M, Thompson L U. Effect of acetate and propionate on calcium absorption from the rectum and distal colon of humans. Am J Clin Nutr, 1996, 63(4): 574 – 578.

[56] Ober B A, Stillman R C. Memory in chronic alcoholics: Effects of inconsistent versus consistent information. Addict Behav, 1988, 13(1): 11 – 15.

[57] Miao Y Y, Xu C M, Xia M, et al. Relationship between gut microbiota and phosphorus metabolism in hemodialysis patients: A preliminary exploration. Chin Med J (Engl), 2018, 131 (23): 2792 – 2799.

[58] Trautvetter U, Camarinha-Silva A, Jahreis G, et al. High phosphorus intake and gut-related parameters — results of a randomized placebo-controlled human intervention study. Nutrition Journal, 2018, 17(1): 23.

[59] Ye G, Yang W, Bi Z, et al. Effects of a high-phosphorus diet on the gut microbiota in CKD rats. Ren Fail, 2021, 43(1): 1577 – 1587.

[60] Rahbar Saadat Y, Niknafs B, Hosseiniyan Khatibi S M, et al. Gut microbiota: An overlooked effect of phosphate binders. Eur J Pharmacol, 2020, 868: 172892.

[61] Trautvetter U, Camarinha-Silva A, Jahreis G, et al. High phosphorus intake and gut-related parameters — results of a randomized placebo-controlled human intervention study. Nutr J, 2018, 17(1): 23.

[62] Smiljanec K, Lennon S L. Sodium, hypertension, and the gut: Does the gut microbiota go salty?. Am J Physiol Heart Circ Physiol, 2019, 317(6): H1173 – 1182.

[63] Linz D, Wirth K, Linz W, et al. Antihypertensive and laxative effects by pharmacological inhibition of sodium-proton-exchanger subtype 3 – mediated sodium absorption in the gut. Hypertension, 2012, 60(6): 1560 – 1567.

[64] Wilck N, Matus M G, Kearney S M, et al. Salt-responsive gut commensal modulates T(H)17 axis and disease. Nature, 2017, 551(7682): 585 – 589.

[65] Wilck N, Balogh A, Markó L, et al. The role of sodium in modulating immune cell function. Nat Rev Nephrol, 2019, 15(9): 546 – 558.

[66] Stautz J, Hellmich Y, Fuss M F, et al. Molecular Mechanisms for Bacterial Potassium Homeostasis. J Mol Biol, 2021, 433(16): 166968.

[67] Aldbass A, Amina M, Al Musayeib N M, et al. Cytotoxic and anti-excitotoxic effects of selected plant and algal extracts using COMET and cell viability assays. Sci Rep, 2021, 11(1): 8512.

[68] Yamasaki M, Funakoshi S, Matsuda S, et al. Interaction of magnesium oxide with gastric acid secretion inhibitors in clinical pharmacotherapy. Eur J Clin Pharmacol, 2014, 70(8): 921 – 924.

[69] Omori K, Miyakawa H, Watanabe A, et al. The combined effects of magnesium oxide and inulin on intestinal microbiota and cecal short-chain fatty acids. Nutrients, 2021, 13(1): 152.

[70] Pyndt Jørgensen B, Winther G, Kihl P, et al. Dietary magnesium deficiency affects gut

microbiota and anxiety-like behaviour in C57BL/6N mice. Acta Neuropsychiatr, 2015, 27(5): 307 - 311.

[71] García-Legorreta A, Soriano-Pérez L A, Flores-Buendía A M, et al. Effect of dietary magnesium content on intestinal microbiota of rats. Nutrients, 2020, 12(9): 2889.

[72] Villa-Bellosta R. Dietary magnesium supplementation improves lifespan in a mouse model of progeria. EMBO Mol Med, 2020, 12(10): e12423.

[73] Oliphant K, Allen-Vercoe E. Macronutrient metabolism by the human gut microbiome: Major fermentation by-products and their impact on host health. Microbiome, 2019, 7(1): 91.

[74] Tomasova L, Konopelski P, Ufnal M. Gut bacteria and hydrogen sulfide: The new old players in circulatory system homeostasis. Molecules, 2016, 21(11): 1558.

[75] Flannigan K L, Mccoy K D, Wallace J L. Eukaryotic and prokaryotic contributions to colonic hydrogen sulfide synthesis. Am J Physiol Gastrointest Liver Physiol, 2011, 301(1): G188 - 193.

[76] Popli S, Badgujar P C, Agarwal T, et al. Persistent organic pollutants in foods, their interplay with gut microbiota and resultant toxicity. Sci Total Environ, 2022, 832: 155084.

[77] Russell J B, Jarvis G N. Practical mechanisms for interrupting the oral-fecal lifecycle of Escherichia coli. J Mol Microbiol Biotechnol, 2001, 3(2): 265 - 272.

[78] Labunska I, Abdallah M A, Eulaers I, et al. Human dietary intake of organohalogen contaminants at e-waste recycling sites in Eastern China. Environ Int, 2015, 74: 209 - 220.

[79] Ahmed M N, Sinha S N, Vemula S R, et al. Accumulation of polychlorinated biphenyls in fish and assessment of dietary exposure: a study in Hyderabad City, India. Environ Monit Assess, 2016, 188(2): 94.

[80] Kang Y, Cao S, Yan F, et al. Health risks and source identification of dietary exposure to indicator polychlorinated biphenyls (PCBs) in Lanzhou, China. Environ Geochem Health, 2020, 42(2): 681 - 692.

[81] Osman K A. Human health risk of dietary intake of some organochlorine pesticide residues in camels slaughtered in the districts of Al-qassim region, Saudi Arabia. J AOAC Int, 2015, 98(5): 1199 - 1206.

[82] Aydin S, Aydin M E, Beduk F, et al. Organohalogenated pollutants in raw and UHT cow's milk from Turkey: A risk assessment of dietary intake. Environ Sci Pollut Res Int, 2019, 26(13): 12788 - 12797.

[83] Bloor S R, Schutte R, Hobson A R. Oral iron supplementation—gastrointestinal side effects and the impact on the gut microbiota. Microbiology Research, 2021, 12(2): 491 - 502.

[84] Celis A I, Relman D A, Huang K C. The impact of iron and heme availability on the healthy human gut microbiome in vivo and in vitro. Cell Chem Biol, 2023, 30(1): 110 - 126.

[85] Paganini D, Zimmermann M B. The effects of iron fortification and supplementation on the gut microbiome and diarrhea in infants and children: a review. Am J Clin Nutr, 2017, 106(Suppl 6): 1688s-1693s.

[86] Tanja J, Guus A M K, Diego M, et al. Iron fortification adversely affects the gut microbiome,

increases pathogen abundance and induces intestinal inflammation in Kenyan infants. Gut, 2015, 64(5): 731.

[87] Poveda C, Pereira D I A, Lewis M, et al. The impact of low-level iron supplements on the faecal microbiota of irritable bowel syndrome and healthy donors using in vitro batch cultures. Nutrients, 2020, 12(12): 3819.

[88] Phipps O, Al-Hassi H O, Quraishi M N, et al. Influence of iron on the gut microbiota in colorectal cancer. Nutrients, 2020, 12(9): 2512.

[89] Cai X, Deng L, Ma X, et al. Altered diversity and composition of gut microbiota in Wilson's disease. Sci Rep, 2020, 10(1): 21825.

[90] Song M, Li X, Zhang X, et al. Dietary copper-fructose interactions alter gut microbial activity in male rats. Am J Physiol Gastrointest Liver Physiol, 2018, 314(1): G119 - G130.

[91] Meng X L, Li S, Qin C B, et al. Intestinal microbiota and lipid metabolism responses in the common carp (Cyprinus carpio L.) following copper exposure. Ecotoxicol Environ Saf, 2018, 160: 257 - 264.

[92] Ruan Y, Wu C, Guo X, et al. High doses of copper and mercury changed cecal microbiota in female mice. Biol Trace Elem Res, 2019, 189(1): 134 - 144.

[93] Di Giancamillo A, Rossi R, Martino P A, et al. Copper sulphate forms in piglet diets: Microbiota, intestinal morphology and enteric nervous system glial cells. Anim Sci J, 2018, 89 (3): 616 - 624.

[94] Yang Y, Song X, Chen A, et al. Exposure to copper altered the intestinal microbiota in Chinese brown frog (Rana chensinensis). Environ Sci Pollut Res Int, 2020, 27(12): 13855 - 13865.

[95] Cheng S, Mao H, Ruan Y, et al. Copper changes intestinal microbiota of the cecum and rectum in female mice by 16S rRNA gene sequencing. Biol Trace Elem Res, 2020, 193(2): 445 - 455.

[96] Lin B, Zhao F, Liu Y, et al. Randomized clinical trial: Probiotics alleviated oral-gut microbiota dysbiosis and thyroid hormone withdrawal-related complications in thyroid cancer patients before radioiodine therapy following thyroidectomy. Front Endocrinol (Lausanne), 2022, 13: 834674.

[97] Chen J, Wang W, Guo Z, et al. Associations between gut microbiota and thyroidal function status in Chinese patients with Graves' disease. J Endocrinol Invest, 2021, 44(9): 1913 - 1926.

[98] Su X, Zhao Y, Li Y, et al. Gut dysbiosis is associated with primary hypothyroidism with interaction on gut-thyroid axis. Clin Sci (Lond), 2020, 134(12): 1521 - 1535.

[99] Fröhlich E, Wahl R. Microbiota and thyroid interaction in health and disease. Trends Endocrinol Metab, 2019, 30(8): 479 - 490.

[100] Chang S C, Lin S F, Chen S T, et al. Alterations of gut microbiota in patients with Graves' disease. Front Cell Infect Microbiol, 2021, 11: 663131.

[101] Knezevic J, Starchl C, Tmava Berisha A, et al. Thyroid-gut-axis: How does the microbiota influence thyroid function? Nutrients, 2020, 12(6): 1769.

[102] Celis A I, Relman D A. Competitors versus collaborators: Micronutrient processing by pathogenic and commensal human-associated gut bacteria. Mol Cell, 2020, 78(4): 570 - 576.

[103] Ziegler T R, Evans M E, Fernández-Estívariz C, et al. Trophic and cytoprotective nutrition for intestinal adaptation, mucosal repair, and barrier function. Annu Rev Nutr, 2003, 23: 229 - 261.

[104] Mittermeier L, Demirkhanyan L, Stadlbauer B, et al. TRPM7 is the central gatekeeper of intestinal mineral absorption essential for postnatal survival. Proc Natl Acad Sci U S A, 2019, 116(10): 4706 - 4715.

[105] Gresse R, Chaucheyras-Durand F, Fleury M A, et al. Gut microbiota dysbiosis in postweaning piglets: Understanding the keys to health. Trends Microbiol, 2017, 25(10): 851 - 873.

[106] Mcclung J P, Roneker C A, Mu W, et al. Development of insulin resistance and obesity in mice overexpressing cellular glutathione peroxidase. Proc Natl Acad Sci U S A, 2004, 101(24): 8852 - 8857.

[107] Hrdina J, Banning A, Kipp A, et al. The gastrointestinal microbiota affects the selenium status and selenoprotein expression in mice. J Nutr Biochem, 2009, 20(8): 638 - 648.

[108] Zhang P, Guan X, Yang M, et al. Roles and potential mechanisms of selenium in countering thyrotoxicity of DEHP. Sci Total Environ, 2018, 619: 732 - 739.

[109] Zhu C, Zhang S, Song C, et al. Selenium nanoparticles decorated with Ulva lactuca polysaccharide potentially attenuate colitis by inhibiting NF-kappaB mediated hyper inflammation. J Nanobiotechnology, 2017, 15(1): 20.

[110] Pisani F, Di Perri R, Nistico G. Rapid quantitation of N-dipropylacetamide in human plasma by gas-liquid chromatography. J Chromatogr, 1979, 174(1): 231 - 233.

[111] Deng S, Hu S, Xue J, et al. Productive performance, serum antioxidant status, tissue selenium deposition, and gut health analysis of broiler chickens supplemented with selenium and probiotics-A pilot study. Animals (Basel), 2022, 12(9): 1086.

[112] Xu L, Lu Y, Wang N, et al. The role and mechanisms of selenium supplementation on fatty liver-associated disorder. Antioxidants (Basel), 2022, 11(5): 922.

[113] Ghaisas S, Maher J, Kanthasamy A. Gut microbiome in health and disease: Linking the microbiome-gut-brain axis and environmental factors in the pathogenesis of systemic and neurodegenerative diseases. Pharmacol Ther, 2016, 158: 52 - 62.

[114] Wang H, Yang F, Xin R, et al. The gut microbiota attenuate neuroinflammation in manganese exposure by inhibiting cerebral NLRP3 inflammasome. Biomed Pharmacother, 2020, 129: 110449.

[115] Tinkov A A, Martins A C, Avila D S, et al. Gut microbiota as a potential player in Mn-induced neurotoxicity. Biomolecules, 2021, 11(9): 1292.

[116] Borrelli A, Bonelli P, Tuccillo F M, et al. Role of gut microbiota and oxidative stress in the progression of non-alcoholic fatty liver disease to hepatocarcinoma: Current and innovative therapeutic approaches. Redox Biol, 2018, 15: 467 - 479.

[117] Wang Y, Wang H, Wang B, et al. Effects of manganese and Bacillus subtilis on the reproductive performance, egg quality, antioxidant capacity, and gut microbiota of breeding

geese during laying period. Poult Sci, 2020, 99(11): 6196 - 6204.

[118] Randazzo C L, Pino A, Ricciardi L, et al. Probiotic supplementation in systemic nickel allergy syndrome patients: study of its effects on lactic acid bacteria population and on clinical symptoms. Journal of Applied Microbiology, 2015, 118(1): 202 - 211.

[119] Yamada S, Kanda Y. Retinoic acid promotes barrier functions in human iPSC-derived intestinal epithelial monolayers. J Pharmacol Sci, 2019, 140(4): 337 - 344.

第5章
膳食纤维与肠道菌群

肠道菌群是生活在人体肠道内微生物的集合。肠道菌群与宿主共同进化,宿主为肠道菌群提供稳定的环境与食物,而肠道菌群则为宿主提供广泛的功能辅助,如消化复杂的膳食常量营养素、生产营养素和维生素、防御病原体,以及维护免疫系统。肠道菌群的健康平衡被破坏,会导致各种慢性疾病的发生和发展。大量研究表明,饮食、肠道菌群和宿主之间的相互作用会对宿主的健康产生深远影响。本章重点讨论膳食纤维与肠道菌群的互作及其对宿主健康和疾病的影响及相关机制,包括以下5个方面:① 了解膳食纤维对肠道菌群结构、组成和功能的影响;② 介绍膳食纤维的肠道菌群代谢产物的形成机制及其生理功能;③ 介绍膳食纤维与肠道菌群互作机制与应用策略;④ 描述膳食纤维在肠道的精准递送方法;⑤ 介绍膳食纤维靶向调控肠道菌群的方法和机制。

5.1 膳食纤维

5.1.1 膳食纤维的定义和来源

自1953年"膳食纤维"(dietary fiber)被首次命名以来,其对人体健康的益处逐渐受到广泛关注。然而对于"何为膳食纤维"问题的回答各不相同。经过近20年的讨论,2009年,世界卫生组织和食品法典委员会(World Health Organization and Codex Alimentarius)更新了原有定义,推动了膳食纤维的概念在全球范围内的传播[1, 2]。随后,欧洲食品安全局(European Food Safety Authority, EFSA)和美国食品及药物管理局(Food and Drug Administration, FDA)对膳食纤维的定义进行了扩充。目前,包括中国、日本、美国、加拿大、巴西、法国以及欧盟在内的多个国家和地区均在其官方指南或标准中采用了以下定义:膳食纤维是具有3个或更多单体单元的可食用碳水化合物聚合物,而这些聚合物无法被内源性消化酶水解或被人体小肠吸收[3]。

富含膳食纤维的食物包括全麦、豆类、蔬菜、水果、坚果和种子。数百万年来,膳食纤维在人类饮食中一直扮演着重要角色。据估计,从旧石器时代到农业时代,人类祖先每天从植物中摄取的各种易消化和难消化的膳食纤维可达100 g。膳食纤维可以直接从天然食物中获取,也可以通过物理、酶促或化学方法从食品原料中提取,或通过化学或合成生物学途径从头合成。然而,工业化时代的饮食模式变革导致人们从饮食中摄入的膳食纤维显著减少。

5.1.2　膳食纤维的分类

大多数膳食纤维主要来源于植物细胞壁的结构多糖成分,其分子结构变化多样。膳食纤维分子结构的差异显著影响其物理化学特性。例如,聚合物单体单元的空间取向、分支或侧链等结构特征可能影响肠道对纤维的消化能力。根据其单体单元聚合特征,膳食纤维可细分为非淀粉多糖(non-starch polysaccharides, NSPs)、抗性淀粉(resistant starch, RS)和抗性寡糖(resistant oligosaccharides, ROs)等可溶性和不可溶性形式[4]。

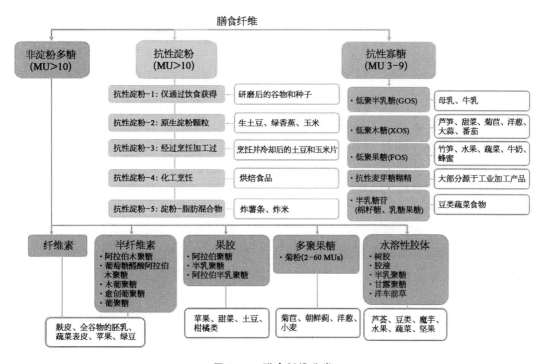

图 5-1　膳食纤维分类

1. 非淀粉多糖

非淀粉多糖含有的单体单元(monomeric unit, MU)个数一般大于 10 个,主要包括纤维素(cellulose)、半纤维素(hemicellulose)、果胶和菊粉。菊粉是一种含有 2~60 个果糖单位的果聚糖,当单体单元个数少于 10 个时,也被认为是低聚果糖。在大多数不溶性纤维(如纤维素和半纤维素)中,由于它们在到达结肠时不被肠道细菌消化或消化速度较慢,因此纤维吸水后使得粪便体积增加。然而,大部分可溶性纤维则是被肠道细菌发酵利用,从而产生短链脂肪酸等菌群代谢产物。可溶性非淀粉多糖,尤其是瓜尔胶、某些果胶、β-葡聚糖和洋车前子等高分子量聚合物具有黏性,能够在肠道中形成凝胶结构,延迟餐后血糖高峰时间和延缓脂质分解吸收[4]。

2. 抗性淀粉

抗性淀粉由 10 个以上的单体单元组成,可以进一步细分为 1 型抗性淀粉(RS-1)到 5 型抗性淀粉(RS-5)。RS-1 主要存在于谷物和种子。RS-2 主要来自生土豆、玉米和绿色香蕉。RS-3 主要来源于煮熟并冷却的土豆和玉米片。RS-4 和 RS-5 分别主要来自面包和炒饭。RS-1 和 RS-3 可以在烹饪并冷却后发生结构变化,进而呈现出不同的黏性和发酵性等物理化学特性。这些特性会影响它们在胃肠道中的功能效应,如肠道转运时间或肠道微生态的改变[5]。

3. 抗性寡糖

抗性寡糖一般由 3~9 个单体单元组成,其中多数以聚合的单糖命名,例如低聚半乳糖(galacto-oligosaccharide, GOS)、低聚木糖(xylo-oligosaccharide, XOS)和低聚果糖(fructo-oligosaccharide, FOS)。其中一些被认为是"益生元",它们通过在肠道中选择性地诱导有益细菌群落富集、降低肠道生理 pH 并维护肠道黏膜屏障的完整性,从而发挥促进健康的积极作用。

5.1.3　膳食纤维的理化特性

1. 膳食纤维的溶解度

溶解度是指膳食纤维在水中溶解的程度。碳水化合物的溶解度与其分子结构密切相关。例如,淀粉和纤维素分别由 α-葡萄糖单体和 β-葡萄糖单体组成,进而不同的二级结构导致淀粉可溶而纤维素不可溶。虽然,β-葡萄糖单体连接可导致 β(1,4)-纤维素不可溶,但 β-葡聚糖中的混合连接所产生的 β(1,3)(1,4)-葡聚糖具有较好的溶解性[6]。此外,聚合物结构的支链化特征也会影响溶解度,例如支链淀粉、β-葡聚糖或菊粉。有趣的是,聚合物的支链化程度与其溶解度并非成绝对的线性关联,例如支链淀粉中的分支结构可导致溶解度增加,而 β-葡聚糖中的分支结构使得溶解度降低。此外,果胶或甲基纤维素具有侧链结构,在增加抵抗胃肠道消化能力的同时也增加溶解度[7, 8]。

目前,大部分膳食纤维溶解度相关特征的证据主要集中在上消化道发挥调节胃排空和影响营养吸收方面。实际上,早期体外研究发现不同膳食纤维可能发挥不同的生理功能:一些主要影响小肠对脂质和葡萄糖吸收,另一些则主要影响结肠生理功能,如粪便膨胀和转运时间(如纤维素、麦麸和木质素等)[9]。可溶性的洋车前子和不可溶性的纤维素的物化性质虽然存在显著差异,但都已被证明可以通过不同机制改善血糖、胃肠道转运时间和排泄量。欧车前可以增加肠内容物黏性,从而改善人体对血糖控制的能力。纤维素也已被证明可以通过结合 α-淀粉酶抑制淀粉消化,从而降低大鼠对葡萄糖的吸收水平[10]。因此,仅根据溶解度对膳食纤维进行分类并不能充分体现其生理功能特性的差异化表现。所以,2003 年联合国粮食和农业组织提议淘汰与溶解度相关的传统分类术语[11]。

2. 膳食纤维的黏性

黏性是指流动的阻力程度,通常与可溶性膳食纤维(如树胶、果胶、β-葡聚糖和洋车前子)有关,膳食纤维在水合过程中以浓度依赖性的方式增加黏性。果胶等纤维具有形成凝胶网络的能力,一般从口腔开始,贯穿整个消化道。影响膳食纤维黏性的物理化学因素包括聚合物长度、结构差异以及电荷载量。这些因素将影响凝胶网络的"类型"和形成网络所需的临界浓度。从广义上讲,黏性膳食纤维可分为两类:无规则卷曲多糖和有序组装聚合物。无规则卷曲多糖通过缠结增加黏性,从而限制周围溶剂的流动。例如,中性聚合物 β-葡聚糖、欧车前和瓜尔半乳甘露聚糖等。通常聚合物越长,即分子量越高,缠结越多,增加黏性所需的浓度阈值越低。相比之下,一些果胶和海藻酸盐等有序组装聚合物则需要在 Ca^{2+} 等二价离子存在时才可形成凝胶网络[12, 13]。

研究表明,增加肠腔内容物黏性可带来诸多健康益处。黏性膳食纤维的摄入可以改变上消化道的转运时间,包括降低胃排空率和调节小肠转运时长。增加管腔内容物黏性被认为在膳食纤维消化的过程中发挥主要的调节作用,包括延缓消化、降低餐后血糖和血脂,以及增加饱腹感等 3 个方面[14]。然而黏性膳食纤维在小肠产生健康效应的生理作用机制尚不清楚。一项体外模拟研究探讨了胃和小肠消化作用对 6 种不同来源的可溶性膳食纤维增稠能力的影响,并发现它们的黏性分布存在显著差异。例如,在胃肠道消化液处理下,黄原胶相较于其他膳食纤维能够更好地保持黏性[15]。

增加管腔内容物黏性还可以减少胆汁酸盐的扩散,从而降低其在回肠远端的再吸收率。未被吸收的初级胆汁酸盐进入结肠后,与细菌水解酶结合,生成次级胆汁酸。这一过程在体外实验中被证明可以通过诱导上皮细胞过度增殖和导致 DNA 氧化损伤,进而增加结直肠癌(colorectal cancer, CRC)的患病风险[16]。尽管胆汁酸和膳食纤维之间的相互作用机制有待探究,但体内实验未发现相关证据能够支持肠道菌群胆汁酸代谢途径与增加结直肠癌患病风险有关。实际上,大量流行病学证据表明高膳食纤维饮食能够有效降低人类罹患结直肠癌风险[17]。此外,体外研究表明,膳食纤维(例如米糠纤维和纤维素)可能与消化酶相互作用,抑制营养物质的消化速度。

另一种可能的作用机制是,膳食纤维与黏液层之间相互作用,进而导致刷状缘附近黏性增加,从而调节养分在其中的扩散速率[18, 19]。在结肠中,管腔黏性和持水能力的增加会反过来影响结肠体积和排空时间。结肠收缩时,管腔内容物在隔室之间移动时可能经历剪切稀化过程,这会降低局部黏性并改变转运特性,特别是对于那些在水合过程中能够形成无规则网络的纤维(例如胶质)。这些变化同时可能也会影响结肠中微生物的发酵代谢过程[20]。

3. 膳食纤维的粒径和完整性

膳食纤维的粒径和完整性将显著影响其生理功能。植物细胞壁的粒度和完整性可影响可溶性膳食纤维的溶解过程,从而显著影响管腔内容物黏性并改变发酵速率。此外,完整细胞壁能够包裹胞内淀粉,降低内源性酶的消化作用,增加可用于微生物发酵的底物(如1型抗性淀粉)含量。在人类粪便接种物的体外发酵系统中,膳食纤维粒径的减小与短链脂肪酸浓度的增加呈正相关,提示更多的膳食纤维被肠道菌群利用并产生短链脂肪酸。这是因为膳食纤维粒径减小进而增加了其相对表面积,从而提高了膳食纤维在肠道中发酵利用率。类似地,对高膳食纤维食物的咀嚼和研磨等物理行为可以通过增加表面积、总孔隙体积以及结构修饰显著影响粒径动力学。例如,椰子渣的粒径从1 127 μm 减小到550 μm 时可增加本身水合作用,如保水和溶胀能力。同样,人群研究指出,较大且/或粒径粗的不溶性纤维颗粒对结肠黏膜的物理和机械作用可以刺激水和黏液分泌到管腔中,有助于排便过程[21, 22]。

4. 膳食纤维摄入量的平均水平和推荐量

增加膳食纤维的摄入能够促进人体健康。一般来说,全球平均摄入水平为15～26 g/d,低于大多数国家推荐的20～35 g/d。北欧(如丹麦、挪威)、中欧(如德国)和澳大利亚的每日平均膳食纤维摄入量最高,可能是由于这些国家的居民广泛食用全麦黑麦、燕麦和小麦等。不同人群的体型差异和对高纤维饮食的耐受性也可能导致对膳食纤维的平均摄入量和建议水平产生差异。例如,在我国,女性平均膳食纤维摄入量为18 g/d,男性为21 g/d,与日本接近(女性18.0 g/d;男性19.9 g/d),但远低于西方人群的平均摄入水平。另外,许多国家已将膳食纤维的能量摄入占比作为新型推荐指标,如美国推荐每日摄入量为14 g/kcal,德国为14.6 g/kcal,日本则为10 g/kcal[3]。

5. 膳食纤维与肠道菌群的研究意义

(1) 可以帮助纠正由现代西方膳食模式引起的肠道菌群失衡。例如,可以改变肠道菌群的多样性,增加有益的肠道菌群丰度,或减少某些有害肠道菌群的存在,从而改善肠道内环境稳态,降低人体患病风险。

(2) 预防或延缓疾病进展。某些新型功能食品或补充剂可直接改善由肠道菌群紊乱诱导的疾病,如肥胖、2型糖尿病、肠易激综合征和炎症性肠病等。

(3) 有助于开发出靶向调控肠道菌群的策略,结合到临床疾病的治疗中。如肠道菌群的组成差异与癌症化疗的疗效差异存在关联,利用特定的膳食纤维靶向调控对应的肠道菌群,可进一步提升治疗效果。

5.2 膳食纤维对肠道菌群的影响

5.2.1 膳食纤维对肠道菌群结构的影响

肠道菌群结构的表征指标主要由α多样性和β多样性组成。现代工业化导致肠道菌群的α-多样性大大下降,这主要是由于饮食模式的改变、临床实践(例如剖宫产手术)和广泛使用抗生素等因素的影响所共同导致的。我们通常可以在与工业化世界接触非常有限的亚诺玛米人等土著群体中观察到最为多样化的肠道菌群结构。此外,在工业化水平较低的地区,例如巴布亚新几内亚,习惯于植物性饮食的当地成年人与接受西方饮食的美国成年人相比,其肠道菌群显示出更高的 α 多样性。工业化导致的饮食结构差异,尤其是膳食纤维摄入水平的差异,导致了人群肠道菌群结构和丰度产生显著差异[23-25]。中国汉族人群队列研究也发现长期摄入水果和蔬菜与宿主肠道菌群 α 多样性呈正相关[26]。肠道菌群生态系统多样性具有相互代偿的功能,更具有抵抗环境变化的弹性,因此较高的 α 多样性(丰富度和均匀度)可能象征着一个健康的微生物群落。

肠道菌群可直接影响膳食纤维的发酵过程,反之,宿主肠道消化吸收的营养物质也能够调节肠道微生物组成结构和物种多样性。与发达地区人群相比,那些拥有农村/非工业化饮食、地中海饮食或素食等富含膳食纤维饮食习惯的人群,其肠道微生物群落结构显著不同[27]。一项中国成年队列研究表明,常规饮食中的全谷物和蔬菜的摄入量与肠道微生物的 β 多样性差异高度相关,这一结果也与以往研究的结果一致[28]。

长期减少纤维摄入量,类似于西方膳食模式,可能会导致重要微生物类群的缺失,而周期性减少膳食纤维摄入似乎不会对宿主肠道微生物结构产生长期影响。以狩猎为生的坦桑尼亚人为例,其民族饮食结构具有季节节律性,而其肠道菌群多样性也随季节变化而变化。春季肠道中代谢膳食纤维的菌种和代谢酶显著增加,而在冬季显著减少,呈现消失-再现周期性变化,普雷沃氏菌科(*Prevotellaceae*)可被视为代表菌种[24]。自由放养的棕熊中肠道菌群结构变化也出现了类似的季节节律性,以纤维素为能量来源的微生物数量会在春末期间增加,而在冬眠期间逐渐减少[29]。

5.2.2　膳食纤维对肠道菌群组成的影响

膳食纤维的摄入可增加肠道产短链脂肪酸菌群的相对丰度,不同类型的膳食纤维在肠道菌群增殖方面表现出不同的效应。不同种类的膳食纤维可引起相同肠道菌群增殖,如摄入菊粉、瓜尔胶、抗性淀粉、低聚半乳糖、低聚果糖、阿拉伯木聚糖寡糖等可普遍促进双歧杆菌(*Bifidobacterium*)丰度的增加。此外,摄入不同的膳食纤维也可特异性地促进不同肠道菌群的增殖。其中,抗性淀粉能够有选择地增加瘤胃球菌(*Ruminococcus*)的丰度,而由半乳糖或果糖构成的纤维则能选择性促进乳杆菌(*Lactobacillus*)增殖。上述大多数肠道菌群变化可以在 1～2 周的干预过程中观察到,并且在整个干预期间保持稳定[3]。

1. 双歧杆菌属

Healey 团队研究发现,补充菊粉可使双歧杆菌属(Bifidobacterium)相对丰度从 6.69% 增加到 15.07%[30]。Kiewiet 团队围绕菊粉对肠道中双歧杆菌的影响进行了干预研究,进一步发现摄入菊粉能够增加青春双歧杆菌(*Bifidobacterium adolescentis*)的相对丰度,同时发现治疗组中角叉双歧杆菌(*Bifidobacterium angulatum*)和瘤胃双歧杆菌(*Bifidobacterium ruminantium*)的相对丰度显著高于对照组[31]。食用富含菊粉的食物会使长双歧杆菌(*Bifidobacterium longum*)水平增加至初始水平的 3 倍[32]。

除菊粉外,为期 2 周的水解瓜尔胶干预实验可使双歧杆菌属丰度从 8％增加到 12％。马铃薯产生的抗性淀粉可同样促进粪双歧杆菌 (*Bifidobacterium faecale* 和 *Bifidobacterium stercoris*)、青春双歧杆菌等相对丰度显著增加[33]。据报道,低聚半乳糖也可使双歧杆菌相对丰度从 7.0％增加到 34.8％。同时接受低聚半乳糖和低聚果糖干预的参与者肠道双歧杆菌丰度更高。此外,Müller 等也发现,阿拉伯木聚糖寡糖 (arabinoxylan oligosaccharides,AXOS)也能促进双歧杆菌增殖[34, 35]。

2. 粪杆菌属

许多长链膳食纤维能够增加粪杆菌属(Faecalibacterium)丰度,包括菊粉、瓜尔豆胶、抗性淀粉等。菊粉的摄入可将粪杆菌属的相对丰度从 0.41％增加到 0.61％[30]。部分水解的瓜尔豆胶可持续增加粪杆菌属的丰度。食用富含抗性淀粉的全谷物可使粪杆菌属(*Faecalibacterium spp.*)丰度增加一倍以上。Hughes 等也发现了类似结果,增加富含抗性淀粉 RS-2 小麦的摄入与粪杆菌属丰度增加显著相关[36]。

3. 瘤胃球菌属

布氏瘤胃球菌(*Ruminococcus bromii*)是一种具备降解抗性淀粉功能的特定肠道微生物分类群,其在肠道中的相对丰度可随着抗性淀粉,尤其是 RS-2 的摄入增加而增加[3]。此外,Yasukawa 等和 Reider 等的观察结果都指出部分水解的瓜尔胶与瘤胃球菌的大量繁殖有关。相反,菊粉则会抑制肠道布氏瘤胃球菌丰度增加。一项针对 34 名健康志愿者的随机干预试验表明,菊粉型果聚糖干预导致瘤胃球菌的相对丰度从 2.11％降低到 1.15％[30],同时酵母甘露聚糖的摄入也会导致瘤胃球菌的丰度降低[37]。

4. 乳酸杆菌

含有果糖或半乳糖单元的膳食纤维,如菊粉、低聚果糖和低聚半乳糖,能够显著增加肠道乳酸杆菌(Lactobacillus)丰度。一项研究结果表明,干预组的乳酸杆菌相对丰度在摄入超长链菊粉(平均果糖单位数为 50～103)后,较基线增加了 2.42 倍,与安慰剂组相比增加了 5.88 倍[38]。另一项干预研究表明,菊粉促使 34 名健康受试者肠道中乳酸杆菌平均含量从 0.26％升至 1.26％。有趣的是,对于长期膳食纤维摄入水平较低的受试者而言,菊粉促进肠道乳酸杆菌丰度增加的作用效果更为明显[30]。另外,阿拉伯树胶和阿拉伯低聚木糖(arabinoxylan oligosaccharides,AXOs)也具有促进乳酸菌增殖的作用。

5. 普氏菌属

观察性队列研究一致发现,与来自工业化地区和城市地区的人群相比,未经历工业化的地区或农村人群因大多采纳高纤维饮食模式,其肠道中的特定普氏菌(Prevotella)相对丰度更高[3]。之后,肠型的概念开始出现,据此可将肠道微生物群分为两种类型,普氏菌肠型(对应高膳食碳水化合物暴露)和拟杆菌肠型(对应高膳食蛋白质和动物脂肪暴露)[39]。然而,许多干预试验中,膳食纤维干预并未使普氏菌相对丰度增加。这种差异可能是由于干预时间短、膳食纤维成分单一等原因所导致。未经历工业化的地区常见的淀粉类食物中不仅包括不易消化的膳食纤维,还包括其他低聚糖等易消化吸收的碳水化合物。换言之,只有长期摄入上述提到的淀粉类食物中的多种碳水化合物,而不仅仅是短期摄入单一膳食纤维,才可能构建以普氏菌属为主的微生物群落[40, 41]。

5.2.3　不同膳食纤维摄入量对菌群的作用

尽管体外实验证明肠道菌群的生长对膳食纤维具有明显的剂量依赖性,但不同膳食纤维摄入量可能导致不同的菌群变化。Dominianni[42] 等在人群研究中也观察到了类似现象,研究对象包括 80 名成年人,他们每天平均摄入 14.1(±5.11)g 的膳食纤维。结果显示,膳食纤维摄入量超过 11.7 g/d 的受试者肠道菌群发生显著改变,膳食纤维摄入量的增加和粪球菌属(Coprococcus)与卟啉单胞菌科(Porphyromonadaceae)的相对丰度的减少显著相关。Gaundal[43] 等在膳食纤维摄入量超过 30 g/d 的受试者中观察到了膳食纤维摄入量和另枝杆菌属(Alistipes)的负向线性关联。斯特氏杆菌属(Stercoris)与健康食品成分(如纤维和谷物制品)的总摄入量呈显著正相关。在一项针对 2 型糖尿病患者的研究中[31],当膳食纤维摄入量超过 7.2 g/d 时,脱硫弧菌(Desulfovibrio)能够调节膳食纤维摄入与糖化血红蛋白之间的关系。然而,在膳食纤维摄入量低于 7.2 g/d 的患者中,未观察到这种中介作用的存在。

在干预试验中,通过给予高剂量膳食纤维的方式可以更好地评估膳食纤维与肠道菌群之间的剂量依赖性效应。这种干预可以帮助确定能够产生显著效应的有效阈值。此外,通过给予菊粉、阿拉伯树胶、4 型抗性淀粉、低聚果糖、阿拉伯木聚糖寡糖或抗性麦芽糖糊精的试验,研究人员证明了不同膳食纤维诱导下,肠道微生物群发生了不同的变化,且始终能够观察到双歧杆菌丰度增加[3]。

在 Reimer 等[44] 的研究中,服用 7 g/d 菊粉类果聚糖(inulin-type fructans, ITF)的受试者粪便中双歧杆菌、纤维单胞菌(Cellulomonas)、涅斯捷连科氏菌(Nesterenkonia)和短杆菌(Brevibacterium)的相对丰度水平显著增加,而毛螺菌(Lachnospira)和颤螺菌(Oscillospira)等相对丰度显著降低,其中引起双歧杆菌相对丰度变化的有效阈值为 3 g/d。Calame 等[45] 在干预试验中使用了不同剂量的阿拉伯树胶(0、5、10、20、40 g/d,干预持续 4 周),发现仅在每天摄入 10 g 阿拉伯树胶的志愿者组中,肠道菌群双歧杆菌、乳酸杆菌和拟杆菌(Bacteroides)显著增加,然而在更高的剂量的干预组中未观察到这种现象。Deehan 等[46] 观察到玉米和木薯来源的 4 型抗性淀粉能够显著调节肠道菌群,特别是在 20 g/d 玉米和木薯 35 g/d 的剂量干预组中最为明显。

低聚果糖是一种具有促进双歧杆菌生长能力的膳食纤维,其剂量依赖性效应已得到充分评估。Bouhnik 等[47] 发现,在短链低聚果糖干预下,粪便中的双歧杆菌呈剂量依赖性的增加效应,且每日摄入 5 g 短链低聚果糖为起效剂量。考虑到人类的耐受性,短链低聚果糖的最佳剂量设置为 10 g/d。Tandon 等[48] 证实了低聚果糖可促进多种有益肠道菌群生长,包括双歧杆菌,乳杆菌、瘤胃乳杆菌、粪杆菌和瘤胃球菌。François 等[49] 发现摄入 4.8 g/d 阿拉伯木聚糖寡糖的受试者,其粪便中双歧杆菌属的丰度和餐后血浆阿魏酸的水平显著高于只摄入 2.2 g/d 或 0 g/d 剂量干预组。

抗性麦芽糖糊精干预下的微生物学特性尚不清楚。在抗性麦芽糖糊精的干预试验中,研究人员观察到粪便样本中双歧杆菌相对丰度并没有显著改变,而其中丙酸含量呈剂量依赖性增加[50]。在 Lefranc-Millot 等[51] 的研究也未发现抗性糊精干预引起的双歧杆菌属或乳杆菌属的丰度改变,但对拟杆菌、产气荚膜梭菌相对丰度和结肠 pH 环境有明显的剂量依赖性影响。另一项研究观察到,摄入 25 g/d 抗性麦芽糖糊精的受试者,其粪便中的嗜黏蛋白阿克曼氏菌(*Akkermansia muciniphila*)和普氏粪杆菌(*Faecalibacterium prausnitzii*)的相对丰度显著增加。Cloetens 等[52] 发现,无论干预过程中使用剂量和持续时间如何变化,阿拉伯木聚糖寡糖补充剂都能够成功地增加受试者肠道菌群中双歧杆菌相对丰度,特别是那些干预前双歧杆菌丰度较低的受试者。

综上,低膳食纤维饮食被认为会影响健康个体肠道菌群的结构和组成,破坏肠道菌群与宿主之间的共生关系,增加疾病患病风险;反之,高膳食纤维饮食已被应用于调整肠道菌群构成以改善人体健康。

5.3　肠道菌群与膳食纤维代谢

5.3.1　膳食纤维是肠道菌群代谢的底物

膳食纤维为肠道菌群提供底物,改变肠道微环境,从而促进能够利用这些底物的肠道菌群增殖[4]。肠道微生物组共有 130 种糖苷水解酶、22 种多糖裂解酶和 16 种碳水化合物酯酶家族,可以适应不同的肠道环境,并消化代谢多种食源性膳食纤维[53]。尽管厚壁菌门和放线菌门所携带的能够代谢膳食纤维的酶相对较少,但它们却是肠道中主要参与膳食纤维代谢的类群。抗性淀粉能够同时使青春双歧杆菌、布氏瘤胃球菌、直肠真杆菌(*Eubacterium rectale*)和狄氏副拟杆菌(*Parabacteroides distasonis*)在肠道中富集。相比之下,低聚半乳糖只能被携带有特异性消化酶的双歧杆菌物种有效利用。

肠道菌群代谢膳食纤维的能力不仅取决于酶促能力,还取决于膳食纤维"黏附"底物的能力。肠道菌群通过膳食纤维发酵等降解途径增加其对肠道环境的适应性,而其他菌群可进一步分解其代谢物产生次级代谢产物,并从中获取养分和能量等[4]。能够初步降解膳食纤维的菌群也被称作"基石"物种,可诱导特异性菌群进一步充分降解利用复杂膳食纤维的初级代谢产物。例如,布氏瘤胃球菌被认为是降解抗性淀粉关键的菌属,虽然其本身不具有产丁酸盐的代谢途径及酶促能力,但其在肠道中的相对丰度与结肠中丁酸盐含量呈显著正向关联[54]。

肠道菌群利用膳食纤维的相关研究证据存在较大的局限性。首先,在人群研究中观察到的由不可消化膳食纤维引起的变化,无论它们是否为益生元,都仅限于有限的膳食纤维分类。其次,肠道菌群对膳食纤维的应答是高度个性化的。这种个性化应答的原因尚不清楚,可能是缺乏个体水平的关键物种或缺乏具有利用特定底物酶促能力的菌株所造成的。

5.3.2　肠道菌群与膳食纤维发酵

膳食纤维能抵御上消化道消化分解,最终在结直肠中被微生物发酵降解。膳食纤维的聚合度、粒径、溶解度、黏性和其他理化特性可能会影响纤维的发酵能力等。在肠道内,聚合度低的膳食纤维可快速降解为小分子;小颗粒更容易被微生物酶利用;而可溶性低且黏性较高的膳食纤维则具有较高的保水能力和粪便形成能力,与肠道菌群的接触受限,从而对肠道菌群的发酵过程具有相对较高的抵抗能力。通常,特定的肠道菌群富含碳水化合物酶(carbohydrate-active enzymes, CAZymes),这些酶在膳食纤维的降解过程中起着关键作用,主要包括两种原本在人体内不存在的水解酶,分别是糖苷水解酶(glycoside hydrolases, GHs)和多糖裂解酶(polysaccharide lyases, PLs)[55]。某些菌群可通过协同作用代谢膳食纤维,经过初级降解菌水解的产物可作为二级降解菌的底物。例如,菊粉类果聚糖被发现在结肠中被双歧杆菌水解产生单糖和寡糖,进而为产丁酸菌群提供营养物质[56]。肠道菌群在利用和代谢膳食纤维的过程中会产生多种代谢物,包括气体(如 H_2、CH_4、CO_2)、乳酸、琥珀酸和短链脂肪酸等[57, 58]。

短链脂肪酸在盲肠和近端结肠中浓度较高,可作为肠黏膜细胞的能量底物被利用,其中丁酸盐是结肠细胞的首选能量底物。短链脂肪酸被吸收之后,可通过肝脏门静脉循环转移到外周血液循环中,作用于肝脏和周围组织器官等。尽管短链脂肪酸水平在外周血液循环中较低,但现在已经被广泛接受的是,它们作为信号分子可参与宿主的不同生理生化过程。短链脂肪酸通过与宿主细胞的游离脂肪酸受体(free fatty acid receptors, FFAR)或 G 蛋白偶联受体(G protein-coupled receptors, GPCR:GPR41 / FFAR3、GPR43 / FFAR2、GPR109A)结合,激活肝、脑、肺、胰腺、骨骼、脂肪组织和其他器官中复杂的下游生物信号分子通路[3]。短链脂肪酸还可以通过升高餐后的胰高血糖素样肽 - 1(glucagon-like peptide - 1,GLP - 1)和空腹肽 YY(peptide YY, PYY)降低 2 型糖尿病的发病风险[54]。短链脂肪酸在宿主代谢稳态、免疫过程、肠道屏障维持、神经功能、骨骼功能、抑制炎症和致癌作用等方面发挥着至关重要的调节作用。

膳食纤维是盲肠和结肠微生物群的重要能量来源。高蛋白、低碳水化合物的饮食不仅使总短链脂肪酸和丁酸的产量显著减少,也使氨基酸发酵产生的潜在有害代谢物的合成显著增加,包括支链脂肪酸、氨、胺、N -亚硝基化合物、酚类化合物(包括对甲酚)、硫化物、吲哚化合物和氢气硫化物等。这些代谢物的细胞毒性和促炎特性会增加各种慢性疾病的发病风险,甚至导致消化道癌症,如结直肠癌(colorectal cancer, CRC)的发生[59]。考虑到糖酵解和蛋白水解之间的权衡,高纤维饮食可能会抑制蛋白质发酵,抵消肉类和脂肪的许多不利影响,从而减少这些食物成分对机体健康造成的负面影响。

5.4 肠道菌群代谢膳食纤维的关键产物——短链脂肪酸

5.4.1 短链脂肪酸的生物合成、吸收和分布

膳食纤维一般在盲肠和结肠中被肠道菌群代谢发酵成短链脂肪酸(short-chain fatty acids)。然而,当膳食纤维供应不足时,肠道菌群也会选择其他底物作为能量来源,例如来自膳食或内源性蛋白质的氨基酸或膳食脂肪,这导致作为次级代谢产物的短链脂肪酸发酵活性降低。蛋白质发酵也可以使支链脂肪酸含量增加,如异丁酸、2-甲基丁酸和异戊酸,它们完全来自支链氨基酸(缬氨酸、异亮氨酸和亮氨酸)的发酵,这些氨基酸代谢水平与胰岛素抵抗相关[60]。在富含蛋白质或脂肪的饮食中进一步补充膳食纤维可以增加短链脂肪酸,恢复有益肠道菌群的丰度,并降低有毒微生物代谢物的水平[61]。

膳食纤维被肠道菌群代谢转化的过程涉及肠道菌群特定成员所参与的多个酶促反应。这些发酵的主要最终产物主要为短链脂肪酸,包括乙酸盐、丙酸盐和丁酸盐。丙酮酸在肠道菌群的参与下可通过乙酰辅酶 A 或通过伍德-永达尔代谢途径(Wood-Ljungdahl pathway)等代谢通路转化为乙酸盐。具体作用机制包括:首先 C_1 支链通过 CO_2 作用还原为甲酸盐;单碳支链通过将 CO_2 还原为 CO,进一步与甲基结合产生乙酰辅酶 A[62]。丙酸盐是在琥珀酸盐转化为甲基丙二酰辅酶 A 过程中生成的产物。丙酸也可以通过将乳酸作为前体物由丙烯酸盐途径合成,或者将脱氧己糖糖类(如岩藻糖和鼠李糖)作为底物,通过丙二醇途径合成。第三种主要的短链脂肪酸,丁酸,是由两个乙酰辅酶 A 分子缩合形成,随后还原为丁酰辅酶 A。丁酰辅酶 A 可通过磷酸转丁酰酶和丁酸激酶等经典途径转化为丁酸。丁酰辅酶 A 也可以通过乙酸 CoA 转移酶转化为丁酸。肠道中的一些微生物可以同时利用乳酸和乙酸来合成丁酸,从而防止乳酸积累,进而稳定肠道环境。宏基因组数据分析结果还表明,丁酸可以通过赖氨酸途径由蛋白质合成,进一步表明肠道菌群可以适应营养转换,以维持必需代谢(如短链脂肪酸)的合成,如图 5-2 所示。

短链脂肪酸的浓度随着肠段而变化,在盲肠和近端结肠中含量最高,而在远端结肠中含量降低。短链脂肪酸浓度降低的原因可能是由于 Na^+ 偶联的单羧酸盐转运蛋白 SLC5A8 和 H^+ 偶联的低亲和力单羧酸盐转运蛋白 SLC16A1 的吸收增加造成的。丁酸盐是结肠细胞的首选能量来源,故在结肠段被大量消耗,而所吸收的其他短链脂肪酸则排入门静脉。丙酸盐在肝脏中代谢,因此在外周血液循环以低浓度存在。相较之下,乙酸则是外周循环中最丰富的短链脂肪酸。此外,乙酸盐还可以透过血脑屏障作用于中枢,从而抑制宿主食欲。丙酸盐和丁酸盐浓度虽然在外周血液循环中较低,但仍可以通过激活激素和神经系统,间接影响外周器官。在接下来的部分中,我们将着重讨论关于肠道菌源的短链脂肪酸的研究发现,以及它们如何影响宿主生理学和病理学表现。

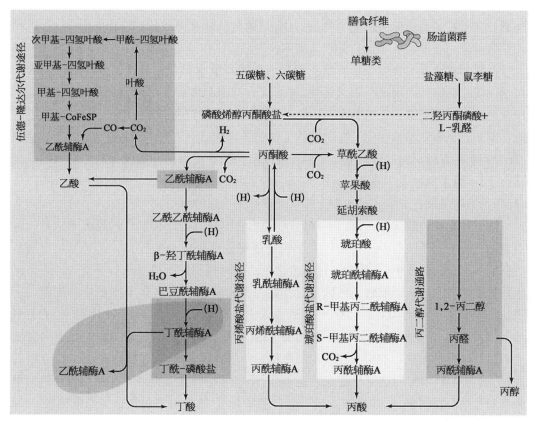

图 5 - 2[58]　膳食纤维代谢通路图

5.4.2　短链脂肪酸是脱乙酰酶抑制剂

组蛋白是否被乙酰化作为一个"开关",使得染色质在乙酰化激活和去乙酰化抑制转录活性的两种状态下相互转换。组蛋白乙酰化主要发生在组蛋白 3 和 4 的 - N 末端尾部赖氨酸残基,被认为可增加转录发生的可及性,促进基因转录。乙酰基通过组蛋白乙酰转移酶(histone acetyltransferase, HAT)添加到组蛋白尾部,并通过组蛋白脱乙酰酶(histone deacetylase, HDAC)去除。组蛋白脱乙酰酶抑制剂已广泛用于癌症治疗,并可能发挥抗炎或免疫抑制作用。已知丁酸盐和丙酸盐作为组蛋白脱乙酰酶抑制剂,因此短链脂肪酸可以作为癌症和免疫稳态的调节剂[63]。

在短链脂肪酸中,有关丁酸盐的研究最为广泛。丁酸盐以高浓度(mmol/L, mM)存在于肠腔中,是结肠细胞的主要能量来源,可以部分通过抑制组蛋白脱乙酰酶活性降低结直肠癌发病风险,并缓解炎症水平,以及调节不同功能基因的表达水平,其中还包括细胞增殖、凋亡和分化。与作用于结直肠癌细胞产生的效果相反,当丁酸盐被输送到啮齿动物的健康结肠上皮细胞或在体外被添加到非癌性结肠细胞时,它并没有产生抑制细胞分裂增殖的效果。这可能是因为丁酸盐是正常结肠细胞的首选能量底物,而癌性结肠细胞更倾向于将葡萄糖作为供能底物,通过有氧糖酵解或瓦氏效应(Warburg effect)[64]代谢获取能量。外源性丁酸盐在肿瘤上皮细胞的细胞核中显著富集,约为正常结肠细胞细胞核提取物中浓度的 3 倍。丁酸盐在细胞核内的高度富集使得其能够作为一种有效的组蛋白脱乙酰酶抑制剂来抑制其活性,进而起到抑制肿瘤细胞增殖等作用[64]。因此,丁酸盐可能在正常细胞中充当组蛋白乙酰转移酶激活剂,而在癌细胞中充当组蛋白脱乙酰酶抑制剂。正常结肠细胞的丁酸盐消耗可保护结肠中的干细胞/祖细胞免受高丁酸盐浓度的影响,并减轻丁酸盐依赖性组蛋白脱乙酰酶抑制和干细胞功能受损的不良影响。相比之下,小肠干细胞中丁酸盐诱导的组蛋白脱乙酰酶抑制促进了干细胞数量的增加[65]。总之,丁酸盐可以在细胞和环境特定的背景下产生不同的作用。

除了作为抗肿瘤剂外,短链脂肪酸介导的组蛋白脱乙酰酶抑制作用也表明它是一种有效的抗炎剂。丁酸盐能够抑制固有层中巨噬细胞产生促炎效应物。在树突状细胞从骨髓干细胞分化过程中,丁酸盐通过组蛋白脱乙酰酶抑制使免疫系统对有益的共生体反应降低敏感性。短链脂肪酸还可以通过抑制组蛋白脱乙酰酶调节 T 细胞中的细胞因子表达和调节性 T 细胞(Tregs)的产生。因为效应 T 细胞(Th1、Th2 和 Th17 细胞)的有氧糖酵解被增强,抑制糖酵解会促进 Treg 细胞生成[66]。因此,活化 T 细胞的代谢转变使它们对短链脂肪酸介导的组蛋白脱乙酰酶抑制作用更为敏感,进而导致 FoxP3 位点的乙酰化,增加对 FoxP3 的诱导作用。有趣的是,虽然以往研究证据并不支撑乙酸盐作为组蛋白脱乙酰酶抑制剂,但其也被发现可以抑制活化 T 细胞中的组蛋白脱乙酰酶[67]。综上所述,短链脂肪酸所展现的组蛋白脱乙酰酶抑制活性和伴随的有益健康结局应结合它们的产生(mmol/L 范围)、运输(μmol/L 范围)和细胞能量(氧化磷酸化与糖酵解)3 个方面一起考虑。

5.4.3　短链脂肪酸是 G 蛋白偶联受体的配体

人类基因组拥有约 800 个 G 蛋白偶联受体(G-protein-coupled receptors, GPCRs)。在染色体 19q13.1 上的 *CD22* 基因附近发现了一组 4 个 G 蛋白偶联受体基因(命名为 GPR40 至 GPR43)。因为它们可以感知游离脂肪酸的存在,所以也被称为游离脂肪酸受体(free fatty acid receptors, FFAR)。2003 年,3 个独立的研究小组对 GPR43 和 GPR41 进行了去孤化处理,分别重命名为 FFAR2 和 FFAR3[58]。在本章节中,我们关注与短链脂肪酸浓度相关的短链脂肪酸受体分布及其同源受体的有效浓度,以讨论短链脂肪酸作为信号分子是如何行使其功能的。

GPR43/FFAR2 是 Gi/o 和 Gq 双偶联的 G 蛋白偶联受体,但研究表明其功能主要由 Gi/o 介导。值得注意的是,肠道中 GPR43 与 Gq 偶联,促进 L 细胞分泌 GLP - 1[68]。乙酸盐和丙酸盐能够有效激活 GPR43,其 EC_{50} 为 250~500 μM。结肠肠腔中乙酸盐和丙酸盐浓度为 10~100 mM,而 GPR43 在结肠上皮细胞中表达较高。因此,GPR43 应保持配体饱和状态,即使短链脂肪酸浓度发生微小变化,也不应该影响信号传递。然而,结肠有一层很厚的黏液层,黏液连续的流动和蠕动,会诱发产生短链脂肪酸浓度梯度,因此观察到的乙酸盐和丙酸盐浓度可能处于激活上皮细胞中 GPR43 的生物活性相关范围内[64]。此外,目前尚不清楚 GPR43 是否在肠道的顶端或基底外侧表达。

在肠道之外,GPR43 似乎在白色脂肪组织(white adipose tissue,WAT)中发挥重要作用。$Gpr43^{-/-}$ 小鼠在常规饮食背景下体重增长显著高于野生型对照组小鼠,而 $Gpr43$ 基因在脂肪组织中特异性过度表达能够使得小鼠体型更瘦。然而,进行抗生素伪无菌处理后,$Gpr43$ 基因高表达小鼠中未见 GPR43 蛋白抑制体重增长的作用,这一结果证明了微生物代谢在形成脂肪 GPR43 信号配体的重要性[69]。事实上,乙酸盐可能是一种功能相关的代谢物,因为它通过白色脂肪组织中的 GPR43 促进脂肪分解。肌肉或肝脏中的乙酸盐依赖性 GPR43 刺激,能改善葡萄糖和脂质代谢。研究表明,白色脂肪组织中的乙酸盐依赖性刺激 GPR43,也能改善葡萄糖和脂质代谢[58]。综上所述,这些证据表明乙酸盐可能通过白色脂肪组织中的 GPR43 激活发挥有益代谢作用。

与 GPR43 相比,GPR41／FFAR3 仅与 Gi 偶联,并以丙酸大于丁酸,丁酸大于乙酸的亲和顺序被激活,其中丙酸的 EC_{50} 为 $12\sim274\ \mu M$。有趣的是,GPR41 与肠道菌群变化引起的肥胖有关。因为常规饲养的 $Gpr41^{-/-}$ 小鼠比野生型小鼠更瘦,而这种差异会在无菌条件下消失。此外,肠道菌群可能通过产生短链脂肪酸,并以 GPR41 依赖性方式诱导产生肽 YY(peptide YY,PYY)[70]。因此,短链脂肪酸通过 G 蛋白偶联受体的信号传导对宿主代谢具有深远影响,但 GPR41／43 信号传导在人体中的作用尚未阐明。

5.5 膳食纤维与肠道菌群互作对疾病的影响

5.5.1 肠道黏液层完整性和肠腔内氧气水平

肠道上皮被黏液层覆盖和保护,使肠道微生物与黏膜分离。保持结构完整且良好的黏液层是宿主用来防止外源性微生物入侵和感染的机制之一。肠道菌群和饮食是维持肠道黏液生成和正常结构的两个重要影响因素。低膳食纤维饮食会通过改变肠道菌群,诱导黏液层严重恶化,增加肠道感染的易感性与慢性炎症性疾病的发生。

膳食纤维和短链脂肪酸可以刺激肠道黏液的生成和分泌。乙酸盐和丁酸盐均可以维持黏液生成和分泌平衡。多形拟杆菌(*Bacteroides thetaiotaomicron*)可产生乙酸和丙酸,促进杯状细胞分化和黏蛋白相关基因的表达。相比之下,普氏粪杆菌(*Faecalibacterium prausnitzii*)是乙酸的消耗者和丁酸的产生者,它减少了乙酸对黏液的影响,可以防止黏液过度产生,从而保持肠道的适当结构和组成。此外,膳食纤维还可以机械地刺激肠上皮细胞分泌黏液[71]。

长期缺乏膳食纤维会降低黏蛋白降解细菌(如 *Akkermansia muciniphila*)的相对丰度,破坏黏液层的屏障作用。此外,当饮食中缺乏膳食纤维时,一些肠道细菌会通过诱导黏蛋白降解酶的基因表达,将黏蛋白代谢转化为黏蛋白聚糖而被细菌利用。同样地,以极低纤维含量为主要特征的西方饮食模式喂养小鼠,增加了小鼠肠道内部黏液层的渗透性,降低了内部黏液层的生长速度,增加宿主对肠道感染的易感性。少量菊粉或长双歧杆菌摄入可预防黏液层降解。菊粉可以降低肠道内黏液层的渗透性,长双歧杆菌可以增加内部黏液层的生长速率[72]。研究表明,1%的菊粉和长双歧杆菌都不能改善肥胖小鼠的异常代谢特征。但高菊粉摄入量(20%)可降低有害肠道微生物的入侵,降低肠道通透性,改善肥胖小鼠的异常代谢特征和系统性慢性低度炎症[73]。因此,尽管低水平的菊粉似乎具有改善肠道局部微环境的作用,但需要更高的浓度才能产生代谢益处,故可能存在剂量依赖机制。然而,人类很可能无法耐受如此高剂量的菊粉。

Bäumler 等[74]研究发现,结肠细胞会通过丁酸的β-氧化消耗肠道内的氧气,有利于肠道内形成厌氧环境。由于产丁酸的肠道菌群对氧气非常的敏感,属于厌氧菌。它们的丰度会随着氧气的减少而增加,从而提高丁酸的产量。这种前馈循环导致腔内氧气水平升高,会使大肠杆菌和鼠伤寒沙门氏菌等变形杆菌大量繁殖。这种新颖的机制不仅可以解释与低纤维饮食相关的许多临床病症,而且还可以从机制上解释为什么在低纤维饮食的人类和小鼠中观察到微生物多样性的减少。

5.5.2 肥胖和 2 型糖尿病

肥胖是一种由遗传和环境因素引起的以过量体脂积累为特征的代谢性疾病,可导致脑卒中、高血脂、高血压、脂肪肝、2 型糖尿病等心脑血管疾病,预计到 2030 年,全球成年人肥胖和超重人数将达到 33 亿[75]。肥胖受多种因素的影响,例如特定的饮食、生活方式和肠道菌群特征有关。其中膳食纤维的摄入增加能够有效改善体重增长和体脂积累。一项针对约 12 万名非肥胖个体的前瞻性研究表明,膳食纤维的摄入量与长期体重增加呈负相关关系[76]。高纤维摄入量与增加肠道微生物多样性显著正相关。一项针对儿童超重和肥胖的人群随机对照实验研究表明,低聚果糖菊粉干预 16 周能够显著降低体脂含量[77]。

肥胖是 2 型糖尿病的重要风险因素。纤维降解细菌丰度与 2 型糖尿病呈现负相关关系。大型人群队列研究表明,高葡萄糖指数(高可消化淀粉和低纤维)的饮食与 2 型糖尿病风险增加有关。使用低聚果糖和长链菊粉等可溶性纤维,可恢复肠道菌群失调,减轻体重以及缓解炎症。此外,富含β-葡聚糖的大麦仁面包可显著改善人体葡萄糖代谢。因此,2 型糖尿病不仅可能由长期缺乏纤维摄入量引起,也可能因为缺乏能够降解纤维和产丁酸的肠道细菌。

Zhao 等[54]发现富含纤维的饮食干预可以改善糖化血红蛋白水平和餐后胰岛素浓度。在一项针对 2 型糖尿病高危成人的研究中,Mitchell 等[78]发现 6 周菊粉(10 g/d)干预后双歧杆菌丰度显著增加。Mateo-Gallego 等[79]也发现 10 周的异麦芽酮糖(16.5 g/d)和抗性麦芽糖糊精(5.28 g/d)干预可显著升高 2 型糖尿病受试者肠道副杆菌属,降低拟杆菌属、气味杆菌属、丁酸单胞菌属和震螺菌属的丰度,并显著改善体重指数、血糖和胰岛素抵抗水平。

另一项关于膳食纤维的人群随机对照干预实验表明,使用含有 15～20 g／d 的可溶性膳食纤维干预 1 年,可显著增加粪便中柯林斯菌属(Collinsella)、帕拉普氏菌属(Parabacteroides)和罗氏菌属(Roseburia),但会减少普氏粪菌属(Faecalibacterium)、乳杆菌属(Lactobacillus)和颤杆菌属(Oscillibacter),以及显著改善糖尿病患者的代谢特征,包括降低水平体重指数、腰围、糖化血红蛋白和低密度脂蛋白胆固醇[80]。Birkeland等[81]研究发现菊粉类果聚糖能够显著增加双歧杆菌属丰度,其中青春双歧杆菌具有最高的正向响应,其次是显著增加拟杆菌属;此外,粪便中对应的短链脂肪酸也会显著增加。在给予 β-葡聚糖、菊粉、抗性淀粉和低聚半乳糖的糖尿病前期个体中,也观察到了类似的效果。

显然,改变糖尿病患者的肠道微生物群具有改善血糖控制状态的巨大潜力,可作为针对患者的有效干预措施。双歧杆菌属是膳食纤维干预持续诱导的响应最敏感的肠道微生物。由于普遍存在的 2 型糖尿病或相关病症导致有益细菌严重缺乏和菌群结构失调,可能无法通过饮食干预轻易改善。鉴于短链脂肪酸在 2 型糖尿病群体代谢改善中的关键作用,应开发更多新型定向调控方法以提高肠道短链脂肪酸生产菌的丰度。

由于膳食纤维可促进减肥和改善血糖,因此多项研究试图从短链脂肪酸的角度,建立膳食纤维发酵和改善人体代谢之间的直接因果关系。研究发现,喂食富含丁酸盐的高脂肪饮食的小鼠产热和能量消耗增加,能够显著抵抗体重增长。以同样的方式,对肥胖和糖尿病大鼠进行口服乙酸盐灌胃可减缓体重增加并改善葡萄糖耐量。其他研究也有类似结果,如补充丙酸盐或丁酸盐可改善啮齿动物的葡萄糖稳态[58]。在人类中,菊粉丙酸酯可在结肠中被肠道菌群代谢为丙酸盐,显著增加餐后 GLP-1 和 PYY 的分泌,显著降低体重。健康女性连续 7 周补充丙酸盐可降低空腹血糖水平,并增加胰岛素分泌[82]。这些研究证据表明,短链脂肪酸、肠内分泌激素和葡萄糖稳态之间可能存在密切联系。

肠道糖异生(intestinal gluconeogenesis, IGN)被认为可通过丁酸和丙酸介导,实现有益的代谢作用[83]。丙酸盐通常被描述为一种有效的肝糖异生底物,但它在到达肝脏之前也可作为肠道中的糖异生底物。丁酸盐也诱导肠道糖异生,并可通过增加结肠细胞中 cAMP 的浓度来实现。因此,丙酸盐和丁酸盐诱导的一些有益代谢作用是由肠道上皮细胞从头合成的葡萄糖介导的,葡萄糖在门静脉中被感知,并通过肠脑神经回路发出信号以增加胰岛素敏感性和降低葡萄糖耐受。

5.5.3　免疫系统疾病

1. 肠道免疫力

由于肠道中细菌密度高,因此我们的肠道是一个独特的免疫位点,宿主-微生物群可在此发生非常多的相互作用。宿主免疫系统和肠道菌群之间平衡扰动会引起炎症,可能导致炎症性肠病的发生。肠道免疫系统必须不断地在对共生菌的耐受性和对病原菌的免疫力之间保持微妙的平衡,在稳定状态下保持对共生菌的低反应。因此,免疫抑制对于肠道稳态是必不可少的环节。肠上皮细胞(intestinal epithelial cell, IEC)可以增加IL-18分泌或通过丁酸盐刺激 T 细胞产生 Treg 和 IL-10[84]。一项研究表明,高膳食纤维饮食诱导的 GPR43 和 GPR109A 可激活 NLRP3 炎症小体,并证明这个过程对肠道稳态至关重要[85, 86]。考虑到短链脂肪酸受体在免疫细胞中的高表达,推测它们是 T 细胞功能的重要调节剂。短链脂肪酸通过短链脂肪酸-G-蛋白偶联受体或其组蛋白脱乙酰酶抑制能力对 Treg 细胞扩增产生重要影响。也有研究表明短链脂肪酸在 T 细胞分化为效应 T 细胞和调节 T 细胞方面的作用,与免疫或免疫耐受息息相关。此外,宿主在抵抗病原体入侵时,短链脂肪酸也会促进幼稚 T 细胞分化为 Th1 和 Th17 细胞以增强免疫力。总的来说,短链脂肪酸可以调节 T 细胞功能,但需要更多的研究来确定其中的潜在机制。

就通过 GPR109A 发生信号传导的位置而言,短链脂肪酸在结肠和小肠上皮细胞的面向内腔的顶膜上高度表达。将肠道菌群代谢物视为 GPR109A 的生理配体是合理的;丁酸盐对人和小鼠的 EC_{50} 分别约为 0.7 mM 和 1.6 mM。由于肠道细菌会发酵膳食纤维产生大量丁酸(mM),因此它可能是肠道中 GPR109A 的生理相关配体。GPR109A 作为肠道菌群发挥作用的介质的假设与肠道微生物呈 GPR109A 浓度依赖式富集等证据相互佐证[86]。因此,许多由丁酸盐-GPR109A 驱动的有益免疫作用可能发生在结肠中。

2. 宿主体内免疫力

健康的肠道菌群有助于免疫系统的成熟和发育。一种机制是通过短链脂肪酸以GPR43 依赖性方式促进结肠调节性 T 细胞(Treg)的产生,另一种是通过诱导组蛋白 H3乙酰化。孕期和哺乳期母体高膳食纤维喂养可调节胸腺微环境并诱导自身免疫调节因子(Aire)表达,对 T 细胞的成熟至关重要。母体高膳食纤维的摄入可增加子代血液中的丁酸盐水平,并以 GPR41 依赖性方式促进外周和胸腺 Treg 数量的增加。相反,高脂肪饮食会导致胸腺细胞过早退化,包括胸腺细胞数量减少和 T 细胞群凋亡增加。这些表型可能有助于解释为什么肥胖的人会加速胸腺衰老和原发性淋巴组织结构的改变。总而言之,这些结果强调了膳食纤维、肠道菌群、短链脂肪酸在调节或维持先天免疫系统与适应性免疫系统的正常功能方面的重要作用。尽管我们将讨论限制在几个例子中,但膳食纤维摄入、肠道菌群和免疫系统之间存在更多种的联系。

5.5.4 哮喘

与肠道上皮类似,气道上皮在外部环境和人体内部之间也形成了一个大的界面,不断暴露于潜在的病原体。哮喘是一种慢性呼吸道疾病,影响全球 3 亿人,以气道高反应性和重塑为特征。免疫调节不足和/或气道上皮受损会导致过敏性气道疾病和哮喘。已有研究注意到呼吸道共生菌及其潜在代谢物对哮喘的保护作用。

高膳食纤维饮食通过抑制组蛋白脱乙酰酶 9 增强调节性 T 细胞,从而抑制过敏性气道疾病。高膳食纤维饮食和随后产生的丙酸盐也可以通过诱导树突状细胞的造血作用来预防过敏性气道,而树突状细胞以 GPR41 依赖的方式降低 Th2 效应功能[87]。同样,肠道蠕虫感染会引起共生群落的变化,导致短链脂肪酸增加并以 GPR41 依赖性方式减少过敏性哮喘[88]。因此,了解短链脂肪酸调节组蛋白脱乙酰酶和 GPR41 诱导的信号传导对于塑造肺部环境和其他潜在器官的免疫生态位非常重要。

5.5.5　神经系统

除了对肠上皮细胞的影响外,丁酸盐还可以调节肠神经系统(enteric nervous system,ENS)。例如,短链脂肪酸受体 GPR41 也在 ENS 中表达。抗性淀粉饮食、盲肠内注入丁酸盐或将丁酸盐应用于培养的肠道肌间神经节均会通过增加胆碱、改变神经元的比例来影响 ENS,从而增加肠道的蠕动性能。与丁酸盐相反,丙酸盐会降低结肠的蠕动性能[89]。

除了 ENS 之外,短链脂肪酸还能作用于其他周围神经元。GPR41 广泛表达于周围神经系统,如交感神经节以及迷走神经节、背根神经节和三叉神经节。短链脂肪酸可以通过激活 GPR41 促进去甲肾上腺素释放,诱导交感神经激活,导致能量消耗和心率增加[90]。

短链脂肪酸也会对宿主大脑产生各种影响。例如,当静脉内给药时,小部分乙酸盐会穿过血脑屏障,在大脑里被吸收并激活下丘脑神经元,驱动饱腹感的产生。一项研究探索了短链脂肪酸与大脑中小胶质细胞成熟之间的潜在联系。小胶质细胞是大脑和脊髓的常驻巨噬细胞,是中枢神经系统免疫防御的主要形式。无菌小鼠大脑中的小胶质细胞密度原本缺陷,当无菌小鼠在服用短链脂肪酸 4 周后,小胶质细胞的数量得到恢复,它们的功能和形态也得到恢复。这种效果取决于 *GPR43* 基因表达是否被激活[91]。此外,短链脂肪酸也会调节血脑屏障(blood brain barrier,BBB)的通透性。用丁酸产生菌酪丁酸梭菌,或用乙酸和丙酸产生菌多形拟杆菌定植无菌小鼠,以及直接用丁酸钠口服灌胃,均可通过增加与额叶皮质和下丘脑中闭合蛋白的表达,显著降低血脑屏障通透性。丁酸钠的静脉内或腹腔内给药可预防血脑屏障受损并促进血管生成和神经发生[92]。

综上,这些证据表明膳食纤维、肠道菌群和短链脂肪酸的作用不仅限于肠道,它们可以作用于大脑等远端器官,调节神经发生和促使功能完善。此外,还可以独立于中枢神经系统,调节自主神经功能。

5.5.6　癌症

目前研究表明不到 10% 的癌症是由种系突变引起,因此癌症通常被认为是获得性体细胞突变和环境因素影响的疾病。肠道菌群已成为影响宿主病理生理学的环境因素,全世界高达 20% 的癌症病例与肠道微生物感染有关[93]。

慢性炎症是结直肠癌公认的重要危险因素。致病菌以及共生肠道微生物与炎症和癌症的发生和发展密切相关。肠道共生细菌在特定肠道环境下能促进或抑制结肠炎症和癌症的发生。抗生素治疗可预防慢性结肠炎,表明正常的结肠菌群中部分菌群具有促炎作用。相对的,无菌小鼠和抗生素处理的伪无菌小鼠更容易患葡聚糖硫酸钠(dextran sulphate sodium salt, DSS)诱导的结肠炎[94]。乙酸盐能激活 GPR43 可显著预防小鼠肠道炎症,对结肠症具有保护作用。短链脂肪酸受体 GPR109A 和 GPR43 的表达在结肠癌中显著降低,侧面支持短链脂肪酸的保护作用[86]。然而,目前关于炎症和癌症中肠道菌群及其代谢物的因果关系尚不明确。

丁酸盐在 *Apc* 基因和 *Msh2* 基因突变小鼠模型($Apc^{Min/+}$ 和 $Msh2^{-/-}$)中可促进肿瘤的发生。在这个模型中,丁酸盐能够独立于肠道微生物驱动的炎症,通过在隐窝中诱导干细胞样特征改变而诱导肿瘤的发生。由于癌症和干细胞表现出很强的葡萄糖依赖性,因此,$Apc^{Min/+}$ 和 $sh2^{-/-}$ 小鼠中的一些影响可能归因于葡萄糖可用性的降低[95]。总之,在考虑膳食纤维、肠道菌群和短链脂肪酸对癌症的影响时,我们需要考虑遗传背景、细胞能量学和环境背景等因素。

5.6 小结与展望

关于膳食纤维摄入对人体健康有益影响的证据越来越多,人们对所涉及的机制有了更深入的了解。肠道微生物通过产生短链脂肪酸和其他功能性代谢物在这一过程中发挥着关键作用。人们越来越多地认识到,膳食纤维与肠道菌群的相互作用以及产生的短链脂肪酸是重要的能量和信号分子,对人类健康有益。然而,尚不清楚短链脂肪酸本身与这些肠道细菌产生的其他代谢物的组合是否会产生有益作用。应该注意的是,肠道菌群会产生许多其他类别的代谢物,例如胆汁酸和氨基酸衍生物,它们也可能具有重要的信号传导功能。

膳食纤维的肠道菌群发酵主要针对结肠,而外源性短链脂肪酸的作用可能取决于使用途径。例如,口服丁酸盐可能靶向小肠并在外周达到超生理浓度,因为它不会被结肠细胞消耗。短链脂肪酸的组织特异性作用,特别是丙酸盐已得到证实,其中小肠依赖丙酸盐的糖异生可改善代谢健康,而肝脏糖异生却是有害的。考虑到短链脂肪酸受体在小肠中的表达,使用组织特异性敲除,甚至细胞特异性敲除小鼠,从而了解短链脂肪酸的产生及其在小肠中的信号传导非常重要。

几个世纪以来,膳食纤维摄入量的减少致使有害人类健康的肠道微生物累积,进而导致肥胖、2 型糖尿病、癌症和其他非传染性疾病在全球流行。了解膳食纤维和肠道微生物之间错综复杂的相互作用可能有助于制定有效的干预策略来预防和控制非传染性疾病。当然,确定短链脂肪酸在宿主(病理)生理学中的确切作用,并确定其精确机制将是一个重大挑战,这些机制在组织之间甚至在同一组织内可能有所不同,具体取决于细胞类型等。此外,肠道菌群代谢物对宿主靶标的特异性和亲和力相对较低。因此,识别肠道菌群代谢物的受体可能已经从最初进化为识别内源性分子。然而,在肠道菌群和宿主之间的共同进化过程中,应该存在一种选择性压力来感知肠道中的肠道菌群代谢物。但由于菌群代谢物和宿主靶标之间的混杂性质,它们的作用很可能在许多器官中实现。了解菌群代谢物的时空浓度及其功能将有望进一步解析影响宿主健康的肠道菌群代谢的基本规律。

参考文献

[1] Zielinski G, Devries J W, Craig S A, et al. Dietary fiber methods in Codex Alimentarius: Current status and ongoing discussions. Cereal foods world. 2013. 58(3): 148 – 152.

[2] Commission C A. Commission C A. Guidelines on nutrition labelling. Cac/Gl. 1985: 2 – 1985.

[3] Fu J, Zheng Y, Gao Y, et al. Dietary fiber intake and gut microbiota in human health. Microorganisms, 2022, 10(12): 2507.

[4] Deehan E C, Duar R M, Armet A M, et al. Modulation of the gastrointestinal microbiome with nondigestible fermentable carbohydrates to improve human health. Microbiol Spectr, 2017, 5(5): 10.

[5] Raigond P, Ezekiel R, Raigond B. Resistant starch in food: A review. J SCI FOOD AGR, 2015, 95(10): 1968 – 1978.

[6] Sikora P, Tosh S M, Brummer Y, et al. Identification of high β-glucan oat lines and localization and chemical characterization of their seed kernel β-glucans. Food Chem, 2013, 137(1 – 4): 83 – 91.

[7] Ngouémazong D E, Tengweh F F, Duvetter T, et al. Quantifying structural characteristics of partially de-esterified pectins. Food Hydrocoll, 2011, 25(3): 434 – 443.

[8] Nasatto P L, Pignon F, Silveira J L, et al. Methylcellulose, a cellulose derivative with original physical properties and extended applications. Polymers, 2015, 7(5): 777 – 803.

[9] Cummings J, Stephen A. Carbohydrate terminology and classification. Eur J Clin Nutr, 2007, 61 (1): S5 – S18.

[10] Frølich W, Åman P, Tetens I. Whole grain foods and health-a Scandinavian perspective. Food Nutr Res, 2013, 57(1): 18503.

[11] Maclean W, Harnly J, Chen J, et al. Food energy-Methods of analysis and conversion factors: proceedings of the Food and agriculture organization of the united nations technical workshop report, F, 2003. The Food and Agriculture Organization Rome, Italy.

[12] Schweizer T F, Edwards C A. Dietary fibre—A component of food: Nutritional function in health and disease. Springer Science & Business Media, 2013.

[13] Mccleary B, Prosky L. Advanced dietary fibre technology. John Wiley & Sons, 2008.

[14] Gill S K, Rossi M, Bajka B, et al. Dietary fibre in gastrointestinal health and disease. Nat Rev Gastroenterol Hepatol, 2021, 18(2): 101 – 116.

[15] Fabek H, Messerschmidt S, Brulport V, et al. The effect of in vitro digestive processes on the viscosity of dietary fibres and their influence on glucose diffusion. Food Hydrocoll, 2014, 35: 718 - 726.

[16] Degirolamo C, Modica S, Palasciano G, et al. Bile acids and colon cancer: Solving the puzzle with nuclear receptors. Trends Mol Med0, 2011, 17(10): 564 - 572.

[17] Oh H, Kim H, Lee D H, et al. Different dietary fibre sources and risks of colorectal cancer and adenoma: A dose-response meta-analysis of prospective studies. Br J Nutr, 2019, 122 (6): 605 - 615.

[18] Mackie A R, Macierzanka A, Aarak K, et al. Sodium alginate decreases the permeability of intestinal mucus. Food Hydrocoll, 2016, 52: 749 - 755.

[19] Mackie A, Rigby N, Harvey P, et al. Increasing dietary oat fibre decreases the permeability of intestinal mucus. J Funct Foods, 2016, 26: 418 - 427.

[20] EC (European Commission) Regulation EU No 1169/2011 of the European Parliament and of the Council of 25 October 2011 on the provision of food information to consumers. Official Journal of the European Union, 2011, L304: 18 - 63.

[21] Tomlin J, Read N W. Laxative properties of indigestible plastic particles. BMJ, 1988, 297 (6657): 1175.

[22] Lewis S J, Heaton K W. Stool form scale as a useful guide to intestinal transit time. Scand J Gastroenterol, 1997, 32(9): 920 - 924.

[23] Clemente J C, Pehrsson E C, Blaser M J, et al. The microbiome of uncontacted Amerindians. Sci Adv, 2015, 1(3): e1500183.

[24] Smits S A, Leach J, Sonnenburg E D, et al. Seasonal cycling in the gut microbiome of the Hadza hunter-gatherers of Tanzania. Science, 2017, 357(6353): 802 - 806.

[25] Martínez I, Stegen J C, Maldonado-Gómez M X, et al. The gut microbiota of rural papua new guineans: composition, diversity patterns, and ecological processes. Cell Rep, 2015, 11 (4): 527 - 538.

[26] Yu D. Nguyen S M. Yang Y. et al. Long-term diet quality is associated with gut microbiome diversity and composition among urban Chinese adults. Am J Clin Nutr, 2021, 113 (3): 684 - 694.

[27] De Filippo C, Di Paola M, Ramazzotti M, et al. Diet, environments, and gut microbiota. A preliminary investigation in children living in rural and urban Burkina Faso and Italy. Front Microbiol, 2017, 8: 1979.

[28] Zhang Y, Chen H, Lu M, Et Al. Habitual diet pattern associations with gut microbiome diversity and composition: Results from a Chinese adult cohort. nutrients, 2022, 14(13): 2639.

[29] Sommer F, Ståhlman M, Ilkayeva O, et al. The gut microbiota modulates energy metabolism in the hibernating brown bear Ursus arctos. Cell Rep, 2016, 14(7): 1655 - 1661.

[30] Healey G, Murphy R, Butts C, et al. Habitual dietary fibre intake influences gut microbiota response to an inulin-type fructan prebiotic: a randomised, double-blind, placebo-controlled,

cross-over, human intervention study. Br J Nutr, 2018, 119(2): 176-189.

[31] Kiewiet M B, Elderman M E, El Aidy S, et al. Flexibility of gut microbiota in ageing individuals during dietary fiber long-chain inulin intake. Mol Nutr Food Res, 2021, 65(4): 2000390.

[32] Hiel S, Bindels L B, Pachikian B D, et al. Effects of a diet based on inulin-rich vegetables on gut health and nutritional behavior in healthy humans. Am J Clin Nutr, 2019, 109(6): 1683-1695.

[33] Baxter N T, Schmidt A W, Venkataraman A, et al. Dynamics of human gut microbiota and short-chain fatty acids in response to dietary interventions with three fermentable fibers. MBio, 2019, 10(1): 10.

[34] Wilms E, An R, Smolinska A, et al. Galacto-oligosaccharides supplementation in prefrail older and healthy adults increased faecal bifidobacteria, but did not impact immune function and oxidative stress. Clin Nutr, 2021, 40(5): 3019-3031.

[35] Liu F, Li P, Chen M, et al. Fructooligosaccharide (FOS) and galactooligosaccharide (GOS) increase Bifidobacterium but reduce butyrate producing bacteria with adverse glycemic metabolism in healthy young population. Sci Rep, 2017, 7(1): 11789.

[36] Hughes R L, Horn W H, Finnegan P, et al. Resistant starch type 2 from wheat reduces postprandial glycemic response with concurrent alterations in gut microbiota composition. Nutrients, 2021, 13(2): 645.

[37] Tanihiro R, Sakano K, Oba S, et al. Effects of yeast mannan which promotes beneficial Bacteroides on the intestinal environment and skin condition: A randomized, double-blind, placebo-controlled study. Nutrients, 2020, 12(12): 3673.

[38] Costabile A, Kolida S, Klinder A, et al. A double-blind, placebo-controlled, cross-over study to establish the bifidogenic effect of a very-long-chain inulin extracted from globe artichoke (Cynara scolymus) in healthy human subjects. Br J Nutr, 2010, 104(7): 1007-1017.

[39] Wu G D, Chen J, Hoffmann C, et al. Linking long-term dietary patterns with gut microbial enterotypes. Science, 2011, 334(6052): 105-108.

[40] David L A, Maurice C F, Carmody R N, et al. Diet rapidly and reproducibly alters the human gut microbiome. Nature, 2014, 505(7484): 559-563.

[41] Clemente-Suárez V J, Mielgo-Ayuso J, Martín-Rodríguez A, et al. The burden of carbohydrates in health and disease. Nutrients, 2022, 14(18): 3809.

[42] Dominianni C, Sinha R, Goedert J J, et al. Sex, body mass index, and dietary fiber intake influence the human gut microbiome. PloS one, 2015, 10(4): e0124599.

[43] Gaundal L, Myhrstad M C, Rud I, et al. Gut microbiota is associated with dietary intake and metabolic markers in healthy individuals. Food Nutr Res, 2022, 66.

[44] Reimer R A, Soto-Vaca A, Nicolucci A C, et al. Effect of chicory inulin-type fructan-containing snack bars on the human gut microbiota in low dietary fiber consumers in a randomized crossover trial. Am J Clin Nutr, 2020, 111(6): 1286-1296.

[45] Calame W, Weseler A R, Viebke C, et al. Gum arabic establishes prebiotic functionality in healthy human volunteers in a dose-dependent manner. Br J Nutr, 2008, 100(6): 1269-1275.

［46］ Deehan E C, Yang C, Perez-Muñoz M E, et al. Precision microbiome modulation with discrete dietary fiber structures directs short-chain fatty acid production.Cell Host Microbe, 2020, 27(3): 389 – 404.

［47］ Bouhnik Y, Vahedi K, Achour L, et al. Short-chain fructo-oligosaccharide administration dose-dependently increases fecal bifidobacteria in healthy humans. J Nutr, 1999, 129(1): 113 – 116.

［48］ Tandon D, Haque M M, Gote M, et al. A prospective randomized, double-blind, placebo-controlled, dose-response relationship study to investigate efficacy of fructo-oligo saccharides (FOS) on human gut microflora. Sci Rep, 2019, 9(1): 5473.

［49］ François I E, Lescroart O, Veraverbeke W S, et al. Effects of a wheat bran extract containing arabinoxylan oligosaccharides on gastrointestinal health parameters in healthy adult human volunteers: a double-blind, randomised, placebo-controlled, cross-over trial. Br J Nutr, 2012, 108(12): 2229 – 2242.

［50］ Fastinger N D, Karr-Lilienthal L K, Spears J K, et al. A novel resistant maltodextrin alters gastrointestinal tolerance factors, fecal characteristics, and fecal microbiota in healthy adult humans. J Am Coll Nutr, 2008, 27(2): 356 – 366.

［51］ Lefranc-Millot C, Guérin-Deremaux L, Wils D, et al. Impact of a resistant dextrin on intestinal ecology: how altering the digestive ecosystem with NUTRIOSE®, a soluble fibre with prebiotic properties, may be beneficial for health. J Int Med Res, 2012, 40(1): 211 – 224.

［52］ Cloetens L, Broekaert W F, Delaedt Y, et al. Tolerance of arabinoxylan-oligosaccharides and their prebiotic activity in healthy subjects: a randomised, placebo-controlled cross-over study. Br J Nutr, 2010, 103(5): 703 – 713.

［53］ Mego M, Accarino A, Tzortzis G, et al. Colonic gas homeostasis: Mechanisms of adaptation following HOST – G904 galactooligosaccharide use in humans. Neurogastroenterol Motil, 2017, 29(9): e13080.

［54］ Zhao L, Zhang F, Ding X, et al. Gut bacteria selectively promoted by dietary fibers alleviate type 2 diabetes. Science, 2018, 359(6380): 1151 – 1156.

［55］ Ndeh D, Gilbert H J. Biochemistry of complex glycan depolymerisation by the human gut microbiota. FEMS Microbiol Rev, 2018, 42(2): 146 – 164.

［56］ Falony G, De Vuyst L. Ecological interactions of bacteria in the human gut. Probiotics Antimicrob Proteins, 2009: 639.

［57］ Morrison D J, Preston T. Formation of short chain fatty acids by the gut microbiota and their impact on human metabolism. Gut microbes, 2016, 7(3): 189 – 200.

［58］ Koh A, De Vadder F, Kovatcheva-Datchary P, et al. From dietary fiber to host physiology: short-chain fatty acids as key bacterial metabolites. Cell, 2016, 165(6): 1332 – 1345.

［59］ Windey K, De Preter V, Verbeke K. Relevance of protein fermentation to gut health. Mol Nutr Food Res, 2012, 56(1): 184 – 196.

［60］ Newgard C B, An J, Bain J R, et al. A branched-chain amino acid-related metabolic signature that differentiates obese and lean humans and contributes to insulin resistance. Cell Metab, 2009,

9(4): 311 - 326.

[61] Sanchez J, Marzorati M, Grootaert C, et al. Arabinoxylan-oligosaccharides (AXOS) affect the protein/carbohydrate fermentation balance and microbial population dynamics of the Simulator of Human Intestinal Microbial Ecosystem. Microb Biotechnol, 2009, 2(1): 101 - 113.

[62] Ragsdale S W, Pierce E. Acetogenesis and the Wood-Ljungdahl pathway of CO_2 fixation. Biochimica et Biophysica Acta (BBA)-Proteins and Proteomics, 2008, 1784(12): 1873 - 1898.

[63] Johnstone R W. Histone-deacetylase inhibitors: novel drugs for the treatment of cancer. Nat. Rev Drug Discov, 2002, 1(4): 287 - 299.

[64] Donohoe D R, Collins L B, Wali A, et al. The Warburg effect dictates the mechanism of butyrate-mediated histone acetylation and cell proliferation. Mol Cells, 2012, 48(4): 612 - 626.

[65] Yin X, Farin H F, Van Es J H, et al. Niche-independent high-purity cultures of Lgr5+ intestinal stem cells and their progeny. Nat methods, 2014, 11(1): 106 - 112.

[66] Singh N, Thangaraju M, Prasad P D, et al. Blockade of dendritic cell development by bacterial fermentation products butyrate and propionate through a transporter (Slc5a8)-dependent inhibition of histone deacetylases. J Biol Chem, 2010, 285(36): 27601 - 27608.

[67] Shi L Z, Wang R, Huang G, et al. HIF1α-dependent glycolytic pathway orchestrates a metabolic checkpoint for the differentiation of TH17 and Treg cells. J Exp Med, 2011, 208(7): 1367 - 1376.

[68] Tolhurst G, Heffron H, Lam Y S, et al. Short-chain fatty acids stimulate glucagon-like peptide-1 secretion via the G-protein-coupled receptor FFAR2. Diabetes, 2012, 61(2): 364 - 371.

[69] Kimura I, Ozawa K, Inoue D, et al. The gut microbiota suppresses insulin-mediated fat accumulation via the short-chain fatty acid receptor GPR43. Nat Commun, 2013, 4(1): 1829.

[70] Samuel B S, Shaito A, Motoike T, et al. Effects of the gut microbiota on host adiposity are modulated by the short-chain fatty-acid binding G protein-coupled receptor, Gpr41. Proc Natl Acad Sci USA, 2008, 105(43): 16767 - 16772.

[71] Makki K, Deehan E C, Walter J, et al. The impact of dietary fiber on gut microbiota in host health and disease.Cell Host Microbe, 2018, 23(6): 705 - 715.

[72] Schroeder B O, Birchenough G M, Ståhlman M, et al. Bifidobacteria or fiber protects against diet-induced microbiota-mediated colonic mucus deterioration.Cell Host Microbe, 2018, 23(1): 27 - 40.

[73] Zou J, Chassaing B, Singh V, et al. Fiber-mediated nourishment of gut microbiota protects against diet-induced obesity by restoring IL-22-mediated colonic health.Cell Host Microbe, 2018, 23(1): 41 - 53.

[74] Byndloss M X, Olsan E E, Rivera-Chávez F, et al. Microbiota-activated PPAR-γ signaling inhibits dysbiotic Enterobacteriaceae expansion. Science, 2017, 357(6351): 570 - 575.

[75] Koenen M, Hill M A, Cohen P, et al. Obesity, adipose tissue and vascular dysfunction. Circ Res, 2021, 128(7): 951 - 968.

[76] Mozaffarian D, Hao T, Rimm E B, et al. Changes in diet and lifestyle and long-term weight gain

in women and men. N Engl J Med, 2011, 364(25): 2392 - 2404.

[77] Menni C, Jackson M A, Pallister T, et al. Gut microbiome diversity and high-fibre intake are related to lower long-term weight gain. Int J Obes, 2017, 41(7): 1099 - 1105.

[78] Mitchell C M, Davy B M, Ponder M A, et al. Prebiotic inulin supplementation and peripheral insulin sensitivity in adults at elevated risk for type 2 diabetes: A pilot randomized controlled trial. Nutrients, 2021, 13(9): 3235.

[79] Mateo-Gallego R, Moreno-Indias I, Bea A M, et al. An alcohol-free beer enriched with isomaltulose and a resistant dextrin modulates gut microbiome in subjects with type 2 diabetes mellitus and overweight or obesity: A pilot study. Food Funct, 2021, 12(8): 3635 - 3646.

[80] Reimer R A, Wharton S, Green T J, et al. Effect of a functional fibre supplement on glycemic control when added to a year-long medically supervised weight management program in adults with type 2 diabetes. Eur J Nutr, 2021, 60: 1237 - 1251.

[81] Birkeland E, Gharagozlian S, Birkeland K I, et al. Prebiotic effect of inulin-type fructans on faecal microbiota and short-chain fatty acids in type 2 diabetes: a randomised controlled trial. Eur J Nutr, 2020, 59: 3325 - 3338.

[82] Venter C S, Vorster H H, Cummings J H. Effects of dietary propionate on carbohydrate and lipid metabolism in healthy volunteers. Am J Gastroenterol, 1990, 85(5).

[83] De Vadder F, Kovatcheva-Datchary P, Goncalves D, et al. Microbiota-generated metabolites promote metabolic benefits via gut-brain neural circuits. Cell, 2014, 156(1): 84 - 96.

[84] Singh N, Gurav A, Sivaprakasam S, et al. Activation of Gpr109a, receptor for niacin and the commensal metabolite butyrate, suppresses colonic inflammation and carcinogenesis. Immunity, 2014, 40(1): 128 - 139.

[85] Macia L, Tan J, Vieira A T, et al. Metabolite-sensing receptors GPR43 and GPR109A facilitate dietary fibre-induced gut homeostasis through regulation of the inflammasome. Nat Commu, 2015, 6(1): 1 - 15.

[86] Cresci G A, Thangaraju M, Mellinger J D, et al. Colonic gene expression in conventional and germ-free mice with a focus on the butyrate receptor GPR109A and the butyrate transporter SLC5A8. J Gastrointest Surg, 2010, 14: 449 - 461.

[87] Trompette A, Gollwitzer E S, Yadava K, et al. Gut microbiota metabolism of dietary fiber influences allergic airway disease and hematopoiesis. Nat Med, 2014, 20(2): 159 - 166.

[88] Zaiss M M, Rapin A, Lebon L, et al. The intestinal microbiota contributes to the ability of helminths to modulate allergic inflammation. Immunity, 2015, 43(5): 998 - 1010.

[89] Soret R, Chevalier J, De Coppet P, et al. Short-chain fatty acids regulate the enteric neurons and control gastrointestinal motility in rats. Gastroenterology, 2010, 138(5): 1772 - 1782.

[90] Kimura I, Inoue D, Maeda T, et al. Short-chain fatty acids and ketones directly regulate sympathetic nervous system via G protein-coupled receptor 41 (GPR41). Proc Natl Acad Sci USA, 2011, 108(19): 8030 - 8035.

[91] Erny D, Hrabĕ De Angelis A L, Jaitin D, et al. Host microbiota constantly control maturation

and function of microglia in the CNS. Nat Neurosci, 2015, 18(7): 965 – 977.

[92] Braniste V, Al-Asmakh M, Kowal C, et al. The gut microbiota influences blood-brain barrier permeability in mice. Sci Transl Med, 2014, 6(263): 263ra158 – 263ra158.

[93] De Martel C, Ferlay J, Franceschi S, et al. Global burden of cancers attributable to infections in 2008: a review and synthetic analysis. Lancet Oncol, 2012, 13(6): 607 – 615.

[94] Maslowski K M, Vieira A T, Ng A, et al. Regulation of inflammatory responses by gut microbiota and chemoattractant receptor GPR43. Nature, 2009, 461(7268): 1282 – 1286.

[95] Belcheva A, Irrazabal T, Robertson S J, et al. Gut microbial metabolism drives transformation of MSH2 – deficient colon epithelial cells. Cell, 2014, 158(2): 288 – 299.

第6章

膳食模式、食物与肠道菌群

膳食模式(dietary pattern)是对膳食习惯进行的系统评估,描述的是人们习惯性摄入的食物种类、数量和食用频率以及摄食节律等信息的整体特征[1, 2]。传统的营养流行病学分析通常只研究单一或少数几种营养素和食物与疾病之间的关系,这种分析方式存在着多种概念和方法上的局限性。第一,人们食用的食物是各种营养素的复杂组合,而不是单一的营养素。这些营养素之间可能存在交互或协同作用。第二,一些营养素之间存在高度的相互关联,这使得难以用数学模型研究它们的独立效应。第三,单一营养素的效应可能过小而难以检测,但多种营养素的累积效应可能足够大并能够被检测到。第四,基于大量营养素或食物项的分析,可能仅仅因为偶然而产生统计学上显著的关联。第五,营养素摄入通常与特定的饮食模式相关,如果只研究单一营养素可能会受到饮食模式混淆效应的影响。另外,对膳食整体进行综合评价,能够更简单直接地将研究结果转化为针对广大公众的饮食建议,也更具有临床指导意义[3]。总之,因为传统的对单一营养素或食物进行研究的方法存在方法学和概念上的限制,饮食模式评估已成为营养流行病学中测量膳食暴露的重要方法。

膳食模式不能直接测量,需要运用统计方法对膳食问卷中的数据进行归纳分析后获得[4]。目前膳食模式常用的评价方法主要有两种模式:一是基于先验知识,由调查者驱动,依据已有科学证据中饮食与疾病、健康的关系,结合膳食指南等相关推荐,构建的各类膳食模式评分,如健康饮食评分(healthy eating index, HEI)、地中海饮食评分(mediterranean diet score, MDS)、饮食多样性评分(dietary diversity score, DDS)等;二是基于后验知识,通过对特定人群中收集的膳食数据信息进行聚类或者降维,获得的以数据为驱动的膳食评价模式。如主成分分析(principal component analysis, PCA)、探索性因子分析(exploratory factor analysis, EFA)、聚类分析(K-means clustering)等方法[4]。

需要注意的是,在特定人群中研究饮食模式与疾病风险的关系,需要建立合适的方法来识别膳食模式。因为膳食模式可能因性别、社会经济地位、族裔和文化等因素而存在差异,因此各类膳食模式的评价方法,需要在不同人群中根据实际情况适当调整。另外,因为食物偏好和可获得性等因素会随时间变化,膳食模式的意义也可能会随时间而发生变化[3]。

　　人类宿主与肠道微生物系统的平衡,是机体维持消化、免疫、代谢、神经等各个系统功能正常运转,防止疾病发生发展的关键[5]。而宿主与肠道菌群的关系,可以通过改变膳食模式来调节[6]。一方面,膳食通过为肠道微生物提供碳水、脂肪、膳食纤维等各类营养物质,直接影响肠道微生物的生长;另一方面,饮食能够通过影响宿主的稳态,调节诸如机体炎症反应、消化液分泌等各项生理过程影响肠道菌。此外,饮食通过直接影响肠道微生物的生长代谢过程,可进一步直接或间接地调节肠道微生物系统中短链脂肪酸、次级胆汁酸等代谢产物的生成,从而影响菌群环境并影响机体健康。总之,对膳食模式和肠道菌群关系进行的系统探索,能够为我们推动微生物角度驱动的精准营养干预提供科学的研究证据[5]。

6.1　膳食模式及食物与肠道菌群的关系

6.1.1　地中海饮食模式

　　地中海饮食模式是目前公认的最健康的膳食模式之一,研究表明它可以显著地降低各类主要慢性疾病的发病和死亡风险,包括但不限于癌症、心血管疾病、神经退行性疾病等[7, 8]。地中海饮食模式的特征是以橄榄油为主要食用油脂,同时大量地摄入蔬菜、水果、全谷物、坚果和豆类,适量地摄入乳制品、鱼和肉类,并摄入少量的精制谷物以及低剂量的葡萄酒[9]。其特点是饮食中含有高比例的膳食纤维、单不饱和脂肪酸、多不饱和脂肪酸、抗氧化剂等营养元素[9]。地中海饮食模式常用的评价方法是基于“先验”知识对膳食进行评分。简单来说,其评价方法是按地中海饮食模式的特征,将膳食组分按蔬菜、豆类、水果、坚果、全谷物、红肉或加工肉类、鱼、酒,以及单不饱和脂肪酸与饱和脂肪酸的比例等分别进行归类或计算,按人群中位数或固定阈值赋分。大于阈值的赋 1 分,小于阈值的赋 0 分,最后将分数加和得到总评分[9]。表 6 - 1 中提供了研究人员调整后的替代地中海饮食模式指数(alternate mediterranean diet index, aMED)评分标准,调整的依据是基于临床流行病学中食物与慢性疾病风险关系的研究证据[10]。

　　近年来的动物和人群研究发现,地中海式饮食模式对肠道微生物具有有益的调节作用。肠道菌群的 α 多样性通常与疾病和疾病风险因子呈显著负相关关系[11]。动物研究发现,采用地中海饮食模式喂养的模式动物,肠道菌群的 α 多样性显著提高,并发现肠道内包括拟杆菌属(*Bacteroides*)、普雷沃氏菌属(*Prevotella*)、乳酸杆菌属(*Lactobacillus*)、粪杆菌属(*Faecalibacterium*)等多种重要肠道菌的富集[12]。研究发现这些肠道菌与健康之间存在紧密的关联,具有产生短链脂肪酸、抗炎等重要特性,并且发现这些重要肠道菌与 2 型糖尿病、结直肠癌等疾病呈负相关[13]。更重要的是,基于大规模的人群队列研究也发现了类似的结果。人群干预研究发现,高依从性的地中海饮食可有效缓解老年人群肠道菌群多样性的降低[14]。此外,该研究基于随机森林的机器学习模型发现肠道菌群可以有效地预测地中海饮食依从性,这也进一步表明地中海饮食模式与肠道菌群整体构成之间存在关联。另外与动物实验一致，在人群中也发现拟杆菌属、普雷沃氏菌属和粪杆菌属等重要特征菌在地中海饮食模式高依从性的人群中显著富集[14]。部分研究将地中海饮食模式对菌群的有益作用归因于地中海饮食模式中的特征组分[15]。例如研究发现地中海饮食的特征组分橄榄油，能够降低致病菌的丰度，增加有益菌的丰度，同时可以促进短链脂肪酸的产生[16]。另外，坚果、全谷物的摄入以及饮食中单不饱和脂肪酸与饱和脂肪酸的比例，均与肠道微生物的整体构成具有显著相关性[17]。

表 6-1　替代地中海饮食模式指数食物分组及赋分标准

食 物 分 组	食 物 示 例	赋 1 分 的 标 准
蔬菜	不包含土豆的所有蔬菜	食物换算成每日摄入标准份，摄入量高于人群中位数
豆类和豆制品	豆腐、豌豆、大豆等	食物换算成每日摄入标准份，摄入量高于人群中位数
水果	所有的水果（包括果汁）	食物换算成每日摄入标准份，摄入量高于人群中位数
坚果	花生、核桃、松子、瓜子、花生酱等	食物换算成每日摄入标准份，摄入量高于人群中位数
全谷物	即食全谷物类食物、玉米、小米、糙米、小麦胚芽、麸皮等	食物换算成每日摄入标准份，摄入量高于人群中位数
红肉和加工肉类	猪肉、牛肉、培根、热狗等	食物换算成每日摄入标准份，摄入量低于人群中位数
鱼	鱼、虾等	食物换算成每日摄入标准份，摄入量高于人群中位数
单不饱和脂肪酸与饱和脂肪酸的比例		食物换算成每日摄入标准份，摄入量高于人群中位数
酒	葡萄酒、啤酒、白酒等	5～25 g/d

与所有健康的生态系统一致，丰富的肠道微生物物种，能够使肠道微生物生态系统有更强的对抗外界扰动能力。与之相反的是，肠道微生物系统物种多样性的丧失往往与各类疾病状态相关。基于动物和人群的研究发现，地中海饮食模式能够增加肠道菌群的多样性，并能够改变肠道中一些特征菌的丰度。这些特征菌涉及产生短链脂肪酸、抗炎、改善肠道屏障等多个方面的功能，能够对降低心血管、肿瘤等疾病的发生风险发挥重要的作用。

6.1.2　健康饮食指数

健康饮食指数是典型的基于先验知识构建的膳食模式评分。它是由美国农业部依据《美国居民膳食指南》构建的膳食模式评价方法。简单来说，它将膳食问卷调查或饮食记录中的数据,按照食物种类、特性归类到多个食物组中。对获得的饮食数据校正能量后,按照膳食指南中的推荐阈值为每个组分评分,最后将所有食物组的评分加和得到健康饮食指数。2015 版的健康饮食指数中包括的食物组分有:所有水果(包括果汁)、完整的水果、所有蔬菜、绿叶蔬菜和豆类、全谷物、乳制品、所有富含蛋白的食物、水产和植物蛋白、脂肪酸、精制谷物、盐、添加的糖、饱和脂肪共 13 个组分[18]。与该方法类似的还有依据《中国居民膳食指南》构建的中国健康饮食指数(Chinese healthy eating index, CHEI)[19],以及在健康饮食指数基础上,从预防慢性病风险角度调整得到的替代健康饮食指数(alternative healthy eating index, AHEI)[20]。表 6-2 中提供了中国健康饮食指数评价用到的食物组分,以及最高评分和最低评分的阈值标准[19]。

表 6-2　中国健康饮食指数[19]

食物组分	分　数		
	0	5	10
推荐应充足摄入的食物			
总谷物	0	每 1 000 kcal≥2.5 标准份	
全谷物和杂豆	0	每 1 000 kcal≥0.6 标准份	
根茎类食物	0	每 1 000 kcal≥0.3 标准份	
总蔬菜	0	每 1 000 kcal≥1.9 标准份	
深叶蔬菜	0	每 1 000 kcal≥0.9 标准份	
水果	0	每 1 000 kcal≥1.1 标准份	
大豆和豆制品	0	每 1 000 kcal≥0.4 标准份	
鱼和海鲜	0	每 1 000 kcal≥0.6 标准份	
禽肉类	0	每 1 000 kcal≥0.3 标准份	
蛋类	0	每 1 000 kcal≥0.5 标准份	
种子和坚果	0	每 1 000 kcal≥0.4 标准份	
推荐限制摄入的食物			
红肉	每 1 000 kcal≥3.5	每 1 000 kcal≤0.4 标准份	
烹调油	每 1 000 kcal≥32.6 g	每 1 000 kcal≤15.6 g	
盐	每 1 000 kcal≥3 608 mg	每 1 000 kcal≤1 000 mg	
添加在食品中的糖	总能量占比≥20%	总能量占比≤10%	
酒	男性≥25 g,女性≥15 g	男性≤60 g,女性≤40 g	

目前关于健康饮食指数与肠道菌群关系的研究证据,主要来自横断面的人群队列研究,肠道菌群的数据主要基于 16S rRNA 的测序数据。多项人群队列研究发现,健康饮食指数与肠道菌群的多样性和菌群的群落结构之间存在关联[21, 22]。另外,除了在多样

性、菌群结构等宏观维度上的结果,在物种水平上也发现了与健康饮食指数相关的肠道菌群。例如,在多个队列中都发现了健康饮食指数与感染结肠癌等疾病相关的梭杆菌门(*Fusobacteria*)和梭杆菌属(*Fusobacterium*)的丰度呈显著负相关[21, 23]。另外,基于 2 070 人的 TwinsUK 队列发现,健康饮食评分与软壁菌门(*Tenericutes*)、黏球菌门(*Lentisphaerae*)呈显著的正相关关系,与具有产短链脂肪酸功能的毛螺菌属(*Lachnospira*)的丰度也呈显著的正相关关系[21]。除此之外,由于饮食、肠道菌群受地域、饮食习惯、样本量等多种因素的影响,在不同队列中也发现了健康饮食指数与具体菌属关系不一致的结果。如在TwinsUK 队列中发现健康饮食评分与布劳特氏菌属(*Blautia*)和多雷亚菌属(*Dorea*)呈显著的负相关关系,但在另外两个小型的研究队列中的结果却与之相反[21, 22, 24]。

总之,基于人群的观察性研究结果发现,健康饮食指数与肠道菌群多样性和群落结构具有显著关联。同时发现健康饮食指数与短链脂肪酸产生菌的丰度呈正相关,与疾病相关菌的丰度呈负相关,这为健康饮食指数通过调节肠道菌群保护机体健康的观点提供了证据。但如前所述,目前关于健康饮食指数与肠道菌群关系的证据主要来自人群的观察性研究,且存在多个队列中不一致的结果,健康饮食指数具体发挥作用的机制也并不清楚。因此需要采用更严格的人群对照研究,结合动物实验等方法,进一步系统地解析健康饮食指数与肠道菌群的关系及其背后的作用机制。

6.1.3 植物性饮食

植物性饮食模式不仅仅是指素食,而是在日常饮食中提倡以植物来源的食物为主,同时可以加入较低比例的动物来源食物的饮食模式。植物性饮食模式能够为机体提供健康所必需的碳水化合物、蛋白质、脂肪、维生素和矿物质等各类营养素,并同时保证机体摄入含量更高的膳食纤维、多酚等植物性来源的营养素。健康的植物性饮食模式对肥胖、冠心病、2型糖尿病等多种慢性代谢性疾病都具有保护作用[25, 26]。植物性饮食模式的评价方法,是先将膳食问卷中的食物组分按性质归类为相应的子组分,并按子组分与健康的关系定义为:健康的植物性饮食、非健康的植物性饮食和动物性饮食 3 大类。健康的植物性饮食包括全谷物、蔬菜、水果、坚果、豆类、植物油、咖啡和茶共 7 个子组分;非健康植物性饮食包括精制谷物、果汁、土豆、含糖饮料、糖和甜品共 5 个子组分;动物性食物则包括动物油脂、牛奶、蛋类、鱼和水产品、肉类,以及其他动物性食物为主的混合食物共 6 个子组分。需要注意的是,在定义与健康的关系时,土豆类的食物存在争议。在传统的西方膳食模式中通常将土豆归类为不健康的食物,而在东方膳食模式中作为精粮的替代物,土豆等薯类通常被归类到健康的食物类别[25, 27]。植物性饮食模式的评价包括 3 个指数:整体植物性饮食指数(overall plant-based diet index, PDI)、健康植物性饮食指数(healthful plant-based diet index, hPDI)和非健康植物性饮食指数(unhealthful plant-based diet index, uPDI)。其评价标准是将各子组分按食物的摄入量在人群中进行五分位,并按其与健康的关系分别正向或反向赋值 1～5分,加和后获得相应人群的植物性饮食指数,具体评价方法见表 6-3[25]。

表 6-3 植物性饮食指数

食物分组	食 物 示 例	整体植物性 饮食指数	健康植物性 饮食指数	非健康植物性 饮食指数
健康植物性饮食				
全谷物	全谷物早餐麦片,其他熟全麦麦片、黑面包、糙米、爆米花等	按五分位正向赋 1~5 分	按五分位正向赋 1~5 分	按 五 分 位 反向赋 1~5 分
水果	葡萄或葡萄干、香蕉、苹果、橙子、杏、李子、草莓等			
蔬菜	番茄、番茄汁、番茄酱、西蓝花、卷心菜、蘑菇、玉米等			
坚果	坚果、花生酱等			
豆类	豆腐、豌豆、大豆等			
植物油	植物油基质的沙拉酱、烹调植物油			
茶和咖啡	茶、咖啡、无咖啡因的咖啡			
非健康植物性饮食				
果汁	苹果汁、橙汁、其他果汁等	按五分位正向赋 1~5 分	按五分位反向赋 1~5 分	按 五 分 位 正向赋 1~5 分
精制谷物	精粮面包、白米饭、饼干、华夫饼、松饼、意面等			
土豆	土豆、土豆泥、薯片等			
含糖饮料	含糖可乐、其他含糖饮料			
甜点和甜食	巧克力、蛋糕、水果派、果酱、果冻、蜜饯、糖浆或蜂蜜等			
动物性饮食				
动物油脂	黄油、猪油等	按五分位反向赋 1~5 分	按五分位反向赋 1~5 分	按 五 分 位 反向赋 1~5 分
乳制品	牛奶、酸奶、奶油、芝士、冰激凌等			
蛋	蛋类			
鱼和海鲜	鱼、虾、龙虾、扇贝、罐装金枪鱼等			
肉	禽肉、红肉、动物内脏、各类加工肉类等			
肉类为基质的混合食物	蛋黄酱、奶油浓汤、比萨等			

近年来有证据表明,植物性饮食模式可能通过影响肠道菌群在慢性代谢性疾病的发生发展中发挥一定的作用。多项研究发现,植物性饮食指数与菌群的多样性、整体结构和部分特征菌显著相关[11, 27, 28]。一项基于 3 000 多名中国人的人群观察性研究发现,短期内摄入的健康植物性饮食与肠道菌群的 α 多样性指数显著正相关。同时也发现整体植物性饮食指数、健康植物性饮食指数和非健康植物性饮食指数都与菌群结构构成显著相关[27]。另外基于机器学习的模型在一项人群横断面研究中发现,肠道菌群能较好地预测健康植物性饮食指数,这在一定程度上说明了植物性饮食模式与肠道菌群的整体构成和特征菌种之间存在关联[11]。此外,在物种水平上发现了多个与植物性饮食相关的肠道菌。例如,研究发现健康植物性饮食指数与罗氏菌属的一个菌种罗斯拜瑞氏菌(*Roseburia hominis*)、真杆菌属的一个菌种(*Eubacterium eligens*)和拟杆菌属的一个菌种(*Bacteroides cellulosilyticu*)呈显著正相关,罗氏菌属下的毛螺菌科已被证实可以代谢膳食纤维产生短链脂肪酸。此外,还发现整体植物性饮食与消化链球菌属(*Peptostreptococcus*)呈显著负相关,而该菌属与多种感染性疾病相关。另外在通路水平上发现,高的健康植物性饮食指数与菌群的氨基酸(L-异亮氨酸和 L-缬氨酸)生物合成通路、丙酮酸发酵通路显著相关[27]。

6.1.4　膳食多样性

膳食多样性指的是在一个给定的时间内,人们摄入食物种类的多少[29]。多样化的膳食是保证机体各类营养素摄入充足的基础,通常被认为是高质量膳食的关键。因此在各国的膳食指南中,都广泛推荐增加食物组之间和食物组内摄入的食物种类。高的膳食多样性能够促进儿童的生长发育,并对各类主要的慢性代谢性疾病具有显著的保护作用。另外膳食多样性往往能够反映家庭的食物购买能力,在一定程度上反映家庭的社会经济地位,是家庭粮食供应安全的重要指标[29]。膳食多样性的评估并没有统一的方法,目前较流行的方法是对规定时间内(通常 3～7 天)摄入的食物或食物类别进行计数统计。但该方法对食物统计的时间较短,容易受季节或其他随机因素的干扰;另外该方法只对食物种类进行简单计数,往往忽略了对各类食物摄入量的统计,缺乏对膳食摄入量、营养素等的定量信息。膳食多样性评估中另外一个较为常用的方法则是在大型的人群队列研究中,根据采集的膳食频率问卷中各类食物或食物组的摄入频率和摄入量信息,规定各个食物种类摄入的标准份阈值,用统计的方法换算食物组间或食物组内的多样性评分,来代表人群长期的膳食多样性水平[30, 31]。

多样化的饮食能够为宿主肠道微生物系统提供多样化的营养底物,增强肠道微生物群的多样性,赋予肠道微生物系统更大的抗风险能力。在人群的观察性研究中发现,多样化的总体膳食摄入和多样化的水果摄入与肠道菌群的 α 多样性显著正相关,肠道菌群的群落结构在高的膳食多样性人群和低膳食多样性人群中也观察到明显不同[31]。基于机器学习的模型,在人群横断面研究中也观察到肠道菌群对饮食多样性评分有较好的预测效果[11]。此外,基于人群的研究发现饮食多样性评分与多种肠道微生物菌种显著相关。例如,研究发现高的饮食多样性评分与厌氧棍状菌属(*Anaerotruncus*)和韦荣氏球菌属(*Veillonella*)显著正相关。基于宏基因组的数据分析发现,来自拟杆菌门的菌种普通拟杆菌(*Bacteroides vulgatus*)和卵形拟杆菌(*B. ovatus*)也在有高饮食多样性摄食习惯的人群中富集。而同样来自拟杆菌门的克拉克副普雷沃菌(*Paraprevotella clara*)和木假单胞菌(*P. xylaniphila*),以及来自变形菌门(*Proteobacteria*)的草酸杆菌(*Oxalobacter formigenes*)在低的饮食多样性摄食习惯的人群中富集。另外基于宏基因组的数据分析发现,高饮食多样性摄入习惯的人群伴随菌群的尿素循环相关功能通路(尿素循环通路、鸟氨酸生物合成通路、瓜氨酸生物合成通路)的富集。

　　肠道菌群可能在膳食多样性对健康的保护作用中起到了关键作用。研究发现与高饮食多样性相关的两个菌属厌氧棍状菌属和韦荣氏球菌属可能通过降低炎症起到保护心血管健康的作用;人群研究中也发现卵形拟杆菌与低的 BMI 显著相关;普通拟杆菌对冠心病具有保护作用。而研究发现与低饮食多样性相关的肠道菌种,如长链多雷亚菌(*Dorea longicatena*)与肥胖正相关。更重要的是,该研究还发现饮食多样性相关的特征菌,与宿主循环系统中的多种次级胆汁酸(脱氧胆酸、牛磺酸偶联脱氧胆酸、石胆酸等)显著相关。进一步人群研究发现,这些次级胆汁酸与宿主炎症因子和血糖风险因子显著正相关[31]。肠道微生物的代谢是人体次级胆汁酸的唯一来源[32]。该项人群研究表明,膳食多样性除了通过对肠道菌群丰度的直接调节影响宿主健康之外,还可能同时调节肠道微生物对胆汁酸的代谢,从而起到改善和维持人体健康的有益作用。

6.1.5　以数据驱动的膳食评价模式

　　如前文所述,除了使用各类膳食模式评价指数之外,研究中还会使用以数据为驱动的探索性方法来评价膳食模式,如主成分分析、探索性因子分析和聚类分析等。主成分分析是一种被广泛使用的数据降维方法,它能够将来自膳食问卷中采集的多维度数据,映射到新的正交特征的坐标轴上,即主成分。主成分分析在原数据的基础上构建新的正交特征,选择方差最大的方向作为第一主成分,选择与第一主成分正交的平面中方差最大的方向作为第二主成分。第三主成分则是与第一和第二主成分正交的平面中方差最大的平面,并依次类推得到多个可用于后续的数据分析的主成分。对膳食数据进行主成分分析,能够把食物或食物组按相关程度聚合在一起(主成分),识别得到用于解释个体之间饮食差异的最大食物或食物组的线性组合。在所有主要成分中,只有少数解释最多变化的成分会被保留用于后续分析[33]。

　　探索性因子分析也被称为因子分析,是一种基于降维思想的多元统计分析技术,根据变量之间的相关性大小对变量进行分组。使用因子分析归类得到的组,在同一组内的变量相关性较高,在不同组的变量相关性较低,而代表每组数据基本结构的新变量称为公共因子。通过将膳食问卷中的特定食物项目或食物组合按照它们之间的相关性聚合在一起,可以识别食物消费习惯的共同基础维度或模式[3]。然后,针对每个模式推导出总结分数,用于相关性或回归分析。例如用以研究各种饮食模式与营养摄入、心血管风险因素、健康生化指标等各个方面的相关性关系[34]。在因子分析中,因子得分只被视为估计值,代表个体在实际的潜在因子上所处的位置[33]。

另一种较为常见的数据驱动的膳食模式评价方法为聚类分析,与主成分分析和因子分析不同的是,聚类分析是将具有相似饮食习惯的人分为相对同质的子组,也成称为"簇"。人群个体可以根据食物消费频率、每种食物或食物组的能量贡献百分比、平均食物摄入量、标准营养素摄入量或食物和生化指标的组合等因素进行分类。当聚类过程完成后,需要对不同的"簇"进行比较,来解释识别出的模式。因此聚类分析应用于营养科学时,需要描述性地评估"簇"之间的饮食差异。需要注意的是,具有大方差的变量对结果"簇"的影响比具有小方差的变量更大,因此在进行聚类分析时,需要预先对食物摄入量进行标准化,或使用每种食物或食物组贡献的能量百分比。

饮食是影响肠道微生物组成的关键可改变因素,对饮食与菌群关系有充分的理解,就有可能通过治疗性饮食策略来调节微生物多样性、组成和稳定性。因此,采用合适的方法研究人群的饮食习惯差异,对于识别与肠道微生物组和人类健康最相关的饮食成分特征至关重要。在 2021 年发表的一篇文章中,运用了聚类分析的方法,将膳食和特征菌进行了聚类分析[11]。研究发现,聚类分析评估的膳食模式与肠道微生物群的组成和多样性有关,西方生活方式和饮食习惯与肠道微生物群的变化以及慢性疾病的发生相关。研究强调了研究一般人群的饮食习惯,用以识别与肠道微生物群和人类健康有关的最佳饮食成分,尤其强调了膳食纤维与植物蛋白这两类关键的食物营养素的重要性。同时该研究发现与健康膳食习惯相关的肠道菌群特征和有益心血管代谢指标相关的菌群特征有重叠,进而识别出了饮食和代谢健康相关的共同微生物标记物。这些结果将有助于利用肠道菌群开发代谢风险评估的生物标志物,以及用于定制改善个体健康的膳食策略[11]。

值得注意的是,探索性方法是基于现有的数据而不需要预先假设,因此对膳食模式的评价具有人口特异性。当调查涉及不同的人群时,人口特异性是一个需要重点关注的问题。与先验指数相比,探索性方法需要做出多个决策才能得出最终的因子或聚类解决方案,但仍有部分主观决策因素无法排除[35]。

6.2 特殊人群膳食模式与肠道菌群的关系

6.2.1 素食

素食是一种严格或部分排除动物源性食品的膳食模式,根据膳食中是否排除水产品、蛋类或乳制品,素食模式可细分为纯素食、乳蛋素食、鱼素等几个大类[36]。从营养素的角度分析,纯素饮食者通常比杂食者摄入含量更高的碳水化合物、膳食纤维、n-6脂肪酸、类胡萝卜素、叶酸、维生素 C 等植物来源为主的营养素,而饱和脂肪、蛋白质、n-3脂肪酸、视黄醇等更易富含在动物性食品中的营养素的摄入量通常更低。虽然由于动物来源食物的缺乏,素食者容易存在维生素 B_{12}、维生素 D、钙和碘等微量营养素缺乏的风险,但从预防肥胖、2 型糖尿病等慢性代谢性疾病的角度分析,遵循素食对健康更为有益[37]。由于前面章节中关于植物性饮食的研究已经涵盖了关于添加动物源性食物的素食饮食模式的结果,因此本节只关注纯素食与菌群关系的相关研究。

素食对肠道菌群的调节作用,可能与其高膳食纤维、低脂肪摄入以及高植物性蛋白的膳食模式特征密切相关。膳食纤维作为肠道微生物主要的能量和碳源,对肠道微生物的定植、生长起着关键作用。有证据表明,增加膳食纤维的摄入会增加肠道微生物群的物种多样性。基于人群的研究发现,在高植物性膳食摄入者中(非纯素食),其肠道菌群的 α 多样性确实显著高于杂食者,但纯素食与杂食者相比虽然摄入了更多的膳食纤维,但其 α 多样性指数在两者之中并无显著差异[38, 39]。这很有可能是由于纯素食者虽然膳食纤维摄入增加,但其总体膳食多样性却较杂食者低引起的。虽然 α 多样性指数在素食与杂食者中无差异,但基于人群的研究发现,习惯性素食者与杂食者的肠道菌群结构和部分特征菌丰度存在显著差异[40, 41]。素食者肠道中发酵膳食纤维功能的部分细菌丰度更高,例如在门水平上观察到能够广泛消化多糖的拟杆菌门在素食者的肠道中丰度更高,而在杂食者肠道环境中观察到厚壁菌门与拟杆菌门丰度的比值更高[40]。在属水平上,能够利用多糖等碳水化合物产生短链脂肪酸的普雷沃氏菌属和毛螺菌属,在菌种水平上同样能够发酵碳水化合物产短链脂肪酸的普拉梭菌(*Faecalibacterium prausnitzii*)、直肠真杆菌(*Eubacterium rectale*)等特征菌在纯素食者中丰度更高。而素食者中往往双歧杆菌属(*Bifidobacterium*)的丰度相对更低,这可能是由于纯素食者不摄入乳制品造成的[40-42]。此外,基于宏基因组的测序数据分析发现,与杂食者相比,纯素者的肠道微生物的功能基因中,负责碳水化合物、氨基酸、能量、核苷酸、辅助因子和维生素、脂质和聚糖生物合成代谢相关基因的表达方面都存在显著差异[41]。

6.2.2　间歇性禁食

间歇性禁食是一个总称,指的是各种限制热量摄入的禁食方法[43]。在临床上研究最为广泛的 3 种间歇性禁食方案是：① 隔日禁食(alternate-day fasting, ADF);② 5∶2 间歇性禁食,也被称为间歇性热量限制方案(intermittent calorie restriction, ICR);③ 每日限时进食(time-restricted eating, TRE)[44, 45]。减少热量摄入的饮食方案,会导致禁食期内机体酮体水平的显著升高,使机体的代谢方式发生转换。机体的能量代谢会由以葡萄糖供能为主的方式,改为以脂肪酸和酮体为主[44]。研究发现,机体在利用脂肪酸和酮体时产生能量的效率更高,具有更高的代谢灵活性。另外,酮体除了作为"燃料"为机体提供能量,还可以作为信号分子调节多种影响健康和衰老相关的关键蛋白质的分子表达与活性,对细胞、器官的功能调节有重大影响。此外,酮体还具有刺激脑源性神经营养因子基因表达的功能,对大脑健康以及精神和神经退行性疾病具有影响[46]。间歇性禁食通常被认为可以改善肥胖、胰岛素抵抗、血脂异常等代谢性疾病。除此之外,其可能有助于改善认知功能,可能在治疗神经退行性疾病方面发挥作用。

研究也发现了间歇性禁食对肠道微生物群的影响[44,45,47]。基于动物的研究发现,间歇性禁食会导致小鼠的体重减轻、肠道微生物群发生显著变化[48]。包括肠道菌群群落结构的显著改变,以及对健康有益的菌属,如阿克曼菌属(Akkermansia)、乳酸杆菌属和双歧杆菌属等丰度的显著增加;不利于健康的菌属,如另枝菌属(Alistipes)、大肠杆菌(Escherichia Coli)等丰度的显著降低。更重要的是,基于人群的研究同样也发现了类似的结果[49]。人群研究中发现对人体代谢健康有保护作用的健康肠道菌群丰度呈现显著上升趋势,如与肥胖、糖尿病、心脏代谢疾病和炎症显著负相关的嗜黏蛋白阿克曼氏菌(Akkermansia muciniphila)、具有产丁酸功能的普拉梭菌、对高血压具有保护作用的臭杆菌属(Odoribacter)等[49]。

间歇性禁食对肠道菌群的影响,可能是通过直接影响宿主的各项生物学过程引起的。研究发现禁食可以通过阻止宿主的黏膜免疫系统产生抗菌蛋白、改变宿主肠黏液产量、提高肠道pH、缩小肠道空间等方法,影响肠道中的微生物群落[49]。这种通过禁食引起的肠道微生物群落的改变,会反过来通过有益微生物的生长、发酵、代谢反馈给宿主,影响机体代谢、免疫等功能,从而起到改善宿主各项生理功能、减缓疾病的作用。总之,目前的研究证据支持间歇性禁食可以通过调节肠道菌群促进健康的假设,但目前的研究仍处于起步阶段,研究证据多来自动物实验或小样本的人群研究。在进入临床实践之前,需要进行更大规模的临床试验和更长周期的观察性研究来确认其因果性和揭示可能的作用机制。

6.2.3 生酮饮食

生酮饮食模式是以食物中含有高比例的脂肪、适量蛋白质和极低比例的碳水化合物为特点的膳食模式。经典的生酮饮食模式中,脂肪提供的能量占总能量的90%,摄入的脂肪与蛋白质加碳水化合物的重量比为4:1。近年来为适应不同的应用场景,具有不同脂肪、蛋白质和碳水化合物比例的生酮饮食模式也被提出,例如中链甘油三酯生酮饮食(medium-chain triglyceride diet)、改良阿特金斯饮食(modified atkins diet)和低血糖指数疗法(low glycaemic index treatment)等[50,51]。最初生酮饮食模式,因具有抗惊厥作用而被提出用于治疗儿童癫痫。近年来因发现其可以在短期内降低体重,并且对胰岛素抵抗、血脂异常等慢性代谢性疾病风险具有积极的影响,而受到越来越多的关注[52]。当机体摄入脂肪含量高但碳水化合物含量极低的饮食时,机体的代谢模式会处于类似饥饿的状态。由于食物中的碳水化合物被剥夺,机体的代谢方式改为由脂肪酸代谢为主,产生大量的酮体供能替代原本由葡萄糖供能的模式。这种替代禁食模式使机体处于酮症状态的方法,使得生酮饮食在不显著降低能量摄入的情况下,可以模拟禁食的代谢效应[50]。

目前关于生酮饮食对健康的有益作用机制仍不清楚,有证据表明肠道微生物可能在其中起到了重要作用[53-55]。在动物和人群研究中都发现,生酮饮食干预会使肠道微生物群落的结构和功能发生显著的变化[56,57]。值得注意的是,生酮饮食的干预会显著降低肠道菌群的 α 多样性,这与通常认为的高 α 多样性对健康有保护作用的常识相矛盾。因此研究人员推测,生酮饮食的健康效应不是通过对菌群整体的影响发挥作用,而很有可能是通过增加或降低特定种类的微生物来发挥作用。在多项人群研究中都观察到,生酮饮食干预后肠道中拟杆菌丰度显著增加[57,58]。拟杆菌属与高脂肪营养物质的消化代谢相关,并且研究发现拟杆菌属会影响多种白细胞介素的分泌,这与癫痫的发作密切相关。另外动物实验中观察到,生酮饮食干预后,小鼠肠道细菌的构成发生了显著的变化,阿克曼菌属和副杆菌属(*Parabacteriode*)的丰度显著增加[54,59]。而将这些微生物进行无菌定植,发现其在无菌小鼠或用抗生素治疗的小鼠中具有抗癫痫作用[59]。另一项针对小鼠和人类的研究发现,生酮饮食会通过产生的酮体降低肠道中的双歧杆菌水平。肠道菌群的这种特异性改变,导致肠道和内脏脂肪中促炎的 T 细胞亚群 Th17 细胞的水平降低。这一重要的发现,帮助解释了生酮饮食对胰岛素抵抗和肥胖的保护作用。因为低度的炎症是胰岛素抵抗和肥胖的特征,而减少 Th17 细胞可能有助于降低机体的炎症水平[56]。

总的来说,多项研究表明肠道微生物可能部分介导了生酮饮食对代谢健康和癫痫的有益作用。然而,目前大多数证据来自啮齿动物和小型临床试验研究,缺乏大型的前瞻性队列研究或临床试验研究证据。另外需要关注的是,长期保持生酮饮食模式也可能会对健康造成一些不利的影响。尽管观察到生酮饮食模式的干预有助于减重、改善血压、血糖、甘油三酯和高密度脂蛋白胆固醇水平,但由于高水平的脂肪摄入,这种饮食模式很可能会增加低密度脂蛋白胆固醇的水平。另外,临床观察到生酮饮食可能会导致机体的脱水、电解质紊乱和低血糖等短期副作用。而长期保持生酮饮食的不良反应包括肝脂肪变性、低蛋白血症、肾结石以及维生素和矿物质缺乏等[60]。因此,长期保持生酮饮食模式需要在专业医护人员的建议指导下进行。

6.2.4　低发酵饮食

低发酵饮食模式是一类应用于缓解和治疗肠易激综合征、炎症性肠病等肠道类疾病的特殊膳食模式。这类膳食模式的特点是在食物中暂时限制摄入可发酵的低聚糖、双糖、单糖和多元糖醇(fermentable oligosaccharides, disaccharides, monosaccharides, and polyols, FODMAP)类的碳水化合物,以缓解肠道不适的症状。FODMAP 是仅包含 1～10 个单糖的短链、可发酵的一大类碳水化合物的统称,其广泛存在于水果、蔬菜、豆类、谷物、乳制品等食物中,并可作为甜味剂添加到加工食品中[61]。这类碳水化合物不易被机体直接消化吸收,但其独特的化学结构会增加肠道的水容量。另外进入肠道后容易被肠道微生物发酵,导致肠道产气量和短链脂肪酸的浓度增加。有研究表明,过高浓度的短链脂肪酸可能会对肠上皮细胞产生毒性,并且能够通过刺激肠黏膜释放 5 -羟色胺促进结肠收缩加速肠道转运。而这些特征对于内脏超敏的肠易激综合征患者来说,更易诱发腹痛、腹胀和排便习惯的改变[62]。目前多项临床试验表明,低 FODMAP 饮食可显著降低肠易激综合征患者的胃肠道不适症状,尤其在腹胀、腹泻和全身症状方面能得到明显改善[63]。然而由于低 FODMAP 膳食模式显著降低了食物中的低聚果糖、低聚半乳糖等天然益生元的水平,导致进入结肠发酵的底物显著减少,可能会直接导致宿主肠道微生物群的构成和功能发生深刻变化[63]。

研究发现,对肠易激综合征患者进行低 FODMAP 饮食干预,会导致肠道中双歧杆菌的丰度显著降低[64]。除了双歧杆菌之外,在部分人群研究中还观察到低 FODMAP 膳食模式的干预会使乳杆菌科(*Lactobacillaceae*)、丙酸杆菌科(*Propionibacteriaceae*)以及菌种普拉梭菌等有益菌的丰度降低;而对健康不利的沃氏嗜胆菌(*Bilophila wadsworthia*)、卟啉单胞菌 IV(*Porphyromonas IV*)等丰度升高[65]。然而,人群干预研究发现,短期遵循低 FODMAP 饮食的实验组与对照组之间,肠道菌群的 α 多样性、肠道菌群群落构成、粪便中总短链脂肪酸和特定类型短链脂肪酸浓度,以及粪便的 pH 都未观察到显著的差异[64]。

值得注意的是,目前低 FODMAP 对肠道菌群影响的人群研究证据主要来自短期干预的结果,低 FODMAP 膳食模式对菌群影响的长期效应尚不清楚。如前所述,低 FODMAP 的膳食模式,限制的低聚糖、双糖、单糖和多元糖醇等这类碳水化合物是重要的益生元,能够促进宿主肠道内有益菌的代谢和增殖,对于保持健康人群的肠道健康具有重要的作用。长期的低 FODMAP 膳食模式干预,可能会影响宿主肠道微生物环境的营养充足性,导致宿主肠道微生物的营养供给不足,造成对肠道微生物群的不利影响。因此在临床上推荐的低 FODMAP 饮食的干预时间一般比较短(4~8 周)。在患者症状明显改善后,临床上会推荐在膳食中逐步重新引入含有 FODMAP 的食物[66]。

6.3　单一食物组与肠道菌群的关系

除整体饮食模式对菌群的影响外,研究还发现构成膳食模式的单一食物成分,也可以影响肠道微生物群落的构成和功能[67]。例如,富含膳食纤维的蔬菜和水果,其中的膳食纤维可被一些肠道菌群发酵转化为短链脂肪酸。后者对宿主的能量代谢和免疫稳态有重要的影响[68]。多项研究发现,蔬菜和水果的摄入与肠道中短链脂肪酸产生菌的丰度相关[69-71]。例如,研究发现蔬菜、水果的摄入与普拉梭菌(*Faecalibacterium prausnitzii*)、人罗斯拜瑞氏菌(*Roseburia hominis*)和厚壁菌 CAG:95(*Firmicutes bacterium CAG: 95*)的丰度成正相关[69-71]。此外,在蔬菜和水果中富集的多酚和黄酮类物质,例如花青素及其下游代谢产物,被证明可以促进特定益生菌的生长,同时能够对部分潜在致病菌起到抑制作用[72,73]。红酒中的多酚可通过调节肠道菌群,进而改善宿主的代谢特征[74-76]。另外,咖啡和茶的摄入,也与肠道中多种益生菌相关。研究发现其可导致双歧杆菌属

(*Bifidobacterium*)、乳酸杆菌属(*Lactobacillus*)和颤杆菌属(*Oscillibacter*)的富集。此外还发现,肠道菌群促炎通路的抑制也与咖啡和茶的摄入相关[77]。茶的摄入与改善2型糖尿病相关的菌群特征之间存在关联。

坚果和种子的摄入也被证明和肠道菌群存在较强的相关性。例如,人罗斯拜瑞氏菌和肠球菌科的菌种(*Enterococcaceae spp.*)的丰度与膳食中坚果的摄入成正相关。研究发现,坚果的摄入可促进丁酸的产生并呈现对宿主糖代谢有益的作用[27,76,78]。值得一提的是,坚果和种子中通常含有丰富的n-6多不饱和脂肪酸,但需注意的是n-6多不饱和脂肪酸有多种类型,其与疾病的关联方向并不一致。一项基于中国人群的前瞻性研究发现,一种红细胞膜中的n-6多不饱和脂肪酸γ-亚麻酸(γ-linolenic acid)的摄入与2型糖尿病的发生风险正相关,并且与较低的肠道菌群多样性以及2型糖尿病相关特征菌属显著相关[79]。但红细胞膜上另外两种n-6多不饱和脂肪酸——亚油酸和花生四烯酸与2型糖尿病的发病风险无显著关联。

乳制品的摄入与肠道菌群相关,并且发现乳制品摄入相关的特征菌对宿主的健康有积极的影响。全类乳制品和发酵乳制品的摄入被证明与肠道微生物的多样性、乳酸菌的丰度以及丁酸发酵通路的富集存在正相关联[76,77,80,81]。另外研究发现,与乳制品摄入相关的特征肠道菌群和宿主循环系统的甘油三酯水平呈显著负相关关系,而与高密度胆固醇的水平呈正相关关系。这些结果提示我们,乳制品的摄入可能会通过影响肠道菌群,进而改善宿主的脂质代谢[80]。鱼类的摄入被证明可改变肠道菌群的整体结构。例如基于人群的研究发现,摄入鱼类较多的人群中罗氏菌属的菌种人罗斯拜瑞氏菌、粪罗斯拜瑞氏菌(*Roseburia faecis*)和普拉梭菌的富集[77],其中起关键作用的可能是鱼肉中所富含的n-3多不饱和脂肪酸[82,83]。基于人群的观察性研究发现,在健康植食性饮食中富集的肠道细菌通常与红肉的摄入负相关[84]。而过度摄入红肉,可能会导致肠道细菌产生过量的有害代谢物(例如氧化三甲胺),这类代谢物会增加心血管疾病和结肠癌的发病风险[85,86]。

6.4 转变膳食模式对肠道菌群影响的时间效应

6.4.1 短期膳食模式更迭对肠道菌群的影响

研究发现在短期内改变膳食模式,会直接影响个体肠道菌群的构成和稳定性[87,88]。一项研究观察到,在饮食干预进行的24~48 h内,就可观测到肠道微生物组成在科水平上发生变化[6,89]。此外,研究发现肠道微生物群能够对主要宏量营养素水平改变,以及新的食物成分摄入做出快速反应。一项控制性膳食干预试验研究,对比了高脂肪-低纤维饮食和低脂肪-高纤维饮食对10名志愿者肠道菌群的影响。通过对受试者的粪便样本进行测序,发现其肠道微生物群发生了快速而显著的变化。值得注意的是这个短期干预引起的菌群变化是暂时的,并且在同一种模式的干预下,个体间表现出了极高的差异性[6]。总体而言,短期内膳食中部分食物成分的更迭,特别是在受到不同来源的植物性食物纤维的影响时,都会对肠道微生物产生显著影响[88]。

另外一项基于人群的短期干预研究也发现,膳食模式中宏量营养素来源的极端转变,可迅速改变微生物组成,并且这种改变可以克服人际间的差异[6, 87]。David 等比较了两种极端膳食模式(一种以植物为主要食物类型,另一种则以动物为主要食物类型)对肠道菌群的影响程度。该实验共 10 名受试者,在连续 5 天内随机接受其中一种饮食方案的干预[87]。与基线相比,在仅食用肉、蛋、奶类食品的情况下,肠道内有耐胆汁酸功能的微生物丰度会显著增加;而在仅食用谷物、豆类和蔬菜水果的情况下,肠道中代谢植物多糖类食物的厚壁菌门丰度显著增加[87]。这可能是因为高脂饮食的摄入刺激机体分泌了更多的胆汁酸,以此来帮助肠道消化和吸收脂肪。在高水平胆汁酸的刺激下,肠道中的微生物集群呈现出了胆汁酸抗性的特征[87, 90]。值得注意的是,与之前的研究一致,肠道菌群的这种改变是短期的。尽管极端饮食的改变会引发肠道菌群的大幅度变化,但该项研究的参与者,肠道微生物群在饮食干预结束后的短短 3 天内便恢复至基线水平[87]。

总体来说,短期膳食干预通常会对有限数量的肠道菌群的丰度产生显著影响,极端的膳食模式切换能够引起较大范围内肠道微生物变化[91, 92]。这可能是因为一定的膳食模式会引入特定的食源性的微生物,包括细菌、真菌和病毒等,这些微生物可在肠道内短期存在,从而在较短时间内影响肠道菌群的组成[87]。值得注意的是,与较高饮食多样性关联的肠道菌群表现出更强的抗扰动能力,而在饮食多样性较低的情况下,菌群构成更易受到饮食扰动而发生变化[93]。

6.4.2 膳食习惯对肠道菌群的长期影响

目前普遍认为儿童到 3 岁时已经建立了趋于稳定且近似成人的肠道微生态环境,对饮食和其他因素的扰动初具抵抗力[94]。成年人的肠道微生物组成更是趋于稳定,但单一膳食组分或膳食模式的长期介入,仍可影响和改变宿主的肠道微生物构成[87, 95]。研究发现膳食习惯与肠型紧密相关,对其余肠道微生物特征,例如菌群多样性、特征菌丰度等也有着深远的影响[6, 88]。肠型实际上是一种由微生物群体驱动的肠道菌群评价方法,不同的肠型拥有不同的优势菌群和功能基因。宿主肠道中不同微生物的种属之间的丰度存在较强的相关性,它们共同促成了肠道核心群落,即肠型[96]。肠型按照优势微生物的种类进行分型,包括拟杆菌为主的肠型、普氏菌属为主的肠型和瘤胃球菌为主的肠型。研究发现宿主的个体属性,如 BMI、年龄、健康状况等与肠型以及肠型中所包含的部分标记基因或功能模块紧密关联。这进一步提示,长期稳定的膳食模式可能会通过对肠型的调控对健康产生影响[96]。

研究发现,长期依从西方膳食模式,代表性肠型的优势菌群多为拟杆菌属为主。而长期摄入碳水化合物,微生物肠型组成则以普氏菌属为主[6]。在一项横断面的研究中,观察了韩国人的习惯性膳食摄入与肠道菌群的关联。发现以植物和发酵食物为基础的常态化膳食与厚壁菌门(如乳酸杆菌、反刍球菌和真细菌)的丰度呈正相关。而该研究关联"肠型"中,优势菌属为瘤胃球菌属,该菌属的存在通常反映更健康的肠道菌群状态[97]。另一项基于中国人群的观察性研究,对比了长期植物性饮食模式和短期植物性饮食模式对肠道菌群的影响。研究发现,长期植物性饮食对肠道微生物的整体组成具有更高的解释度,其与厚壁菌门的一个主要类群的丰度有更强的关联,提示长期膳食模式对核心微生物群落有更强的影响[27]。

6.4.3　长期与短期膳食模式对菌群的影响对比

目前的研究证据发现长期和短期饮食模式都与肠道菌群相关,但只存在部分重叠的特征肠道菌群[27]。在一项对比长期植物性饮食模式和短期植物性饮食模式对肠道菌群的影响研究中发现,短期植物性饮食模式与微生物 α 多样性相关,而长期植物性饮食模式与微生物 α 多样性无显著关联。但长期植物性饮食模式却能够解释更多的肠道微生物群落的整体差异(β 多样性)[27]。另外前文也提及,长期以植物为主的膳食模式对应的特征肠道菌与心脏代谢生物标志物存在前瞻性关联。而短期植物性饮食模式对应的特征菌,却未发现类似的关联。这提示我们可能只有保持长期的植物性膳食模式,才可能挖掘"核心"肠道微生物的效能,例如发挥对心脏代谢健康的潜在保护作用[27]。总的来说,长期的膳食模式对肠道菌群无论在组成还是功能方面都能产生深远的影响。基于现有的研究发现,核心菌群类型与长期膳食模式关系更为密切。短期内膳食模式的调整,虽然能对肠道菌群的稳定性产生一定影响,但影响的范围较为有限[6]。

6.5　个性化应答与精准营养

理解膳食模式和健康之间关系的主要挑战之一,是破译不同个体对摄入同种食物应答的高度差异。这种差异的主要驱动因素之一,是个体肠道微生物组成的差异[98]。肠道微生物的构成可以影响宿主对于不同膳食干预的反应,且微生物模型已被证实可以成功预测饮食干预的代谢应答差异[89, 99, 100]。例如人群研究发现,肠道特征菌——科普雷普雷沃菌(*Prevotella copri*)、健康植物性饮食指数与疾病风险因子(甘油三酯和糖化血红蛋白)三者之间存在复杂的交互作用关系。在不携带 *P. copri* 的人群中,观察到健康植物性饮食指数与甘油三酯和糖化血红蛋白存在显著负相关;而在 *P. copri* 的携带者中发现,健康植物性饮食指数与甘油三酯和糖化血红蛋白则存在显著正相关[28]。此外,与健康植物性饮食指数相关的特征菌种,如人类罗斯贝瑞氏菌被发现能够促进和调节先天免疫;挑剔真杆菌(*Eubacterium eligens*)则具备抗炎特性,并与血糖、血脂等健康风险因素呈现显著负相关[11, 101, 102]。

另外如前文所述,大量研究聚焦于地中海饮食对人体的积极影响。研究人员发现,健康的地中海饮食模式与肠道微生物组的特定功能和组成密切相关[17]。地中海膳食模式、肠道特征微生物、心脏代谢疾病风险因子之间存在明显的交互作关系[17]。与植物性饮食指数一致的是,这里所关注的特征菌同样是科普雷普雷沃菌。比如,研究发现肠道微生物组中不存在普雷沃氏菌,地中海膳食模式和心脏代谢疾病风险之间存在特别强的保护性关联[17]。这一发现支持了膳食干预建议可以根据个人的肠道微生物特征进行调整的假设[17]。未来可推荐普雷沃氏菌属非携带者的人群,采用健康的地中海饮食模式规避心脏代谢疾病风险,而对普雷沃氏菌属携带者则可能需要进行更为有效的干预,例如饮食模式推荐的同时推荐体育活动或直接的药物(例如他汀类药物)干预[17]。

研究个性化应答的目的在于,提取宿主相关特征信息去实现精准的营养干预,以达到保持健康的状态或者改善目前身体状态的目的。其中,精准营养策略并不是针对个人制定独特的配方,而是依据生物标志物的变化,将人群进一步细分为更小范围内的群体,以实现更好地评估不同(亚)群体的膳食营养需求和提供相应的饮食建议[103]。

6.5.1　造成膳食个性化应答的潜在影响机制

个体代谢的异质性背后潜在的原因是多种多样的,包括遗传、表观遗传、肠道微生物等因素的交互影响[103]。深入了解个性化应答背后的分子特征及作用机制,可以帮助我们针对特定人群,制定更好的膳食建议,从而实现"精准营养"的目标。目前影响机体个性化应答的潜在因素主要包括以下几个方面。

首先,宿主遗传因素造成个性化应答的差异来自基因多态性。遗传因素会影响下游基因的表达或 mRNA 的转录、翻译过程,继而改变营养物质的代谢。一些针对性的膳食干预,可以很好地改善因遗传变异而引起的相关代谢问题。例如,针对遗传变异位点 rs12325817 引起的内源性胆碱合成受损的绝经妇女,可以在饮食中补充胆碱[103, 104]。

其次,基因的表达同时受表观遗传因素的调节。比如 DNA 甲基化,作为最常见的表观遗传标记物,通常发挥抑制基因表达的作用[103, 105]。基因位点的甲基化,主要受到 DNA 甲基转移酶活性的影响。而 S-腺苷甲硫氨酸作为 DNA 甲基转移酶的供体物质,对 DNA 甲基化过程有重要的影响。S-腺苷甲硫氨酸是甲硫氨酸(也被称作蛋氨酸)的一种衍生物,而甲硫氨酸是一种必需氨基酸,只能从食物中获得。因此 S-腺苷甲硫氨酸在体内的代谢合成,受到饮食的调节。以此推测,DNA 甲基化的过程所介导的个性化代谢应答,也会受到膳食摄入的影响[103]。

再次,人类与肠道菌群长期共生且关系密切。微生物获取营养后,会产生其代谢途径特有的功能性分子为人体所吸收,进而对机体健康产生影响[106]。个体之间的肠道微生物特征存在显著差异,这些差异在个性化应答中扮演着重要角色。比如,肠道细菌可以将无法为人体供能的膳食纤维,发酵转换成乙酸、丙酸、丁酸等短链脂肪酸。这些代谢物可作为能量底物被人体吸收,从而影响人们从食物中最终获取的能量,进而影响机体特异性的代谢反应[107]。

总体来说,与遗传因素相比,非遗传因素可能在人体对食物的应答中发挥更重要的作用,这一观点在一项大样本量的双胞胎队列研究中得到了支持。该研究强调,即使是相同遗传背景下的双胞胎,在接受一致的膳食干预时,其反应也不尽相同。这一理论进一步强调了对不同(亚)群体采用个性化膳食模式推荐的必要性[93, 108]。

6.5.2　基于肠道微生态的精准营养

测序技术的不断发展和进步,为我们揭示肠道微生物群落的组成、功能和相互作用提供了更全面、高效的工具[109]。个体的肠道菌群配置受到多因素调节,除了膳食模式之外,还受到包括年龄、性别、种族和药物等其他因素的影响。这些个体特征通过影响微生物群落,进一步影响了膳食对肠道菌群形态的塑造作用,使得评估群体反应变得更加复杂[93]。与此同时,先前的膳食习惯塑造的肠道菌群特征,也会影响肠道微生物对膳食干预的反应。例如,习惯摄入高纤维食物的健康个体,其肠道内的微生物对于菊粉型的益生元反应比那些摄入较少纤维的个体更为显著。这提示我们,在通过膳食干预调节肠道微生物时,应充分考虑宿主肠道微生物的常态构成[110]。

目前来看,仍需要进行大量以人群为基础的干预研究,确认针对不同人群的精准的微生物组特征,以及确认其行使的具体功能。在此基础上,需要进一步集合多组学和模式动物的研究方法,确定膳食模式等关键因素,对于宿主微生物群和生理学影响的具体分子机制,以验证微生物组特征与疾病的因果关联。不可否认,个体间的微生物组成差异无疑会对于我们的探究造成一定的挑战。若能确定个体的基线微生物特征,以及评价其代谢能力,我们就能基于此调整后续的膳食模式。目前的研究发现,即使摄入相同的碳水化合物,个体的受益程度也是不一致的,而微生物特征与特定食物的摄入之间的相关性分析尚处于初级阶段[93]。值得注意的是,微生物的功能性分析常需要结合已确定的血液生物标志物或常见表型去协同展开,因此我们可以拓展探究对于一般健康群体的生理影响和营养建议[109]。

考虑到个体之间的微生物群存在差异的混杂因素,采用微生物测序技术同时集合基于机器学习的分析算法,俨然已成为精准营养领域相关分析的重要工具。我们需要利用测序技术和机器学习的算法,建立个性化的菌群特征指标。进一步在人群中采用 n-of-1 等新型队列干预研究方法,实现对微生物组数据的深度挖掘。考察不同膳食模式对于与健康状况相关的"应答者"菌种的变化情况,从而准确地评估(亚)群体代谢能力,并推动个性化营养建议的实现[109]。最终,通过运用多组学分析方法,可以深入研究特定微生物固有的代谢途径特征,并识别其具体生理功能。这有助于量身定制精确的膳食干预措施,以调节与宿主健康相关的目标代谢产物[111]。

6.6　个性化营养应答研究实例

2015 年,以色列的 Eran Segal 团队发现,膳食碳水化合物的摄入在不同个体间存在不同的血糖应答反应。受试者肠道微生物特征影响了个体对同种碳水类食物干预后的餐后血糖水平。该研究通过整合血液中的生物标记物、饮食习惯、测量学参数、体力活动情况以及肠道微生物特征，开发机器学习算法预测个性化的血糖反馈情况。研究发现基于该算法所设计的个性化膳食干预，能够显著降低餐后血糖并改变微生物群体配置，提示个性化饮食模式能够成功地改善糖脂代谢[112]。但这种基于微生物组-餐后血糖水平的机器学习算法，在跨人群的验证中并没有实现一致且理想的预测效果。这提示我们，不同人群的肠道微生态网络可能存在高度异质性[109]。

后续该团队进行了一项针对糖尿病前期人群的随机临床干预试验，比较了采用机器学习方法预测的个性化降糖饮食模式与常见的地中海饮食模式对餐后血糖、血脂和炎症水平的影响。结果显示，接受个性化饮食的参与者，在降低餐后血糖水平方面表现更佳，同时血脂和炎症指标较对照组呈现更低水平。因此，研究人员认为，个性化饮食可以更好地满足个体的营养需求，从而更有效地控制血糖水平。这项研究为糖尿病前期人群提供了一种新型的饮食干预方案，值得进一步深入研究和推广[71]。除了发现饮食模式与微生物组特征存在显著关联外，另外一项研究还观察到某些菌株与生物标志物在空腹和餐后情况下的表达存在不同的效应。比如，研究发现普氏颤螺旋菌（*Flavonifractor plautii*）在空腹时与炎症标志物糖蛋白乙酰基（GlycA）呈现正向关联性，但这与其在餐后的表现恰恰相反。这突显了肠道微生物组研究的复杂性[11]。

如前所述，基线肠道微生物组成的不同，可以部分解释个体在特定膳食模式下代谢水平的差异。在患有代谢性疾病的人群中也可观测到不同的干预效果。比如研究发现针对肥胖人群的卡路里限制性饮食干预，可以改变肥胖人群的肠道微生物组成。在针对基线菌群中富含嗜黏蛋白阿克曼菌的受试者中，该饮食干预方案能够带来更大的益处。研究发现这种卡路里限制性饮食干预，可以显著改善受试者的代谢健康状况。包括提升胰岛素敏感性和减少体脂。这可能是因为嗜黏蛋白阿克曼菌可产生多种对人体有益的发酵产物，包括短链脂肪酸等。不难发现，嗜黏蛋白阿克曼菌与整体菌群的相互作用，对肥胖人群的代谢健康状况具有重要的促进作用[113]。因此就应用前景而言，嗜黏蛋白阿克曼菌可作为益生菌来帮助肥胖人群改善代谢健康，而补充益生元可被视作是增加嗜黏蛋白阿克曼菌丰度的潜在有效方法[93]。

除此之外，另一项研究发现，低 FODMAP 饮食能够显著改善肠应激综合征患者的临床症状。同时，该研究捕捉到了对于低 FODMAP 饮食的"应答者"。他们在接受膳食干预过程中，其症状能够得到更为明显的改善。这些"应答者"所拥有的基线微生物特征，涵盖大量具有已知糖酵解代谢能力的菌群，例如类杆菌（*Bacteroides*）、瘤胃球菌科（*Ruminococcaceae*）和普拉梭菌等，这些微生物可能对改善患者的症状起到关键性作用。此外，"应答者"的肠道微生物群还表现出更高的微生物多样性和更高的特征菌丰度。这些微生物特征与患者对低 FODMAP 饮食治疗的积极反应相关联，为后续个性化治疗和预测治疗反应提供了新的线索[114]。

由此可见，肠道微生物是一种重要的生物标志物，可用于评估饮食干预是否有效，特别是对复合的膳食干预中的某些高度敏感的特定成分,如膳食纤维或复合蛋白质等。特定功能微生物群,对不同的膳食成分具有独特的应答反应。这会导致微生物代谢物(如短链脂肪酸)水平的变化,进而影响葡萄糖稳态和脂肪组织炎症等发展,从而调节宿主代谢。这提醒我们在进行精准的膳食干预时,除了需要考虑膳食成分、微量营养素以及多酚等生物活性成分的数量和种类,还需要在整体膳食方法设计中,充分考虑微生物和宿主代谢表型之间的互作关系,其中,部分经典研究设计见表 6-4。

表 6-4　精准营养的部分研究示例

序号	实验设计	样 本 量	主 要 发 现	参考文献
1	队列研究	307	地中海膳食模式和心脏代谢疾病风险之间的保护性关联,仅存在于肠道微生物组中无普雷沃氏菌的参与者中	[17]
2	队列研究	303	健康植物性饮食指数、肠道特征菌科普雷普雷沃菌(Prevotella copri)与疾病风险因子:甘油三酯和糖化血红蛋白存在交互作用关系	[28]
3	队列研究 临床试验	发现队列 800 验证队列 100 临床试验 26	餐后血糖波动存在个性化应答的现象 结合个人和肠道微生物特征,可以精准预测餐后个性化血糖应答	[111]
4	临床试验	225	相较于传统的地中海饮食,基于个人和肠道微生物特征构建的个性化饮食在降低餐后血糖水平方面表现更佳	[71]
5	临床试验	49	基线肠道菌群中富含嗜黏蛋白阿克曼菌的受试者,在卡路里限制性饮食干预后能够获得更大的益处	[113]
6	临床试验	33	对于低 FODMAP 饮食的"应答者",采用低 FODMAP 饮食干预时,其症状能得到更为明显的改善;低 FODMAP 饮食的"应答者"的肠道微生物特征,涵盖大量具有已知糖解代谢能力的菌群	[114]

6.7　小结与展望

相较于由 2 万余个基因构成的人类基因组,蕴藏着超过 300 万个基因的肠道微生物组的体系显得更为庞大和复杂。研究发现,肠道微生物与宿主和环境因素存在着诸多交互作用[92, 115]。随着高通量测序技术的不断发展,越来越多证据表明,微生物群落在人类健康中扮演着关键角色。膳食模式是影响肠道微生态的重要因素。此外,肠道微生物组在不同条件下的动态变化,能够帮助诊断和进一步解析许多与已知微生物群落相关的潜在病因,例如肥胖、糖尿病、炎症性肠病和自身免疫性疾病等[93, 116]。

饮食作为最容易控制的环境因素之一,能够操纵肠道菌群的构成和多样性,常作为干预研究设计的重点。深入研究各类膳食模式及其成分与微生物群之间的复杂相互作用,最终有助于我们有效地调节微生物群,从而实现对相关疾病的精准诊断和治疗。大量横断面研究关注不同膳食模式对菌群产生的影响,重点关注有益健康的膳食模式,比如"地中海饮食"和"健康饮食指数"等。目前的研究证据支持合理的膳食模式可以促进有益菌群的生长,从而维持肠道和宿主的代谢健康。通过膳食模式干预,我们可以积极地调节菌群生态网。首先达到预期的菌群结构,从而改善食物吸收、宿主代谢和免疫力的调节。比如,可通过低左旋肉碱、胆碱和磷脂酰胆碱的膳食模式,塑造特定的肠道微生物生态网络,从而降低肠道菌群对胆碱类化合物的代谢应答,进而降低机体氧化三甲胺的水平,阻止心血管疾病的进一步发展[93, 117]。

另外,我们需要在研究中关注膳食干预的时间效应。肠道微生物组通常具有弹性,短期内的膳食干预虽可迅速改变部分微生物群组成,但不会造成持续影响。Wu 等的研究表明,在西方人群中,肠道微生物群的整体结构可能主要受长期饮食习惯的驱动[6]。稳定的膳食模式不仅对肠道微生物有着深远的影响,更与"核心微生物组"的组成成员存在密切关联。在进行饮食干预期间以及之后,我们需要设计有效的干预方案,以研究微生物群的恢复能力和变化模式。这对于探究膳食模式与人体健康的关系至关重要[92]。

宿主基因型和变化的环境暴露,会干扰膳食模式和肠道菌群对健康的影响。往往显示出个体饮食、肠道微生物组和宿主代谢表型三者之间多向而复杂的关联。由于在短期干预下,经常发现不同亚组或个体之间存在代谢反应的差异,因此我们需要更加重视对每个人的代谢反应进行了解和评估,并根据个体差异制定特定的饮食方案,以更好地满足其营养需求,实现"精准营养"的目标。虽然成人肠道微生物群趋于稳定,但肠道菌群通常表现出巨大的人际间变异性。来自同一个人的连续样本通常比来自不同人的样本更相似,并且通常由来自拟杆菌门、厚壁菌门和放线菌门下的微生物主导。同时,跨越人群的肠道微生物组研究无不揭示了人类肠道微生物群的多样性和变异性,暗示着今后展开肠道微生物相关研究仍将面临挑战[109]。

未来的研究开展应着重关注以下方面:一方面,需要在人群水平上开展有效的研究。尽管动物研究作为目前常用的验证模型,广泛应用于研究膳食模式与菌群之间的关系。但由于模式动物本身的生理机制、生存环境等与人类存在显著差异,常常导致与人群研究不一致的结果。因此,我们需要进行大样本人群的观察性研究和干预性研究,以获得准确的结果。另一方面,为了深入探究膳食与人体肠道微生物在亚组或个体水平表现出的代谢应答差异性,我们应着重关注如何开发新型的干预设计方案,以揭示肠道微生物组在人体新陈代谢中所扮演的角色,并追踪如何向核心健康微生物组的转变过程。

另外,研究人员需要正确解读各项研究结果。不同研究得出的结论可能存在明显差异,这可能是由于每个研究设计本身都存在固有的问题,需要在更大人群样本进行验证以证明相关结果的稳健性。同时,可适当结合较小规模的临床试验。因为小规模的临床试验可以更频繁地采样,以揭示肠道菌群的动态变化过程。二者的有机结合,不仅能够展现菌群波动的时效性及潜在规律,也能充分体现常态化肠道菌群构成对于健康的影响,更具有临床意义。

　　此外,应考虑微生物数据处理程序存在技术上的限制。从采样、测序、质控到分析的任何一个步骤,都应遵循统一的标准。否则数据的表征结果将会受处理方法的影响,出现明显的差异。以细菌为例,目前我们只能做到微生物组部分基因数据的解读,无法对菌群的全面交叉网络和宿主的代谢表型进行深入探究。为了克服宏基因数据的复杂性,我们今后更需要改进计算工具和优化模型设计,从而进一步识别关键的参数并准确预测营养相关生理反应[93]。

参考文献

[1] Cespedes E M, Hu F B. Dietary patterns: From nutritional epidemiologic analysis to national guidelines. Am J Clin Nutr, 2015, 101(5): 899 – 900.

[2] Committee. D G A. Scientific report of the 2020 dietary guidelines advisory committee: Advisory report to the secretary of agriculture and the secretary of health and human services. U. S. Department of Agriculture, Agricultural Research Service, Washington, DC.. 2020.

[3] Hu F B. Dietary pattern analysis: A new direction in nutritional epidemiology. Curr Opin Lipidol, 2002, 13(1): 3 – 9.

[4] Zhao J, Li Z, Gao Q, et al. A review of statistical methods for dietary pattern analysis. Nutr J, 2021, 20(1): 37.

[5] Rinninella E, Cintoni M, Raoul P, et al. Food components and dietary habits: Keys for a healthy gut microbiota composition. Nutrients, 2019, 11(10).

[6] Wu G D, Chen J, Hoffmann C, et al. Linking long-term dietary patterns with gut microbial enterotypes. Science, 2011, 334(6052): 105 – 108.

[7] Martinez-Gonzalez M A, Gea A, Ruiz-Canela M. The mediterranean diet and cardiovascular health. Circ Res, 2019, 124(5): 779 – 798.

[8] Del Chierico F, Vernocchi P, Dallapiccola B, et al. Mediterranean diet and health: food effects on gut microbiota and disease control. Int J Mol Sci, 2014, 15(7): 11678 – 11699.

[9] Davis C, Bryan J, Hodgson J, et al. Definition of the Mediterranean Diet; a Literature Review. Nutrients, 2015, 7(11): 9139 – 9153.

[10] Fung T T, Mccullough M L, Newby P K, et al. Diet-quality scores and plasma concentrations of markers of inflammation and endothelial dysfunction. Am J Clin Nutr, 2005, 82(1): 163 – 173.

[11] Asnicar F, Berry S E, Valdes A M, et al. Microbiome connections with host metabolism and habitual diet from 1,098 deeply phenotyped individuals. Nat Med, 2021, 27(2): 321 – 332.

[12] Nagpal R, Shively C A, Appt S A, et al. Gut microbiome composition in non-human primates consuming a western or mediterranean diet. Front Nutr, 2018, 5: 28.

[13] Nagpal R, Shively C A, Register T C, et al. Gut microbiome-Mediterranean diet interactions in improving host health. F1000Res, 2019, 8: 699.

[14] Ghosh T S, Rampelli S, Jeffery I B, et al. Mediterranean diet intervention alters the gut microbiome in older people reducing frailty and improving health status: the NU-AGE 1 - year dietary intervention across five European countries. Gut, 2020, 69(7): 1218 - 1228.

[15] Merra G, Noce A, Marrone G, et al. Influence of mediterranean diet on human gut microbiota. Nutrients, 2020, 13(1).

[16] Millman J F, Okamoto S, Teruya T, et al. Extra-virgin olive oil and the gut-brain axis: influence on gut microbiota, mucosal immunity, and cardiometabolic and cognitive health. Nutr Rev, 2021, 79(12): 1362 - 1374.

[17] Wang D D, Nguyen L H, Li Y, et al. The gut microbiome modulates the protective association between a Mediterranean diet and cardiometabolic disease risk. Nature Medicine, 2021, 27(2): 333 - 343.

[18] Krebs-Smith S M, Pannucci T E, Subar A F, et al. Update of the healthy eating index: HEI-2015. J Acad Nutr Diet, 2018, 118(9): 1591 - 1602.

[19] Yuan Y Q, Li F, Dong R H, et al. The development of a Chinese healthy eating index and its application in the general population. Nutrients, 2017, 9(9).

[20] Varraso R, Chiuve S E, Fung T T, et al. Alternate Healthy Eating Index 2010 and risk of chronic obstructive pulmonary disease among US women and men: prospective study. BMJ, 2015, 350: h286.

[21] Bowyer R C E, Jackson M A, Pallister T, et al. Use of dietary indices to control for diet in human gut microbiota studies. Microbiome, 2018, 6(1): 77.

[22] Little R B, Murillo A L, Van Der Pol W J, et al. Diet quality and the gut microbiota in women living in Alabama. Am J Prev Med, 2022, 63(1 Suppl 1): S37 - S46.

[23] Liu Y, Ajami N J, El-Serag H B, et al. Dietary quality and the colonic mucosa-associated gut microbiome in humans. Am J Clin Nutr, 2019, 110(3): 701 - 712.

[24] Bagheri M, Shah R D, Mosley J D, et al. A metabolome and microbiome wide association study of healthy eating index points to the mechanisms linking dietary pattern and metabolic status. Eur J Nutr, 2021, 60(8): 4413 - 4427.

[25] Satija A, Bhupathiraju S N, Spiegelman D, et al. Healthful and unhealthful plant-based diets and the risk of coronary heart disease in U.S. adults. J Am Coll Cardiol, 2017, 70(4): 411 - 422.

[26] Ahmad S R. Plant-based diet for obesity treatment. Front Nutr, 2022, 9: 952553.

[27] Miao Z, Du W, Xiao C, et al. Gut microbiota signatures of long-term and short-term plant-based dietary pattern and cardiometabolic health: a prospective cohort study. BMC Med, 2022, 20(1): 204.

[28] Li Y, Wang D D, Satija A, et al. Plant-based diet index and metabolic risk in men: Exploring the role of the gut microbiome. J Nutr, 2021, 151(9): 2780 - 2789.

[29] Ruel M T. Operationalizing dietary diversity: A review of measurement issues and research

priorities. J Nutr, 2003, 133(11 Suppl 2): 3911S-3926S.

[30] Conklin A I, Monsivais P, Khaw K T, et al. Dietary diversity, diet cost, and incidence of type 2 diabetes in the United Kingdom: A prospective cohort study. PLoS Med, 2016, 13 (7): e1002085.

[31] Xiao C, Wang J-T, Su C, et al. Associations of dietary diversity with the gut microbiome, fecal metabolites, and host metabolism: results from 2 prospective Chinese cohorts. The American Journal of Clinical Nutrition, 2022.

[32] Collins S L, Stine J G, Bisanz J E, et al. Bile acids and the gut microbiota: Metabolic interactions and impacts on disease. Nat Rev Microbiol, 2023, 21(4): 236 – 247.

[33] Newby P K, Tucker K L. Empirically derived eating patterns using factor or cluster analysis: A review. Nutrition Reviews, 2004, 62(5): 177 – 203.

[34] Randall E, Marshall J R, Graham S, et al. Patterns in food use and their associations with nutrient intakes. Am J Clin Nutr, 1990, 52(4): 739 – 745.

[35] Jannasch F, Riordan F, Andersen L F, et al. Exploratory dietary patterns: A systematic review of methods applied in pan-European studies and of validation studies. Br J Nutr, 2018, 120(6): 601 – 611.

[36] Xiao W, Zhang Q, Yu L, et al. Effects of vegetarian diet-associated nutrients on gut microbiota and intestinal physiology. Food Science and Human Wellness, 2022, 11(2): 208 – 217.

[37] Key T J, Papier K, Tong T Y N. Plant-based diets and long-term health: findings from the EPIC-Oxford study. Proc Nutr Soc, 2022, 81(2): 190 – 198.

[38] Losasso C, Eckert E M, Mastrorilli E, et al. Assessing the influence of vegan, vegetarian and omnivore oriented westernized dietary styles on human gut microbiota: A cross sectional study. Front Microbiol, 2018, 9: 317.

[39] Wu G D, Compher C, Chen E Z, et al. Comparative metabolomics in vegans and omnivores reveal constraints on diet-dependent gut microbiota metabolite production. Gut, 2016, 65(1): 63 – 72.

[40] De Filippis F, Pellegrini N, Vannini L, et al. High-level adherence to a Mediterranean diet beneficially impacts the gut microbiota and associated metabolome. Gut, 2016, 65(11): 1812 – 1821.

[41] De Angelis M, Ferrocino I, Calabrese F M, et al. Diet influences the functions of the human intestinal microbiome. Sci Rep, 2020, 10(1): 4247.

[42] Losno E A, Sieferle K, Perez-Cueto F J A, et al. Vegan diet and the gut microbiota composition in healthy adults. Nutrients, 2021, 13(7).

[43] Frank J, Gupta A, Osadchiy V, et al. Brain-gut-microbiome interactions and intermittent fasting in obesity. Nutrients, 2021, 13(2).

[44] De Cabo R, Mattson M P. Effects of intermittent fasting on health, aging, and disease. N Engl J Med, 2019, 381(26): 2541 – 2551.

[45] Llewellyn-Waters K, Abdullah M M. Intermittent fasting — a potential approach to modulate the

gut microbiota in humans? A systematic review. Nutrition and Healthy Aging, 2021, 6(2): 87 – 94.

[46] Phillips M C L. Fasting as a therapy in neurological disease. Nutrients, 2019, 11(10).

[47] Di Francesco A, Di Germanio C, Bernier M, et al. A time to fast. Science, 2018, 362(6416): 770 – 775.

[48] Li L, Su Y, Li F, et al. The effects of daily fasting hours on shaping gut microbiota in mice. BMC Microbiol, 2020, 20(1): 65.

[49] Angoorani P, Ejtahed H S, Hasani-Ranjbar S, et al. Gut microbiota modulation as a possible mediating mechanism for fasting-induced alleviation of metabolic complications: a systematic review. Nutr Metab (Lond), 2021, 18(1): 105.

[50] Zhu H, Bi D, Zhang Y, et al. Ketogenic diet for human diseases: the underlying mechanisms and potential for clinical implementations. Signal Transduct Target Ther, 2022, 7(1): 11.

[51] Attaye I, Van Oppenraaij S, Warmbrunn M V, et al. The role of the gut microbiota on the beneficial effects of ketogenic diets. Nutrients, 2021, 14(1).

[52] Batch J T, Lamsal S P, Adkins M, et al. Advantages and disadvantages of the ketogenic diet: A review article. Cureus, 2020, 12(8): e9639.

[53] Fan Y, Wang H, Liu X, et al. Crosstalk between the ketogenic diet and epilepsy: From the perspective of gut microbiota. Mediators Inflamm, 2019, 2019: 8373060.

[54] Ma D, Wang A C, Parikh I, et al. Ketogenic diet enhances neurovascular function with altered gut microbiome in young healthy mice. Sci Rep, 2018, 8(1): 6670.

[55] Paoli A, Mancin L, Bianco A, et al. Ketogenic diet and microbiota: Friends or enemies?. Genes (Basel), 2019, 10(7).

[56] Ang Q Y, Alexander M, Newman J C, et al. Ketogenic diets alter the gut microbiome resulting in decreased intestinal Th17 cells. Cell, 2020, 181(6): 1263 – 1275.

[57] Zhang Y, Zhou S, Zhou Y, et al. Altered gut microbiome composition in children with refractory epilepsy after ketogenic diet. Epilepsy Res, 2018, 145: 163 – 168.

[58] Xie G, Zhou Q, Qiu C Z, et al. Ketogenic diet poses a significant effect on imbalanced gut microbiota in infants with refractory epilepsy. World J Gastroenterol, 2017, 23(33): 6164 – 6171.

[59] Olson C A, Vuong H E, Yano J M, et al. The gut microbiota mediates the anti-seizure effects of the ketogenic diet. Cell, 2018, 174(2): 497.

[60] Masood W A P, Uppaluri Kr. Ketogenic Diet. Statpearls Publishing; 2023 jan-. available from: https://www.ncbi.nlm.nih.gov/books/nbk499830/.

[61] Bellini M, Tonarelli S, Nagy A G, et al. Low FODMAP diet: Evidence, doubts, and hopes. Nutrients, 2020, 12(1).

[62] Staudacher H M, Irving P M, Lomer M C, et al. Mechanisms and efficacy of dietary FODMAP restriction in IBS. Nat Rev Gastroenterol Hepatol, 2014, 11(4): 256 – 266.

[63] Staudacher H M, Whelan K. The low FODMAP diet: Recent advances in understanding its mechanisms and efficacy in IBS. Gut, 2017, 66(8): 1517 – 1527.

［64］ So D, Loughman A, Staudacher H M. Effects of a low FODMAP diet on the colonic microbiome in irritable bowel syndrome: A systematic review with meta-analysis. Am J Clin Nutr, 2022, 116 (4): 943 - 952.

［65］ Vandeputte D, Joossens M. Effects of low and high FODMAP diets on human gastrointestinal microbiota composition in adults with intestinal diseases: A systematic review. Microorganisms, 2020, 8(11).

［66］ Whelan K, Martin L D, Staudacher H M, et al. The low FODMAP diet in the management of irritable bowel syndrome: an evidence-based review of FODMAP restriction, reintroduction and personalisation in clinical practice. J Hum Nutr Diet, 2018, 31(2): 239 - 255.

［67］ Gou W, Miao Z, Deng K, et al. Nutri-microbiome epidemiology, an emerging field to disentangle the interplay between nutrition and microbiome for human health. Protein Cell, 2023.

［68］ Deleu S, Machiels K, Raes J, et al. Short chain fatty acids and its producing organisms: An overlooked therapy for IBD. eBioMedicine, 2021, 66.

［69］ Jiang Z, Sun T-Y, He Y, et al. Dietary fruit and vegetable intake, gut microbiota, and type 2 diabetes: results from two large human cohort studies. BMC Medicine, 2020, 18(1): 371.

［70］ Qian F, Liu G, Hu F B, et al. Association Between Plant-Based Dietary Patterns and Risk of Type 2 Diabetes: A Systematic Review and Meta-analysis. JAMA Intern Med, 2019, 179(10): 1335 - 1344.

［71］ Ben-Yacov O, Godneva A, Rein M, et al. Personalized postprandial glucose response-targeting diet versus mediterranean diet for glycemic control in prediabetes. Diabetes Care, 2021, 44(9): 1980 - 1991.

［72］ Faria A, Fernandes I, Norberto S, et al. Interplay between Anthocyanins and Gut Microbiota. Journal of Agricultural and Food Chemistry, 2014, 62(29): 6898 - 6902.

［73］ Sánchez-Patán F, Cueva C, Monagas M, et al. In vitro fermentation of a red wine extract by human gut microbiota: changes in microbial groups and formation of phenolic metabolites. J Agric Food Chem, 2012, 60(9): 2136 - 2147.

［74］ Moreno-Indias I, Sánchez-Alcoholado L, Pérez-Martínez P, et al. Red wine polyphenols modulate fecal microbiota and reduce markers of the metabolic syndrome in obese patients. Food Funct, 2016, 7(4): 1775 - 1787.

［75］ Queipo-Ortuño M I, Boto-Ordóñez M, Murri M, et al. Influence of red wine polyphenols and ethanol on the gut microbiota ecology and biochemical biomarkers. Am J Clin Nutr, 2012, 95(6): 1323 - 1334.

［76］ Laura A B, Arnau Vich V, Floris I, et al. Long-term dietary patterns are associated with pro-inflammatory and anti-inflammatory features of the gut microbiome. Gut, 2021, 70(7): 1287.

［77］ Yu D, Nguyen S M, Yang Y, et al. Long-term diet quality is associated with gut microbiome diversity and composition among urban Chinese adults. Am J Clin Nutr, 2021, 113(3): 684 - 694.

［78］ Wang H, Gou W, Su C, et al. Association of gut microbiota with glycaemic traits and incident type 2 diabetes, and modulation by habitual diet: a population-based longitudinal cohort study in Chinese adults. Diabetologia, 2022, 65(7): 1145 - 1156.

[79] Miao Z, Lin J S, Mao Y, et al. Erythrocyte n-6 polyunsaturated fatty acids, gut microbiota, and incident type 2 diabetes: A prospective cohort study. Diabetes Care, 2020, 43(10): 2435 - 2443.

[80] Shuai M, Zuo L-S-Y, Miao Z, et al. Multi-omics analyses reveal relationships among dairy consumption, gut microbiota and cardiometabolic health. eBioMedicine, 2021, 66.

[81] Zhernakova A, Kurilshikov A, Bonder M J, et al. Population-based metagenomics analysis reveals markers for gut microbiome composition and diversity. Science, 2016, 352 (6285): 565 - 569.

[82] Costantini L, Molinari R, Farinon B, et al. Impact of omega-3 fatty acids on the gut microbiota. Int J Mol Sci, 2017, 18(12).

[83] Menni C, Zierer J, Pallister T, et al. Omega-3 fatty acids correlate with gut microbiome diversity and production of N-carbamylglutamate in middle aged and elderly women. Scientific Reports, 2017, 7(1): 11079.

[84] Breuninger T A, Wawro N, Breuninger J, et al. Associations between habitual diet, metabolic disease, and the gut microbiota using latent Dirichlet allocation. Microbiome, 2021, 9(1): 61.

[85] Koeth R A, Wang Z, Levison B S, et al. Intestinal microbiota metabolism of l-carnitine, a nutrient in red meat, promotes atherosclerosis. Nature Medicine, 2013, 19(5): 576 - 585.

[86] Zaramela L S, Martino C, Alisson-Silva F, et al. Gut bacteria responding to dietary change encode sialidases that exhibit preference for red meat-associated carbohydrates. Nature Microbiology, 2019, 4(12): 2082 - 2089.

[87] David L A, Maurice C F, Carmody R N, et al. Diet rapidly and reproducibly alters the human gut microbiome. Nature, 2014, 505(7484): 559 - 563.

[88] Leeming E R, Johnson A J, Spector T D, et al. Effect of diet on the gut microbiota: Rethinking intervention duration. Nutrients, 2019, 11(12): 2862.

[89] Sonnenburg J L, Bäckhed F. Diet-microbiota interactions as moderators of human metabolism. Nature, 2016, 535(7610): 56 - 64.

[90] Reddy B S. Diet and excretion of bile acids. Cancer research, 1981, 41: 3766 - 3768.

[91] Thaiss C A, Zeevi D, Levy M, et al. Transkingdom control of microbiota diurnal oscillations promotes metabolic homeostasis. Cell, 2014, 159(3): 514 - 529.

[92] Xu Z, Knight R. Dietary effects on human gut microbiome diversity. British Journal of Nutrition, 2015, 113(S1): S1 - S5.

[93] Kolodziejczyk A A, Zheng D, Elinav E. Diet-microbiota interactions and personalized nutrition. Nature Reviews Microbiology, 2019, 17(12): 742 - 753.

[94] Tanaka M, Nakayama J. Development of the gut microbiota in infancy and its impact on health in later life. Allergology International, 2017, 66(4): 515 - 522.

[95] Voreades N, Kozil A, Weir T L. Diet and the development of the human intestinal microbiome. Frontiers in microbiology, 2014, 5: 494.

［96］ Arumugam M, Raes J, Pelletier E, et al. Enterotypes of the human gut microbiome. Nature, 2011, 473(7346): 174 – 180.

［97］ Noh H, Jang H H, Kim G, et al. Taxonomic composition and diversity of the gut microbiota in relation to habitual dietary intake in Korean adults. Nutrients, 2021, 13(2).

［98］ Staudacher H M, Loughman A. Gut health: Definitions and determinants. The Lancet Gastroenterology & Hepatology, 2021, 6(4): 269.

［99］ Shoaie S, Ghaffari P, Kovatcheva-Datchary P, et al. Quantifying diet-induced metabolic changes of the human gut microbiome. Cell metabolism, 2015, 22(2): 320 – 331.

［100］ Schmidt T S, Raes J, Bork P. The human gut microbiome: from association to modulation. Cell, 2018, 172(6): 1198 – 1215.

［101］ Patterson A M, Mulder I E, Travis A J, et al. Human gut symbiont roseburia hominis promotes and regulates innate immunity. Front Immunol, 2017, 8: 1166.

［102］ Chung W S F, Meijerink M, Zeuner B, et al. Prebiotic potential of pectin and pectic oligosaccharides to promote anti-inflammatory commensal bacteria in the human colon. FEMS Microbiol Ecol, 2017, 93(11).

［103］ Zeisel S H. Precision (personalized) nutrition: Understanding metabolic heterogeneity. Annual Review of Food Science and Technology, 2020, 11(1): 71 – 92.

［104］ Corbin K D, Abdelmalek M F, Spencer M D, et al. Genetic signatures in choline and 1 – carbon metabolism are associated with the severity of hepatic steatosis. The FASEB Journal, 2013, 27 (4): 1674 – 1689.

［105］ Jones P A. Functions of DNA methylation: Islands, start sites, gene bodies and beyond. Nature Reviews Genetics, 2012, 13(7): 484 – 492.

［106］ Hall A, Versalovic J. Microbial metabolism in the mammalian gut: molecular mechanisms and clinical implications. Journal of Pediatric Gastroenterology and Nutrition, 2018, 66: S72 – S79.

［107］ Den Besten G, Van Eunen K, Groen A K, et al. The role of short-chain fatty acids in the interplay between diet, gut microbiota, and host energy metabolism. Journal of Lipid Research, 2013, 54(9): 2325 – 2340.

［108］ Berry S, Valdes A, Davies R, et al. Large inter-individual variation in postprandial lipemia following a mixed meal in over 1000 twins and singletons from the UK and US: The PREDICT I study (OR19 – 06 – 19). Curr Dev Nutr, 2019, 3(1).

［109］ Nogal B, Blumberg J B, Blander G, et al. Gut microbiota-informed precision nutrition in the generally healthy individual: Are we there yet?. Current Developments in Nutrition, 2021, 5 (9): nzab107.

［110］ Healey G, Murphy R, Butts C, et al. Habitual dietary fibre intake influences gut microbiota response to an inulin-type fructan prebiotic: a randomised, double-blind, placebo-controlled, cross-over, human intervention study. British Journal of Nutrition, 2018, 119(2): 176 – 189.

［111］ Wilmanski T, Rappaport N, Diener C, et al. From taxonomy to metabolic output: What factors define gut microbiome health?. Gut microbes, 2021, 13(1): 1907270.

[112] Zeevi D, Korem T, Zmora N, et al. Personalized nutrition by prediction of glycemic responses. Cell, 2015, 163(5): 1079 – 1094.

[113] Dao M C, Everard A, Aron-Wisnewsky J, et al. Akkermansia muciniphila and improved metabolic health during a dietary intervention in obesity: Relationship with gut microbiome richness and ecology. Gut, 2016, 65(3): 426 – 436.

[114] Chumpitazi B P, Cope J L, Hollister E B, et al. Randomised clinical trial: Gut microbiome biomarkers are associated with clinical response to a low FODMAP diet in children with the irritable bowel syndrome. Alimentary Pharmacology & Therapeutics, 2015, 42(4): 418 – 427.

[115] Valdes A M, Walter J, Segal E, et al. Role of the gut microbiota in nutrition and health. BMJ, 2018, 361: k2179.

[116] Jardon K M, Canfora E E, Goossens G H, et al. Dietary macronutrients and the gut microbiome: a precision nutrition approach to improve cardiometabolic health. Gut, 2022, 71 (6): 1214 – 1226.

[117] Wang Z, Klipfell E, Bennett B J, et al. Gut flora metabolism of phosphatidylcholine promotes cardiovascular disease. Nature, 2011, 472(7341): 57 – 65.

第7章

基因组学在营养与肠道菌群研究中的应用

生物体的遗传是通过父母将离散的可遗传单位(称为基因)传递给后代而发生的。人类的每个基因都有两个拷贝,后代会随机地从父母双方继承两个等位基因中的一个。基于此的观察结果也称为孟德尔第一定律或分离定律。复杂性状特征(比如身高、毛发的颜色)受诸多基因的调控,而这些决定性状的基因表达也在不同程度上受到环境的影响。在研究中,科学家用遗传度来表征遗传因素对复杂性状的解释度。

在过去的30年里,得益于DNA测序技术和基因分型技术的进步,人类对基因组以及遗传变异对健康和疾病的影响的理解取得了巨大的进步。其中,比较有代表的基因组研究项目包括人类基因组计划、国际单倍型图谱项目(HapMap)以及千人基因组计划(1000 Genomes Project)等。在基因组领域,遗传变异的范围包括单个碱基的变异、拷贝数变异以及长片段的插入和缺失突变等。这些突变以及等位基因的频率的变异是很多人类表型差异及疾病的遗传基础。过去的一部分研究将重点放在外显子组区域,这些针对蛋白质编码区段的分析研究已经从人群层面揭示了遗传变异如何影响蛋白质的功能增强或者缺失,进而影响表型效应。

随着高通量测序技术和下一代测序技术的快速进步,对人类遗传和微生物组的关系进行大规模且深入的研究变得越来越可行。测序技术的快速进步也提供了更多发现罕见位点对微生物组影响的机会。从研究的检测方法角度来说,相较于基因分型的结果,全外显子测序以及全基因组测序已经应用于大规模的人群队列检测。对于微生物组特征的描述,也正在从宏基因组的测序数据发现更多新颖未知的信息。下一代测序技术将使研究宿主遗传学和微生物群落之间的复杂相互作用成为可能。

7.1 基因测序技术在微生物研究中的应用

7.1.1 常见的微生物基因组测序技术

微生物(microbiota)是指肉眼无法直接观察到的微小生物体,包括细菌、真菌、病毒、原生动物等。这些微生物广泛存在于自然界中的土壤、水体、空气、植物和动物等各种环境中,是自然界中极为重要的组成部分。微生物对于维持生态平衡、参与物质循环以及人类健康等方面都具有重要的作用。在人体中广泛存在的微生物有细菌等原核生物、真菌等真核生物以及病毒。原核生物细胞核无核膜包裹,但是存在称作核区的裸露在外的DNA,原核生物包括细菌、放线菌、立克次氏体、衣原体、支原体、蓝细菌和古细菌等。它们都是单细胞原核生物,结构较为简单,个体较为微小,一般为 $1\sim10\ \mu m$,仅为真核细胞的 1/10 至 1/10 000。

人类肠道微生物数量的估计值以细菌含量最多的结肠细菌数量为标准约有 3.8×10^{13} 个[1-3],这个数字可能会因人而异,取决于饮食、年龄、生活方式等因素。肠道微生物的种类非常丰富,包括细菌、真菌、病毒和古细菌等多种微生物。这些微生物在人体健康和疾病中发挥着重要的作用,如帮助消化食物、合成营养物质、调节免疫系统、防止病原微生物感染等,而人体细胞的数量约为 3.0×10^{13} 个,细菌数量要高于人体细胞数量一个数量级。肠道微生物的细菌种类非常丰富,但具体数量可能因人而异,前述研究表明,肠道微生物至少包括 $500\sim1\ 000$ 种不同的细菌[1, 2, 4]。也有文章报道肠道微生物包括约 1 000 种细菌,其中 Firmicutes、Bacteroidetes、Proteobacteria 和 Actinobacteria 是最常见的菌群。总的来说,肠道微生物的细菌种类数量非常庞大且多样化,这些微生物在人体健康和疾病中发挥着重要的作用。

宏组学技术的快速发展也为微生物组的研究提供了新的手段,如基因组学、转录组学、蛋白质组学和代谢组学等,这些技术可以对微生物组进行高通量的数据分析和生物信息学处理,从而揭示微生物组的结构、功能和代谢途径,为人体健康和疾病的研究提供了新的视角。2007 年,人体微生物组计划(Human Microbiome Project, HMP),也是人类第一个真正意义上的微生物组计划,由美国国家卫生研究院(National Institutes of Health, NIH)于 2007 年启动,分为两个阶段。人体微生物组计划是一个旨在探索人体微生物群落与宿主健康之间关系的大型研究计划。第一阶段于 2012 年完成,主要目标是建立健康人类微生物组的参考基线,并探索微生物组在不同生理和病理状态下的变化。第二阶段是整合人体微生物组计划,于 2019 年完成。第二阶段主要研究了 3 种情况下微生物组和宿主的动态变化:妊娠和早产、炎症性肠病和糖尿病进展。与此同时,该计划还建立了数据协调中心,为微生物组研究提供了独特的数据资源。该计划为了解微生物组与人体健康之间的关系和开发相应的干预措施提供了重要的基础和框架。

随着测序技术的发展,从微生物组测序技术也从第一代 Sanger 测序,发展到第二代高通量测序(next-generation sequencing technology, NGS),以及目前的以 Pacific Biosciences 公司的 SMRT(single molecule, real-time sequencing)技术和 Oxford Nanopore 公司的 Nanopore 技术为代表的第三代测序技术。第一代测序技术是经典测序技术,基于化学方法和电泳分离技术,速度较慢、成本较高,已经被第二代测序技术所取代。二代测序技术在保持测序准确度的前提下,主要解决了第一代测序通量低的问题。二代测序技术可以同时对几万到几百万条 DNA 分子进行测定,因此也被称为高通量测序技术[5]。二代测序平台主要有 Roche 公司的 45,Illumina 公司的 Solexa 和 Hiseq,以及 ABI 公司的

Solid 等测序仪[6],其原理分别为焦磷酸测序、边合成边测序和连接测序。二代测序技术既大大降低了测序成本又大幅提高了测序通量,同时保持了高准确性。其原理是将 DNA 分子随机切割成短片段,然后通过扩增、分离和检测,确定这些短片段的序列。这种技术可以同时测序大量的 DNA 分子,并且速度更快、成本更低、数据输出更高效。二代测序技术已被广泛应用于微生物学领域,可以帮助研究人员更好地了解微生物的基因组组成、表达和功能等信息,从而更好地研究微生物的生态学、流行病学和抗生素耐药性等问题。同时,二代测序技术也可以帮助研究人员更好地了解微生物和宿主之间的相互作用,以及微生物在宿主内的定植和生长机制。

　　微生物领域的二代测序技术包括16S/18S 扩增子测序和宏基因组鸟枪法测序。16S 和18S 扩增子测序是一种用于微生物和真核生物分类和种群结构分析的常用分子生物学技术。其基本原理是利用 PCR 技术扩增样本中 16S 或 18S rRNA 基因序列,然后将扩增产物进行高通量测序,最后通过比对样本序列与数据库中已知序列的相似性,来鉴定样本中存在的微生物或真核生物的种类和数量。具体来说,16S rRNA 基因是细菌和古菌上的一个高度保守的基因,其序列在不同的细菌和古菌中具有一定的差异性。18S rRNA 基因则是真核生物细胞核中高度保守的基因,其序列在不同的真核生物中也有一定的变异。首先,通过 PCR 技术扩增 16S 或 18S rRNA 基因,然后对扩增产物进行凝胶电泳检测,以确定扩增产物的大小和纯度。接下来,将扩增产物进行高通量测序生成大量的短片段序列。最后,通过将这些短片段序列与已知的 16S 或 18S rRNA 序列数据库中的序列进行比对,来鉴定样本中存在的微生物或真核生物的种类和数量。16S/18S 扩增子测序是一种常用的微生物和真核生物分类和种群结构分析技术,可以用于研究微生物和真核生物的多样性、生态学和进化等问题。

　　宏基因组鸟枪法测序技术是一种用于宏基因组测序的高通量测序技术。其基本原理是在宏基因组测序前,将样品中的所有 DNA 随机切割成小片段,然后对这些小片段进行 PCR 扩增,最终进行高通量测序。与常规的宏基因组测序技术不同的是,宏基因组鸟枪法测序技术不需要事先对目标基因进行特异性扩增,而是通过随机切割和 PCR 扩增来扩增样品中所有的 DNA。这种方法使得样品中的所有微生物和植物等物种的 DNA 都可以被扩增和测序,从而提供更全面的宏基因组信息。宏基因组鸟枪法测序技术可以用于研究微生物和植物的多样性、功能和生态学等问题。由于其不需要特异性引物,因此可以更快地进行样品处理和测序,并且可以避免引物偏向性和扩增偏差等问题。它还可以用于研究微生物和植物在复杂环境中的相互作用和生物地理学等问题。但是,宏基因组鸟枪法测序技术的缺点是存在大量的嵌合序列和低质量序列,因此需要进行严格的数据质量控制和去噪处理。此外,虽然二代测序技术速度快、成本低,但其最大的缺点是读长较短,通常只有数百个碱基,这限制了其在一些场景中的应用。并且,由于它没有特异性扩增目标基因,因此有时可能会产生一些无用的序列或噪声,需要进行进一步的数据分析和解释。

随着三代测序技术的开发加速了微生物组研究的进展,三代测序技术是指最近出现的一类高通量测序技术,与第一代和第二代测序技术相比,其最大的特点是可以产生更长的序列读长,三代测序可以产生数千到数万个碱基的序列,这使得其可以更好地解决一些 NGS 技术难以解决的问题,例如复杂基因组的组装和注释、长序列的检测和定位、基因表达调控和修饰等。目前,主流的三代测序技术包括 Pacific Bioscience(PacBio)和 Oxford Nanopore Technologies(ONT)两种技术。这些技术利用了不同的原理,例如单分子荧光检测、核酸纳米孔测序等,实现了高精度、高通量的 DNA 或 RNA 测序。三代测序技术的应用领域包括基因组组装、基因表达调控和修饰、生物多样性研究、临床诊断等方面。随着技术的不断发展和完善,三代测序技术将在越来越多的应用领域中发挥重要的作用。这些技术的共同特点是都能够在单个分子水平上进行测序,并且可以产生长度达数千到数万个碱基的序列。

下面分别介绍这两种技术的原理:① PacBio 技术(SMRT 技术):基于单分子荧光检测原理,即将 DNA 聚合酶与单个 DNA 分子结合,通过检测聚合酶在 DNA 上的运动轨迹来实现测序。这种技术可以产生高精度、高通量的长读长序列,但是其测序错误率较高。② ONT 技术:基于核酸纳米孔测序原理,即将 DNA 或 RNA 单个分子通过纳米孔,通过检测离子流的变化来实现测序。在测序过程中,DNA 或 RNA 单个分子通过纳米孔时会产生离子流的变化,这些变化可以被检测并转换成序列信息。这种技术可以产生长读长序列,并且具有高通量、低成本等优点,但是其测序错误率也较高。

微生物培养和微生物组多组学的分析技术已经显著提高了我们对人类微生物组的分类学和功能变化及其对宿主过程影响的理解。随着下一代测序技术分辨的提高,未来微生物组研究将有机会深入地研究环境和肠道中的低丰度微生物[7]。此外,进展迅速的单细胞技术,以分离、培养和表征各个微生物在复杂群落中的基因组和转录组,将为人类微生物组的生物学和行为提供独特的见解。

7.1.2　微生物组组成和功能的研究方法

Qimme2 软件是微生物组 16S rRNA 测序数据的主要的上游分析软件,Qimme2 包含了从原始下机数据到统计分析的流程,是一个较为完善的 16S rRNA 测序数据分析平台[8]。Linear discriminant analysis Effect Size (LEfSe)是常用的用来统计分析不同组别之间显著的菌群组成的下游分析方法。LEfSe 分析的输入数据为 ASV 或 OUT 在每个样本上的表达丰度矩阵文件及分组信息,网站首先对输入的文件进行标准化,然后可以采用 LDA 检验、Wilcoxon 秩和检验等统计分析方法寻找不同组别间的差异物种组成,并绘制 LEfSe 柱形统计图,同时也可以绘制进化树图,还可以对菌群在门纲目等层级进行可视化,用户可以选择感兴趣的细菌,观察该细菌在不同组别间丰度的差异。

在 16S rRNA 基因测序数据的菌群功能预测方面,Phylogenetic Investigation of Communities by Reconstruction of Unobserved States(Picrus)是较为常用的软件。该软

件通过将 16S rRNA 测序结果与 Greengenes 数据库进行比对,得到高度匹配的 OTU,采用 OUT 的对应基因组的 16S rRNA 拷贝信息,对 OUT 相应的序列数与拷贝数做除法去标准化,用标准化的数据再经过和相应基因组中基因含量相乘来实现基因功能预测。得到的预测结果可以比对到 KEGG Orthology、同源蛋白酶 COGs 或蛋白质结构相关的 Pfams 数据库等对基因家族进行分类。

微生物的宏基因组数据分析首先包括下机数据的质量控制和过滤低质量序列和去除测序的接头序列这两个主要步骤。FastQC 是常用的评估测序质量的工具,可以用-f 参数指定质控的文件类型,可以输入的文件类型有 fastq、bam、sam 格式及这些文件相应的压缩格式。FastQC 软件会对每个位置的碱基输出相对应的质量评分,通常要求每个碱基位置上 10% 的分位数的质量值大于 20。在质控后,需要对数据进行 trimmomatic 去除低质量序列以及 bowtie2 比对人源宿主并筛选非宿主序列。目前,基于宏基因组数据的前处理中可以采用较为常用的集装了 trimmomatic 和 bowtie 的 kneadData 工作流程。在宏基因组数据的物种分析层面,可以使用 MetaPhlAn、HUMAnN 等系列软件进行物种和功能的注释,同时还可以基于 kraken 软件参考 NCBI 数据库注释对 reads 进行注释。

Metaphlan2 是 2015 年开发的针对宏基因组鸟枪法测序样本进行物种划分的方法,这个软件可以快速对原核生物和病毒进行精确的分类和定量,可以达到物种水平甚至到菌株水平。HUMAnN2(The HMP Unified Metabolic Analysis Network 2),是基于宏基因组、宏转录组数据分析的微生物通路丰度的有效工具,HUMAnN2 软件的输出结果文件包括通路丰度文件和通路覆盖度文件,在功能注释层面 HUMAnN2 采用 diamond 比对 UniRef 数据库。同时 HUMAnN2 软件整合了 MetaPhlAn 软件,即可以通过 HUMAnN2 软件实现物种、功能的注释和定量,同时也可以得到功能通路中对应的物种组成,可以让使用者更深层次地挖掘宏基因组数据。此外,KarKen2 也是宏基因组分析中常用的软件,这款软件可以快速准确地对宏基因组数据进行物种注释,KarKen2 可以根据 NCBI 数据库对宏基因组鸟枪法测序质控去宿主后得到的 clean reads 进行物种分类,KarKen2 软件也会输出细菌各个层级的 read counts 定量表,可以用于后续的 LEfSe 分析,细菌门属种及基因层面的 α 多样性、β 多样性及 richness 分析等。

以上介绍的是针对有参考基因集合的菌群的物种和功能注释的方法和工作,对于没有参考基因集合的样本的注释,往往采用组装构建参考基因集合的方法去比对定量。宏基因组无参分析的主要流程和所用软件包括:① 采用 Trimmatic 软件对原始下机数据进行质量控制去除低质量序列和接头序列,采用 bowtie 去除宿主基因组。② 采用 MegaHit 软件进行组装,也可以选择 MetaSpades 软件组装,虽然 MetaSpades 可以组装出更长的 contigs,但是这个软件对计算机内存需求及计算资源需求较大。③ 基于 MetaBat2 软件的组装分箱。通过 MetaBat2 软件分箱得到 bins,每个 bins 是菌株水平的聚类单元,可以进行 StrainPhlan 分析,构建物种进化树,及进行比较基因组分析。④ 基于 CheckM 的高质量 bins 的筛选。CheckM 可以用来评估组装的基因组的完整度和污染度,通常筛选完整度大于 75％,污染度小于 25％ 的组装基因组作为高质量的基因组,用于后续分析。通过 bins 分箱也可以得到未培养的物种基因组草图。⑤ 基于 CD-hit 的基因组去冗余。CD-hit 是用于蛋白质序列或核酸序列聚类的工具,根据序列的相似度对序列进行聚类以去除冗余的序列,用于构建非冗余基因集合。⑥ 基于 PROKKA 的基因预测。PROKKA 是一套非常实用的基因组注释工具,可以对原核基因组和宏基因组进行快速高效的功能注释,PROKKA 要求以 Fasta 格式的预组装基因组 DNA 序列为输入文件。⑦ 基于 Salmon 的定量。Salmon 是一款新的、极快的转录组计数软件,可以不通过比对而获得基因的计数值。Salmon 的结果可由 edgeR／DESeq2 等进行计数值的下游分析。⑧ 基于 GTDB-tk 及 SGB 数据库的单菌基因组物种注释。⑨ 基于 egg-NOG Mapper 的单菌基因组功能注释。通过以上步骤,可以得到单菌基因组的物种分类和功能注释结果,用于构建系统进化树,并对未知物种进行分类。

7.1.3 微生物组遗传组成对宿主健康的影响

微生物的基因组包括染色体和质粒两部分。微生物的染色体通常是单个环状或线性的 DNA 分子,其大小可以从几千到几百万个碱基不等。大多数微生物的基因组都是单倍体,即仅包含一个拷贝的染色体。染色体上编码了微生物的所有基本遗传信息,包括代谢途径、生长和分裂等基本生命过程。质粒是一种小型的环状 DNA 分子,通常大小在数千至数十万个碱基之间。与染色体不同,质粒通常是可变的,可以存在于不同数量和形态,其数量和内容也可以在细菌群体中发生变化。质粒通常编码了微生物的一些特定功能,例如抗生素抗性、代谢途径和毒性等。微生物的基因组大小和复杂性因微生物种类而异。一些微生物具有较小的基因组,例如细菌和古菌,其基因组大小通常在数百万个碱基之内。然而,一些微生物具有较大的基因组,例如真菌和原生动物,其基因组大小可以超过数十亿个碱基。

微生物基因组的遗传变异是指微生物在遗传层面上的多样性和变化。微生物基因组的遗传变异可以包括:① 点突变:单个碱基发生了变化,例如发生了错义突变、无义突变或同义突变等。这些突变可能会导致基因表达的改变或者功能的丧失。② 插入和缺失:基因组中的一段 DNA 序列可能会被插入或者丢失,导致基因组的大小和结构发生变化。这种变异可能会影响基因表达和功能。③ 基因组中的某些区域可能会发生基因拷贝数的变化,例如基因重复、基因缺失或基因扩增等。这种变异可能会影响基因表达和功能。④ 基因重组:基因组中的不同区域可能会发生重组,导致新的基因组结构和序列的出现。这种变异可能会创造新的基因、蛋白质或代谢产物等。微生物基因组的遗传变异是微生物适应各种环境和生态位的重要途径。微生物基因组的变异可以创造新的代谢途径、增加抗性和适应性、提高竞争力等。同时,微生物基因组的遗传变异也是微生物进化和生态系统重要的驱动因素之一。对于微生物组的重要组成部分细菌来说,其基因组的遗传组成变化可以使得细菌获得新的特征、增加细菌组成的多样性、使细菌获得抗生素抗性等作用,并且遗传特征的变异可以垂直传递给下一代或水平转移到其他细菌。即使少量的基因变异,也可能导致细菌致病毒力、抗生素抗性的变化,从而引发宿主代谢性疾病或影响宿主的寿命,因此研究细菌的遗传组成对解析环境中菌群的多样性及菌群功能具有至关重要的作用。

　　微生物组在宿主内部发挥着重要的生理和代谢作用主要体现在协助消化、免疫调节、维持肠道屏障等方面。微生物基因组的遗传组成的变化可以导致微生物群落的变化,从而影响宿主的健康。一些研究表明,肥胖人群肠道中的菌群组成与健康人群不同,同时这些人群中也存在着肠道菌群代谢能力的差异[9-11]。微生物组在免疫系统中起着重要的调节作用。微生物基因组的变异可以导致免疫系统的异常,例如自身免疫疾病的发生[12-14]。微生物基因组的变异可以导致细菌对抗生素的耐药性的产生。这种耐药性可以在宿主体内传播,从而对宿主的健康产生负面影响[15, 16]。一些微生物可以产生毒素,这些毒素可以影响宿主的健康。微生物基因组的遗传组成的变化可以导致毒素产生能力的增强或减弱[17, 18]。2019 年,有研究人员开发了 SGVFinder 算法来识别细菌基因组的遗传变异,主要包括缺失结构变异和可变结构变异。研究发现遗传变异在菌群微生物组中广泛存在,并且微生物组的遗传组成具有个体差异。比较有趣的是,同居受试者的微生物组图谱的相似性要高于亲属之间的微生物组结构变异图谱,这一结果表明,对于微生物组的遗传变异来讲,环境的影响力可能要大于宿主遗传的影响力[19]。研究人员也发现菌群的遗传变异与一些健康的风险因素相关,比如 A. hadrus 基因组特定位置的缺失型结构变异不仅与 BMI、体重和腰围低有关,也与高密度脂蛋白胆固醇相关[19]。此外,研究人员系统地检测多个队列宏基因组样本的结构变异,并发现它们在人类微生物组中非常丰富,并在不同的队列中很大程度上得到了验证。在结构变异中发现的许多基因,例如抗生素生物合成基因,可能在微生物适应环境和与宿主交流中发挥重要作用。

　　总的来说,微生物的基因组具有广泛的遗传多样性,这种多样性是微生物适应各种环境和生态位的关键因素。此外,微生物的基因组也是一种重要资源,可以被用于基因工程、疫苗开发、抗生素研发、环境修复等领域。微生物基因组的遗传组成可以对宿主的健康产生影响,这种影响可能是积极的也可能是消极的。因此,对微生物组进行调控和管理可以成为预防和治疗疾病的重要手段。

7.2　宿主遗传变异与肠道菌群的交互作用

7.2.1　宿主遗传对肠道微生物的影响

1. 宿主遗传在营养、肠道菌群交互作用中的研究应用

　　双胞胎队列是研究宿主遗传因素对肠道微生物组成和结构影响的重要方法。双胞胎队列在研究中的优势在于其母体的微生物群、饮食等环境因素接近,因此可以尽

可能地减少环境因素对结果的影响。与此同时,同卵双胞胎具有相似的遗传学背景,而异卵双胞胎的遗传相似性则更接近于一般的兄弟姐妹。当遗传因素对表型的贡献度有限时,双胞胎队列将有助于探究宿主的遗传效应。早在 2014 年,基于 TwinsUK 的研究计算了同卵双胞胎和异卵双胞胎组内肠道微生物组操作分类单元(OTU)相关系数来评估遗传力,并通过随机置换分组标签评估组间差异的显著性。进一步分析还结合了 ACE 模型和结构方程建模来确定特定的肠道微生物组特征的遗传度以及遗传度估计值的 95% 置信区间。ACE 模型用来估计肠道微生物组的遗传度。ACE 模型假定总方差(V)的构成有 3 个来源,分别是遗传效应(A)、共同环境(C)和独特环境(E)。遗传力定义为由遗传效应占总方差的比例(A/V)。置信区间的估计来自结构方程模型。对双胞胎的研究表明,同卵双胞胎的微生物群与异卵双胞胎的微生物群相比更加相似。宿主与特定类群的遗传相互作用可能在人群中广泛存在,并对人类生命健康具有深远的影响。

全基因组关联分析是研究特定遗传位点与肠道微生物特征关联的重要方法。具体的过程是检验全基因组水平上每一个遗传位点与关联微生物特征的关联分析的结果。有许多微生物组属性可以用作肠道微生物全基因组关联分析的表型。首先,α 多样性,即群落样本中的物种多样性可用作表型和针对宿主基因型进行的关联;β 多样性,即肠道微生物组成结构的多样性,使用系统发育树信息或操作分类单元丰度信息计算成对样本间的距离。其次,不同分类水平的微生物特征,包括门、纲、目、科、属和种,以及来自注释数据的操作分类单元的相对丰度也可以作为全基因组关联分析的表型,用于评估遗传变异位点与特定表型的关联。再次,来自宏基因组数据的微生物代谢通路以及功能基因注释(如碳水化合物代谢基因、抗生素抗性基因)结果也可以用作全基因组关联分析的表型。需要注意的是,由于微生物组数据的高维特征,分析时纳入高维肠道微生物组数据往往会引起统计学假设检验次数的增加。最后,遗传因素对肠道微生物组特征的影响有限。这势必会导致在有限的样本和严格的全基因组水平显著性阈值下,统计效力有限。一个可以参考的处理方法是对微生物组特征之间的相关性进行评估;对于存在高度相关性的微生物组特征,分析时可以进一步计算微生物组特征之间的独立有效数字作为统计检验的校正次数。另一种可以参考的做法则是基于真实的数据分布,将真实的微生物组数据多次随机,重新计算给定显著性下的假阳性概率。在控制假阳性概率之后,用给定的显著性水平作为后续全基因组关联分析时的显著性阈值。这一做法的好处是考虑了真实的数据分布(计算独立有效数字分布的方法往往要求数据服从特定的统计学分布,例如正态分布)。而缺点是多次随机引入了更高的时间复杂度,特别是在微生物组数据维度高的前提下,计算时的时间复杂度应当被考虑。

在全基因组关联分析时,常见的关联分析统计方法包括混合线性回归(探究遗传位点与肠道微生物特征丰度的关系)与逻辑回归(探究遗传位点与有无特定肠道微生物的关系)。此外,在研究宿主遗传因素对肠道微生物 β 多样性的影响时,置换多元方差分析(permutational multivariate analysis of variance, PERMANOVA)也是一个广泛应用的方法。对于常见的混合线性模型和逻辑回归模型,有不少的计算机软件可以在短时间内完成高维基因数据的高性能计算。常用的分析软件包括 PLINK、GCTA、SNPTEST 和 BOLT - LMM 等。对于 β 多样性,已公开发表的高性能计算方法仅有基于 R 语言开发的"microbiomeGWAS"软件包[20]。"microbiomeGWAS"使用带有 β 样性指标的标准线性回归并校正偏度和峰度,通过测试遗传位点与微生物组的关联、遗传位点与环境因素相互作用来识别与微生物组 β 多样性相关的宿主遗传变异。

在大样本量下对上百万个显著性位点进行回归分析,有时可以发现大量的、考虑了严格多重检验校正后依然显著的结果。这些显著的位点有一部分会存在高度的连锁不平衡(linkage disequilibrium, LD)。在传统的全基因组关联分析中,人们会对高度相关的位点组成的基因簇中最显著的位点进行报道。然而,这一做法的弊端包括最显著的位点可能不是引起表型改变的有效位点,它与真正的有效基因处于高度的连锁不平衡中;当识别的遗传变异位于非编码区,它并不会真正地表达在蛋白质中,阐明其潜在的生物学意义是研究工作的重点和难点。为了解决这些问题,一个可以考虑的分析方法是使用来自组织器官中的分子表型数据,包括转录组测序数据和蛋白质组数据。这些基因表达数据可能包含与肠道微生物组表型相关的分子特征信息,结合遗传流行病学方法,或将有助于发现潜在的功能基因。

孟德尔随机化分析(Mendelian randomization analysis)是常用的、用于评估肠道微生物组特征与宿主表型之间潜在因果关联的遗传流行病学方法。具体来说,孟德尔随机化分析基于基因型在减数分裂时期,来自父母的遗传因素是随机分配给后代的,这类似于随机对照实验中的随机化过程。在后续分析时,这一研究方法使用与暴露有关的遗传变量,并评估这些遗传变量与感兴趣的研究结局的关系。在进行这些分析时,需要遵循的原则主要有 3 点。① 遗传工具变量与暴露有关,这将影响孟德尔随机化分析时的统计效力,而弱的工具变量则可能引起偏倚;② 遗传工具变量不能和同时影响暴露和结局的混杂因素有关;因此,我们在分析时需要检查工具变量和混杂因素的关系,在敏感性分析或者其他特定的分析中,剔除这些与混杂因素有关的工具变量;③ 遗传工具变量不能与结局有关;除了通过暴露因素,遗传工具变量和结局之间没有独立的因果关联;这将排除工具变量的水平多效性问题。已经有一些系列的遗传统计学方法被开发,用于评估暴露因素和结局因素之间潜在的因果关系。这些方法包括 MR - IVW、MR - Egger 以及 MR - PRESSO 等[21, 22]。

2. 宿主遗传因素对肠道微生物特征影响研究的进展

使用微生物组属性,如 α 多样性、β 多样性或细菌类群的相对丰度作为响应变量,以及宿主的基因型数据作为解释变量,进行肠道微生物全基因组关联分析。迄今为止,使用这种方法已开展了不少的研究。首先是 2015 年,Blekhman 等使用人类微生物组计划收集的人体不同部位的微生物组数据开展关联分析。他们的分析共纳入了 15 个身体部位的 615 个微生物组特征。此外,为了减少假设检验的次数,分析仅仅纳入了位于蛋白质编码区段上的遗传变异位点。在这项研究中,相当有意思的一个发现是关于乳糖酶(LCT)。位于乳糖酶编码基因区段上的遗传变异被发现与双歧杆菌的丰度有关。乳糖酶在胃肠道中表达并起到水解乳糖的作用。除了双歧杆菌可以代谢乳糖,也有一些其他的微生物偏好以乳糖作为碳源。这一相关性的结果,后续也被 Goodrich[23]、Bonder[24]、Rühlemann[25] 和 Kurilshikov 等[26]的研究验证。

相较于环境因素,遗传因素对肠道微生物的影响有限。尽管发现了一系列的遗传位点与肠道微生物的关系,其中鲜有能够在多个独立队列中验证的结果。这推动了运用整合队列以提高统计效力的研究。其中,著名的是 2021 年 MicroGen 联盟基于 18 340 名志愿者的分析。在这项研究中,他们汇集了来自 24 个队列的研究结果,其中 6 个队列在非欧洲祖源人群开展。在这项研究中,研究者一共发现了 31 个基因座可能影响肠道微生物组。他们基于发现的遗传位点与肠道微生物的关联进一步开展了孟德尔随机化分析,研究强调了放线菌纲(Actinobacteria)、双歧杆菌属(Bifidobacterium)与溃疡性结肠炎的关系,以及草酸杆菌科(Oxalobacteraceae)与类风湿性关节炎的关系。

目前,有 4 项肠道微生物组关联分析研究在东亚人群中开展。其中第一篇正式发表的东亚人群研究是基于一个中国南方 1 475 名中老年人群进行的肠道菌群全基因组关联研究[27, 28]。该研究发现了 6 个遗传变异与微生物分类群的显著关联关系,但是这些关系无法在独立队列中被验证。这可能是由于验证队列的样本量较小(n=199),限制了统计效力。因此,研究者进一步构建了多基因评分,以纳入更多的遗传变异位点、提高对表型方差的解释度。研究者在独立队列中验证了糖细菌(Saccharibacteria)、梭菌科(Clostridiaceae)、丛毛单胞菌科(Comamonadaceae)、克雷伯氏菌属(Klebsiella)和脱硫弧菌属(Desulfovibrio)的遗传多基因评分。此后,也发表了另外两篇来自中国人群研究结果:这两项研究使用的均是宏基因组测序方法来描述肠道微生物组特征,以及对志愿者的遗传特征进行了全基因组测序。后一项发表于 2022 年的研究,在前一项研究的基础之上,进一步扩大了分析研究的样本量[28]。Liu 等基于 3 432 名志愿者的研究,通过对宏基因组特征和血液代谢物特征进行全基因组关联分析,描述了血液代谢物与肠道微生物组之间的因果关系。分析研究发现了总共 625 个遗传位点与肠道微生物组特征的关联,涉及 54 个独立基因座。还有一项基于日本人群的研究,其结果发现了 5 个遗传位点与肠道微生物特征的关联,但是他们的研究缺少独立验证的队列[29]。

目前,大多数研究都集中在西方高加索人群,有少部分研究在其他种族的人群中开展。从统计遗传学的角度来看,纳入非欧洲祖源人群对揭示肠道微生物的遗传背景来说十分重要。一方面,环境因素可能独立于遗传因素对肠道微生物组的组成和结构功能有着潜在的影响;另一方面,环境因素也可能与遗传因素交互,进而影响肠道微生物组。

已有的对于类性状和复杂疾病全基因组关联分析研究也强调了将不同种族背景的人群纳入人类基因组学研究的必要性。全球人口基因组测序研究,如千人基因组计划发现某些罕见遗传变异是仅仅出现于特定人群的。此外,相当多的遗传变异在不同的人群中频率也并不一致。这些因素加上环境因素的影响,导致许多在西方高加索人群中发现的遗传-表型关联无法在非西方高加索人群中重复验证,特别是在非洲人群中。因此,仅研究单个祖先群体得出的推论可能不完整甚至不准确。乳糖酶基因变异与双歧杆菌的关联分析发现就是一个例子。在西方高加索人群中,约有一半人携带了可以代谢乳糖的基因型;而在东亚人群中,这一基因型是极罕见的(<1%)。因此,若仅在东亚人群中开展分析,则无法发现这一关联的结果。相应地,日后在东亚人群中发现的遗传变异与肠道微生物组特征的关联也可能受限于人群特异性的等位基因频率而无法在其他人群中复现。为了系统地描述遗传因素对肠道微生物组特征的影响,广泛地纳入不同种族背景的人群是十分必要的。

3. 宿主遗传-肠道微生物特征关联研究的挑战

微生物组全基因组关联研究的结果为研究者提供了研究人类宿主基因与肠道微生物之间关联的新视角。然而,要想提高对宿主遗传与微生物组关联的理解,必须面对几个关键挑战,包括如何克服技术上的限制和数据分析的复杂性,如何考虑环境因素和生活方式对宿主与微生物组互作的影响,以及如何解决不同人群之间遗传差异和微生物组差异的问题。尽管应对这些挑战充满了困难,但也带来了新的机遇。

首先,人类肠道微生物组对人口测量学和环境因素非常敏感。研究已证明,性别、年龄和地理位置等因素会影响肠道微生物组的组成和功能多样性。这些因素会在肠道微生物全基因组关联分析中引入偏差,从而降低统计功效。因此,在构建统计模型时可能需要针对这些因素进行校正或进一步进行敏感性分析。但是在大规模的荟萃分析中,并非所有队列都包含这些数据。人口和环境因素对肠道微生物组的巨大影响可能限制了分析时发现潜在关联的能力。

其次,肠道微生物组数据在维度方面的复杂性,对稳健的分析框架开发提出了挑战。微生物组数据由数百个细菌类群组成,因此寻找与细菌性状相关的遗传变异时会进行多次统计学检验。由于微生物分类群的数量多,导致高计算成本和计算时间。并且,校正统计次数又引入了统计效力降低这一问题,尤其是在过于严格的校正标准下。在进行研究分析时,需要考虑每种校正方法的优势和局限,使用不同的校正方法也将影响关联分析的结果。在目前的分析中,一些研究者会通过只关注特定分类单元或遗传变异,又或者去除丰度数据高度相关或丰度较低的微生物分类群以减少纳入分析的肠道微生物分类群数量,来规避多重检验的问题。虽然这些关注特定微生物或者遗传变异的方法具有更高的统计效力,但仅使用部分肠道微生物特征会导致无法完整地描述宿主遗传因素对微生物组组成的影响,从而限制发现新关联的机会。特定的稀有类群也可能与宿主遗传学相互作用。

营养与肠道菌群

表 7 - 1 目前公开发表的人类肠道微生物组全基因组关联分析研究

研究者	年份	测序方法	研究人群	样本量	纳入分析的肠道微生物特征
Blekhman 等	2015	宏基因组测序	西方高加索人群	93	微生物分群、α 多样性、β 多样性
Goodrich 等	2014	16S rRNA 测序	西方高加索人群	977	微生物分类群、β 多样性
Davenport 等	2015	16S rRNA 测序	西方高加索人群	127	微生物分类群
Goodrich 等	2016	16S rRNA 测序	西方高加索人群	1 126	微生物分群、β 多样性
Bonder 等	2016	宏基因组测序	西方高加索人群	1 514	微生物分类群、微生物的代谢通路
Turpin 等	2016	16S rRNA 测序	西方高加索人群	发现集：1 098；验证集：463	微生物分类群、α 多样性
Wang 等	2016	16S rRNA 测序	西方高加索人群	1 812	微生物分群、β 多样性
Rühlemann 等	2018	16S rRNA 测序	西方高加索人群	1 767	β 多样性
Rothschild 等	2018	16S rRNA 测序和宏基因组测序	中亚人群	1 046	微生物分类群、α 多样性、β 多样性
Xu 等	2020	16S rRNA 测序	东亚人群	1 475	微生物分群、α 多样性、β 多样性
Ishida 等	2020	16S rRNA 测序	东亚人群	1 068	微生物分群、α 多样性
Hughes 等	2020	16S rRNA 测序	西方高加索人群	3 890	微生物分类群、α 多样性、β 多样性、肠型
Rühlemann 等	2021	16S rRNA 测序	西方高加索人群	8 956	微生物分类群、β 多样性
Kurilshikov 等	2021	16S rRNA 测序	多祖源人群	18 340	微生物分群、α 多样性、β 多样性
Liu 等	2021	宏基因组测序	东亚人群	1 295	微生物分群、α 多样性、β 多样性
Liu 等	2022	宏基因组测序	东亚人群	3 432	微生物分群、α 多样性、β 多样性
A. Lopera-Maya 等	2022	宏基因组测序	西方高加索人群	7 738	微生物分类群、微生物代谢通路

178

此外,当涉及宿主基因和微生物组之间的相互作用时,研究表明存在着复杂的多基因性。然而,我们对遗传结构和宿主基因对特定微生物组表型的贡献仍知之甚少。此外,研究结果揭示单个遗传位点对肠道微生物组表型差异的影响有限,因此无法解释宿主微生物组表型的大部分差异。这也意味着需要大样本量来检测适度相关的变体。同时,由于微生物群落丰度数据的共线性和微生物网络结构的复杂性,开发合适的分析方法也具有挑战。虽然线性模型是多数遗传关联分析研究的基础,并且在迄今为止的肠道微生物全基因组关联分析中发挥了关键作用,但是它们只能检测线性相互作用模式。因此,我们需要开发适用于肠道微生物全基因组关联分析的新的统计方法来补充现有的线性模型。

肠道微生物全基因组关联分析的结果也面临着可重复性的挑战。在过去的研究中,许多免疫和代谢相关的宿主基因被发现与细菌类群的丰度显著相关,但这些研究的结果之间几乎没有一致性。这可能归因于多种因素,包括微生物检测方法和处理方法的差异、统计方法的差异和样本的环境因素等。通常来说,在全基因组关联分析的发现阶段,会在考虑多重检验校正的基础上设置一个较小的显著性水平阈值。这就要求在此阶段发现的信号具有足够强的效应值,才能在有限的样本量下被发现。而在全基因组关联分析的验证阶段,在考虑多重检验校正(即显著性位点的数量)后设置的显著性阈值往往远大于发现阶段的阈值。当在不同的独立研究中重复同一个关联时,假设效应值一致,那么在验证阶段需要更少的样本量就可以以充足的统计效力验证结果。在肠道微生物组全基因组关联分析领域,重复性低的一个可能假设是在不同研究队列中遗传对于肠道微生物的效应值不一致,其中环境因素可能发挥了潜在的交互作用。

7.2.2 宿主遗传、营养与肠道菌群的关系

目前的研究结论认为,相比于遗传因素,包括饮食、营养素摄入水平在内的环境因素解释了更大比例的微生物组组成或者结构的变异。以乳糖酶(LCT)的突变为例,目前研究发现,宿主遗传组成不直接影响微生物组,而是与饮食、营养素相互作用调节微生物组,进而影响宿主表型。LCT 基因突变将影响个体的乳糖代谢能力。在亚洲人群中,几乎所有人群均不携带代谢乳糖的能力,即无法产生乳糖酶。而在西方高加索人群中均以不同比例携带了这一基因。这也被认为与西方高加索人群长久以来摄入乳制品的饮食习惯有关。然而,在亚洲和西方高加索人群中都有不具备乳糖代谢能力,但是可以食用乳制品的人群。这一现象被推测可能与肠道中的双歧杆菌有关。已有研究证实了双歧杆菌在肠道中的丰度与乳制品摄入量的正相关关系。

微生物组的全基因组关联分析研究发现位于 LCT 基因所在基因座的遗传突变与双歧杆菌的丰度相关,这一发现很快在之后多个基于欧洲人群的研究中被证实。一个合理的解释是,在具有乳糖代谢能力的人群中,他们相较于乳糖代谢能力缺陷的人群,不会依赖肠道中的双歧杆菌来代谢乳糖。因而在这些人肠道内,有更低的双歧杆菌水平。而在

乳糖代谢能力缺陷的人群中,他们需要肠道中的双歧杆菌来代谢乳制品中的乳糖,因此肠道中的双歧杆菌丰度更高。这一现象也与其他的健康表型或疾病结局相关。基于潜在调控微生物组的遗传变异,后续使用遗传工具变量和孟德尔随机化的方法推断双歧杆菌可能对溃疡性结肠炎具有保护作用。

另一个发现是关于岩藻糖基转移酶 2(fucosyltransferase 2, FUT2)与肠道微生物的关系[30]。除了乳糖酶有关基因座外,影响血型的 ABO 基因座在被发现与肠道微生物组有关。ABO 系统由两个基因决定:FUT1,编码一种装配 H 抗原的岩藻糖基转移酶;ABO,编码一种糖基转移酶,通过向 H 抗原前体添加不同的末端糖来装配 A 抗原或 B 抗原。因此,呈递细胞表面是否存在 A、B 或 H 抗原决定了个体的血型(分别为 A、B 或 O)。FUT2 基因编码 H 抗原的可溶性形式,使这些抗原能够在肠黏膜和体液中表达。然而,在位于 FUT2 基因中的无义突变能够使纯合子个体无法在肠黏膜上表达血液抗原。ABO 血型与 FUT2 的交互作用则可能影响 Collinsella 属和 LACTOSECAT-PWY 代谢途径。位于 FUT2 编码区段上的遗传变异还被发现可能影响 Ruminococcus torques 属的丰度。表型组关联分析则指出该遗传变异与鱼类摄入正相关,与饮酒量负相关。尽管 FUT2 基因在不同的研究中被观察到与肠道微生物组特征和饮食特征有关,但具体的机制尚未阐明。潜在的一个假设是,FUT2 基因可以直接调控 H 抗原在肠黏膜上的表达,因而影响肠道微生物,而肠道微生物的下游代谢产物可能会影响宿主对于食物的偏好。另一个假设则是,FUT2 基因具有多效性,它可以同时影响肠道微生物组的组成和人类对于食物的偏好。为了探索 FUT2 与肠道微生物、饮食的关联,进一步的机制实验对于解析因果作用是必不可少的。

还有一个发现是关于长链 n-3 多不饱和脂肪酸[31, 32]。已有的研究证据表明,长链 n-3 多不饱和脂肪酸补充剂对血脂的影响可能会受到遗传基因 CD36 的影响。CD36 在人类肠道中高表达,并参与胃肠道中的脂肪酸加工。其编码基因段上的遗传变异位点 rs1527483 与长链 n-3 多不饱和脂肪酸的相互作用可能调节血脂水平。rs1527483-G 等位基因携带者有更低的 CD36 蛋白质丰度以及更高的炎症风险。有研究证据指出,仅在 rs1527483-GG 携带者中,红细胞膜的二十二碳六烯酸水平与微生物 α 多样性、Dorea 属(属于毛螺菌科)和 Coriobacteriales Incertae Sedis spp.(属于珊瑚杆菌科)的相对丰度相关,而在其他等位基因携带者中无法观察到这一现象。这一关联分析的结果揭示在 CD36 基因突变的个体中,长链 n-3 多不饱和脂肪酸可能会影响肠道微生物组特征,并通过调节肠道微生物组特征来改善人类健康。

位于维生素 D 受体编码基因的遗传突变也被发现可能影响肠道微生物组的 β 多样性。维生素 D 受体基因区段还编码一种核转录因子,它通过与类视黄醇 X 受体的异二聚化作用与一系列配体包括次级胆汁酸、脂肪酸等一起发挥生理作用。肠道微生物组与胆汁酸代谢密切相关。已有的研究证据也指出了肠道微生物组与宿主血液中不饱和脂肪酸的关联。这项研究揭示了宿主遗传与肠道微生物组交互对营养素代谢的调控作用。

孟德尔随机化分析也被应用于探索肠道微生物组与食物偏好之间关系的因果关系。最近的一项研究揭示了可能会影响盐与酒精摄入的肠道微生物。其中,rs642387 不仅与脱硫弧菌科及相关分类群有关,还与酒精摄入量有关。观察性研究中也发现了脱硫弧菌科与酒精消费的正相关关系。这项研究假设了肠道微生物可能调控了宿主的食物偏好;而反向的因果关联,即酒精摄入对肠道微生物组的影响同样具有研究的意义。在研究分析中,研究者将肠道微生物组作为结局变量,探究对肠道微生物组具有调控作用的环境暴露因素,将为精准调控肠道微生物的结构和功能提供潜在干预方法和干预靶点。

总而言之,目前的研究已普遍观察到宿主遗传、饮食和肠道微生物的交互作用,并揭示了其与健康结局的潜在关联。然而,这些研究结果都需要辅之以机制实验证明因果效应。此外,研究人类肠道微生物组、饮食偏好和营养素代谢的遗传图谱,也将搭建一个很好的桥梁帮助研究者评估肠道微生物、营养代谢之间的双向因果关联,为机制实验提供最有潜力的研究方向。总的来说,系统全面地研究遗传与饮食的交互、遗传与肠道微生物组的交互,将有助于研究者更好地阐释复杂疾病的致病机制,开发结合膳食以精准调控肠道微生物组的干预手段。

7.3　肠道微生物与宿主表观遗传修饰

人体的表观遗传修饰是指对基因表达的调控,而不涉及基因序列的改变。表观遗传修饰包括多种不同类型的化学修饰,例如 DNA 甲基化、组蛋白修饰和非编码 RNA 等。这些修饰可以影响基因表达,并且可能对人体健康产生影响。DNA 甲基化是指在 DNA 分子上添加一个甲基基团,通常发生在 CpG 位点上。这种修饰可以影响 DNA 的结构和稳定性,并可能导致基因表达的改变。DNA 甲基化与多种疾病的发生和发展有关[33],例如癌症、自身免疫疾病和神经系统疾病等。组蛋白修饰是指对组蛋白蛋白质的化学修饰,例如甲基化、磷酸化和乙酰化等。这些修饰可以影响染色质的结构和稳定性,并可能导致基因表达的改变。组蛋白修饰与多种疾病的发生和发展有关,例如癌症、心血管疾病和神经系统疾病等[34, 35]。非编码 RNA 是指不编码蛋白质的 RNA 分子,例如 microRNA 和长链非编码 RNA 等。这些 RNA 分子可以与基因表达调控的各个环节相互作用,从而影响基因表达。非编码 RNA 与多种疾病的发生和发展有关,例如癌症、心血管疾病和神经系统疾病等。表观遗传修饰可以受多种因素影响,例如饮食、运动和环境因素等。一些研究表明,饮食和运动可以影响表观遗传修饰,从而对人体健康产生影响[36, 37]。

已有的研究表明肠道菌群对宿主甲基化产生影响。一项针对小鼠的研究发现,肠道微生物群落的变化可以导致小鼠结肠中的 RNA N6 -甲基腺嘌呤(mA)修饰的变化,并影响代谢、炎症和抗微生物反应等相关通路的表达。此外,研究人员还发现,甲基转移酶Mettl16 在缺乏微生物群落的情况下会下调,从而影响 mA 修饰的水平[38]。综上,宿主甲基化修饰可能会对肠道微生物群落产生影响,从而影响宿主的健康和免疫反应。这种影响可能是通过调节 RNA 修饰和非编码 RNA 表达等机制实现的。这些微生物从出生起就在免疫系统的发育、功能和调节方面发挥着非常重要的作用。肠道微生物群落的紊乱可能导致许多常见疾病的发生。研究发现,肠道微生物代谢产物,如短链脂肪酸,可能对免疫反应的分子调节机制产生影响。短链脂肪酸主要包括丁酸、丙酸和醋酸,其中丁酸在肠道微生物代谢产物中占主导地位。另外,研究指出,短链脂肪酸,特别是丁酸,可以影响免疫细胞的命运和功能,如在过敏性哮喘中发挥作用,并通过表观遗传调控基因表达来影响免疫细胞的行为[39]。综上,组蛋白修饰可能是肠道微生物和宿主之间相互作用的一个重要机制。组蛋白修饰的变化可能会影响肠道微生物群落的组成和功能,并进一步影响宿主的健康和免疫反应。

越来越多的研究表明,表观遗传修饰可以影响人体的健康状况和疾病风险。例如,DNA 甲基化异常被广泛认为是肿瘤发生的一个重要机制。组蛋白修饰也与癌症的发生和发展有关,例如肝癌、乳腺癌和大肠癌等。对于心血管疾病,表观遗传修饰还与心血管疾病的发生和发展有关。DNA 甲基化异常已被发现与冠心病、动脉粥样硬化和心力衰竭等疾病相关。对于神经系统疾病来说,表观遗传修饰还可以影响神经系统疾病的发生和发展。例如,DNA 甲基化异常已被发现与阿尔茨海默病、帕金森病和精神分裂症等疾病相关。同时,肠道菌群也可以受到饮食习惯的影响,并进一步影响宿主的健康状况。比如饮食纤维可以促进肠道菌群的生长和多样性。肠道微生物可以通过发酵饮食纤维来产生短链脂肪酸,这些代谢产物可以降低肠道 pH,抑制有害微生物的生长,并影响宿主的代谢和免疫系统。一些研究表明,饮食纤维摄入量不足可能与肥胖、炎症性肠病和结肠癌等疾病相关。此外,膳食脂肪的种类和摄入量可能会影响肠道菌群的组成和功能。再比如,高脂饮食可以导致肠道微生物群落的多样性降低,并增加有害菌的数量。饮食习惯可以影响肠道菌群的组成和功能,进一步影响宿主的健康状况。通过改变生活方式和饮食习惯,例如增加膳食纤维摄入量和减少饮食中的糖和饱和脂肪等,或许可以改善表观遗传修饰的水平,从而降低疾病风险。肠道菌群是否有可以加强或者减弱宿主表观遗传修饰对疾病的作用尚需要更深入的研究。

7.4 小结与展望

随着测序方法日新月异的发展,从 16S 到宏基因组鸟枪法测序,继而发展到现在的 Nanopore 和 SMRT 第三代单分子实时测序,微生物组的研究范围也从物种组成和功能与疾病的关联研究,过渡到菌群遗传因素对宿主健康的机制研究方向。不仅微生物的遗传组成对宿主健康产生深远影响,宿主遗传因素与微生物之间也存在广泛关联。

微生物组在正常和疾病状态中所扮演的作用的发现,促使研究人员致力于阐明宿主遗传变异与微生物组的相互作用。这些研究发现了宿主遗传变异如何导致微生物组的组成和功能多样性发生变化。在这一领域目前取得了较大进展,但仍需要深入研究来阐明宿主-微生物组关联的程度、方向和机制,以及这些关联最终如何影响宿主的表型。

展望未来,在肠道微生物组的全基因组关联研究中保证足够的样本量是至关重要的,这需要加强科研的全球合作,汇集来自世界不同地区的样本。在多种族、多地域的大队列研究中发现和印证研究结果。但是,在此之前我们需要权衡样本大小和样本间的异质性来控制可能降低关联分析功效的因素。由于目前的研究主要关注对各种细菌性状的独立分析,因此,除样本量外,最大化细菌性状信息也会增加发现全基因组水平显著信号的概率。展望未来,目前的研究缺乏可以对微生物物种组成、功能和微生物多样性进行整合分析的算法,由于微生物的这些性状存在众多的内在关联,这些性状的联合分析可能会更大程度地发现与肠道微生物组特征有关的宿主遗传关联位点。此外,目前肠道微生物组的全基因组关联分析集中在宿主基因组水平的遗传变异,但是宿主的遗传变异可能不仅仅与微生物的宏基因组学相关,也可能与宏转录组学、宏代谢组和宏蛋白质组学息息相关。将这些组学整合到宿主遗传变异-微生物组的关联分析中,将是令人振奋的创新性研究。使用多层次、多组学的数据可以使我们更加深入地发现微生物基因组与宿主遗传的关联,深入了解宿主-微生物基因组的互作,并且从分子水平上探索特定微生物组是否与宿主遗传变异有关。这对于研究应用于了解宿主临床有关表型亦具有至关重要的启发。

同时,可以将三代测序技术(third-generation sequencing, TGS)广泛应用到宏基因组研究中。TGS 技术可以生成数千到数万个碱基对的长读长序列,这对于宏基因组研究来说非常有用。宏基因组研究需要对整个微生物群落进行测序,并尝试将不同的序列汇总在一起以生成完整的基因组。长读长的序列可以帮助研究人员更好地解决序列重叠和重复序列等问题,提高宏基因组测序的精度和质量。TGS 测序可以节省 NGS 测序所需要的组装步骤,在传统的宏基因组研究中,需要进行序列组装以生成完整的基因组。这个过程需要处理大量重复序列和噪声,因此非常耗时和困难。使用 TGS 技术,研究人员可以直接对长读序列进行注释和分析,而不需要进行组装步骤。此外,TGS 技术还可以用于宏转录组研究。宏转录组研究关注微生物群落中的转录本,可以揭示微生物群落的功能和代谢活动。TGS 技术的长读长度可以帮助研究人员识别全长转录本,从而更好地理解微生物群落中的基因表达和调控。所以,TGS 技术在未来的更深入层次的宏基因组研究中也是不可或缺的工具。

参考文献

[1]　Sender R, Fuchs S, Milo R. Revised estimates for the number of human and bacteria cells in the body. PLoS Biol, 2016, 14(8): e1002533.

[2]　Qin J, Li R, Raes J, et al. A human gut microbial gene catalogue established by metagenomic sequencing. Nature, 2010, 464(7285): 59 - 65.

[3] Backhed F, Ley R E, Sonnenburg J L, et al. Host-bacterial mutualism in the human intestine. Science, 2005, 307(5717): 1915 – 1920.

[4] Lozupone C A, Stombaugh J I, Gordon J I, et al. Diversity, stability and resilience of the human gut microbiota. Nature, 2012, 489(7415): 220 – 230.

[5] Metzker M L. Sequencing technologies — the next generation. Nat Rev Genet, 2010, 11(1): 31 – 46.

[6] Mardis E R. Next-generation DNA sequencing methods. Annu Rev Genomics Hum Genet, 2008, 9: 387 – 402.

[7] Quick J, Loman N J, Duraffour S, et al. Real-time, portable genome sequencing for Ebola surveillance. Nature, 2016, 530(7589): 228 – 232.

[8] Bolyen E, Rideout J R, Dillon M R, et al. Reproducible, interactive, scalable and extensible microbiome data science using QIIME 2. Nat Biotechnol, 2019, 37(8): 852 – 857.

[9] Turnbaugh P J, Ley R E, Mahowald M A, et al. An obesity-associated gut microbiome with increased capacity for energy harvest. Nature, 2006, 444(7122): 1027 – 1031.

[10] Zhang H, Dibaise J K, Zuccolo A, et al. Human gut microbiota in obesity and after gastric bypass. Proc Natl Acad Sci U S A, 2009, 106(7): 2365 – 2370.

[11] Qin J, Li Y, Cai Z, et al. A metagenome-wide association study of gut microbiota in type 2 diabetes. Nature, 2012, 490(7418): 55 – 60.

[12] Belkaid Y, Hand T W. Role of the microbiota in immunity and inflammation. Cell, 2014, 157 (1): 121 – 141.

[13] Hill D A, Hoffmann C, Abt M C, et al. Metagenomic analyses reveal antibiotic-induced temporal and spatial changes in intestinal microbiota with associated alterations in immune cell homeostasis. Mucosal Immunol, 2010, 3(2): 148 – 158.

[14] Round J L, Mazmanian S K. The gut microbiota shapes intestinal immune responses during health and disease. Nat Rev Immunol, 2009, 9(5): 313 – 323.

[15] Martinez J L. Antibiotics and antibiotic resistance genes in natural environments. Science, 2008, 321(5887): 365 – 367.

[16] Sommer M O, Dantas G. Antibiotics and the resistant microbiome. Curr Opin Microbiol, 2011, 14(5): 556 – 563.

[17] Rasko D A, Sperandio V. Anti-virulence strategies to combat bacteria-mediated disease. Nat Rev Drug Discov, 2010, 9(2): 117 – 128.

[18] Sahl J W, Caporaso J G, Rasko D A, et al. The large-scale blast score ratio (LS-BSR) pipeline: a method to rapidly compare genetic content between bacterial genomes. PeerJ, 2014, 2: e332.

[19] Zeevi D, Korem T, Godneva A, et al. Structural variation in the gut microbiome associates with host health. Nature, 2019, 568(7750): 43 – 48.

[20] Hua X, Song L, Yu G, et al. MicrobiomeGWAS: A tool for identifying host genetic variants associated with microbiome composition. Genes (Basel), 2022, 13(7).

[21] Burgess S, Bowden J, Fall T, et al. Sensitivity analyses for robust causal inference from

mendelian randomization analyses with multiple genetic variants. Epidemiology, 2017, 28(1): 30 - 42.

[22] Verbanck M, Chen C Y, Neale B, et al. Detection of widespread horizontal pleiotropy in causal relationships inferred from Mendelian randomization between complex traits and diseases. Nat Genet, 2018, 50(5): 693 - 698.

[23] Goodrich J K, Davenport E R, Beaumont M, et al. Genetic determinants of the gut microbiome in UK twins. Cell Host Microbe, 2016, 19(5): 731 - 743.

[24] Bonder M J, Kurilshikov A, Tigchelaar E F, et al. The effect of host genetics on the gut microbiome. Nat Genet, 2016, 48(11): 1407 - 1412.

[25] Ruhlemann M C, Hermes B M, Bang C, et al. Genome-wide association study in 8,956 German individuals identifies influence of ABO histo-blood groups on gut microbiome. Nat Genet, 2021, 53(2): 147 - 155.

[26] Kurilshikov A, Medina-Gomez C, Bacigalupe R, et al. Large-scale association analyses identify host factors influencing human gut microbiome composition. Nat Genet, 2021, 53(2): 156 - 165.

[27] Xu F, Fu Y, Sun T Y, et al. The interplay between host genetics and the gut microbiome reveals common and distinct microbiome features for complex human diseases. Microbiome, 2020, 8(1): 145.

[28] Liu X, Tong X, Zou Y, et al. Mendelian randomization analyses support causal relationships between blood metabolites and the gut microbiome. Nat Genet, 2022, 54(1): 52 - 61.

[29] Ishida S, Kato K, Tanaka M, et al. Genome-wide association studies and heritability analysis reveal the involvement of host genetics in the Japanese gut microbiota. Commun Biol, 2020, 3(1): 686.

[30] Lopera-Maya E A, Kurilshikov A, Van Der Graaf A, et al. Effect of host genetics on the gut microbiome in 7,738 participants of the Dutch Microbiome Project. Nat Genet, 2022, 54(2): 143 - 151.

[31] Miao Z, Chen G D, Huo S, et al. Interaction of n-3 polyunsaturated fatty acids with host CD36 genetic variant for gut microbiome and blood lipids in human cohorts. Clin Nutr, 2022, 41(8): 1724 - 1734.

[32] Zheng J S, Chen J, Wang L, et al. Replication of a gene-diet interaction at CD36, NOS3 and PPARG in response to omega-3 fatty acid supplements on blood lipids: A double-blind randomized controlled trial. EBioMedicine, 2018, 31: 150 - 156.

[33] Wang J, Gong B, Zhao W, et al. Epigenetic mechanisms linking diabetes and synaptic impairments. Diabetes, 2014, 63(2): 645 - 654.

[34] Shi Y, Zhang H, Huang S, et al. Epigenetic regulation in cardiovascular disease: mechanisms and advances in clinical trials. Signal Transduct Target Ther, 2022, 7(1): 200.

[35] Audia J E, Campbell R M. Histone modifications and cancer. Cold Spring Harb Perspect Biol, 2016, 8(4): a019521.

[36] Zhang Y, Kutateladze T G. Diet and the epigenome. Nat Commun, 2018, 9(1): 3375.

［37］ Lin D C. Exercise impacts the epigenome of cancer. Prostate Cancer Prostatic Dis, 2022, 25(3):
379 - 380.

［38］ Jabs S, Biton A, Becavin C, et al. Impact of the gut microbiota on the m(6)A epitranscriptome
of mouse cecum and liver. Nat Commun, 2020, 11(1): 1344.

［39］ Yip W, Hughes M R, Li Y, et al. Butyrate shapes immune cell fate and function in allergic
asthma. Front Immunol, 2021, 12: 628453.

第8章
机器学习在营养与肠道菌群研究中的应用

机器学习(machine learning)是一门多领域交叉学科,涉及概率论、统计学、逼近论、凸分析、计算复杂性理论等多门学科。机器学习并非一个特定的算法,而是一类可以基于输入数据"自动学习"数据间关系的算法总称。随着二代测序技术的发展及测序成本的降低,通过测定肠道微生物的基因,结合生物信息学工具可以获得海量的肠道菌群构成及功能数据。然而,肠道菌群数据具有高纬度、高稀疏性等特点,肠道微生物之间存在天然互作,其与宿主表型及疾病结局的关联也非简单的线性关系,以上使得传统的统计学分析方法很难直接应用于肠道菌群分析。相反,机器学习方法对处理高维、复杂数据具有天然优势,其对数据的分布没有先验假设要求,可以快速处理大量的数据,挖掘其中的模式和规律,并进行高精度的预测分析[1]。本章节主要介绍机器学习的发展历程及基本概念,并结合实际案例介绍其在肠道菌群研究中的应用。

8.1 机器学习概述

8.1.1 机器学习发展历程

机器学习的发展与人工智能(artificial intelligence)的发展密不可分。由于其学习和决策能力,机器学习通常被称为人工智能,但实际上它是人工智能的一个分支。目前普遍认为的机器学习的出现时间为 20 世纪 50 年代[2]。1950 年,来自国际商业机器公司(IBM)的亚瑟·塞缪尔(Arthur Samuel)开发了一个可以主动学习的西洋跳棋电脑程序,并在随后时间里进行了不断改进,这在一定程度推翻了以往"机器无法超越人类"的认知。该程序使用了 minimax 策略选择下一步行动,最终演化为了 minimax 算法。1952 年,塞缪尔首次提出了"机器学习(machine learning)"这个术语。

1957 年,康奈尔航空实验室的弗兰克·罗森布拉特(Frank Rosenblatt)将塞缪尔的机器学习算法进行了改进,创造了感知机(perceptron)算法。感知机算法最初是为 IBM 704 设计的,安装在一台名为 Mark 1 的感知器上,它是为图像识别而构建的。在当时,尽管感知器看起来很有前途,但它无法识别多种视觉模式(例如面部),导致了机器学习算法研究的短暂停滞。

20世纪60年代,"多层"(multilayers)策略的使用为机器学习的研究开辟了一条新的道路。研究者发现,在感知机中使用两层或多层的结构会显著提升感知机的效能。多层网络结构的使用促进了反向传播算法(backpropagation algorithm)和前馈神经网络(feed-forward neural networks)[3]的产生,促进了机器学习的发展。

直到20世纪80年代之前,机器学习算法都是零碎化的,不成体系,但它们对整个机器学习的发展所起的作用不能被忽略。从1980年开始,机器学习才真正成为一个独立的研究方向。在这之后,各种机器学习算法被提出,机器学习因此得到了快速发展。

进入21世纪以来,随着数据量和计算能力的提升,深度学习(deep learning)成为机器学习的热点[4]。深度学习算法如卷积神经网络和循环神经网络在解决计算机视觉和自然语言处理等领域取得了显著成果。

随着人工智能和机器学习领域的不断发展,机器学习算法也在不断演进和改进,并在其他各个领域得到广泛的应用,如自动驾驶,医疗诊断,金融风险分析等。新的研究方向和技术也在不断涌现,如生成对抗网络、聚类、强化学习等。未来,机器学习将在更多领域得到广泛应用,并带来更多的创新和发展。

8.1.2　机器学习基本概念

机器学习中的基本概念包括训练数据、测试数据、模型、过拟合、损失函数(loss function),优化算法和泛化能力(generalization)等。

首先在数据层面,机器学习数据集分为训练数据集和测试数据集。训练数据集是指在训练机器学习模型时使用的数据,用于训练模型和确认参数。这些数据包含了输入和对应的输出,帮助模型学习如何将输入映射到输出。测试数据是指用于评估模型性能的数据,这些数据必须独立于训练数据,但一般具有和训练数据相同或相似的数据分布。通过使用测试数据来评估模型是否契合,可以更好地评估模型在新数据上的表现。举一个简单的例子,假设有一个1 000人的饮食与肥胖相关指标的数据集,研究目的是建立一个机器学习模型来通过饮食预测BMI指数。研究者可以将这个队列随机分成500人的训练数据集和500人的测试数据集。接下来,使用500人的训练数据集来训练BMI预测模型,模型训练好后,使用另外500个人的测试数据集来测试模型的预测性能。

模型是指机器学习算法所建立的数学模型,通常应用于结局变量预测。模型是在训练数据上训练得到的,它存储了从输入变量到结局变量的映射。目前比较常用的模型有线性回归模型、逻辑回归模型、决策树模型、随机森林模型、支持向量机模型以及神经网络模型等。这些模型都是机器学习中常用的算法,并且在不同的应用场景中表现优异。它们各有优缺点,在实际应用中需要根据具体问题来选择合适的模型。需要注意的是,单独的一种模型可能无法解决所有问题,因此在实际运用中可能会使用多种模型的组合来提高模型的性能。但模型也并非越复杂越好,过于复杂的模型通常会导致过拟合的问题。过拟合是指机器学习模型对训练数据进行过度拟合,导致在预测数据集上表现不佳的现象。

损失函数和优化算法是模型进行构建和优化的重要方法。损失函数是一种度量模型在训练数据上拟合度的方法。它通常是一个非负的实数值函数,表示模型的预测值与真实值之间的差异。损失函数数值越大通常表示误差越大,通过不断迭代和优化模型参数,以降低损失函数值的同时控制过拟合的问题。优化算法是用来调整模型参数以最小化损失函数的算法,它是机器学习中非常重要的一部分,在训练机器学习模型时需要使用优化算法来调整模型参数。常用的优化算法有梯度下降法[5]、牛顿法[6]、共轭梯度法[7]、启发式优化算法[8]等,这些算法都有自己的特点,在不同的场景下可能需要使用不同的优化算法来获得最优结果,选择好的损失函数和优化算法可以使模型更快、更好地收敛,达到目标所需的预测精度。

模型的泛化能力是评估模型好坏的一个重要指标,泛化能力是指预测模型能外推到新数据的能力。好的泛化能力意味着模型不仅能很好地拟合训练数据,而且能够很好地预测未知数据。模型的泛化能力受多种因素影响,其中最重要的因素是模型的复杂度和训练数据的质量。过于复杂的模型容易过拟合,导致泛化能力差;而训练数据质量差的模型很难学习到真实的数据分布,同样也会导致泛化能力差。

机器学习方法按照有无标签可以大致分为三类:有监督学习(supervised learning)、无监督学习(unsupervised learning),以及半监督学习(semi-supervised Learning)[3]。

在监督学习中,机器算法使用带有标签的训练数据来训练模型。例如,给定一组图像和对应的标签(比如"狗"或"猫"),算法将学习如何识别新图像中的动物。常见的监督学习算法包括线性回归模型、逻辑回归模型、决策树模型、随机森林模型、支持向量机模型以及神经网络模型。无监督学习是另一类常见的机器学习方法,在无监督学习中,数据集不提供标签,而是让算法主动发现数据之间的关系。例如,给定一组图像,算法将图像分为不同的模式。常见的无监督学习算法包括聚类和降维。在半监督学习中,算法使用一部分带标签的数据和一部分未标记的数据来学习模型。这类学习方式在数据标签不够多的情况下比较有用。

8.1.3　机器学习在肠道菌群研究中的应用

肠道微生物组学数据具有的高纬度、复杂性、非线性、过度分散性和稀疏性等特点,这些决定了机器学习在肠道菌群研究中的适用性。

首先,肠道微生物组群数据维度高。在肠道菌群研究中,高纬度可能包括但不限于不同种类的菌群,以及菌群中不同基因的丰度等。例如,对于粪便样本,可能有 1 000 种不同类型的菌群。对于如此高维的数据,传统的统计学方法往往不适用,而机器学习方法可以很好地针对高维数据,帮助研究者从中挖掘模式和关系。

其次,肠道微生物组数据具有高度的复杂性。例如,不同的人群可能具有不同的肠道菌群组成,并且同一个人群中的肠道菌群也可能随着时间而发生变化。这意味着在研究肠道菌群时需要考虑这些多样性因素,而传统的统计学方法可能难以同时将这些因素纳入考量,因此机器学习方法可以很好地应对这一挑战。

肠道菌群组成与疾病风险之间并非简单的线性关系,单个微生物也很难独立决定相关疾病发生的风险。因此,传统的线性模型和统计方法可能无法准确地描述肠道菌群与疾病之间的关系,而更加复杂的非线性机器学习方法则可以解决上述问题。

肠道微生物组数据,例如微生物组分类数据、扩增子测序数据都具有过度分散性和稀疏性[9]。过度分散性指的是,微生物组数据呈现出比预期更大的变异性,即不同个体微生物组数据构成的差异非常大,这种情况在统计学上称为过度分散。过度分散意味着数据中可能存在一些极端值,这些极端值可能会影响模型的结果,使得模型更难以捕捉数据中的真实关系。而稀疏性指的是很多微生物在样品中的丰度为零。这种稀疏性有两种可能:一种可能是在此个体内确实没有该微生物,即真实的缺省值;另一种可能是人体内有这种微生物,但由于测序手段或批次效应等导致没有捕获到来自这种微生物的序列。肠道微生物的分散性及稀疏性特征使得数据的分布呈非正态,给传统统计模型的应用带来了挑战。

8.2 机器学习模型评估与选择

8.2.1 模型误差与过拟合

错误率(error rate)是分类错误的样本数占样本总数的比例,如果在 m 个样本中有 a 个样本分类错误,则错误率为 $E = a / m$。我们把机器学习器的实际预测输出与样本的真实输出之间的差异称为训练误差(training error),在新样本上的误差称为泛化误差(generalization error)。在实际应用中,我们希望得到的是泛化误差最小的机器学习模型。然而当机器学习将训练样本的本身的特点作为普遍规律学习得过于充分时,就会造成其泛化性能的下降,这种现象在机器学习中称为过拟合(overfitting)。导致过拟合的可能原因有很多种,其中最常见的情况是学习能力过于强大,这是机器学习面临的关键障碍。虽然各类学习算法都会有针对过拟合的措施,但是过拟合这个问题本身是无法彻底避免的。

8.2.2 评估方法

在现实任务中,往往有多种学习算法可供选择,同一种算法中不同的参数也会对模型的性能产生影响,这时就涉及机器学习中的模型选择(model selection)问题。实际应用中,通常对候选模型的泛化误差进行比较,然后选择泛化误差最小的模型作为最终预测模型。

通常,可以通过设置不同的数据集及策略来对模型的泛化误差进行评估并进而选择最优模型。首先将样本分为训练集和测试集,训练集用来训练模型参数,测试集用来测试模型对新样本的判别能力,测试集上的测试误差可以作为模型泛化误差的近似。这里需要注意的一点是,测试集应该与训练集为互斥关系,即测试样本不能包括在训练集中使用过的样本。实际应用中,可以采用不同的策略划分训练集及数据集。假如有一个包含 m 个样本的数据集 $D=\{(x_1,y_1),(x_2,y_2),\cdots,(x_m,y_m)\}$,可以使用以下几种方法进行训练集 S 与测试集 T 的划分。

1. 留出法(hold-out)

直接将数据集 D 划分为两个互斥的集合,其中一个集合作为训练集 S,另一个作为测试集 T,即 $D=S\cup T,S\cap T=\varnothing$。

2. 交叉验证法(cross validation)

将数据集 D 划为 k 个大小相同的互斥子集,即 $D=D_1\cup D_2\cup\cdots\cup D_k,D_i\cap D_j=\varnothing$ $(i\neq j)$,每个子集 D_i 都尽可能保持数据分布的一致性,即从 D 中分层采样得到。然后每次用 $k-1$ 个子集的并集作为训练集,余下的一个子集作为测试集,这样就可以获得 k 组训练/测试集,模型的预测性能最终通过 k 个测试集上模型预测性能的均值体现。

3. 自助法(bootstrapping)

每次随机从 D 中挑选一个样本将其拷贝放入 D',然后再将该样本放回初始数据集 D 中;这个过程重复执行 m 次后,就得到了包含 m 个样本的数据集 D'。样本在 m 次采样中始终不被采到的概率是 $\left(1-\dfrac{1}{m}\right)^m$,取极限可得

$$\lim_{m\to\infty}\left(1-\frac{1}{m}\right)^m=\frac{1}{e}\approx 0.368 \qquad 式\ 8-1$$

即通过自助采样,初始数据集 D 中约有 36.8% 的样本不会被采到,于是可将 D' 用作训练集,$D\setminus D'$ 用作测试集。

以上的三种方法是常用的划分训练集与测试集的方法,三种方法各有利弊。在留出法和交叉验证法中,由于保留了一部分样本用于测试,因此实际评估的模型所使用的训练集比 D 小,这必然会引入一些因训练样本规模不同而导致的估计偏差。而在自助法中,实际评估的模型与期望评估的模型都使用 m 个训练样本,不会产生因训练样本规模不同而导致的估计偏差,因此在数据集较小、难以有效划分训练/测试集时很有用。然而自助法产生的数据集改变了原始数据集的分布,因此会引入相应的估计偏差。在实际应用过程中,应该结合数据的实际情况,合理选择划分方法。

8.3 监督学习方法

根据任务目标的不同,机器学习算法可进一步分为监督学习算法和无监督学习算法。监督学习算法在训练模型的时候需要同时给定样本的属性特征及结局标签,监督学

习算法的核心任务是建立样本特征和结局标签的映射关系,然后根据建立的映射关系进行结局标签的预测。监督学习算法根据结局变量的属性可以分为两类:回归算法和分类算法,如果关注的结局变量是连续型变量,则采用回归算法,如果结局变量是离散变量,则采用分类算法。

8.3.1 线性模型

线性模型(linear model)形式简单,易于建模。假设给定由 d 个属性描述的示例 $x = (x_1; x_2; \cdots; x_d)$,其中 x_i 是 x 在第 i 个属性上的取值,线性模型试图通过数据拟合,获得一个通过属性的线性组合来进行预测结局变量的函数,即:

$$f(x) = \omega_1 x_1 + \omega_2 x_2 + \cdots + \omega_d x_d + b \qquad \text{式 8-2}$$

用向量的形式可以表示为:

$$f(x) = \omega^T x + b \qquad \text{式 8-3}$$

其中 $\omega = (\omega_1; \omega_2; \cdots; \omega_d)$,$\omega$ 和 b 确定之后,模型就可以确定。此外,由于 ω 直观表达了各属性在预测中的重要性,因此线性模型有很好的可解释性。

对于给定的数据集 $D = \{(x_1, y_1), (x_2, y_2), \cdots, (x_m, y_m)\}$,其中 $x_i = (x_{i1}; x_{i2}; \cdots; x_{id})$,$y_i \in \mathbb{R}$。通过学习试图获得一个尽可能准确地预测实际输出标记的线性模型的过程称为线性回归(linear regression),由于样本由多个属性描述,所以也称为多元线性回归(multivariable linear regression)。其中 ω 和 b 确定的关键在于衡量 $f(x)$ 与 y 之间的差别,均方误差是回归任务中最常用的性能度量,基于均方误差最小化来进行模型求解的方法即为最小二乘法(least square method)。若把数据集 D 表示为一个 $m \times (d+1)$ 大小的矩阵 X,其中每行对应于一个示例,该行前 d 个元素对应于示例的 d 个属性值,最后一个元素恒置为 1,即:

$$X = \begin{pmatrix} x_{11} & x_{12} & \cdots & x_{1d} & 1 \\ x_{21} & x_{22} & \cdots & x_{2d} & 1 \\ \vdots & \vdots & \ddots & \vdots & \vdots \\ x_{m1} & x_{m2} & \cdots & x_{md} & 1 \end{pmatrix} = \begin{pmatrix} x_1^T & 1 \\ x_2^T & 1 \\ \vdots & \vdots \\ x_m^T & 1 \end{pmatrix} \qquad \text{式 8-4}$$

再把标记也写成向量形式 $y = (y_1; y_2; \cdots; y_m)$,然后试图让均方误差最小化可得

$$\hat{\omega}^* = \arg \min_{\hat{\omega}} (y - X\hat{\omega})^T (y - X\hat{\omega}) \qquad \text{式 8-5}$$

令 $E_{\hat{\omega}} = (y - X\hat{\omega})^T (y - X\hat{\omega})$,对 $\hat{\omega}$ 求导得到

$$\frac{\partial E_{\hat{\omega}}}{\partial \hat{\omega}} = 2X^T (X\hat{\omega} - y) \qquad \text{式 8-6}$$

令式 8 - 6 为零可得 $\hat{\omega}$ 最优解得闭式解。当 $X^T X$ 为满秩矩阵时,可得

$$\hat{\omega}^* = (X^T X)^{-1} X^T y \qquad \text{式 8 - 7}$$

其中,$(X^T X)^{-1}$ 是矩阵 $(X^T X)$ 的逆矩阵,令 $\hat{x}_i = (x_i;1)$,则最终学得的多元线性回归模型为

$$f(\hat{x}_i) = \hat{x}_i{}^T (X^T X)^{-1} X^T y \qquad \text{式 8 - 8}$$

然而,在现实任务中 $X^T X$ 往往都不是满秩矩阵,此时可解出多个 $\hat{\omega}$,它们都能使均方误差最小化,这时选择哪一个解作为输出,将由学习算法的归纳偏好决定,常见的做法是引入正则化(regularization)项。

对于离散属性,若属性值间存在序关系,可通过连续化将其转化为连续值,例如二值属性"2 型糖尿病"的取值"有""无"可转化为[10],三值属性"疾病严重程度"的取值"重度""中度""轻度"可转化为 $\{1.0, 0.5, 0.0\}$;若属性间不存在序关系,假定有 k 个属性值,则通常转化为 k 维向量,例如属性"疾病种类"的取值"2 型糖尿病""冠心病"及"阿尔茨海默病"可转化为 $(0,0,1), (0,1,0)$ 及 $(1,0,0)$。这里需要注意的是,若将本身没有序的属性强行连续化,则会不恰当地引入序关系,对后续处理,如距离计算造成误导。

然而,当认为示例所对应的输出标记并非在线性尺度上发生变化时,则需要考虑单调可微函数 $g(\cdot)$,令

$$y = g^{-1}(w^T x + b) \qquad \text{式 8 - 9}$$

这样得到的模型称为广义线性模型(generalized linear model),其中函数 $g(\cdot)$ 称为联系函数(link function)。当 $g(\cdot) = \ln(\cdot)$ 时,即为我们常见的对数线性回归(log-linear regression)。

当线性模型面对二分类任务时,常用的广义线性模型有对数几率回归(logistic regression)和线性判别分析(linear discriminant analysis, LDA)。对数几率回归方法是将 $g^{-1}(\cdot)$ 函数取为一个近似于单位阶跃函数的对数几率函数,即

$$y = \frac{1}{1 + e^{-z}} \qquad \text{式 8 - 10}$$

这种方法有很多的优点,首先,它是直接对分类可能性进行建模,无须事先假设数据分布,避免了假设分布不准确带来的问题;其次,它不仅可预测出类别,也可以得到近似概率预测,这对于许多利用概率辅助决策的任务很有用;再次,对数几率回归求解的目标函数是任意阶可导的凸函数,有很好的数学性质。LDA 是一种经典的线性学习方法,它的思想非常简单,即对于给定的训练集,设法将样例投影到一条直线上,使得同类样例的投影点尽可能近,异类样例的投影点尽可能远离;在对新样本进行分类时,将其投影到同样的这条直线上,再根据投影点的位置确定新样本的类别。

然而在现实生活中也经常遇到多分类的学习任务,上文中的 LDA 方法基于自身性质可以直接推广到多分类的应用,但是我们也可以基于一些基本策略,利用二分类学习器来解决多分类问题。具体来说,是先对问题进行拆分,然后为拆出的每个二分类任务训练一个分类器,然后在测试时对这些分类器的预测结果进行集成以获得最终的多分类结果。最经典的拆分策略有三种:"一对一""一对其余"和"多对多"。"多对多"是每次将若干个类作为正类,若干个其他类作为反类,"多对多"的正、反类构造必须有特殊的设计。容易看出,"一对其余"只需要训练 N 个分类器,而"多对多"需训练 $N(N-1)/2$ 个分类器,因此"多对多"的存储开销和测试时间开销通常比"一对其余"更大,但是训练时间开销更小,两者的测试性能在多数情形下比较相似。

8.3.2　决策树

决策树(decision tree)是一类常见的机器学习算法,亦称"判定树"。模型构建的目标是在给定训练数据集上学得一个可以对新示例进行分类的决策模型,基于树结构来进行决策的决策树模型符合人类在面临决策问题时的处理机制。一颗决策树包含一个根结点、若干个内部结点和若干个叶结点。根结点包含样本全集,叶结点对应于决策结果,其他每个结点则对应于一个属性测试;每个结点包含的样本集合根据属性测试的结果被划分到子结点中;从根结点到每个叶结点的路径对应了一个判定测试序列。决策树学习的目的是产生一颗泛化能力强的决策树,其基本流程遵循简单且直观的分而治之策略。

决策树的生成是一个递归过程。在决策树的基本算法中,有三种情形会导致递归返回:① 当前结点包含的样本全属于同一类别,无法划分;② 当前属性集为空,或是所有样本在所有属性上取值相同,无法划分;③ 当前结点包含的样本集合为空,不能划分。在第2 种情形下,模型把当前结点标记为叶结点,并将其类别设定为该结点所含样本最多的类别;在第 3 种情形下,同样把当前结点标记为叶结点,但将其类别设定为其父结点所含样本最多的类别。

决策树学习的关键在于内部结点如何选择最优划分属性。一般而言,我们希望随着划分过程的不断深入,决策树的分支结点所包含的样本尽可能属于同一类别,即需要结点的纯度越来越高。信息熵是度量样本集合纯度最常用的一种指标。假定当前样本集合 D 中第 k 类样本所占的比例为 $p_k(k=1,2,\cdots,|Y|)$,则 D 的信息熵定义为

$$\mathrm{Ent}(D) = -\sum_{k=1}^{|Y|} p_k \log_2 p_k \mathrm{Ent}(D) \qquad \text{式 8 - 11}$$

$\mathrm{Ent}(D)$ 的值越小,则 D 的纯度越高。假定离散属性 a 有 V 个可能的取值 $\{a^1,a^2,\cdots,a^V\}$,若使用 a 来对样本集 D 进行划分,则会产生 V 个分支结点,其中第 v 个分支结点包含了 D 中所有在属性 a 上取值为 a^v 的样本,记为 D^v。再考虑到不同的分支结点所包含的样本数不同,给分支结点赋予权重 $|D^v|/|D|$,即样本数越多的分支结

点的影响越大,于是可计算出用属性 a 对样本集 D 进行划分所获得的信息增益(information gain)

$$\text{Gain}(D, a) = \text{Ent}(D) - \sum_{v=1}^{V} \frac{|D^v|}{|D|} \text{Ent}(D^v) \qquad \text{式 8-12}$$

一般而言,信息增益越大则意味着使用属性 a 来进行划分所获得的纯度提升越大。实际上,信息增益准则对可取值数目较多的属性有所偏好,为减少这种偏好带来的不利影响,引入了增益率(gain ration)来选择最优划分属性,增益率定义为

$$\text{Gain\_ratio}(D, a) = \frac{\text{Gain}(D, a)}{\text{IV}(a)} \qquad \text{式 8-13}$$

其中

$$\text{IV}(a) = - \sum_{v=1}^{V} \frac{|D^v|}{|D|} \log_2 \frac{|D^v|}{|D|} \qquad \text{式 8-14}$$

称为属性 a 的固有值。属性 a 的可能取值数目越多,则 $\text{IV}(a)$ 的值通常会越大。但需要注意的是,增益率准则对可取值数目较少的属性有所偏好,因此著名的 C4.5 算法中并不是直接选择增益率最大的候选划分属性,而是先从候选划分属性中找出信息增益高于平均水平的属性,再从中选择增益率最高的。分类回归树(classification and regression tree, CART)决策树使用基尼指数(Gini index)来选择划分属性,基尼指数的定义为

$$\text{Gini}(D) = \sum_{k=1}^{|Y|} \sum_{k' \neq k} p_k p'_k = 1 - \sum_{k=1}^{|Y|} p_k^2 \qquad \text{式 8-15}$$

直观来说,$\text{Gini}(D)$ 反映了从数据集 D 中随机抽取两个样本,其类别标记不一致的概率,因此 $\text{Gini}(D)$ 越小,数据集 D 的纯度越高。属性 a 的基尼指数定义为

$$\text{Gini\_index}(D, a) = \sum_{v=1}^{V} \frac{|D^v|}{|D|} \text{Gini}(D^v) \qquad \text{式 8-16}$$

于是我们在候选属性集合 A 中选择那个使得划分后基尼指数最小的属性作为最优划分属性。

在之前提到各类学习算法都会有针对过拟合的措施,剪枝就是决策树学习算法中应对过拟合的主要手段。在决策树学习中,为了尽可能正确分类训练样本,结点划分过程将不断重复,有时会造成决策树分支过多而产生过拟合的问题,因此可通过主动去掉一些分支来降低过拟合风险。决策树剪枝的基本策略有预剪枝和后剪枝。预剪枝是在决策树生成过程中,在划分前先对每个结点进行估计,若当前结点的划分不能带来决策树泛化性能的提升,则停止划分并将当前结点标记为叶结点;后剪枝则是先从训练集中生成一颗完整的决策树,然后自底向上地对非叶结点进行考察,若将该结点对应的子树替

换为叶结点能带来树泛化性能提升,则将该子树替换为叶结点。

然而在现实任务中常会遇到不完整样本,即样本的某些属性值缺失,尤其是在属性数目较多的情况下,往往会有大量样本出现缺失值。如果简单地放弃不完整样本,仅使用无缺失值的样本来进行学习,显然是对数据信息的极大浪费,所以有必要考虑利用缺失属性值的训练样例来进行学习。这需要解决两个问题:① 如何在属性值缺失的情况下进行划分属性的选择;② 给定划分属性,若样本在该属性上的值缺失,如何对样本进行划分。给定训练集 D 和属性 a,令 $\tilde{D}$ 表示 D 中在属性 a 上没有缺失值的样本子集。对于问题 ①,可仅根据 $\tilde{D}$ 来判断属性 a 的优劣。假定属性 a 有 V 个可取值 $\{a^1, a^2, \cdots, a^V\}$,令 $\tilde{D}^v$ 表示 $\tilde{D}$ 中在属性 a 上取值为 a^v 的样本子集,$\tilde{D}_k$ 表示 $\tilde{D}$ 中属于第 k 类($k = 1, 2, \cdots, |Y|$)的样本子集,则显然有 $\tilde{D} = \bigcup_{k=1}^{|Y|} \tilde{D}_k$,$\tilde{D} = \bigcup_{v=1}^{V} \tilde{D}^v$。假定为每个样本 x 赋予一个权重 ω_x,并定义

$$\rho = \frac{\sum_{x \in \tilde{D}} \omega_x}{\sum_{x \in D} \omega_x} \qquad \text{式 8 - 17}$$

$$\tilde{p}_k = \frac{\sum_{x \in \tilde{D}_k} \omega_x}{\sum_{x \in \tilde{D}} \omega_x} (1 \leqslant k \leqslant |Y|) \qquad \text{式 8 - 18}$$

$$\tilde{r}_v = \frac{\sum_{x \in \tilde{D}^v} \omega_x}{\sum_{x \in \tilde{D}} \omega_x} (1 \leqslant v \leqslant V) \qquad \text{式 8 - 19}$$

直观地看,对属性 a,ρ 表示无缺失值样本所占的比例,$\tilde{p}_k$ 表示无缺失值样本中第 k 类所占的比例,$\tilde{r}_v$ 则表示无缺失值样本中在属性 a 上取值 a^v 的样本所占的比例。显然,$\sum_{k=1}^{|Y|} \tilde{p}_k = 1$,$\sum_{v=1}^{V} \tilde{r}_v = 1$。基于上述定义可以将信息增益的计算式推广为

$$\text{Gain}(D, a) = \rho \times \text{Gain}(\tilde{D}, a) = \rho \times \left[\text{Ent}(\tilde{D}) - \sum_{v=1}^{V} \tilde{r}_v \text{Ent}(\tilde{D}^v) \right] \quad \text{式 8 - 20}$$

其中

$$\text{Ent}(\tilde{D}) = - \sum_{k=1}^{|Y|} \tilde{p}_k \log_2 \tilde{p}_k \qquad \text{式 8 - 21}$$

对于问题②,若样本 x 在划分属性 a 上的取值已知,则将 x 划入与其取值对应的子结点,且样本权值在子结点中保持为 ω_x。若样本 x 在划分属性 a 上的取值未知,则将 x 同时划入所有子结点,且样本权值在与属性值 a^v 对应的子结点中调整为 $\tilde{r}_v \cdot \omega_x$。直观地看,这就是让同一个样本以不同的概率划入不同的子结点中去。

8.3.3　集成学习

集成学习(ensemble learning)通过构建并结合多个学习器来完成学习任务,有时也被称为多分类器系统。集成学习的一般结构为先产生一组单个学习器,再用某种策略将它们结合起来。集成可以包含相同类型的多个学习器,也可以包含不同类型的多个学习器。包含相同类型学习器的集成称为同质集成,同质集成的单个学习器称为基学习器(base learner),相应的学习算法称为基学习算法。

集成学习通过将多个学习器进行结合,目的是获得比单一学习器性能优越的预测模型。然而这有两个必需的前提,即基学习器既要有一定的准确性,并且互相之间也应该具有差异性。在现实集成学习任务中,单个学习器是为解决同一个问题而训练出来的,它们显然不可能相互独立,因此如何产生并结合"好而不同"的单个学习器是集成学习研究的核心。根据集成学习器的生成方式,集成学习方法可大致分为两类,即不同学习器间存在强依赖关系、必须串行生成集成学习器的方法;以及个体学习器间不存在强依赖关系、可同时进行整合的并行化方法。前者的代表是"梯度提升决策树(GBDT)",后者的代表是"随机森林(Random Forest)"。

8.3.4　神经网络与深度学习

神经网络(neural networks)历史悠久,目前的神经网络已经是一个相当大的、多学科交叉的学科领域。神经网络中最基本的成分是神经元模型,目前大家一直使用的是"M－P 神经元模型"。在这个模型中,神经元接收到来自 n 个其他神经元传递过来的输入信号,这些输入信号通过带权重的连接进行传递,神经元接收到的总输入值将与神经元的阈值进行对比,然后通过激活函数处理以产生神经元的输出。把许多个这样的神经元按一定的层次结构连接起来,就得到了神经网络。其实从计算机科学的角度看,我们可以先不考虑神经网络是否真的模拟了生物神经网络,只需将其看作一个包含了许多参数的数学模型。

在实际应用中,单层功能神经元的学习能力非常有限,只能处理简单的线性可分的问题。因此如需解决更复杂的实际问题,需要考虑使用多层功能神经元。但是从理论上来讲,参数越多的模型复杂度越高,训练效率越低,也更容易陷入过拟合。而随着云计算、大数据时代的到来,计算能力的大幅提高可缓解训练低效性,训练数据的大幅增加可降低过拟合风险,因此以深度学习为代表的复杂模型开始受到人们的关注。典型的深度学习模型就是很深层的神经网络,通过增加隐层的数目,不仅增加了拥有激活函数的神经元的数目,还增加了激活函数的嵌套层数。同时也可以从另一个角度来理解深度学习,多隐层堆叠、每层对上一层的输出进行处理的机制,可看作是对输入信号进行逐层加工。经过多层处理,逐渐将复杂特征变成能够被简单模型学习处理的特征。在以往使用机器学习处理任务的过程中,往往需要由人类专家来设计描述样本的特征,然而这也并非易事,深度学习则可以通过机器学习技术本身逐级产生好的特征,这无疑推动了全自动数据分析的发展。

8.4 无监督学习方法

8.4.1 聚类

无监督学习是指训练样本的标记信息是未知的,模型试图通过对这些样本的学习来揭示数据的内在性质及规律,在此类任务中最常见的方法是聚类(clustering)。聚类会将数据集中的样本划分为不同的簇,但是不同的簇是否有所对应的实际价值与意义,需要由使用者自行判断与把握。聚类既可以作为一个单独的过程,也可以作为其他学习任务的前驱处理,即通过聚类获得不同的簇,然后每一个簇定义为一类,最后基于这些类训练分类模型。基于不同的学习策略,有多种不同类型的聚类算法,如果想要比较不同算法之间的优劣性,则需要先讨论聚类算法涉及的两个基本问题——距离计算和性能度量。

首先来介绍聚类算法的距离计算。函数 $\text{dist}(\cdot,\cdot)$ 是一个距离度量函数,具有一些基本性质:① 非负性,$\text{dist}(x_i,x_j) \geqslant 0$;② 同一性,$\text{dist}(x_i,x_j)=0$ 当且仅当 $x_i=x_j$;③ 对称性,$\text{dist}(x_i,x_j)=\text{dist}(x_j,x_i)$;④ 直递性,$\text{dist}(x_i,x_j) \leqslant \text{dist}(x_i,x_k)+\text{dist}(x_k,x_j)$,对于非度量距离(non-metric distance)不适用。

对于给定样本 $x_i=(x_{i1},x_{i2},\cdots,x_{in})$ 与 $x_j=(x_{j1},x_{j2},\cdots,x_{jn})$,最常用的是闵可夫斯基距离(Minkowski distance):

$$\text{dist}_{mk}(x_i,x_j)=\Big(\sum_{u=1}^{n}|x_{iu}-x_{ju}|^p\Big)^{\frac{1}{p}} \qquad \text{式 8-22}$$

当 $p=2$ 时,闵可夫斯基距离即欧氏距离(Euclidean distance):

$$\text{dist}_{ed}(x_i,x_j)=\|x_i-x_j\|_2=\sqrt{\sum_{u=1}^{n}|x_{iu}-x_{ju}|^2} \qquad \text{式 8-23}$$

当 $p=1$ 时,闵可夫斯基距离即曼哈顿距离(Manhattan distance):

$$\text{dist}_{ed}(x_i,x_j)=\|x_i-x_j\|_1=\sum_{u=1}^{n}|x_{iu}-x_{ju}| \qquad \text{式 8-24}$$

然而在我们讨论离散属性的距离计算时,属性中是否定义了"序"关系是十分重要的,显然闵可夫斯基距离仅可用于有序属性。对于无序属性的距离计算,则可采用 VDM 进行衡量。令 $m_{u,a}$ 表示在属性 u 上取值为 a 的样本数,$m_{u,a,i}$ 表示在第 i 个样本簇上在属性 u 上取值为 a 的样本数,k 为样本簇数,则属性 u 上两个离散值 a 与 b 之间的 VDM 距离为

$$\mathrm{VDM}_p(a, b) = \sum_{i=1}^{k} \left| \frac{m_{u,a,i}}{m_{u,a}} - \frac{m_{u,b,i}}{m_{u,b}} \right|^p \qquad \text{式 8-25}$$

于是,将闵可夫斯基距离和 VDM 结合即可处理混合属性。假定有 n_c 个有序属性、$n - n_c$ 个无需属性,则

$$\mathrm{MinkovDM}_p(x_i, x_j) = \left[\sum_{u=1}^{n_c} |x_{iu} - x_{ju}|^p + \sum_{u=n_c+1}^{n} \mathrm{VDM}_p(x_{iu}, x_{ju}) \right]^{\frac{1}{p}}$$
$$\text{式 8-26}$$

当样本空间中不同属性的重要性不同时,可使用加权距离(weighted distance),以加权闵可夫斯基距离为例:

$$\mathrm{dist}_{wmk}(x_i, x_j) = (\omega_1 \cdot |x_{i1} - x_{j1}|^p + \cdots + \omega_n \cdot |x_{in} - x_{jn}|^p)^{\frac{1}{p}} \quad \text{式 8-27}$$

其中权重 $\omega_i \geqslant 0 (i=1,2,\cdots,n)$ 表征不同属性的重要性,通常 $\sum_{i=1}^{n} \omega_i = 1$。

聚类性能度量亦称有效性指标,对于聚类结果,一方面需要通过某种性能度量来评估其好坏,另一方面如果明确了最终将要使用的性能度量,则可直接将其作为聚类过程的优化目标,从而更好地得到符合要求地聚类结果。显而易见,好的聚类结果需要同一簇的样本尽可能地相似,不同簇的样本尽可能地不同,即簇内相似度高且簇间相似度低。聚类性能度量大致有两类,一类是将聚类结果与某个参考模型进行比较,称为外部指标;另一类是直接考察聚类结果而不利用任何参考模型,称为内部指标。对数据集 $D = \{x_1, x_2, \cdots, x_m\}$,假定通过聚类给出的簇划分为 $C = \{C_1, C_2, \cdots, C_k\}$,参考模型给出的簇划分为 $C^* = \{C_1^*, C_2^*, \cdots, C_s^*\}$,相应地令 λ 与 λ^* 分别表示与 C 和 C^* 对应的簇标记向量,然后将样本两两配对考虑,定义

$$a = |SS|, SS = \{(x_i, x_j) | \lambda_i = \lambda_j, \lambda_i^* = \lambda_j^*, i < j\} \qquad \text{式 8-28}$$

$$b = |SD|, SD = \{(x_i, x_j) | \lambda_i = \lambda_j, \lambda_i^* \neq \lambda_j^*, i < j\} \qquad \text{式 8-29}$$

$$c = |DS|, DS = \{(x_i, x_j) | \lambda_i \neq \lambda_j, \lambda_i^* = \lambda_j^*, i < j\} \qquad \text{式 8-30}$$

$$d = |DD|, DD = \{(x_i, x_j) | \lambda_i \neq \lambda_j, \lambda_i^* \neq \lambda_j^*, i < j\} \qquad \text{式 8-31}$$

其中集合 SS 包含了在 C 中隶属于相同簇且在 C^* 中也隶属于相同簇的样本对,集合 SD 包含了在 C 中隶属于相同簇且在 C^* 中也隶属于不同簇的样本对。由于每个样本对仅能出现在一个集合中,因此 $a+b+c+d = m(m-1)/2$。基于以上四式可以导出 3 个常用的聚类性能度量的外部指标:

① Jaccard 系数(Jaccard coefficient, JC)

$$JC = \frac{a}{a+b+c} \qquad \text{式 8-32}$$

② FM 指数(fowlkes and mallows index, FMI)

$$FMI = \sqrt{\frac{a}{a+b} \times \frac{a}{a+c}}$$

式 8-33

③ Rand 指数(rand index, RI)

$$RI = \frac{2(a+d)}{m(m-1)}$$

式 8-34

上述性能度量的结果值均在 $[0,1]$ 区间,且值越大越好。考虑聚类结果的簇划分 $C = \{C_1, C_2, \cdots, C_k\}$,定义

$$\text{avg}(C) = \frac{2}{|C|(|C|-1)} \sum_{1 \leqslant i < j \leqslant |C|} \text{dist}(x_i, x_j)$$

式 8-35

$$\text{diam}(C) = \max_{1 \leqslant i < j \leqslant |C|} \text{dist}(x_i, x_j)$$

式 8-36

$$d_{min}(C_i, C_j) = \min_{x_i \in C_i, x_j \in C_j} \text{dist}(x_i, x_j)$$

式 8-37

$$d_{cen}(C_i, C_j) = \text{dist}(\mu_i, \mu_j)$$

式 8-38

其中 $\text{dist}(\cdot, \cdot)$ 用来计算两个样本之间的距离; μ 代表簇 C 的中心点 $\mu = \frac{1}{|C|} \sum_{1 \leqslant i \leqslant |C|} x_i$ 。显然,$\text{avg}(C)$ 对应于簇 C 内样本间的平均距离,$\text{diam}(C)$ 对应于簇 C 内样本间的最远距离,$d_{min}(C_i, C_j)$ 对应于簇 C_i 与 C_j 最近样本间的距离,$d_{cen}(C_i, C_j)$ 对应于簇 C_i 与 C_j 中心点间的距离。基于以上四式可导出两个常用的聚类性能度量内部指标:

① DB 指数(Davies-Bouldin index, DBI)

$$DBI = \frac{1}{k} \sum_{i=1}^{k} \max_{j \neq i} \left[\frac{\text{avg}[C_i] + \text{avg}(C_j)}{d_{cen}(C_i, C_j)} \right]$$

式 8-39

② Dunn 指数(Dunn index, DI)

$$DI = \min_{1 \leqslant i \leqslant k} \left\{ \min_{j \neq i} \left[\frac{d_{min}(C_i, C_j)}{\max_{1 \leqslant l \leqslant k} \text{diam}(C_l)} \right] \right\}$$

式 8-40

显然,DBI 的值越小越好,DI 的值越大越好。

8.4.2 主成分分析

主成分分析(principal component analysis, PCA)是一种常用的降维方法。假如对于正交属性空间中的样本点,需要用一个超平面对所有样本进行恰当的表达,则超平面应该具有最近重构性和最大可分性,即样本点到超平面的距离足够近以及样本点在超平

面上的投影尽可能分开。基于这两种特性,可以做两种等价推导,首先从重构性来推导。

假定数据样本进行了中心化,即 $\sum_i x_i = 0$,再假定投影变换后得到的新坐标系为 $\{\omega_1, \omega_2, \cdots, \omega_d\}$,其中 ω_i 是标准正交基向量,$\|\omega_i\|_2 = 1$,$\omega_i^T \omega_j = 0 (i \neq j)$。若丢弃新坐标系中的部分坐标,即将维度降低到 $d' < d$,则样本点 x_i 在低维坐标系中的投影是 $z_i = (z_{i1}; z_{i2}; \cdots, z_{id'})$,其中 $z_{ij} = \omega_j^T x_i$ 是 x_i 在低维坐标系下第 j 维的坐标。若基于 z_i 来重构 x_i,则会得到 $\hat{x}_i = \sum_{j=1}^{d'} z_{ij} \omega_j$。

考虑整个训练集,原样本点 x_i 与基于投影重构的样本点 $\hat{x}_i$ 之间的距离为

$$\sum_{i=1}^m \Big\| \sum_{j=1}^{d'} z_{ij} \omega_j - x_i \Big\|_2^2 = \sum_{i=1}^m z_i^T z_i - 2 \sum_{i=1}^m z_i^T W^T x_i + \text{const} \propto - \text{tr}\Big[W^T \Big(\sum_{i=1}^m x_i x_i^T \Big) W \Big]$$

式 8-41

其中 $W = (\omega_1, \omega_2, \cdots, \omega_d)$,根据最近重构性,上式应被最小化,考虑到 ω_j 是标准正交基,$\sum_i x_i x_i^T$ 是协方差矩阵,有

$$\min_W - \text{tr}(W^T X X^T W) \text{ s.t. } W^T W = I$$

式 8-42

式 8-42 即为主成分分析的最终优化目标。而从最大可分性出发,也能得到主成分分析的另一种解释。样本点 x_i 在新空间中超平面上的投影是 $W^T x_i$,若使所有样本点的投影尽可能分开,则应使投影后样本点的方差最大化,即

$$\max_W \text{tr}(W^T X X^T W) \text{ s.t. } W^T W = I$$

式 8-43

最后,使用拉格朗日乘子法可得

$$X X^T \omega_i = \lambda_i \omega_i$$

式 8-44

因此只需对协方差矩阵 $X X^T$ 进行特征值分解,将求得的特征值排序:$\lambda_1 \geqslant \lambda_2 \geqslant \cdots \geqslant \lambda_d$,再取前 d' 个特征值对应的特征向量构成 $W^* = (\omega_1, \omega_2, \cdots, \omega_{d'})$,这就是主成分分析的解。

降维后低维空间的维数 d' 通常由研究者事先指定,或通过在 d' 值不同的低维空间中使用运算速度较快的学习器进行交叉验证来选取较好的 d' 值。对 PCA,还可以从重构的角度设置一个重构阈值,例如 $t = 95\%$,然后选取使下式成立的最小 d' 值:

$$\frac{\sum_{i=1}^{d'} \lambda_i}{\sum_{i=1}^{d} \lambda_i} \geqslant t$$

式 8-45

PCA 仅需保留 W^* 与样本的均值向量即可通过简单的向量减法和矩阵-向量乘法将新样本投影至低维空间中。显然,低维空间与原始高维空间必然存在差异,因为最小的

$d - d'$ 个特征值的特征向量被舍弃了,这是降维导致的必然结果。但是舍弃这部分信息往往是必要的:一方面,舍弃这部分信息之后能使样本的采样密度增大,这也是降维的主要目的;另一方面,当数据受到噪声影响时,最小的特征值所对应的特征向量往往与噪声有关,将它们舍弃能在一定程度上起到去噪效果。

8.5 机器学习在精准营养研究中的应用

本章节结合实际案例说明机器学习在精准营养研究中的应用。个体对膳食的响应因人而异,没有一种饮食模式完全适用于所有人。精准营养研究旨在对不同个体确定其适宜的饮食或膳食模式,精准营养研究涉及多学科整合,其中肠道微生物组是其不可或缺的组分[11]。总体上,通过机器学习算法可以通过整合宿主表型及肠道微生物构成来预测个体对膳食的差异化响应,进而进行个性化膳食推荐。

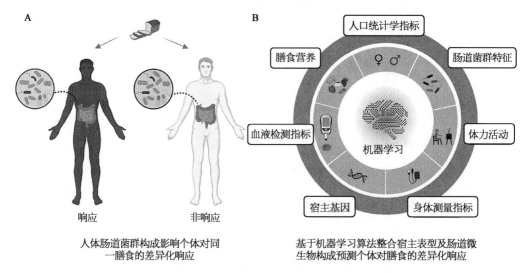

人体肠道菌群构成影响个体对同一膳食的差异化响应

基于机器学习算法整合宿主表型及肠道微生物构成预测个体对膳食的差异化响应

图 8-1 机器学习在精准营养研究中的应用

与营养遗传学在精准营养研究中的应用类似,许多研究发现:通过对志愿者的肠道微生物的构成进行聚类可以构建不同的肠型,膳食与代谢健康的关系在不同肠型的人群中呈现不同的结果。例如,一项为期26周的随机对照试验表明:与西方饮食干预相比,高纤维饮食干预下,以普雷沃菌为主的志愿者体重较基线显著减少,而以拟杆菌为主的微生物肠型志愿者体重变化在干预前后没有差异[12]。此外,另一项为期24周的饮食干预研究发现:与普雷沃特菌/拟杆菌较低的志愿者相比,普雷沃特菌/拟杆菌较高的志愿者干预前后体重、体脂减少更多[13]。进一步的研究表明,普氏菌/拟杆菌比例高的志愿者可能会有较高纤维消化和葡萄糖代谢的酶的活力[13]。微生物基因丰富度是基于肠道微生物精准营养研究的又一重要指标。例如,一项为期12周的健康饮食干预研究纳入

38 名肥胖参与者和 11 名超重参与者,研究发现饮食干预效果在肠道微生物基因丰富度较低的参与者中不明显[14]。具体而言,该研究首先检查了基线时研究人群的肠道微生物组成,在 48 万个基因的阈值下,低基因计数(low gene count,LGC)组有 18 个(40%),高基因计数(high gene count,HGC)组有 27 个(60%),两组分别有平均 379 436 个和 561 499 个基因。相比于 HGC 组,基线 LGC 组胰岛素抵抗、空腹血清甘油三酯水平、LDL 和炎症水平更高。在能量限制饮食干预后,LGC 组的基因丰富度相对于基线显著增加;而 HGC 组在能量限制饮食干预后基因丰富度没有显著变化。为了进一步研究基因丰富度增加对志愿者代谢健康的潜在影响,研究者分析了肠道微生物基因丰富度变化与宿主临床代谢指标的关联。结果表明,基因丰富度的增加与肥胖相关指标(臀围和总脂肪量)、血液胆固醇以及炎症水平的减少密切相关。基线低基因丰富度也与 6 周时脂肪组织炎症细胞的增加和 12 周时全身炎症的增加有关。总体上,基因丰富度可能有助于预测饮食干预对超重或肥胖个体代谢健康的影响。

肠道菌群影响个体对饮食的差异化代谢响应,机器学习算法可以整合肠道微生物和宿主表型特征预测个体的差异化膳食响应。以色列团队开展的针对餐后血糖响应的个性化营养研究(n = 800)[15]是该领域的里程碑工作。餐后血糖反应(PPGR)是糖代谢及代谢健康重要的指征指标[16],然而,受个体间的差异及混杂因素的影响,既往对 PPGR 的有效预测仍然困难。该团队发现,基于机器学习算法(GBDT)整合肠道菌群、膳食营养(如能量、食物类别及营养素等)、体力活动、睡眠及其他临床指标数据可有效预测 PPGR。该研究团队进一步招募了一个独立人群队列,基于构建的预测模型对志愿者进行个性化营养干预。经过一周的干预,他们的干预措施显著改善了志愿者的糖代谢指标。作为以色列团队研究工作的延伸,Ben-Yacov 等招募了 225 名糖尿病前期志愿者,并随机分为两组,进行为期 6 个月的干预及 6 个月的随访。其中,一组进行常规的地中海饮食干预,另一组基于以色列团队构建的预测模型对志愿者进行个性化的膳食推荐[17]。结果表明,与地中海饮食模式相比,基于机器学习的个性化膳食推荐更加有效地改善了糖尿病前期患者的糖代谢指标。Mendes-Soares 等采用与以色列研究团队相同的研究设计和预测模型,以期验证以色列组团队个性化营养预测模型在其他外部人群的外推性。研究招募了327 名来自美国的非糖尿病志愿者,收集了志愿者的生活方式、饮食习惯和健康状况等的基本表型数据,并采集了志愿者的粪便样本。研究结果发现,不同参与者对相同食物的餐后血糖反应存在较大差异,以色列团队的个性化营养预测模型可有效应用于其他独立人群队列[18]。

受以色列个性化营养研究的启发,一项大规模的双胞胎研究招募了来自英国和美国的 1 000 多名健康成年人,并进行了为期 2 周的干预试验。结果表明,即使是基因相似的双胞胎,在相同的饮食下,其血脂和血糖的餐后反应也存在明显差异。环境因素,特别是肠道菌群,对个体餐后血脂和血糖的差异化响应具有较高的预测性能[19]。2021 年,哈佛医学院的研究人员[20]对 1 098 人的不同表型数据及肠道微生物数据进行了分析,深入探究了膳食-肠道微生物-宿主代谢三者之间的关系。研究纳入 2 个分别来自英国与美国的人群队列作为发现集与验证集,全面收集了志愿者的人口属性数据,膳食数据,代谢和疾病风险相关的指标数据,用餐前后的血糖、激素、胆固醇和炎症水平,睡眠和体力活动等数据,基于宏基因组测序分析了人群的肠道细菌及功能信息。研究人员采用随机森林算法评估了肠道微生物对不同膳食类别、营养素以及膳食模式的预测性能,预测性能通过模型预测的膳食摄入量与实际摄入量的斯皮尔曼相关系数量化。研究发现肠道微生物在 2 个人群队列中可有效预测咖啡、健康饮食多样性指标以及地中海饮食模式,研究进一步发现了诸多与植物性和动物性饮食相关的肠道细菌。类似的,研究人员采用随机森林模型评估了肠道微生物对代谢相关指标的预测性能,发现肠道微生物可有效预测宿主的炎症、脂质代谢、血糖代谢等相关指标。最后,研究人员发现 30 种肠道细菌与膳食、宿主代谢具有显著相关性,提示该 30 种肠道细菌可作为膳食以及宿主代谢相关指标的干预靶点或标记物。

特殊人群,比如炎症性肠病综合征(IBS)患者的肠道菌群构成会影响不同膳食的干预效果。例如 Bennet 团队针对 IBS 进行了一项为期 4 周的干预研究,招募了 67 名 IBS 患者,其中 34 人被随机分配到传统的 IBS 饮食组,另外 33 人被分配到低发酵低聚糖、双糖、单糖和多元醇(FODMAPs)饮食组[21]。研究者发现,志愿者干预前的肠道菌群构成可以预测 FODMAPs 饮食组的志愿者的响应。该结果表明,FODMAPs 饮食可能仅适合特定肠道菌群构成的 IBS 患者。

实际上,即使是同一类食物或营养素,其不同的亚类也可能对人体代谢产生差异化的影响,基于肠道菌群的机器学习模型能够有效预测个体对不同亚类营养素的差异化响应。例如,面包是人类饮食的重要组成部分,面包的种类繁多,不同面包的精制程度、膨松剂类型、制备工艺和使用的添加剂等不尽相同。Korem 等进行了一项临床干预试验,研究人体对不同种类面包的差异化响应[22]。该研究发现,个体对不同种类面包的血糖反应差异较大,肠道微生物特征可有效预测每个人对不同面包的血糖反应。再如,甜味剂被认为是减少糖摄入、降低肥胖和高血糖风险的理想替代品,包括糖精、三氯蔗糖、阿斯巴甜、乙酰磺胺酸钾和甜菊糖等不含卡路里的非营养性惰性甜味剂。Suez 等招募了 120 名健康成年人,分别给予不同种类的非营养性甜味剂进行了为期 2 周的干预,他们的研究结果发现,不同类型的甜味剂对粪便和口腔微生物的影响存在个体化差异,并可以引发特异性的、微生物组依赖性的血糖变化[23]。

8.6　小结与展望

机器学习是一门交叉学科,涉及概率论、统计学、复杂理论等多个学科。机器学习算法是一类可以从数据中"自动学习",建立输入与输出变量映射关系的算法。不同于一般意义上通过程序让计算机按照指令执行操作的算法,机器学习算法可以在数据中自动建立输入及输出变量的映射关系,并利用建立的映射关系对测试数据进行预测。常见的监督类机器学习算法有广义线性模型、决策树、集成学习算法、神经网络及深度学习等。其中广义线性模型因其结构简单、结果解释性强而广泛应用于生物医学领域。决策树算法通过从训练样本中建立类似于树形的条件判别规则进行预测,该算法对计算内存要求高,预测性能较好,然而决策树算法的缺陷在于模型容易过拟合。集成的机器学习方法主要包括两种,一种以随机森林为代表,通过整合多个独立估计器的结果进行预测,随机森林算法由不同的决策树构成,每棵决策树通过有放回抽样构建,预测结果由每棵决策树"投票"(分类问题)或计算每棵决策树预测结果的平均值(回归问题)获得;另一种以GBDT为代表的提升算法,其估计器采用"串联"的方式,下一个估计器主要任务是估计上一次学习错误的样本,这样通过多次迭代最终建立相对较优的预测模型。神经网络通过多个感知器算法建立非线性隐藏层,进而构建输入与输出的映射关系。神经网络算法虽然预测性能相对较高,但神经网络参数较多,需要的训练样本大,训练速度慢。无监督学习主要用于样本的聚类与降维,帮助研究者理解高纬度数据的大体结构。

近年来,随着测序技术的发展,人们可以通过高通量测序解析肠道菌群的构成。肠道菌群为生命医学研究带来了机遇,也为相关分析带来了挑战:一方面,肠道菌群数据的分布不服从正态分布等标准的分布,这对传统的统计分析带来了挑战;另一方面,复杂的机器学习算法是应对上述挑战的天然工具,其对数据分布没有特定要求,同时对暴露与结局变量的关联没有先验假设。然而,相比于广义线性模型,复杂的机器学习算法结果的可解释性相对较低。机器学习算法可以根据输入数据预测结局变量,然而中间预测过程无法得知,这也在一定程度上限制了复杂机器学习算法在生物医药领域的应用。目前机器学习算法在生物医药领域的应用场景多用于预测分析[24-29]。

机器学习解释算法是机器学习领域的另一个研究方向与研究热点[30, 31],实际应用中研究者不仅关注预测的结果,更关注对预测结果的解释。例如在精准医学研究领域,医生只有完全了解了机器学习的预测过程后才能更好地参考预测结果进行临床诊断。机器学习模型解释算法的出现为机器学习的广泛应用提供了前提与支持,其中SHAP[31]是机器学习领域应用最广泛的预测模型解释算法之一。SHAP方法基于博弈论的理念可以对几乎所有的人工智能算法(包括随机森林、线性模型等机器学习算法与深度学习算法)提供预测过程及结果的解释。SHAP通过计算预测过程中不同预测特征的沙普利值来衡量每个预测特征对预测结果的影响,通过计算预测变量在每个样本预测过程中的沙普利值将预测过程转换为一个简单的线性加和模型,对于每个预测样本,各个预测因子的沙普利值与常数项的加和等于模型最终的预测值。另外,SHAP方法还可以计算不同预测因子对模型预测的整体贡献度及边际效应。Lundberg等[32]首次将基于SHAP的可解释机器学习算法用于手术过程中低氧血症的测量辅助,Lundberg等建立的可解释机器学习模型不仅可实时提供低氧血症的风险,还可以提供结果的解释。结果表明,在该辅助系统的辅助下,麻醉师对低氧血症的预测准确率可以提升15％。

总之,肠道菌群数据维度高、分布稀疏,机器学习在肠道菌群研究领域具有天然的应用优势。基于机器学习算法整合肠道菌群、膳食营养等生物大数据对建立个性化的膳食推荐,揭示个体差异化膳食响应背后的生物学机制具有重要的应用价值。

参考文献

[1] Li Y, Huang C, Ding L, et al. Deep learning in bioinformatics: Introduction, application, and perspective in the big data era. Methods, 2019, 166: 4 – 21.

[2] A A L F. Early history of machine learning. IFAC-PapersOnLine, 2020, 53(2): 1385 – 1390.

[3] Zhang C, Wang F. Graph-based semi-supervised learning. Quant. Biol., 2011, 6(1): 17 – 26.

[4] Lecun Y, Bengio Y, Hinton G. Deep learning. Nature, 2015, 521(7553): 436 – 444.

[5] Ruder S. An overview of gradient descent optimization algorithms. arXiv preprint arXiv: 1609. 04747, 2016.

[6] Hennig P, Kiefel M. Quasi-newton methods: A new direction. J. Mach. Learn. Res., 2013, 14 (1): 843 – 865.

[7] Johansson E M, Dowla F U, Goodman D M. Backpropagation learning for multilayer feed-forward neural networks using the conjugate gradient method. Int. J. Neural Syst., 1991, 2(04): 291 – 301.

[8] Devikanniga D, Vetrivel K, Badrinath N. Review of meta-heuristic optimization based artificial neural networks and its applications//Journal of Physics: Conference Series. IOP Publishing, 2019, 1362(1): 012074.

[9] Xia Y, Sun J. Hypothesis testing and statistical analysis of microbiome. Genes Dis. 2017, 4(3): 138 – 148.

[10] Lundgren S N, Madan J C, Emond J A, et al. Maternal diet during pregnancy is related with the infant stool microbiome in a delivery mode-dependent manner. Microbiome, 2018, 6(1): 109.

[11] Rodgers G P, Collins F S. Precision nutrition-the answer to "what to eat to stay healthy". Jama, 2020, 324(8): 735 – 736.

[12] Hjorth M F, Roager H M, Larsen T M, et al. Pre-treatment microbial Prevotella-to-Bacteroides ratio, determines body fat loss success during a 6 – month randomized controlled diet intervention. Int. J. Obes., 2018, 42(3): 580 – 583.

[13] Hjorth M F, Blædel T, Bendtsen L Q, et al. Prevotella-to-Bacteroides ratio predicts body weight and fat loss success on 24 – week diets varying in macronutrient composition and dietary fiber: Results from a post-hoc analysis. Int J Obes (Lond), 2019, 43(1): 149 – 157.

[14] Cotillard A, Kennedy S P, Kong L C, et al. Dietary intervention impact on gut microbial gene richness. Nature, 2013, 500(7464): 585 – 588.

[15] Zeevi D, Korem T, Zmora N, et al. Personalized nutrition by prediction of glycemic responses. Cell, 2015, 163(5): 1079 – 1094.

[16] Gallwitz B. Implications of postprandial glucose and weight control in people with type 2 diabetes:

Understanding and implementing the International Diabetes Federation guidelines. Diabetes care, 2009, 32(Suppl 2): S322.

[17] Ben-yacov O, Godneva A, Rein M, et al. Personalized postprandial glucose response-targeting diet versus mediterranean diet for glycemic control in prediabetes. Diabetes care, 2021, 44(9): 1980 - 1991.

[18] Mendes-soares H, Raveh-sadka T, Azulay S, et al. Model of personalized postprandial glycemic response to food developed for an Israeli cohort predicts responses in Midwestern American individuals. Am. J. Clin. Nutr., 2019, 110(1): 63 - 75.

[19] Berry S E, Valdes A M, Drew D A, et al. Human postprandial responses to food and potential for precision nutrition. Nature medicine, 2020, 26(6): 964 - 973.

[20] Asnicar F, Berry S E, Valdes A M, et al. Microbiome connections with host metabolism and habitual diet from 1,098 deeply phenotyped individuals. Nat Med, 2021, 27(2): 321 - 332.

[21] Bennet S M P, Böhn L, Störsrud S, et al. Multivariate modelling of faecal bacterial profiles of patients with IBS predicts responsiveness to a diet low in FODMAPs. Gut, 2018, 67(5): 872 - 881.

[22] Korem T, Zeevi D, Zmora N, et al. Bread affects clinical parameters and induces gut microbiome-associated personal glycemic responses.Cell Metab, 2017, 25(6): 1243 - 1253.

[23] Suez J, Cohen Y, Valdés-mas R, et al. Personalized microbiome-driven effects of non-nutritive sweeteners on human glucose tolerance. Cell, 2022, 185(18): 3307 - 3328.

[24] Leyens L, Reumann M, Malats N, et al. Use of big data for drug development and for public and personal health and care. Genet. Epidemiol., 2017, 41(1): 51 - 60.

[25] Jordan M I, Mitchell T M. Machine learning: Trends, perspectives, and prospects. Science, 2015, 349(6245): 255 - 260.

[26] Zhou L, Pan S, Wang J, et al. Machine learning on big data: Opportunities and challenges. Neurocomputing, 2017, 237: 350 - 361.

[27] Ramprasad R, Batra R, Pilania G, et al. Machine learning in materials informatics: recent applications and prospects. npj Comput. Mater, 2017, 3(1): 54.

[28] Bzdok D, Yeo B T T. Inference in the age of big data: Future perspectives on neuroscience. NeuroImage, 2017, 155.

[29] Beam A L, Kohane I S. Big data and machine learning in health care. Jama, 2018, 319(13): 1317 - 1318.

[30] Lundberg S M, Erion G, Chen H, et al. From local explanations to global understanding with explainable AI for trees. Nat Mach Intell, 2020, 2(1): 56 - 67.

[31] Lundberg S M, Lee S I. A unified approach to interpreting model predictions. Adv. Neural Inf. Process, 2017, 30.

[32] Lundberg S M, Nair B, Vavilala M S, et al. Explainable machine-learning predictions for the prevention of hypoxaemia during surgery. Nat Biomed Eng, 2018, 2(10): 749 - 760.

第 *9* 章
代谢组学、蛋白质组学技术在营养与肠道菌群研究中的应用

自 21 世纪初以来,代谢组学和蛋白质组学等组学技术快速发展,并逐渐应用于营养相关研究。在营养学领域,组学技术的应用能够有效识别饮食相关的分子标志物,帮助探究营养因素与健康风险之间关联的潜在分子机制,从而加深对饮食的健康效应的理解。饮食与肠道菌群之间存在密切关联:一方面,食物是肠道菌群群落结构的重要决定因素之一,可以影响特定菌群的丰度和功能;另一方面,肠道菌群在食物的消化、分解和吸收过程中扮演着重要角色,在一定程度上决定了个体对特定饮食的反应。作为人体的"第二器官",肠道菌群通过产生大量的活性物质,如代谢物和活性蛋白质,影响人体的代谢健康,甚至对人体远端器官(如脑、肾脏)产生作用。因此,组学技术的发展极大促进了人们对于营养、肠道菌群和人类健康之间相互作用的理解。本章将分别对代谢组学与蛋白质组学进行介绍,并重点讨论这两类组学技术在营养与肠道菌群研究中的应用。

9.1 代谢组学技术在营养与肠道菌群研究中的应用

9.1.1 代谢组学技术概述

代谢组学(metabolomics)是在全局或者网络尺度上研究细胞和有机体代谢的活动和状态,以描绘在生理或病理状态下终端代谢产物的科学。代谢组是细胞、器官或有机体内全部小分子代谢物($<1\,500$ Da)的集合,包含一系列内源性和外源性化学分子,例如肽、氨基酸、核酸、碳水化合物、有机酸、维生素、多酚、生物碱、矿物质以及其他可通过细胞或者有机体利用、摄取或者合成的化学物,它们是生物系统内化学反应的产物和底物。代谢组学直接反映了导致代谢物产生的代谢网络的活动,并产生潜在生物学系统状态的基本信息,全面反映机体的新陈代谢,可分为非靶向代谢组学(untargeted metabolomics)、半靶向代谢组(semi-targeted metabolomics)和靶向代谢组学(targeted metabolomics)。非靶向代谢组学旨在检测机体内可检测到的数千个未知化学结构的所有代谢物信号特征,并测量在群体中或者不同状态下的相对差异,其结果是半定量的。非靶向代谢组学有利于识别和鉴定代谢通路中新的代谢物。半靶向代谢组学是对数百种已知代谢物进行定量

分析并同时检测数千种未知的代谢物信号特征。半靶向代谢组学中测量的已知代谢物来源于数百个单独的生化实验,以表征代谢网络或者通路的特性。半靶向代谢组学虽然定义了已知代谢物列表,但没有特定的科学假说。与非靶向代谢组学相比,半靶向代谢组学在实际中更为常用。靶向代谢组学旨在检测预先定义的已知代谢物并获得其绝对浓度,其往往用于检验一个特定的科学假说,并提供更深入的见解。因此,靶向代谢组学研究需要大量与研究相关的先验知识,其成功与否取决于所检验假设的强度。

代谢组学在过去 20 多年的快速发展得益于高通量检测技术在小分子分离和鉴定方面的突破。核磁共振(nuclear magnetic resonance, NMR)和质谱分析法(mass spectrometry, MS)是分析生物样品内代谢物分子构成的有效工具。核磁共振法通过测量原子核的固有磁性(即"自旋")来检测分子特征,该磁性对化学环境及其分子结构的信息进行编码。质谱分析中首先通过添加正电荷或者负电荷使分子电离,然后使这些分子移动通过电场,最终对其进行分析。在每个时间点,将数据记录为包含每个完整离子的质荷比(m/z)和相应强度的质谱。每个离子都有保留时间(retention time, RT)和质谱。质谱分析中的两种常用方法是多反应监测(multiple reaction monitoring, MRM)和高分辨率质谱(high-resolution MS, HRMS)。多反应监测通常在三重四极杆质谱仪中进行。高分辨率质谱依赖于质量分析器的高质量分辨率,一种常用的仪器是质量分析仪 Orbitrap™,其记录离子震荡;另一种是飞行时间(Time-of-Flight, TOF)仪器,其记录离子穿过电场所需的时间。在质谱分析中,液相色谱(liquid chromatography, LC)和气相色谱(gas chromatography, GC)常用于代谢物的分离(LC – MS and GC – MS)。超高效液相色谱(ultra-high pressure liquid chromatography, UHPLC)系统可进行快速的化合物分离。质谱分析后产生的原始数据可通过一些开源和商业软件包(如 XCMS/MetaboAnalyst 等)进行包含色谱对齐、峰选择和化合物鉴定在内的分析,获得特定保留时间和质荷比的离子峰数据,其中峰面积代表代谢物的相对丰度水平。与核磁共振法相比,质谱分析法更灵敏、通量更高,且可以测量复杂生物样品中更多的分子,因此常用于半靶向或者非靶向代谢组学研究。然而核磁共振法的优点是它可以对代谢物进行直接定量,因为样品中的分子数目等于样品中原子核的数目。与此同时,领域内也在努力尝试结合核磁共振和质谱两种方法(LC – NMR – MS)以促进代谢物分子结构的预测。此外,当前代谢组学检测所需的生物样本量越来越少,这使得细胞或者组织内的单细胞代谢组学分析或者空间代谢组学解析成为可能。总而言之,代谢组学是集研究设计、数据采集、仪器分析、化学、统计学和计算机科学等多学科于一体,并与特定生物学或者医学问题相结合的一门技术。

9.1.2　代谢组学在营养研究中的应用

营养代谢组学是营养研究中的一个新兴领域,其在破译饮食与健康之间的相互作用方面发挥重要作用。营养研究一直以来关注个体营养素和特定食物对人类健康的风险,然而,营养素和饮食对人体健康作用的具体分子机制仍然不清,绝大部分情况下处于"黑箱"状态。阐明饮食与人体生物小分子(如代谢物)在影响营养吸收和利用方面错综复杂的关系以及分子机制,对于深入理解营养素对人类健康的作用至关重要。此外,营养流行病学可通过客观测量以识别人体生物样品中个体营养相关代谢组学的动态变化特征,在未来有望为精准营养在疾病预防和管理中的应用做出贡献。当前,代谢组学在营养研究中的应用领域可分为膳食评估、代谢轮廓分析、疾病风险预测、遗传与营养交互、食物敏感性、生命早期营养以及精准营养等(表9-1)。

表9-1 代谢组学在营养研究中的应用

应 用 领 域	内　容	应 用 举 例
膳食评估	化学物摄入生物标志物、食物摄入生物标志物和饮食模式生物标志物	地中海饮食模式相关血浆代谢组学特征识别;植物性饮食模式血浆代谢组学特征识别;肉类摄入血浆代谢组学特征识别
代谢轮廓分析	饮食相关效应生物标志物	食物组分和饮食模式的代谢轮廓分析及其健康风险
疾病风险预测	反映疾病风险的饮食相关代谢组学标志物	反映蔬菜和水果摄入的标志物——血浆维生素C和类胡萝卜素与糖尿病发病的关联
遗传与营养交互	遗传易感性代谢组学标志物	载脂蛋白A-Ⅱ(APOA2)基因型与饱和脂肪摄入的交互作用
食物敏感性	饮食相关个体差异性标志物和表型性状标志物	焦虑特征和微生物对饮食偏好的影响;味觉表型对脂肪味道的敏感性;饮食偏好模式探索;膳食摄入的认知和享乐反应
生命早期营养	利用代谢组学探究生命早期营养模式对新生儿健康的影响	基于新生儿尿液代谢组学的母乳喂养方式对新生儿健康的影响
精准营养	评估个体对特定食物或者膳食模式的应答,确定最有效的饮食或者生活方式干预措施,改善健康、预防或治疗疾病	基于代谢组学技术的新生儿代谢缺陷诊断,通过定制的饮食干预进行治疗;苯丙酮尿症患者的健康监测和管理

1. 膳食评估

膳食评估在营养代谢组学中起到至关重要的作用,包括识别食物化学物摄入生物标志物、食物摄入生物标志物和饮食模式生物标志物等。在营养流行病学研究中,食物摄入量通常基于自我报告和回忆的方式进行评估,例如使用食物摄入频率问卷(food intake frequency questionnaire, FIFQ)、24小时饮食回顾和饮食记录等方法。然而,这些方法由于存在系统和测量误差,其可靠性和有效性经常受到质疑。此外,在饮食干预试验中,参与者对饮食干预的依从性可能会影响到干预结果的解释。如果参与者对指定的饮食干预依从性较差,则研究者无法从中得到有意义的结论。针对当前膳食评估的上述局限性,代谢组学可以为膳食评估提供客观的工具,避免测量误差和回忆偏倚的影响。例如,有研究识别了地中海饮食模式相关的血浆代谢组学特征,用于客观评估地中海饮食的依从性[1];另外一项研究则利用血浆代谢组学识别了植物性饮食模式(包括总体植物性饮食、健康植物性饮食和非健康植物性饮食)相关的代谢组特征,用于定量评估植物性饮食摄入情况[2];也有相关研究创建了对肉类摄入(包括红肉、加工肉和禽肉)进行客观测量的血浆代谢组指标[3]。

2. 代谢轮廓分析

对特定食物进行代谢轮廓分析,获得其未知生物学后果的代谢组学标志物是探索饮食潜在健康益处的最有前景的方法之一,也一直是营养代谢组学研究的主流。这类研究的重点是识别效应生物标志物,它们是对某种饮食的反应或者目标功能、生物反应的饮食暴露指标。代谢轮廓分析内涵广泛,尤其关注水果、咖啡与茶、谷物、乳制品、酒精、人乳与配方乳等食物组分;能量限制饮食、禁食、全谷物饮食等饮食模式;代谢综合征、心血管疾病和癌症等健康风险。这类研究可能与健康风险具有直接或者间接的关系,并可能涉及疾病风险预测研究。

3. 疾病风险预测

营养代谢组学研究中的风险预测旨在利用食物相关的代谢物分子,描述饮食因素引起的疾病易感性,研究重点是识别反映疾病风险的生理或者健康状况代谢组标志物。该类研究有助于阐明饮食因素在健康和疾病方面更为直接的作用,目前已在心血管疾病、肥胖、糖尿病前期/糖尿病和癌症等疾病中进行了探索。例如,基于欧洲等队列研究,研究者们利用反映蔬菜和水果摄入的标志物——血浆维生素 C 和类胡萝卜素,报道了蔬菜和水果摄入量与糖尿病发病风险的关联[4]。该类研究的难点在于阐明已识别风险标志物的作用分子机制并验证因果效应。

4. 遗传与营养交互

该领域的研究主要关注遗传易感性代谢组学标志物。了解基因型与代谢组变化的相互关联对于精准营养的实现至关重要,有助于识别特定饮食干预策略下受益最大的个体子集,这是因为遗传与营养互作会影响多种生化过程,比如营养物质的消化吸收、代谢、周转和排泄等,从而影响人体的代谢平衡。例如,Lai 等阐明了载脂蛋白 A‐Ⅱ(APOA2)基因型与饱和脂肪摄入的相互作用,展示了表观遗传状态和代谢网络之间的联系[5]。也有研究报道了 9 种乳腺癌相关基因多态性与地中海饮食模式之间的相互作用[6]。

5. 食物敏感性

由于食物在人体内的生化反应是多方面的,因此当前研究领域已经从仅关注食物本身对人体的直接影响扩展到人体对食物的敏感性、偏好以及感官效应。该类研究的重点包括识别个体差异性标志物和表型性状标志物。这些独特的代谢组学研究包括焦虑特征和微生物对饮食偏好的影响[7, 8]，味觉表型对脂肪味道的敏感性[9]，双胞胎队列中的饮食偏好模式探索[10]，以及对膳食摄入的认知和享乐反应等[11]。

6. 生命早期营养

近年来，越来越多的研究利用代谢组学技术研究生命早期营养模式对新生儿健康的影响。Marincola 等使用基于核磁共振的代谢组学技术探究母乳喂养方式对新生儿健康的影响[12]。该研究在生命早期 4 个月内比较富含或者不富含功能成分的配方奶粉喂养与母乳喂养模式对新生儿尿液代谢谱的影响，有助于对配方奶粉进行优化，达到与母乳喂养相近的结构成分和健康结局。母乳不仅是婴儿不可或缺的营养来源，而且是提供母体健康信息以及预测婴儿在哺乳期和断奶后后续成长的健康风险必不可少的生物流体。对母乳进行全面的代谢组学研究可以深入发掘婴儿发育过程中的营养需求，包括胎龄、疾病及其治疗，以及母亲习惯性饮食对婴儿发育过程的影响。

7. 精准营养

精准营养是营养学的分支，它利用多组学手段评估个体对特定食物或者膳食模式的应答。通过在全面的分子水平上对这些应答进行评估，可以确定最有效的饮食或者生活方式干预措施，以改善健康或者预防甚至治疗特定疾病。代谢组学对于精准营养的实现至关重要。迄今为止，精准营养最成功的例子是将靶向代谢组学方法应用于新生儿筛查。在发达国家，几乎每个新生儿都要接受基于质谱代谢组学方法的干血斑测试，其可以测量多达 40 种不同的代谢物，包括氨基酸、有机酸和酰基肉碱等[13]。这些代谢组学分析可以帮助诊断多达 30 种不同的代谢紊乱或者新生儿代谢缺陷[14]。通过基于质谱代谢组技术的新生儿筛查检测到的新生儿代谢缺陷可以通过定制的饮食干预进行治疗，以补充或消除导致新生儿代谢缺陷的相关营养素。

基于质谱代谢组学技术的新生儿筛查方法不仅有助于诊断和预防疾病，而且可用于监测个体对相关营养疗法的代谢反应，确定最佳营养疗法以及定制适合患者的医疗食品成分。基于代谢组学技术的精准营养策略还可用于苯丙酮尿症患者的健康监测和管理。通过每月对苯丙酮尿症患者进行血液代谢组学检查，定期监测苯丙氨酸和苯酮的积累，对于患者病情的控制、管理和治疗都具有重要意义。另一个可通过代谢组学指导的精准营养策略治疗新生儿代谢缺陷的例子是生物素酶缺乏症。因此，针对新生儿代谢缺陷，基于代谢组学的精准营养策略提供了精确、个性化的诊断方法，有助于及早发现病情。此外，代谢组学在制定精确的饮食与生活方式干预策略、开发个性化医疗食品等方面都具有巨大的应用潜力。

9.1.3 代谢组学在肠道菌群研究中的应用

肠道菌群是栖息在人体肠道内，复杂多样的共生微生物系统，包括细菌、真菌、病毒、古细菌和原核生物等。这一丰富的生态系统对于人体许多生理功能具有重要作用,例如难消化的膳食成分的发酵和维生素合成、对病原体的防御、宿主免疫系统的成熟和肠道屏障功能的维持等。肠道微生物组的结构和组成与人类健康和疾病密切相关。肠道中相互作用的微生物会产生极其多样化的代谢物库,这些代谢物来自外源性饮食成分,以及微生物和宿主产生的内源性化合物,并可以进入宿主的血液,通过吸收进入肝肠循环。值得注意的是,虽然食物含有的能量、宏量营养素和微量营养素在体外能被检测,但食物进入人体后会被微生物识别和代谢并将其转化为活性代谢物,从而在机体内发挥相应的功能。肠道微生物来源代谢物是指直接由肠道菌群产生或者宿主-微生物共同作用产生的代谢物,它们是宿主-肠道微生物之间相互作用的关键因素。同时,特定肠道微生物衍生代谢物的有益或有害作用取决于环境和宿主的状态。

肠道菌群来源代谢物能够反映菌群的功能输出,这些代谢物的定量测量对于肠道菌群的代谢活性鉴定以及宿主-肠道菌群互作研究奠定了基础,促进了人们对宿主与微生物之间相互作用的理解。代谢组学分析结合体外培养和生物反应器技术是筛选和验证基于微生物群落和物种特异性酶活性对膳食底物、宿主代谢物和药物作用的有效策略。对来源于宿主的不同生物样品(如血尿、尿液、粪便和组织等)进行代谢组学分析越来越多地应用于研究特定肠道微生物调节器以及肠道微生物来源或者宿主-微生物群落共底物对宿主健康的影响。当前研究已识别出多种肠道微生物来源代谢物,例如次级胆汁酸(bile acids, BAs)、短链脂肪酸(short-chain fatty acids, SCFA)、支链氨基酸(branched-chain amino acids, BCAA)、氧化三甲胺(trimethylamine N-oxide, TMAO)、色氨酸和吲哚衍生代谢物、咪唑丙酸等,它们对人类健康和疾病的作用及其机制也逐渐得以揭示。

1. 胆汁酸

胆汁酸是肝细胞中由胆固醇合成的小分子。初级胆汁酸中鹅去氧胆酸(chenodeoxycholic acid, CDCA)和胆酸(cholic acid, CA)与甘氨酸或牛磺酸相结合对于脂质/维生素的消化和吸收至关重要。95%的胆汁酸主动从回肠末端被重吸收并在肝脏中重新利用(肠肝循环)。初级胆汁酸可通过肠道菌群转化为次级胆汁酸,它们可以被动地被重吸收进入循环胆汁酸池中或者排泄到粪便中。在高脂血症患者中,肥胖个体总循环胆汁酸水平与体重指数(BMI)和血清甘油三酯呈正相关[15]。胆汁酸通过 FGF19/FGF15 基因调节其合成,也可通过其受体 FXR 和 TGR5 发挥代谢作用。FXR 和 TGR5 受体的激活可促进肝脏中的糖原合成和胰岛素敏感性;增加胰腺的胰岛素分泌;促进肝脏、棕色脂肪组织和肌肉的能量消耗;有利于产热,导致体重减轻;调节大脑的饱腹感。胆汁酸还可影响脂质代谢,尤其是对甘油三酯产生深远影响。初级鹅去氧胆酸水平的增加会导致极低密度脂蛋白产生和血浆甘油三酯浓度降低。肠道菌群扰动会导致回肠对胆汁酸吸收的损害,这通常通过顶端胆汁酸转运蛋白发生,导致 FXR 和 FGF19 的表达降低以及胆汁酸池的不平衡,特别是结肠初级共轭胆汁酸的增加[16]。通过对胆汁酸池的定性(初级与次级胆汁酸和共轭与非共轭胆汁酸)或定量修饰,肠道微生物依赖性胆汁酸代谢的改变可能参与代谢紊乱的发生。胆汁酸对肠上皮功能也有重要影响,初级胆汁酸,如胆酸和鹅去氧胆酸,以及一些次级去共轭胆汁酸,如脱氧胆酸,可以增加肠道上皮通透性[17]。此外,在人体代谢紊乱状态下,正常肠道微生物中发挥胆汁酸去共轭作用的胆汁盐水解酶(BSH)活性会受损,这可能会导致代谢紊乱患者结肠中初级共轭胆汁酸的积累。

2. 短链脂肪酸

短链脂肪酸,包括乙酸、丙酸和丁酸是微生物发酵的最终产物,涉及多种生理功能。短链脂肪酸参与维持肠黏膜完整性、改善糖脂代谢、控制能量消耗并调节免疫系统和炎症反应。它们通过不同的机制发挥作用,包括特定的 G 蛋白偶联受体家族(GPCR)和表观遗传效应。在代谢失调的小鼠和患有肥胖和糖尿病的人体中,短链脂肪酸浓度以及产生短链脂肪酸的细菌的数目减少[18, 19]。在糖尿病和肥胖的啮齿动物中,补充短链脂肪酸通过增加能量消耗、葡萄糖耐量和体内平衡,从而改善代谢表型[20]。研究发现,在高脂膳食中添加可发酵纤维(菊粉)可防止代谢改变[21]。在人类中,使用短链脂肪酸(如菊粉-丙酸酯、乙酸酯或丙酸酯)可刺激 GLP-1 和 PYY 的产生,从而降低体重[22, 23]。短链脂肪酸对于代谢改变的保护作用可能早在子宫内就已经发生。在小鼠中,来自母体微生物的高纤维膳食诱导的丙酸盐穿过胎盘并通过 SCFA-GPCR 轴赋予后代肥胖抵抗力[24]。

3. 支链氨基酸

人体最丰富的支链氨基酸,包括缬氨酸、异亮氨酸和亮氨酸,是由植物、真菌和细菌合成的必需氨基酸。它们通过调节蛋白质合成、葡萄糖和脂质代谢、胰岛素抵抗、肝细胞增殖和免疫力,在维持哺乳动物体内稳态方面发挥关键作用[25]。支链氨基酸的分解代谢对于棕色脂肪组织(brown adipose tissue, BAT)控制产热至关重要。给小鼠补充支链氨基酸混合物可促进肠道微生物系统的健康,如增加有益菌阿克曼氏菌和双歧杆菌水平,减少有害菌肠杆菌科水平[26]。然而,当前学术界对支链氨基酸的潜在积极作用仍存在争议。研究表明循环支链氨基酸水平升高与肥胖和糖尿病有关,这可能是过去 50 年卡路里消耗增加 20％的结果[27]。在遗传性肥胖小鼠中,支链氨基酸累积会诱发胰岛素抵抗[28]。肠道微生物是支链氨基酸水平的调节者,它既可以产生支链氨基酸也可以利用支链氨基酸。普氏菌(*Prevotella copri*)和拟杆菌(*Bacteroides vulgatus*)是支链氨基酸的有效生产者,它们的数量与支链氨基酸水平及胰岛素抵抗呈正相关。同时,在胰岛素抵抗患者体内,能够利用支链氨基酸的细菌如交叉丁酸弧菌(*Butyrivibrio crossotus*)和真杆菌(*Eubacterium siraeum*)数量减少[29]。然而,未来需要进一步的研究来更准确地阐明支链氨基酸在代谢紊乱发病机制中的作用。

4. 氧化三甲胺

肠道微生物可以代谢饮食来源(例如,红肉、鸡蛋和鱼)的胆碱和左旋肉碱,从而产生三甲胺(trimethylamine, TMA)。这种源自肠道微生物的三甲胺在机体内被吸收并到达肝脏,在肝黄素单加氧酶 3(hepatic flavin monooxygenases 3)的作用下转化为氧化三甲胺[30]。在人体中,氧化三甲胺水平在糖尿病患者或有糖尿病和肥胖风险的患者中显著增加[30-32]。在小鼠中,膳食补充氧化三甲胺、肉碱或胆碱会改变盲肠微生物组成,导致产生增加动脉粥样硬化风险的三甲胺／氧化三甲胺。这种作用可能取决于肠道微生物水平,因为在抗生素治疗的小鼠中不能观察到相关的作用[33]。此外,将高氧化三甲胺小鼠的肠道微生物移植到低氧化三甲胺小鼠体内重现了动脉粥样硬化易感性[34]。重要的是,肠道微生物在从三甲胺产生氧化三甲胺中的作用也已在人类身上得到证实[35]。总之,在代谢紊乱中,与饮食来源胆碱和左旋肉碱摄入量增加相关的肠道微生物改变会导致血浆氧化三甲胺水平的升高,这直接参与代谢疾病合并症,尤其是心血管疾病的发病机制。然而,当前仍需对来自不同国家的人群进行详细调查研究,以理解饮食模式、氧化三甲胺产生和心血管风险之间的相互作用。

5. 色氨酸和吲哚衍生代谢物

色氨酸是一种必需的芳香族氨基酸,可通过常见的饮食来源获得,包括燕麦、家禽、鱼、牛奶和奶酪等。除了在蛋白质合成中发挥作用外,色氨酸还是重要代谢物的前体。膳食色氨酸代谢过程遵循宿主细胞中的两大主要途径,即犬尿氨酸(kynurenine)途径[36, 37]和5羟色胺(5-HT)途径[38]。色氨酸代谢的第三条途径涉及肠道微生物将色氨酸直接代谢为几种分子,例如吲哚及其衍生物,其中一些作为芳基烃受体(aryl hydrocarbon receptor, AhR)的配体[39, 40]。肠道微生物将色氨酸代谢为芳基烃受体激动剂的能力降低是机体代谢紊乱的特征标志之一[41]。芳基烃受体通路的激活障碍导致胰高血糖素样肽1(GLP-1)和白介素22(IL-22)的产生减少,使得肠道通透性和脂多糖(lipopolysaccharide, LPS)易位,导致炎症、胰岛素抵抗和肝脂肪变性[42]。在这种情况下,使用芳基烃受体激动剂治疗或者使用天然产生芳基烃受体配体的罗伊氏乳杆菌,可以逆转代谢功能障碍。同样,吲哚可防止脂多糖引起的胆固醇代谢改变并减轻小鼠的肝脏炎症[43]。研究人员发现在代谢性疾病中犬尿氨酸通路的强烈激活[41, 44]。通过遗传或药理学方法抑制犬尿氨酸通路限速酶吲哚胺2,3-双加氧酶(indoleamine 2,3-dioxygenase, IDO)的活性,可预防高脂饮食引起的肥胖和代谢改变[45]。该机制可能由微生物和芳基烃受体介导:吲哚胺2,3-双加氧酶的失活使得色氨酸水平升高,从而可以被微生物转化为芳基烃受体激动剂[46]。相反,在肥胖症中,吲哚胺2,3-双加氧酶的过度激活与血浆犬尿酸、黄尿酸、3-羟基犬尿氨酸、3-羟基邻氨基苯甲酸和喹啉酸等下游代谢物的水平升高相关,这会减少色氨酸库,降低色氨酸水平,使得微生物产生芳基烃受体激动剂所能利用的色氨酸减少。色氨酸代谢的另外一个通路,5羟色胺通路也参与其中,因为它会影响进食行为和饱腹感,因此对肥胖的发生很重要[47]。肠道微生物,主要是肠道固有的产芽孢细菌,是肠嗜铬细胞中肠道产生5羟色胺的重要调节剂,占全身5羟色胺合成的80％以上[38]。外周5羟色胺产生缺陷的小鼠在高脂饮食作用下不会发生肥胖。在机制上,5羟色胺可以抑制棕色脂肪组织产热,从而导致脂肪堆积[48]。基于人类的研究数据也表明,代谢紊乱患者中5羟色胺的终产物5-羟吲哚-3-乙酸(5-hydroxyindole-3-acetic acid)血浆水平升高[49]。

6. 咪唑丙酸

咪唑丙酸是肠道菌群利用组氨酸产生的代谢物,其在 2 型糖尿病中上调,并与胰岛素抵抗相关[50]。在哺乳动物肝脏中,咪唑丙酸通过作用于雷帕霉素复合物 1(rapamycin complex 1, mTORC1)影响胰岛素信号通路。大型人群队列研究也发现了咪唑丙酸与代谢健康和生活方式的关联。MetaCardis 队列中患有前驱糖尿病和糖尿病的受试者以及具有低细菌基因丰富度和拟杆菌 2 肠型(Bacteroides 2 enterotype)的受试者中咪唑丙酸水平升高。咪唑丙酸水平也与低程度炎症标志物相关联。重要的是,该队列研究还发现了血清咪唑丙酸水平与不健康饮食(通过膳食质量评分衡量)之间具有显著关联,这强调了营养因素在其中的重要性。因此,在 2 型糖尿病中,肠道微生物可能会促进咪唑丙酸产生,从而影响宿主炎症和新陈代谢[51]。

综上所述,肠道菌群来源的代谢物在机体代谢紊乱以及心血管代谢疾病发生发展过程中发挥着重要作用。上述肠道微生物来源代谢物,特别是胆汁酸、短链脂肪酸、支链氨基酸、氧化三甲胺、色氨酸和吲哚衍生物,与复杂心血管代谢疾病的发病机制密切相关,是这些疾病早期诊断和预后的潜在生物标志物[52, 53]。此外,肠道微生物来源的代谢物及其宿主受体,通过与饮食干预相结合,代表了开发代谢紊乱新型治疗方式的具有前景的靶标。

9.2 蛋白质组学技术在营养与肠道菌群研究中的应用

9.2.1 蛋白质组学技术概述

蛋白质组(proteome)的概念最先由 Marc Wilkins 提出,是指一个基因组、一个细胞或组织在特定生理或病理状态下所表达的所有种类的蛋白质[54]。蛋白质组学(proteomics)旨在描述生物体全部蛋白质的表达与功能模式,是从蛋白质水平上揭示蛋白质与蛋白质以及蛋白质与大分子之间的相互联系与作用、揭示蛋白质的功能与细胞生命活动之间的规律、分析细胞内动态变化的蛋白质组成成分、解释蛋白质功能与细胞生命活动规律的一个新的研究领域[55]。

虽然基因组学已经实现了多个物种的基因组测序,并且能够通过研究 mRNA 的表达量来推断蛋白质的表达量,但从 mRNA 丰度角度出发的基因组学方法得到的结果与蛋白质丰度的相关性较差,且几乎无法从 mRNA 水平判断蛋白质翻译后修饰、蛋白质亚细胞定位或迁移、蛋白质间相互作用等,部分蛋白质的动态修饰与加工也并非来源于基因序列[56, 57]。传统的蛋白质研究方法并不能满足后基因组时代的研究需求,基于蛋白质本身的存在形式和活动规律,仍需要对蛋白质组进行直接研究。生命体中某一过程的发生通常受到诸多因素的影响,其中涉及大量不同的蛋白质,而不同蛋白质的关系是交织的,或平行关系,或因果关系。同时,蛋白质在执行生理功能时的表现也具有多样性、动态性,不像基因组一般基本稳定。因此,若要对生命体中的复杂活动有全面和深入的认识,就需要在整体、动态、网络的水平上对蛋白质进行研究。

蛋白质组学的研究内容广泛,涵盖蛋白质定量、蛋白质定位、翻译后修饰、功能性蛋白质组学、结构蛋白质组学、蛋白质-蛋白质相互作用等方面。蛋白质鉴定(包括蛋白质定量与蛋白质定位)是指通过多种技术手段对蛋白质进行识别及定量,包括电泳、蛋白质印迹法(western blotting)、生物质谱技术、蛋白芯片、抗体芯片以及免疫共沉淀等方法。翻译后修饰是调控蛋白质功能的重要方式,大部分 mRNA 表达产生的蛋白质都会经历翻译后修饰,包括泛素化、磷酸化、糖基化、酯基化、甲基化和乙酰化等过程,这些翻译后修饰的研究是阐明蛋白质功能的重要一环。蛋白质功能确定涉及分析酶活性、确定酶底物、进行细胞因子的生物分析,以及利用基因敲除和反义技术分析基因表达产物等。结构蛋白质组学关注蛋白质的分离和纯化及利用质谱等技术研究蛋白质的结构,为深入理解生命现象提供全新的方法。蛋白质-蛋白质相互作用是指两个或多个蛋白质之间的相互作用和结合。这种相互作用在细胞内发挥着关键的生物学功能,并参与了几乎所有细胞过程的调控和调节。

目前研究蛋白质组与其分子机制的技术包括多种低通量与高通量的方法。低通量方法,通常是将特定的蛋白质分离出来,然后通过已有的生物化学和生物物理学方法来分析其结构和功能,包括基于抗体、凝胶和色谱的各种方法[54]。高通量方法,则是通过对蛋白质组进行大规模、系统的测量,从而对蛋白质组数据集进行计算分析,包括基于质谱的方法等[58]。

酶联免疫吸附试验(enzyme-linked immunosorbent assay, ELISA)[59]和蛋白质印迹法[60]等技术是最基本的基于抗体检测蛋白质的方法,这些技术依赖于针对特定蛋白质或表位抗体的可用性,以识别蛋白质并量化其表达水平。主要的方法是采用多种抗体,通过大规模免疫检测的方法,分析组织或细胞内不同蛋白质在不同生理、时空条件下的存在状态并揭示其功能。相对于其他非选择性蛋白质鉴定而言,抗体可选择性地针对特定目标蛋白质群开展研究。

双向凝胶电泳技术作为基于凝胶的方法,是目前蛋白质组研究中最有效的分析鉴定技术之一,也是目前唯一能将数千种蛋白质同时分离和展示的分离技术[61]。其原理是在相互垂直的两个方向上,分别基于蛋白质不同的等电点和分子量将蛋白质分离开。双向凝胶电泳技术由两相组成,第一相为等电聚焦凝胶电泳,根据蛋白质电荷差异进行区分;第二相为 SDS - 聚丙烯酰胺凝胶电泳 (sodium dodecyl sulfate-polyacrylamide gel electrophoresis, SDS - PAGE),根据蛋白质分子量进行区分。完整的双向凝胶电泳分析,包括样品制备、等电聚焦、平衡转移、SDS - PAGE、斑点染色、图像捕捉和图谱分析等步骤。双向荧光差异凝胶电泳(two-imensional fluorescence difference in gel electrophoresis, 2D - DIGE)是在传统双向电泳的基础上发展而来的新型蛋白质组学定量技术,其分离蛋白的基本过程与传统双向电泳一致[61]。但 2D - DIGE 是一种多通道分离技术,该技术使用二甲川花菁(cyanine 2, Cy2)、三甲川花菁(cyanine 3, Cy3)和五甲川花菁(cyanine 5, Cy5)

三种花菁类荧光染料来标记不同组别的蛋白质,并在同一张凝胶上对标记好的三组蛋白混合物进行电泳分离。通常情况下,可以用 Cy3 和 Cy5 来分别标记两组蛋白;而用 Cy2 标记所有组别蛋白的混合物,作为内参使用。混合物在电泳分离后,在激光扫描仪中分别用相应波长的激光进行扫描,即可在同一张凝胶中得到三组蛋白质的图谱。凝胶扫描后,用专用的软件进行分析可得到准确可靠的定量信息。

基于质谱的蛋白质组学是蛋白质组研究中发展最快,也最具活力和潜力的技术之一,目前多数蛋白质组学技术普遍采用此策略[58]。蛋白混合物被酶解为短片段后,下一步会进行色谱分离。将质谱仪与液相色谱串联,让分离肽段直接进入质谱仪并被离子化。其中,一级质谱测定肽的质量,检索得到相对分子质量的几个肽段;二级质谱则能够得到碎裂的肽段离子信息。综合两者信息,可以得到具体的肽段序列。定量信息则通过计算肽段质谱峰强度的积分面积得到。基于质谱的蛋白质组学主要分为三种方法(表 9 - 2):一是数据依赖型扫描(data-dependent acquisition, DDA)蛋白质组学,也被称为鸟枪法蛋白质组学。在 DDA 蛋白质组学中,质谱根据参数设定,将一级质谱图中的肽段母离子按信号强度排序后进行碎裂,并扫描得到对应的二级质谱图,这一方法旨在实现蛋白质组的无偏性和完整性,主要应用在以采样和发现蛋白质为目标的蛋白质组学研究中。二是平行反应监测(parallel reaction monitoring, PRM),在已知靶向蛋白的情况下,将特定肽段有选择性地分离,并在色谱洗脱时间内打碎,而后进行检测。这一方法适合以可重复性、高灵敏度和精确性为目标的蛋白质组学研究。三是非数据依赖采集(data-independent acquisition, DIA)的蛋白质组学,在 DIA 蛋白质组学中,质谱将整个前体范围全部打碎,而后从高效液相色谱柱的洗脱液中提取所有肽的多重片段并进行比对,这一方法旨在生成某一样品的全部碎片离子图谱。

表 9 - 2　基于质谱的蛋白质组学方法总结

	数据依赖型扫描(DDA)	平行反应监测(PRM)	非数据依赖采集(DIA)
描述	随机选择一级质谱中特定数量的肽段分子进入二级质谱破碎	选择性检测目标肽段离子信息,并在二级质谱中检测所选择的离子信息	对每个窗口中的所有离子进行扫描和二级质谱碎裂
优点	数据复杂度低、分析难度低	定量分析、高灵敏度、高特异性	数据覆盖全面
缺点	低丰度肽段缺失多,不适合大规模样本分析	需要提前明确目标蛋白(或多肽)	数据组成复杂,对数据分析要求高
应用	小样本规模	靶蛋白定量	大样本规模

另一方面,蛋白质组学也可被分成自上而下与自下而上的两种研究方式[62-64]。在自上而下的蛋白质组学中,样品中的蛋白质首先被分离,而后再被单独表征。蛋白质将首

先根据质量和电荷进行分离,利用二维电泳技术,如 2DE 或 DIGE,可以将蛋白质在凝胶上解析,然后单独消化成肽,并交由质谱仪进行分析。在使用质谱进行分析时,整个蛋白质的样品被全部注入质谱仪,并且被分离。而后选择单个蛋白质进行打碎,并对打碎后的肽段进行再一轮的质谱分析。在自下而上蛋白质组学中,样品中的所有蛋白质首先被打碎成复杂的多肽混合物,然后通过质谱对这些多肽进行分析以确定样品中存在哪些蛋白质。使用相应的算法将得到的多肽序列与数据库进行比对,对蛋白质进行预测。其基本思路是将蛋白质分解成氨基酸,并通过分析氨基酸的序列、功能、结构等信息反推蛋白质的功能和结构。

在流行病学领域,蛋白质组学的应用领域种类繁多,其中包括个性化医疗、生物标志物发现和药物开发等。同时,蛋白质组学技术也已应用于多种人体样本的检验。例如,血清蛋白质组学被广泛应用于代表性神经肌肉疾病(包括运动神经元疾病、肌营养不良和老年肌减少症)以及神经肌肉疾病相关的蛋白质组分析研究中[65]。血浆蛋白质组含有来自多种器官和组织的分泌蛋白,是一种全面发现生物标志物的良好基质。血浆蛋白质组学已经被应用于癌症生物标记物的发现和验证。这为提高对癌症生物学的理解、揭示新的生物标记物,以及实现更有效的癌症早期诊断、监测和个性化医疗,开辟了全新的途径[66, 67]。唾液在一定程度上能够反映身体的生理状态,激素水平、情绪、营养和代谢改变。唾液蛋白质组对唾液生物标志物的表征已经成为糖脂代谢紊乱的潜在筛查工具[68]。近年来,粪便蛋白质组学(或宏蛋白质组学)也越来越受到重视,它为许多肠道疾病的诊断和监测提供了独到的见解[69]。粪便蛋白质组学已经显示出其在发现和验证用于大肠癌筛查的生物标记物方面的潜力[70, 71]。

Olink 与 SOMAscan 是目前流行病学领域常用的两个检测平台。其中,Olink 平台的邻位延伸分析技术(proximity extension assay, PEA)基于双抗 ELISA,通过读取双链 DNA 的信息鉴定蛋白质;而 SOMAscan 的平台技术通过提升传统 ELISA 的特异性,利用 DNA 片段特异性结合蛋白筛选 DNA 片段进行荧光识别。Olink 平台为了突破蛋白质组学和蛋白标志物检测方法在检测的通量、灵敏度上的限制,针对每个待检蛋白,设计了偶联有特定 DNA 单链的对应抗体,当这对抗体与目标蛋白结合,处于邻位的两条 DNA 单链可互补结合并经酶延伸形成双链 DNA 模板,将蛋白质定量转换为 DNA 定量,最后利用微流控实时荧光定量 qPCR(quantitative real-time PCR)或高通量测序(next-generation sequencing, NGS)测序进行定量检测。Olink 平台的 PEA 技术能够快速监测批量样品中的 3 072 种蛋白标志物,且每个样品仅需不到 6 μL,其检测灵敏度可以达到飞克每毫升(fg/mL)级别。SOMAscan 基于蛋白质适配体(slow-offrate modified aptamer, SOMAmer)进行检测。SOMAmer 在结合可光解的接头或荧光标记后,通过构象识别与目标蛋白质结合,而后经生物素介导纯化,紫外光照射洗脱后,能够表征和定量待测样本内的蛋白丰度。SOMAscan 具有高特异性和高亲和力,能够平行分析 7 000 多种蛋白质,批次间差异较小。但由于适配体对抗原决定簇的高亲和力,SOMAscan 在蛋白标志物检测时易受到大量信号干扰,从而影响检测准确度[72-74]。

9.2.2　蛋白质组学在营养研究中的应用

近年来,蛋白质组学技术陆续应用在营养科学研究领域中,包括食品活性成分鉴定、人体营养状况的生物标记物筛选和饮食影响宿主健康生理机制解析。

1. 食品活性成分鉴定

食物除了含有多种营养素外,还含有多肽、酶等具有多种生物活性的成分。这些活性成分可发挥抗氧化和抗炎等作用,对人体健康有积极影响[75]。因此,了解食品中的活性成分并对其进行鉴定具有重要的意义。蛋白质组学技术可以通过分离和定量食品中的多肽及蛋白质分子来确定其中的活性成分,从而为食品开发和营养评估提供依据。例如,高通量和高灵敏度的蛋白质组学在鉴定食物中的活性肽方面发挥重要作用。活性肽通常是食物中蛋白质经蛋白酶水解的产物。乳制品与鱼类是生物活性肽的主要食物来源。研究人员对人母乳进行蛋白质组学分析后,成功鉴定了来自 30 种乳蛋白的近 700 多个内源肽,其中大部分多肽被首次发现[76]。利用质谱技术,研究人员对鱼类等产品进行了活性成分检测,并陆续鉴定出多种具有抗过敏和抗炎作用的多肽[77, 78]。除此之外,一些食物中(例如乳制品和鱼类)的多肽具有广谱抗微生物活性,被定义为抗菌肽[79]。这些抗菌肽可以在食品加工中发挥重要作用,用于保护食品免受微生物污染。

2. 人体营养与健康状况的生物标记物筛选

生物标记物是一种可以用来标记生物体内各种功能或结构发生或即将发生变化的标志,其中包括各类蛋白质[80]。发现和研究生物标志物已成为评估人体健康和营养状况的重要手段。蛋白质组学作为一种高通量的分析技术,可以对大量蛋白质进行检测和分析,是一种新兴的生物标记物筛选方法。

研究表明,在脂肪肝病患者中,肝脏组织中的蛋白质组存在明显差异,其中包括肝脏脂质代谢相关的蛋白质,这些蛋白质可以作为脂肪肝的生物标志物[81]。肥胖人群与体重正常人群在蛋白质组水平上存在显著差异。其中,一些与脂肪代谢、能量代谢、炎症反应和胰岛素信号通路等有关的蛋白质被认为是肥胖的潜在生物标志物[82]。这些标志物可以用于预测肥胖的风险以及肥胖病情的严重程度,为肥胖的预防和治疗提供指导。相关研究发现,273 个尿液蛋白质在慢性肾病患者和正常对照中的表达有差异,这些蛋白质可以成功预测慢性肾病的发病与预后[83]。

在神经退行性疾病中,也能够通过蛋白质组发现与之相关的生物标记物。如阿尔茨海默病(Alzheimer's disease)患者脑脊液蛋白质组改变被证明是广泛存在的,并且在其中发现的 tau 蛋白水平上升[84]以及帕金森病(Parkinson's disease, PD)患者的溶酶体蛋白的改变可以密切关系到 PD 患者大脑的改变[85]。利用蛋白质组发现生物标记物为提高我们对神经退行性疾病发病机制的理解开辟了新的途径,并且为蛋白质组特征蛋白的临床应用提供了全新的思路,有助于提高我们对神经退行性疾病全面、系统的认识。

蛋白质组学亦可以帮助获得有关罕见的遗传疾病的更多信息,识别生物标志物以帮助早期诊断和更好地了解潜在的病理生理学,开发新疗法。利用质谱技术对于遗传性代谢紊乱(inherited metabolic disorders, IMD)早期不同体液的分析能够鉴定和定量健康人群和 IMD 患者之间差异表达的蛋白质[86],对于更好地了解这一罕见疾病和使用针对性疗法调节复杂的 IMD 表型机制至关重要。

糖尿病是危害人类健康的重大疾病之一,随着我国人口老龄化加剧和生活方式的变更,2 型糖尿病的患病率逐年升高,我国已经成为全球糖尿病高发的第一大国。虽然我们对糖尿病已经做了很多研究,但糖尿病的发病机制及其并发症背后的重要因素仍未被明确发现。研究者们也开始从蛋白质组学的角度发掘糖尿病患者的蛋白质差异表达,通过蛋白质组学发现和筛选生物标记物,从而对糖尿病及其并发症的发现和治疗提供有力的协助。研究表明,糖尿病患者的蛋白质组存在明显变化,其中包括与胰岛素抵抗、胰岛素分泌和糖代谢等有关的蛋白质。这些蛋白质被认为是糖尿病的潜在生物标志物,可以用于诊断和治疗糖尿病,以及评估糖尿病患者的发病[87]。其中,血浆载脂蛋白 H 水平与脂质代谢存在显著相关,并且与胆固醇以及甘油三酯的含量都存在正相关[88]。在 T2D 患者的血浆中,LDL 里 Apo B100 的糖基化以及氧化损伤也有显著的提高,这一发现显示了 Apo B100 与糖尿病的高度相关性[89]。

妊娠期糖尿病(gestational diabetes mellitus, GDM)作为孕期合并的病症之一,是指随妊娠期常出现的糖尿病病症,有较高的发病率。GDM 对母婴双方都有不利的影响,其母婴并发症发病率远高于健康的孕妇[90]。蛋白质组学筛选生物标记物方法同样适用于 GDM 的筛查和预测 GDM 后续的进展。研究证实 GDM 孕妇在怀孕 16～20 周时,体内已经存在相关生物标记物,且相较于健康孕妇存在明显的差异[91]。

总结而言,蛋白质组学技术已应用于人体营养状况和代谢疾病的生物标志物筛选和分子机制研究。通过对蛋白质组的研究,可以发现与营养和疾病相关的生物标志物,为制定营养干预措施提供理论依据。

3. 饮食影响宿主健康生理机制解析

合理饮食及营养是维持机体健康的重要因素,但其作用机制并不十分明确,也缺乏具体的生物标记物来反映饮食干预过程中的分子变化。早期的较多的证据主要来源于动物模型。例如,基于非酒精性肝炎(nonalcoholic steatohepatitis, NASH)小鼠模型,研究者们利用蛋白质组学分析发现饮食诱导的 NASH 小鼠肝脏蛋白质组结构发生变化[92]。同时研究也发现血浆中的肝因子 TSK 在饮食诱导的 NASH 小鼠中富集,而当 NASH 小鼠的饮食变为正常饮食后,小鼠的肝损伤减轻,同时伴随肝因子 TSK 浓度下降。这一研究基于动物模型,利用肝脏及血液蛋白质组探索了 NASH 饮食(高脂饮食,脂肪供能比为 40%)对小鼠肝功能的影响机制,并提出了针对蛋白质 TSK 的潜在干预手段。2003 年的一项研究利用蛋白质组学研究了富含果糖的饮食对大鼠下丘脑的影响[93]。研究发现了 19 个与果糖干预相关的脑蛋白,其中线粒体呼吸复合物和离子通道蛋白在果糖喂养后丰度降低,与之伴随的是下丘脑炎症反应的升高。同样,以上蛋白质标志物的改变,在大鼠切换到正常对照饮食后恢复。

在人群研究中,蛋白质组学主要在随机对照实验中作为次要结局引入,从分子水平上发现可反映人体营养状况的生物标记物,并进一步解析饮食影响宿主健康的具体机制。例如,一项纳入 609 名肥胖成年人(BMI 28~40 kg/m²)的随机对照实验指出,6 个月的减重饮食干预导致共 130 个血液蛋白质的变化,其中,瘦素(leptin)、脂肪酸结合蛋白-4(FABP4)与白介素-6(IL-6)显著下调;而胰岛素样生长因子结合蛋白-1(IGFBP-1)和对氧磷酶-3(PON3)显著上调[94]。同时,研究人员也发现基线的成纤维细胞生长因子21(FGF-21)可以预测个体在 6 个月饮食干预的体重减轻程度。总结而言,所识别的与减重饮食相关的这些蛋白质可以为肥胖的病因提供信息,同时也可以帮助预测个体对于减重饮食的响应。除此之外,每天 0.4 g/kg(体重)的亚麻籽油干预(受试者为 7 名健康男性)显示[95],干预 4 周后,过氧化物还原蛋白、长链脂肪酸 β 氧化酶与糖蛋白Ⅲa/Ⅱ降低。这些蛋白与氧化应激降低、血栓溶解相关,可能是亚麻籽油对动脉粥样氧化有保护作用的潜在作用机制。

9.2.3 蛋白质组学在肠道菌群研究中的应用

肠道菌群是指在人体肠道内生活的微生物群落,包括细菌、真菌、古菌等,与机体饮食摄入及健康密切相关[96]。蛋白质组技术可以用于研究肠道菌群的蛋白质组成和功能变化,有助于深入了解肠道菌群与人体健康之间的关系。宏蛋白质组学(metaproteomics)技术于2004 年首次被提出,指特定时刻下,解析微生物所表达的所有蛋白质,是解析复杂肠道菌群功能的重要工具[97]。虽然过去 10 年中,宏蛋白质组学的检测方法和生物信息学方法的发展使得肠道菌群蛋白质组学研究成为可能,但这一领域仍处于起步阶段[98]。本小节将主要介绍这一新兴技术,及其在肠道菌群研究中的应用。

1. 宏蛋白质组学技术在肠道菌群研究中的发展与挑战

宏蛋白质组学技术是蛋白质组学研究中至关重要的分析工具之一,并在近年持续发展。在 2004 年初起步时,研究人员需要先在双向凝胶上分离蛋白质,然后手动挑选单个蛋白质进行质谱分析[97],这种方法通量相对较低。近年来,液相色谱和高分辨率质谱的进展推动了宏蛋白质组学技术的发展。基于液相色谱质谱联用技术(LC-MS),结合适用的数据处理和分析的计算工具,陆续有研究解析了粪便样本中的宏蛋白组,识别了数万个多肽以及相对应的逾,1 万个蛋白质[98]。

基于质谱的宏蛋白质组学技术主要涉及以下步骤:① 样本的收集与预处理:获取样本(大多是粪便样本)后,进行必要的处理和净化步骤(例如去除食物残渣等),以提取微生物的蛋白质。② 蛋白质提取:使用适当的提取方法(如细胞破碎等)将蛋白质从微生物细胞中释放出来。③ 蛋白质消化:通常使用酶(如胰蛋白酶)将蛋白质分解为多肽;④ LC-MS 分析:多肽样品经液相色谱分离和富集后,进入质谱进行进一步的离子化,并根据质量/电荷比(m/z)进行分离。最后,通过质谱检测器对多肽样品进行检测,以确定其质量和相对丰度。⑤ 蛋白质解析和鉴定:对质谱下机数据进行解析和鉴定。主要涉及根据宏基因组数据构建数据库、将实验数据与所建数据库进行比对和搜索,以鉴定和注释检测到的多肽和蛋白质。⑥ 功能注释和分析:对鉴定的蛋白质进行功能注释和分析。包括将蛋白质与已知功能的数据库,例如 京都基因与基因组百科全书(Kyoto encyclopedia of genes and genomes, KEGG)等进行比对,以了解其功能特征、代谢途径与蛋白质-蛋白质相互作用。

与传统的蛋白质组学技术相比,宏蛋白质组技术有以下的几个优势。首先,它能够对整个微生物群落进行分析,而不仅仅是个体微生物特征。其次,宏蛋白质组技术具有高通量性和高灵敏度,可以同时分析大量样品,并检测到低丰度的蛋白质。此外,它还可以提供对微生物群体功能和相互作用的深入理解,有助于揭示微生物群体在生态系统中的角色和贡献。然而,宏蛋白质组技术也面临一些挑战。研究人员对 56 名急性白血病患者(肠道定植有多重耐药的肠杆菌)进行宏蛋白质组检测[99],针对实际检测与数据总结出如下的挑战:① 样品复杂性导致蛋白质鉴定和定量的困难,需要高精准度的质谱检测技术做支撑。② 如何解析质谱下机数据也是一个需要解决与标准化的问题。一方面,数据的解释和注释也需要结合其他信息来源,如基因组数据和功能注释数据库;另一方面,分析算法也需要进一步优化,充分挖掘宏蛋白质组学数据的可利用性。尽管面临一些挑战,基于质谱的宏蛋白质组技术在肠道菌群研究和环境微生物学等领域展示了巨大的潜力,为我们深入理解微生物群体的功能和相互作用提供了有力的工具。随着技术的不断发展和改进,它将在未来的研究中发挥越来越重要的作用。

2. 宏蛋白质组学在肠道菌群中的应用

1) 描述菌群的组成和代谢

蛋白质是微生物群落成员功能的主要执行者,宏蛋白质组技术可以在蛋白质层面描述肠道菌群中各种菌的代谢途径和功能。基于宏蛋白质组数据,研究人员还可以进一步构建微生物群落中的蛋白质组网络。研究人员利用宏蛋白质组数据揭示了微生物群落蛋白质组水平的功能冗余度,并构建了蛋白质作用网络,从微生物生态系统的功能层面进行了解析[100]。此外,宏蛋白组还可以定向地研究肠道病毒[101]及噬菌体[102]的生物特性及功能。

2) 鉴定潜在的生物标记物

宏蛋白质组技术可以鉴定肠道菌群中与健康或疾病相关的潜在生物标记物,从而为疾病的早期诊断和治疗提供依据。宏蛋白质组技术可以帮助研究者了解肠道菌群与宿主之间的相互作用机制,包括细菌-宿主信号传导、免疫调节等方面,从而更好地了解菌群与人体健康之间的关系。研究检测了 77 名新发 2 型糖尿病患者、80 名糖尿病前期个体和 97 名正常对照个体的粪便样本中的宏蛋白质组,发现 3 组人群中的微生物蛋白质的显著差异[103]。研究也发现粪便中的胰腺 α-淀粉酶在 2 型糖尿病中富集,半乳糖凝集素-3与一些免疫球蛋白在糖尿病前期的人群中富集,而抗菌肽在正常对照中富集。另外一项研究招募了 71 名儿童患者,包括 25 名克罗恩病患者、22 名溃疡性结肠炎患者和 24 名正常对照,并对他们的粪便样本进行了宏蛋白质组检测[104]。分析发现了正常对照与克罗恩病患者粪便样本中有较高的人类蛋白质比例,而这一比例与克罗恩病患者的临床严重程度显著相关。除此之外,在儿童炎症性肠病患者的宏蛋白组中,有 54 个直系同源簇(clusters of orthologous genes, COG)显著高于正常对照,主要涉及 DNA 复制、重组和修复。

总结而言,宏蛋白质组技术为肠道菌群研究提供了全面的分析手段,可以帮助科学家更好地了解菌群的组成、代谢和功能,以及其与人体健康之间的关系,从而为疾病的预防和治疗提供新的思路和方法。但是目前宏蛋白组的应用还相对较少,仍须进一步发展。

9.3 小结与展望

近些年来,代谢组学和蛋白质组学技术的快速发展和应用,促进了营养和肠道菌群领域的发展,可用于营养相关的分子生物标志物的识别与鉴定,帮助揭示不同营养因素和肠道菌群与人体健康之间的潜在分子机制,同时可进一步有助于复杂疾病新型治疗靶点的识别与开发。然而,当前代谢组学和蛋白质组学领域中仍存在着一些问题,阻碍其进一步的应用。

在代谢组学领域,由于不同平台、不同实验室,以及不同仪器产生的代谢组学数据之间具有很强的批次效应,不同代谢组学研究结果之间的可重复性较差;基于质谱的代谢组学实验往往检测到数千个独特信号特征,然而对这些信号进行准确的代谢物鉴定具有难度,这影响了新的代谢物标志物的发现;不同来源生物样品,如血液、粪便、尿液等检测得到的代谢物与饮食和肠道菌群之间的关联可能具有差异性。未来,代谢组学检测技术的稳定性和可重复性的提高、物质鉴定能力的提升,以及综合利用不同生物样品进行代谢组学检测和分析,将会进一步促进代谢组学技术在营养与肠道菌群领域中的应用。

在蛋白质组学领域,准确地定量蛋白质仍然是一个极具挑战的问题,尤其是低丰度蛋白质的检测与定量。蛋白质亚型、翻译后修饰和蛋白质-蛋白质互作网络等因素对蛋白质的功能产生影响。如何综合各种技术手段,系统地检测、有效地分析和解析蛋白质组学数据,也是一个重要的问题。同时,由于不同实验室、不同研究者之间的实验条件、检测方法以及数据库选择存在差异,导致了不同研究间蛋白质组学数据的不可比性。因此,在进行蛋白质组学研究时,除了确保数据的可靠性与准确性外,还需要考虑数据的一致性,以保证研究结果的可靠性和可重复性。随着蛋白质组学在营养和肠道菌群研究中的广泛应用,对数据的可靠性和一致性的要求也越来越高。未来,随着蛋白质组学检测技术的不断发展,特别是宏蛋白质组学技术的提升、生物信息处理工具的改进以及数据库的进一步完善,全面、准确的蛋白质组学数据将为营养与肠道菌群关联的分子机制研究提供更好的数据支持。

综上,代谢组学和蛋白质组学等多组学技术的不断发展和多组学数据的整合,为营养与肠道菌群研究提供了更多的研究手段和分析工具,使得我们能够更加深入地探索营养与肠道菌群之间的关系。

参考文献

[1] Li J, Guasch-Ferré M, Chung W, et al. The Mediterranean diet, plasma metabolome, and cardiovascular disease risk. Eur Heart J, 2020, 41(28): 2645 – 2656.

[2] Wang F, Baden M Y, Guasch-Ferré M, et al. Plasma metabolite profiles related to plant-based diets and the risk of type 2 diabetes. Diabetologia, 2022, 65(7): 1119 – 1132.

[3] Li C, Imamura F, Wedekind R, et al. Development and validation of a metabolite score for red meat intake: an observational cohort study and randomized controlled dietary intervention. Am J Clin Nutr, 2022, 116(2): 511 – 522.

[4] Zheng J S, Sharp S J, Imamura F, et al. Association of plasma biomarkers of fruit and vegetable intake with incident type 2 diabetes: EPIC-InterAct case-cohort study in eight European countries. BMJ, 2020, 370: m2194.

[5] Lai C Q, Smith C E, Parnell L D, et al. Epigenomics and metabolomics reveal the mechanism of the APOA2 – saturated fat intake interaction affecting obesity. Am J Clin Nutr, 2018, 108(1): 188 – 200.

[6] Kakkoura M G, Sokratous K, Demetriou C A, et al. Mediterranean diet-gene interactions: A targeted metabolomics study in Greek-Cypriot women. Mol Nutr Food Res, 2017, 61(4): 1600558.

[7] Martin F-P J, Rezzi S, Peré-Trepat E, et al. Metabolic effects of dark chocolate consumption on energy, gut microbiota, and stress-related metabolism in free-living subjects. J Proteome Res, 2009, 8(12): 5568 – 5579.

[8] Martin F-P J, Montoliu I, Nagy K L, et al. Specific dietary preferences are linked to differing gut microbial metabolic activity in response to dark chocolate intake. J Proteome Res, 2012, 11(12): 6252 – 6263.

[9] Mounayar R, Morzel M, Brignot H, et al. Nutri-metabolomics applied to taste perception phenotype: human subjects with high and low sensitivity to taste of fat differ in salivary response to oleic acid. OMICS, 2014, 18(11): 666 – 672.

[10] Pallister T, Sharafi M, Lachance G, et al. Food preference patterns in a UK twin cohort. Twin Res Hum Genet, 2015, 18(6): 793 – 805.

[11] Malagelada C, Barba I, Accarino A, et al. Cognitive and hedonic responses to meal ingestion correlate with changes in circulating metabolites. Neurogastroenterol Motil, 2016, 28(12): 1806 – 1814.

[12] Cesare Marincola F, Corbu S, Lussu M, et al. Impact of early postnatal nutrition on the NMR urinary metabolic profile of infant. J Proteome Res, 2016, 15(10): 3712 – 3723.

[13] Marsden D, Larson C, Levy H L. Newborn screening for metabolic disorders. J Pediatr, 2006, 148(5): 577 – 584.

[14] Mchugh D, Cameron C A, Abdenur J E, et al. Clinical validation of cutoff target ranges in newborn screening of metabolic disorders by tandem mass spectrometry: a worldwide collaborative project. Genet Med, 2011, 13(3): 230 – 254.

[15] Ma H, Patti M E. Bile acids, obesity, and the metabolic syndrome. Best Pract Res Clin Gastroenterol, 2014, 28(4): 573 – 583.

[16] Molinaro A, Wahlström A, Marschall H-U. Role of bile acids in metabolic control. Trends Endocrinol Metab, 2018, 29(1): 31 – 41.

[17] Raimondi F, Santoro P, Barone M V, et al. Bile acids modulate tight junction structure and barrier function of Caco-2 monolayers via EGFR activation. Am J Physiol Gastrointest Liver Physiol, 2008, 294(4): G906 – G913.

[18] Zhao L, Zhang F, Ding X, et al. Gut bacteria selectively promoted by dietary fibers alleviate type 2 diabetes. Science, 2018, 359(6380): 1151 – 1156.

[19] Makki K, Deehan E C, Walter J, et al. The impact of dietary fiber on gut microbiota in host health and disease. Cell Host Microbe, 2018, 23(6): 705 – 715.

[20] De Vadder F, Kovatcheva-Datchary P, Goncalves D, et al. Microbiota-generated metabolites promote metabolic benefits via gut-brain neural circuits. Cell, 2014, 156(1 – 2): 84 – 96.

[21] Zou J, Chassaing B, Singh V, et al. Fiber-mediated nourishment of gut microbiota protects against diet-induced obesity by restoring IL-22 – mediated colonic health. Cell Host Microbe, 2018, 23(1): 41 – 53.

[22] Chambers E S, Morrison D J, Frost G. Control of appetite and energy intake by SCFA: What are the potential underlying mechanisms?. Proc Nutr Soc, 2015, 74(3): 328 – 336.

[23] Freeland K R, Wolever T M. Acute effects of intravenous and rectal acetate on glucagon-like peptide-1, peptide YY, ghrelin, adiponectin and tumour necrosis factor-alpha. Br J Nutr, 2010, 103(3): 460 – 466.

[24] Kimura I, Miyamoto J, Ohue-Kitano R, et al. Maternal gut microbiota in pregnancy influences offspring metabolic phenotype in mice. Science, 2020, 367(6481): eaaw8429.

[25] Tajiri K, Shimizu Y. Branched-chain amino acids in liver diseases. Transl Gastroenterol Hepatol, 2018, 3: 47.

[26] Yang Z, Huang S, Zou D, et al. Metabolic shifts and structural changes in the gut microbiota upon branched-chain amino acid supplementation in middle-aged mice. Amino Acids, 2016, 48 (12): 2731 – 2745.

[27] Arany Z, Neinast M. Branched chain amino acids in metabolic disease. Curr Diab Rep, 2018, 18 (10): 76.

[28] Zhou M, Shao J, Wu C Y, et al. Targeting BCAA catabolism to treat obesity-associated insulin

rsistance. Diabetes, 2019, 68(9): 1730 – 1746.

[29]　Pedersen H K, Gudmundsdottir V, Nielsen H B, et al. Human gut microbes impact host serum metabolome and insulin sensitivity. Nature, 2016, 535(7612): 376 – 381.

[30]　Dehghan P, Farhangi M A, Nikniaz L, et al. Gut microbiota-derived metabolite trimethylamine N-oxide (TMAO) potentially increases the risk of obesity in adults: An exploratory systematic review and dose-response meta-analysis. Obes Rev, 2020, 21(5): e12993.

[31]　Shan Z, Sun T, Huang H, et al. Association between microbiota-dependent metabolite trimethylamine-N-oxide and type 2 diabetes. Am J Clin Nutr, 2017, 106(3): 888 – 894.

[32]　Zhuang R, Ge X, Han L, et al. Gut microbe-generated metabolite trimethylamine N-oxide and the risk of diabetes: A systematic review and dose-response meta-analysis. Obes Rev, 2019, 20 (6): 883 – 894.

[33]　Koeth R A, Wang Z, Levison B S, et al. Intestinal microbiota metabolism of L-carnitine, a nutrient in red meat, promotes atherosclerosis. Nat Med, 2013, 19(5): 576 – 585.

[34]　Gregory J C, Buffa J A, Org E, et al. Transmission of atherosclerosis susceptibility with gut microbial transplantation. J Biol Chem, 2015, 290(9): 5647 – 5660.

[35]　Tang W H, Wang Z, Levison B S, et al. Intestinal microbial metabolism of phosphatidylcholine and cardiovascular risk. N Engl J Med, 2013, 368(17): 1575 – 1584.

[36]　Badawy A A. Kynurenine pathway and human systems. Exp Gerontol, 2020, 129: 110770.

[37]　Comai S, Bertazzo A, Brughera M, et al. Tryptophan in health and disease. Adv Clin Chem, 2020, 95: 165 – 218.

[38]　Yano J M, Yu K, Donaldson G P, et al. Indigenous bacteria from the gut microbiota regulate host serotonin biosynthesis. Cell, 2015, 161(2): 264 – 276.

[39]　Lavelle A, Sokol H. Gut microbiota-derived metabolites as key actors in inflammatory bowel disease. Nat Rev Gastroenterol Hepatol, 2020, 17(4): 223 – 237.

[40]　Agus A, Planchais J, Sokol H. Gut microbiota regulation of tryptophan metabolism in health and disease. Cell Host Microbe, 2018, 23(6): 716 – 724.

[41]　Natividad J M, Agus A, Planchais J, et al. Impaired aryl hydrocarbon receptor ligand production by the gut microbiota is a key factor in metabolic syndrome. Cell Metab, 2018, 28(5): 737 – 749.

[42]　Taleb S. Tryptophan dietary impacts gut barrier and metabolic diseases. Front Immunol, 2019, 10: 2113.

[43]　Beaumont M, Neyrinck A M, Olivares M, et al. The gut microbiota metabolite indole alleviates liver inflammation in mice. Faseb J, 2018, 32(12): fj201800544.

[44]　Mallmann N H, Lima E S, Lalwani P. Dysregulation of tryptophan catabolism in metabolic syndrome. Metab Syndr Relat Disord, 2018, 16(3): 135 – 142.

[45]　Moyer B J, Rojas I Y, Kerley-Hamilton J S, et al. Inhibition of the aryl hydrocarbon receptor prevents Western diet-induced obesity. Model for AHR activation by kynurenine via oxidized-LDL, TLR2/4, TGFβ, and IDO1. Toxicol Appl Pharmacol, 2016, 300: 13 – 24.

[46]　Laurans L, Venteclef N, Haddad Y, et al. Genetic deficiency of indoleamine 2,3 – dioxygenase

promotes gut microbiota-mediated metabolic health. Nat Med, 2018, 24(8): 1113 – 1120.

[47] Young R L, Lumsden A L, Keating D J. Gut serotonin is a regulator of obesity and metabolism. Gastroenterology, 2015, 149(1): 253 – 255.

[48] Crane J D, Palanivel R, Mottillo E P, et al. Inhibiting peripheral serotonin synthesis reduces obesity and metabolic dysfunction by promoting brown adipose tissue thermogenesis. Nat Med, 2015, 21(2): 166 – 172.

[49] Fukui M, Tanaka M, Toda H, et al. High plasma 5 – hydroxyindole-3 – acetic acid concentrations in subjects with metabolic syndrome. Diabetes Care, 2012, 35(1): 163 – 167.

[50] Koh A, Molinaro A, Ståhlman M, et al. Microbially produced imidazole propionate impairs insulin signaling through mTORC1. Cell, 2018, 175(4): 947 – 961.

[51] Molinaro A, Bel Lassen P, Henricsson M, et al. Imidazole propionate is increased in diabetes and associated with dietary patterns and altered microbial ecology. Nat Commun, 2020, 11(1): 1 – 10.

[52] Luo L, Aubrecht J, Li D, et al. Assessment of serum bile acid profiles as biomarkers of liver injury and liver disease in humans. PLoS One, 2018, 13(3): e0193824.

[53] Ma Z, Wang X, Yin P, et al. Serum metabolome and targeted bile acid profiling reveals potential novel biomarkers for drug-induced liver injury. Medicine (Baltimore), 2019, 98(31): e16717.

[54] Wilkins M R, Sanchez J C, Gooley A A, et al. Progress with proteome projects: why all proteins expressed by a genome should be identified and how to do it. Biotechnol Genet Eng Rev, 1996, 13: 19 – 50.

[55] Wilkins M R, Sanchez J C, Williams K L, et al. Current challenges and future applications for protein maps and post-translational vector maps in proteome projects. Electrophoresis, 1996, 17(5): 830 – 838.

[56] Kweon O J, Lim Y K, Kim H R, et al. Isolation of a novel species in the genus Cupriavidus from a patient with sepsis using whole genome sequencing. PLoS One, 2020, 15(5): e0232850.

[57] Liu Y, Beyer A, Aebersold R. On the dependency of cellular protein levels on mRNA abundance. Cell, 2016, 165(3): 535 – 550.

[58] Aebersold R, Mann M. Mass-spectrometric exploration of proteome structure and function. Nature, 2016, 537(7620): 347 – 355.

[59] Albright V C, Hellmich R L, Coats J R. A review of cry protein detection with enzyme-linked immunosorbent assays. J Agric Food Chem, 2016, 64(11): 2175 – 2189.

[60] Kurien B T, Scofield R H. Western blotting. Methods, 2006, 38(4): 283 – 293.

[61] Meleady P. Two-dimensional gel electrophoresis and 2D-DIGE. Methods Mol Biol, 2018, 1664: 3 – 14.

[62] Manes N P, Nita-Lazar A. Application of targeted mass spectrometry in bottom-up proteomics for systems biology research. J Proteomics, 2018, 189: 75 – 90.

[63] Cassidy L, Kaulich P T, Maass S, et al. Bottom-up and top-down proteomic approaches for the identification, characterization, and quantification of the low molecular weight proteome with

focus on short open reading frame-encoded peptides. Proteomics, 2021, 21(23 - 24): e2100008.

[64] Cupp-Sutton K A, Wu S. High-throughput quantitative top-down proteomics. Mol Omics, 2020, 16(2): 91 - 99.

[65] Murphy S, Zweyer M, Mundegar R R, et al. Proteomic serum biomarkers for neuromuscular diseases. Expert Rev Proteomics, 2018, 15(3): 277 - 291.

[66] Fredriksson S, Horecka J, Brustugun O T, et al. Multiplexed proximity ligation assays to profile putative plasma biomarkers relevant to pancreatic and ovarian cancer. Clin Chem, 2008, 54(3): 582 - 589.

[67] Huang Z, Ma L, Huang C, et al. Proteomic profiling of human plasma for cancer biomarker discovery. Proteomics, 2017, 17(6).

[68] Pappa E, Vougas K, Zoidakis J, et al. Proteomic advances in salivary diagnostics. Biochim Biophys Acta Proteins Proteom, 2020, 1868(11): 140494.

[69] Jin P, Wang K, Huang C, et al. Mining the fecal proteome: from biomarkers to personalised medicine. Expert Rev Proteomics, 2017, 14(5): 445 - 459.

[70] Chauvin A, Boisvert F M. Proteomics analysis of colorectal cancer cells. Methods Mol Biol, 2018, 1765: 155 - 166.

[71] Lim L C, Lim Y M. Proteome heterogeneity in colorectal cancer. Proteomics, 2018, 18(3 - 4).

[72] Fong T G, Chan N Y, Dillon S T, et al. Identification of plasma proteome signatures associated with surgery using SOMAscan. Ann Surg, 2021, 273(4): 732 - 742.

[73] Haslam D E, Li J, Dillon S T, et al. Stability and reproducibility of proteomic profiles in epidemiological studies: comparing the Olink and SOMAscan platforms. Proteomics, 2022, 22 (13 - 14): e2100170.

[74] Petrera A, Von Toerne C, Behler J, et al. Multiplatform approach for plasma proteomics: Complementarity of olink proximity extension assay technology to mass spectrometry-based protein profiling. J Proteome Res, 2021, 20(1): 751 - 762.

[75] Abril A G, Pazos M, Villa T G, et al. Proteomics characterization of food-derived bioactive peptides with anti-allergic and anti-inflammatory properties. Nutrients, 2022, 14(20): 4400.

[76] Capriotti A L, Cavaliere C, Piovesana S, et al. Recent trends in the analysis of bioactive peptides in milk and dairy products. Anal Bioanal Chem, 2016, 408(11): 2677 - 2685.

[77] Liu H, Li B. Separation and identification of collagen peptides derived from enzymatic hydrolysate of Salmo salar skin and their anti-inflammatory activity in lipopolysaccharide (LPS)-induced RAW264.7 inflammatory model. J Food Biochem, 2022, 46(7): e14122.

[78] Ko S C, Lee D S, Park W S, et al. Anti-allergic effects of a nonameric peptide isolated from the intestine gastrointestinal digests of abalone (Haliotis discus hannai) in activated HMC-1 human mast cells. Int J Mol Med, 2016, 37(1): 243 - 250.

[79] Afzaal M, Saeed F, Hussain M, et al. Proteomics as a promising biomarker in food authentication, quality and safety: A review. Food Sci Nutr, 2022, 10(7): 2333 - 2346.

[80] Mischak H, Allmaier G, Apweiler R, et al. Recommendations for biomarker identification and

qualification in clinical proteomics. Sci Transl Med, 2010, 2(46): 46ps2.

[81] Bell L N, Theodorakis J L, Vuppalanchi R, et al. Serum proteomics and biomarker discovery across the spectrum of nonalcoholic fatty liver disease. Hepatology, 2010, 51(1): 111 - 120.

[82] Zaghlool S B, Sharma S, Molnar M, et al. Revealing the role of the human blood plasma proteome in obesity using genetic drivers. Nat Commun, 2021, 12(1): 1279.

[83] Dubin R F, Rhee E P. Proteomics and Metabolomics in kidney disease, including insights into etiology, treatment, and prevention. Clin J Am Soc Nephrol, 2020, 15(3): 404 - 411.

[84] Bader J M, Geyer P E, Muller J B, et al. Proteome profiling in cerebrospinal fluid reveals novel biomarkers of Alzheimer's disease. Mol Syst Biol, 2020, 16(6): e9356.

[85] Karayel O, Virreira Winter S, Padmanabhan S, et al. Proteome profiling of cerebrospinal fluid reveals biomarker candidates for Parkinson's disease. Cell Rep Med, 2022, 3(6): 100661.

[86] Chantada-Vazquez M D P, Bravo S B, Barbosa-Gouveia S, et al. Proteomics in inherited metabolic disorders. Int J Mol Sci, 2022, 23(23): 14744.

[87] Wang H, Gou W, Su C, et al. Association of gut microbiota with glycaemic traits and incident type 2 diabetes, and modulation by habitual diet: a population-based longitudinal cohort study in Chinese adults. Diabetologia, 2022, 65(7): 1145 - 1156.

[88] Cassader M, Ruiu G, Gambino R, et al. Apolipoprotein H levels in diabetic subjects: correlation with cholesterol levels. Metabolism, 1997, 46(5): 522 - 525.

[89] Dallinga-Thie G M, Berk P, Ii, Bootsma A H, et al. Atorvastatin decreases apolipoprotein C-Ⅲ in apolipoprotein B-containing lipoprotein and HDL in type 2 diabetes: a potential mechanism to lower plasma triglycerides. Diabetes Care, 2004, 27(6): 1358 - 1364.

[90] Vidaeff A C, Yeomans E R, Ramin S M. Gestational diabetes: a field of controversy. Obstet Gynecol Surv, 2003, 58(11): 759 - 769.

[91] Kim S M, Park J S, Norwitz E R, et al. Identification of proteomic biomarkers in maternal plasma in the early second trimester that predict the subsequent development of gestational diabetes. Reprod Sci, 2012, 19(2): 202 - 209.

[92] Xiong X, Wang Q, Wang S, et al. Mapping the molecular signatures of diet-induced NASH and its regulation by the hepatokine Tsukushi. Mol Metab, 2019, 20: 128 - 137.

[93] D'ambrosio C, Cigliano L, Mazzoli A, et al. Fructose diet-associated molecular alterations in hypothalamus of adolescent rats: A proteomic approach. Nutrients, 2023, 15(2): 475.

[94] Figarska S M, Rigdon J, Ganna A, et al. Proteomic profiles before and during weight loss: Results from randomized trial of dietary intervention. Sci Rep-Uk, 2020, 10(1): 7913.

[95] Fuchs D, Piller R, Linseisen J, et al. The human peripheral blood mononuclear cell proteome responds to a dietary flaxseed-intervention and proteins identified suggest a protective effect in atherosclerosis. Proteomics, 2007, 7(18): 3278 - 3288.

[96] Asnicar F, Berry S E, Valdes A M, et al. Microbiome connections with host metabolism and habitual diet from 1,098 deeply phenotyped individuals. Nat Med, 2021, 27(2): 321 - 332.

[97] Wilmes P, Bond P L. The application of two-dimensional polyacrylamide gel electrophoresis and

downstream analyses to a mixed community of prokaryotic microorganisms. Environ Microbiol, 2004, 6(9): 911 – 920.

[98] Kleiner M. Metaproteomics: Much more than measuring gene expression in microbial communities. Msystems, 2019, 4(3): e00115 – e00119.

[99] Rechenberger J, Samaras P, Jarzab A, et al. Challenges in clinical metaproteomics highlighted by the analysis of acute leukemia patients with gut colonization by multidrug-resistant enterobacteriaceae. Proteomes, 2019, 7(1): 2.

[100] Li L, Wang T, Ning Z, et al. Revealing proteome-level functional redundancy in the human gut microbiome using ultra-deep metaproteomics. Nat Commun, 2023, 14(1): 3428.

[101] Brum J R, Ignacio-Espinoza J C, Kim E H, et al. Illuminating structural proteins in viral "dark matter" with metaproteomics. P Natl Acad Sci USA, 2016, 113(9): 2436 – 2441.

[102] Peters S L, Borges A L, Giannone R J, et al. Experimental validation that human microbiome phages use alternative genetic coding. Nat Commun, 2022, 13(1): 5710.

[103] Zhong H, Ren H, Lu Y, et al. Distinct gut metagenomics and metaproteomics signatures in prediabetics and treatment-naive type 2 diabetics. EBioMedicine, 2019, 47: 373 – 383.

[104] Zhang X, Deeke S A, Ning Z B, et al. Metaproteomics reveals associations between microbiome and intestinal extracellular vesicle proteins in pediatric inflammatory bowel disease. Nat Commun, 2018, 9(1): 2873.

第*10*章
统计方法应用及举例

肠道微生物组对人类健康有着重要的影响,包括食物营养的消化和吸收、肠道黏膜屏障完整性的维持、免疫系统的调节等。随着高通量测序技术的快速发展,人们能够大规模、快速地检测肠道微生物组并深入探索其与人体健康、疾病进展之间的复杂关系。因此,肠道微生物组研究日渐成为生命科学和医学领域的热点。研究人员可以利用多种技术手段和方法,深入研究肠道微生物组的组成、结构、功能和调节机制。随着肠道微生物组研究的不断深入,相关的统计学方法和工具也得到了广泛应用,为研究人员提供了更加全面、准确、高效的数据分析和解读手段。

本章将介绍肠道微生物组的研究方法,包括肠道微生物组的数据特征、多样性分析和群落结构分析、基于功能的分析方法以及肠道微生物组与健康/疾病关联性的研究等。我们将介绍一些常用的统计学方法和工具,包括分类分析、聚类分析、差异分析、功能分析、纵向数据分析等,帮助读者更好地理解肠道微生物组研究的基本原理和方法,并在实际研究中应用这些方法和工具。此外,我们还将介绍一些具体的应用案例,包括肠道微生物组与疾病的关联研究,肠道微生物组与饮食、环境、生活方式等因素的关联研究等,帮助读者更好地理解肠道微生物组研究的应用前景和未来发展方向。

通过深入研究肠道微生物组的组成和功能,我们可以更好地了解其对人体健康的影响,为疾病预防和治疗提供更为精准、个性化的解决方案。在这个领域,统计学方法和工具的应用至关重要,它们可以帮助我们处理和分析大规模的肠道微生物组数据,从而更好地了解微生物群落的组成、结构和功能,以及它们与人体健康之间的关系。与其他领域的生命科学研究一样,肠道微生物组研究中的统计学方法和工具也在不断发展和完善。随着高通量测序技术的快速发展,数据处理和分析的难度和复杂度也在不断提高。因此,熟练掌握和应用各种统计学方法和工具,对于进行准确、全面、高效的肠道微生物组研究至关重要。

10.1 微生物组数据特征

微生物组数据通常是指两种主要方法的测序结果。第一类微生物组测序被称为"扩增子测序",其中针对每个样本中的特定基因或基因区域。16S rRNA、18S rRNA 和转录间隔区(internal transcribed spacer，ITS)测序方法都属于此类方法。目标核苷酸序列的变体被用作离散微生物分类群的代表。这些独特的序列可以通过序列相似性聚类为"操作分类单元"(operational taxonomic units，OTU)，或者用降噪器(例如 DADA2 和 Deblur)从易于出错的序列中解析出单个序列变体后，将它们用作单独的单元[1, 2]。这些过滤后的序列通常称为扩增子序列变体(amplicon sequence variant，ASV)[1]或子 OTU (sub-operational taxonomic units，sOTU)。第二类微生物组测序是鸟枪法或全基因组测序。在这种方法中，从样本中收集 DNA 并进行广泛测序，然后将读数映射到参考数据库以确定相应的单位，其范围可以从物种分类到基因家族或来自特定参考基因组或宏基因组组装基因组(metagenome-assembled genome，MAG)的基因。

这些序列分析流程的结果通常是一个"特征表"，包括 OTU、ASV、MAG 以及物种分类或基因家族等。然而，微生物组数据通常有几个共同特征，如组成性和稀疏性，使得研究人员在进行数据分析以及结果解释时面临诸多挑战。

10.1.1 组成性

微生物组数据的主要特征之一是其组成性，这意味着微生物类群的相对丰度受到样品中微生物总生物量的限制，样本中所有类群的相对丰度之和总是 100%。事实上，研究者们很难为每个样本收集完全相同数量的序列读数。这可能是由于样本采集和测序技术本身的问题，平台差异(例如 MiSeq 与 HiSeq)或由于在仪器上加载相同摩尔量的测序文库的技术困难，或由于随机变化[3]导致的。所以数据的组成性质来自这样一个事实，即每个样本中所有细菌的总绝对丰度是未知的，但不同细菌的相对丰度是可测的。观察到的计数总数(通常称为读取深度)是距离或从这些距离得出的多元排序的相异性计算的主要混杂因素[4]。因此在微生物组测序研究中，必须对具有不同序列数的不同样本进行校正。

微生物组领域最初尝试使用"稀疏化"或将每个样本的读取计数子采样到共同读取深度来尝试纠正此问题。子采样的使用受到质疑，因为它会导致信息和精度的损失，取而代之的方法是 RNA-seq 领域进行计数归一化的做法。但是这些方法都没有校正组成性，并且有人认为这种缺乏校正导致的错误分析无法区分分类群之间真实和虚假的相关性[5]。但目前尚不清楚这些归一化方案是否会经常在复杂微生物群落(如肠道)的研究中产生虚假相关性[6]。

为了解决这个问题，文献中提出了各种方法，包括对数比变换、中心对数比变换和加性对数比变换。这些转换旨在消除成分限制，并允许使用传统的统计方法进行微生物组数据分析。人们越来越认识到微生物组研究中数据组成性质的重要性。工具和方法必须适当地考虑此类数据结构的生物学和统计意义。应该强调的是，即使已经开发出一些算法来适当地分析成分数据(图 10-1)，对于可以从成分数据中得出的信息

操作	标准方法	组成性方法
标准化	Rarefaction "DESeq"	CLR ILR ALR
距离	Bray-Curtis UniFrac Jenson-Shannon	Aitchison
排序	PCoA (Abundance)	PCA (Variance)
多变量比较	perManova ANOSIM	perMANOVA ANOSIM
相关	Pearson Spearman	SparCC SpiecEasi ϕ ρ
差异丰度	metagenomSaq LEfSe DESeq	ALDEx2 ANCOM

图 10-1 标准微生物组分析工具[3]

类型也存在基本限制。

10.1.2 稀疏性

肠道微生物组数据的另一个独特特点是其稀疏性。由于肠道微生物组成分繁多,数量巨大,测序数据的稀疏性比较明显。在传统的 16S rRNA 测序和全基因组测序中,通常只能检测到微生物组中占比较高的物种,对于占比较低的物种很难进行检测和定量。大多数微生物类群的丰度非常低,甚至在大多数样本中都没有发现,通常只有少数类群在微生物群落中占主导地位。这种稀疏性问题会导致统计分析中的假阳性或假阴性,并且难以对结果进行解释,因此需要使用专门的稀疏矩阵分析方法进行处理。

对于大多数 16S 微生物组数据集,可以在大多数标本中观察到的条目可能不到 10%。这种观测缺失过多的特征表被称为"稀疏"特征表,会给统计分析带来问题。此外,随着测序样本的增加,观测数的比例也会下降,这往往会导致丰度矩阵的密度远低于 1%[7],即矩阵大部分是缺失的。这种稀疏性部分是由于真正发现了仅存在于少数样本中的低丰度分类群,但在大多数实验中,大量稀疏性源于测序伪影和样本之间高度可变的测序深度[8]。稀疏性还对许多传统的统计分析工具提出了挑战。参数模型必须为有意义的推理做出准确的方差估计,而这种估计在主要由"0"组成的样本上基本上是不可能的。校正"0"的方法通常考虑两类:采样不足导致的零(称为"舍入"零)和真正代表特定样本中不存在分类单元的零(称为"基本"或"结构"零)。舍入零的一种解决方案是用一个小的非零值替换它们,通常称为伪计数。添加此类伪计数的过程称为插补。这一步对于前面提到的对数比率转换是强制性的,以避免取零的对数。添加伪计数的理论依据是基于对应于检测限以下的某个值。然而,许多研究表明,即使不是不可能,也很难使所有分析对不同的插补值具有鲁棒性,尤其是在稀疏度发生显著变化的情况下[6]。通过使用二项式条件逻辑正态模型,使得连续数据中的结构零点成功建模,而通过使用基于泊松对数正态分布的模型,离散数据中的此类零值问题也得到了改善。

无论最终使用哪种统计模型,在归一化过程中都必须注意考虑数据集的稀疏性。如前所述,如果对高度稀疏的数据集使用中心对数比变换,则分母中使用的归一化变量将接近 1,因此该变换将无法纠正样本之间测序深度的差异。为了克服这一挑战,基于统计显著性和效应量,人们开发了各种方法来识别差异丰度分类群,如 Wilcoxon 秩和检验、Kruskal-Wallis 检验和负二项回归模型。此外,稀疏化、子采样和归一化等方法可以通过降低噪声和增加样本的可比性来解决稀疏性问题。

　　事实上,无论采用什么方法尝试解决微生物群丰度矩阵中"0"过多的问题,某些具有独特功能特性的稀有分类群仍然会对微生物生态学产生深远影响。因此,简单地忽略低丰度分类单元的策略虽然在统计上可能是合理的,但也可能会错过重要的生物学见解[9]。通常来说,对于那些基于难以验证的参数假设做出的结论推断,如果低丰度分类群在其生态系统中发挥了重要作用,那么通过 16S rRNA 测序以外的方法对该推断进行验证则至关重要。

10.1.3　高维性

　　微生物组数据通常包含大量的特征(例如菌种或基因)和样本,因此需要使用高维数据分析方法来处理和分析这些数据。高维数据分析方法是一类针对高维数据集的统计方法,其目的是从大量的特征中提取有意义的信息,同时降低噪声的影响。在微生物组数据中,高维数据分析方法被广泛应用于特征选择、降维、聚类和分类等任务。

　　"维度"指的是特征表中特征的数量。微生物组数据通常比样本具有更多的特征。在从数十个样本到数万个样本的研究中,分类数据的特征数量通常超过样本数量的 20倍或更多。对于面向基因的数据,宏基因组研究中代表的基因数量通常比样本多几个数量级。这会导致许多统计方法过度拟合或产生假阳性结果。其中,特征选择是指从所有的微生物组特征中选择与目标变量相关性最高的一部分特征。这样做可以降低计算复杂度,提高分类和聚类的准确性。在微生物组数据分析中,常用的特征选择方法包括方差分析、卡方检验、皮尔森相关系数等。

　　降维是指将高维数据集映射到低维空间,以便于可视化和理解。常用的降维方法包括主成分分析(principal component analysis, PCA)、多维尺度分析(multidimensional scaling, MDS)、流形学习(manifold learning)等。

　　聚类是指将具有相似特征的样本归为一类,以便于发现具有共性的生物学群体。聚类分析在微生物组数据分析中是一种常见的无监督学习方法。在微生物组数据中,常用的聚类方法包括基于距离的聚类方法(如 UPGMA、Ward、k-means)和模型驱动聚类方法(如高斯混合模型、贝叶斯聚类)等。

　　分类是指将样本分为不同的类别,以便于预测新的样本所属的类别。在微生物组数据分析中,分类分析通常被应用于疾病预测和分类等任务。常用的分类方法包括支持向量机(SVM)、逻辑回归(logistic regression)、随机森林(random forest)和朴素贝叶斯(naive Bayes)等。

　　综上所述,微生物组数据的高维性需要使用针对性的高维数据分析方法来处理和分析,帮助我们从微生物组数据中提取有价值的信息。

10.2 微生物组多样性分析

10.2.1 多样性定义与生信分析

肠道微生物组的多样性主要分为 α 多样性和 β 多样性,其受到多种因素的影响,包括遗传因素、饮食、药物、环境等。不良的生活习惯,如饮食不健康、使用抗生素等,可能会破坏肠道微生物组的平衡,导致微生物多样性的降低,进而引起许多疾病,如肠炎、炎症性肠病、代谢性疾病等。因此,保护和提高肠道微生物组多样性对于维持人类健康具有重要意义,应该引起足够的重视。在这一部分,我们将介绍常用的菌群多样性分析方法和一些经典案例。

10.2.2 α 多样性

α 多样性指的是在一个样本内计算菌群多样性的度量标准,常见的指标包括菌群丰富度(richness)、菌群均匀度(evenness)和 Shannon 多样性指数。另一种不太常用的测量多样性的方法是系统发育丰富度估计,例如 Faith 的系统发育多样性[10]。菌群丰富度是指样本中存在的物种数量,菌群均匀度是指样本中物种之间的丰度是否平均。在上述指标中,丰富度是指样本中的物种总数,而丰度是指一个物种的原始读数[11]。请注意,当原始读取计数标准化或转换为百分比时,使用相对丰度。Shannon 多样性指数则是对物种丰富度和均匀度的综合度量,它对每个样本的序列数量不太敏感,但更多地受到稀有 OTU 的影响。其计算公式为:

$$H = -\sum_{i=1}^{S} p_i \ln(p_i)$$

式 10-1

其中,S 表示物种数量,p_i 表示第 i 个物种的相对丰度。Shannon 多样性指数越高,表示样本中的菌群种类越多,且各物种之间的相对丰度越均匀。

几个软件包可用于计算 α 多样性,包括 QIIME、R 软件包 vegan 和 USEARCH。可以使用箱线图直观地比较每组样本的 α 多样性值。

传统上,生物体的分子多样性研究使用 OTU 丰富度、Shannon 指数以及相关的有效物种数。多样性指数降低了稀有 OTU 的影响,因此与测序深度的相关性很弱。OTU 丰富度通常会随着测序深度的增加而升高,这在多样化的混合样本中尤为突出。除非进行序列稀释抽平,否则需要将测序深度(以信息量更大的为准)作为协变量纳入分析模型中。

将系统发育信息添加到分类组成中消除了关于 OTU 计算的不确定性,并减少了数据中任何剩余的 PCR 或测序错误的影响[12]。对于真菌而言,ITS 区域不适合在属水平之外进行稳健的多重比对和系统发育重建。因此,系统发育测量需要推断系统发育距离矩阵,这可能依赖于保守基因的超度量树、嫁接系统发育学或映射 OTU 到距离加权系统发育或分层分类树。研究者建议分析 ITS 区域和侧翼、具有系统发育信息的 18S rRNA 或 28S rRNA 基因,分别用于物种水平鉴定和系统发育位置鉴定。可以使用标准化系统发育多样性(phylogenetic diversity,PD;平均独特分支长度)、平均系统发育距离(mean pairwised phylogenetic distance,MPD)、UniFrac 距离、和平均最近分类单元距离(mean nearest taxon distance,MNTD)研究系统发育多样性的变化,后者强调属级相似性。

10.2.3　β 多样性

β 多样性用于比较不同样本组之间的菌群结构差异,反映的是物种组成和相对丰度的差异。常见的 β 多样性指数包括 Jaccard 指数、Bray-Curtis 指数、UniFrac 指数等。其中,Jaccard 指数通常用于描述不同样本组之间的物种差异,而 Bray-Curtis 指数通常用于描述样本内物种组成的差异。UniFrac 指数则可以根据进化关系来描述物种组成的差异,尤其适用于比较样本组之间的生态差异。下面我们具体介绍一下几个指数。

Jaccard 指数或相似系数是另一种定性测量,它不考虑相对丰度,而是考虑特征存在或不存在。通过评估分类群的存在、缺失和丰度,可以调查样本群落组成之间的差异程度。如果可能的话,增加相关性可以评估进化差异。重要的是要考虑到,尽管分类单元可能不同,但相关生物可能执行相似的功能。

Bray-Curtis 相异性是一种统计量度,用于量化两个样本或组之间的成分相异性。其取值范围为 0 到 1,其中 0 表示两个样本共享所有物种,1 表示它们不共享任何物种。此外,它赋予普通物种更大的权重。注意,Bray-Curtis 不是真正的距离度量,因此术语"Bray-Curtis 相异性"比"Bray-Curtis 距离"更合适。

UniFrac 距离可以是未加权或加权的,它根据系统发育距离估计样本组之间的差异。未加权的 UniFrac 距离考虑了分类单元的存在和不存在。它对检测稀有物种的丰富度变化很敏感,但在计算中忽略了丰度信息。加权 UniFrac 距离结合了丰度信息并减少了稀有物种的贡献。两种 Unifrac 测量都需要系统发育树,因为分数是通过计算系统发育树上共享和非共享细菌之间的总分支距离得出的。

10.2.4　常用分析方法与案例

使用方差分析(analysis of variance,ANOVA)、Mann-Whitney U 检验或 Kruskal-Wallis 检验统计可以评估组间或组间 α 多样性的差异。重要的是要注意,如果每组比较两次以上,则应调整 P 值。

常见的用于计算 β 多样性的软件包括 QIIME、Mothur,以及 R 中的 vegan 和 phloseq 包等。β 多样性通常与主坐标分析(principal co-ordinates analysis,PCoA)、非度量多维标度(non-metric multidimensional scaling,NMDS)或约束主坐标分析(constrained principal co-ordinates analysis，CPCoA)等降维方法相结合以获得视觉表示。这些分析可以在 R vegan 包中实现，并在散点图中可视化，以便更好地观察不同样本组之间的差异。这些 β 多样性指数之间的统计差异可以使用多元置换方差分析(permutational multivariate analysis of variance，PERMANOVA)和 vegan 包中的 adonis 函数来计算。

最后，我们还可以使用聚类分析来进一步探索样本之间的差异和相似性。聚类分析是一种无监督学习方法，通常使用层次聚类、K-means 聚类等方法来将样本分为不同的类别。在微生物组数据中，聚类分析可以用于挖掘不同样本组之间的相似性，从而更好地理解样本组之间的生态差异。

一篇 2020 年发表在 *Diabetes Care* 上的文章研究了红细胞 n-6 多不饱和脂肪酸 (polyunsaturated fatty acids，PUFA)生物标志物与 2 型糖尿病发病的关系，并探讨了肠道菌群在其中的潜在作用[13]。为了研究肠道菌群 α 多样性与糖尿病的横断面关联，研究者首先利用混合线性模型拟合了 α 多样性指标与测序深度及粪便布里斯托评分的关系，并将测序批次纳入为随机因子。随后，利用逻辑回归模型探索混合模型中提取的残差与糖尿病之间的关联，并校正年龄、性别、BMI、教育程度、家庭收入、吸烟状况、饮酒状况以及高血压和血脂异常等协变量(图 10-2)。结果发现，与非 2 型糖尿病患者相比，2 型糖尿病患者的 OTUs 观测数、Shannon 多样性指数、Simpson 指数和 Chao 指数均表现出较低的 α 多样性。

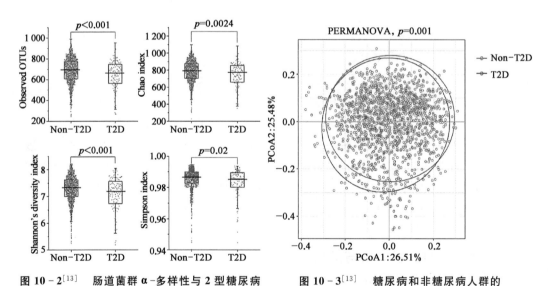

图 10-2[13]　肠道菌群 α-多样性与 2 型糖尿病的关联

图 10-3[13]　糖尿病和非糖尿病人群的整体菌群结构差

Non-T2D：非 2 型糖尿病(non-type 2 diabetes)；T2D：2 型糖尿病(type 2 diabetes)；Observed OTUs、Chao index、Shannon's diversity index 和 Simpson index 均属于菌群的 α-多样性指数；PERMANOVA：置换多元方差分析(permutational multivariate analysis of variance)；PCoA：柱坐标分析(principal co-ordinates analysis)

根据 Bray-Curtis 距离矩阵，研究者利用 vegan R 包进行了多元置换方差分析（PERMANOVA），评估了糖尿病和非糖尿病人群的整体菌群结构差异(图 10-3)。

10.3　微生物组物种分析

微生物组物种分析是微生物组学研究的基础和核心之一，可以揭示微生物组中不同微生物群体的组成和丰度信息，从而帮助我们更好地理解微生物与其所处环境及宿主生理之间的相互作用和生态意义。随着高通量测序技术的发展，微生物组物种分析已经成为一种高效、准确、可重复的方法，被广泛应用于环境科学、生态学、医学等多个领域。本章将介绍微生物组物种分析中常用的菌群物种分类注释及常用数据库，以及常用的分析方法与案例，以期为微生物组学研究提供参考和帮助。

10.3.1　菌群物种分类注释及常用数据库

1. 细菌物种注释

1) 16S rRNA 物种注释

16S rRNA 基因是细菌和古菌中高度保守的基因，在细菌学和微生物学领域广泛用于菌群结构和分类的分析。通过对 16S rRNA 序列进行分析，可以对细菌的种属和亚种属进行鉴定和分类，因此被广泛应用于细菌物种注释中。16S rRNA 序列的特点是长度较短(约 1.5 kb)且具有高度保守性，使其适合于利用 PCR 扩增的方法进行分析。通过16S rRNA 基因测序可以获得细菌的分类信息，但是无法获得细菌的基因功能信息。

在 16S rRNA 测序技术中，样本 DNA 首先通过 PCR 获得 16S rRNA 基因片段，然后对 PCR 产物进行测序并通过一系列的生物信息学分析进行物种注释。常用的物种注释软件主要基于核糖体数据库(Ribosomal Database Project, RDP)、GreenGenes 和 SILVA 等数据库。这些软件利用序列比对和分类系统对 16S rRNA 序列进行分类和物种注释。在对 16S rRNA 序列进行注释时，需要注意到一些问题，例如序列污染和测序误差等可能会影响到分析结果的准确性。

QIIME 2 是当前最常用的一款分析和可视化微生物群落数据的生物信息学软件包，是一个基于 Python 3 的开源微生物组学数据分析工具，是 QIIME 1 的后继版本。它的目标是为用户提供一种用于处理、分析和可视化微生物组数据的全面和高度自动化的解决方案。它的功能涵盖从数据导入到分析和可视化的整个过程，从而允许用户在一种统一的环境中进行微生物组学数据分析。该软件包包含多个插件，每个插件都提供了一组特定的工具，例如从原始序列数据中构建特定的微生物组分析流程，比如从扩增子测序读取中生成 OTU 表格、分析群落结构和群落功能、进行物种分类等。

QIIME 2 支持多种不同的数据格式，包括 FASTQ、FASTA、BIOM、QZA 等。此外，QIIME 2 还提供了一种名为"Artifact"的新数据格式，这种格式旨在通过将原始数据和元数据捆绑在一起来提高数据可重复性和易用性。QIIME 2 提供了多种 OTU 聚类和特征提取方法,例如 Denoising 和 Deblur 等。这些方法可用于去除序列噪声、过滤低质量序列和进行序列去重等操作。QIIME 2 提供了一种名为"QIIME2 View"的交互式可视化工具,可以帮助用户探索和解释微生物组数据。

QIIME 2 进行物种注释分析的具体工作流程:① 数据导入和预处理:首先,需要将原始序列数据导入 QIIME 2,并进行质量控制和去除低质量序列等预处理步骤。② 物种注释:接下来,可以使用 QIIME 2 中的多种物种注释工具对序列进行注释。这些工具包括 BLAST、SINTAX、VSEARCH 和 CLARK 等。用户可以根据不同的分析需求选择不同的注释工具。③ 物种分类:一旦注释完成,QIIME 2 可以使用多种机器学习算法将序列分类到不同的物种。这些算法包括 naive Bayes、random forest 和 SVM 等。用户可以根据数据的不同特点和分析需求选择不同的分类算法。④ 物种注释结果的可视化和统计:最后,QIIME 2 可以将注释结果可视化为图形和表格,以帮助用户更好地理解数据。QIIME 2 还提供了多种统计方法,可以帮助用户比较不同样品之间的物种组成和丰度。

与 QIIME 1 相比,QIIME 2 在很多方面都有改进。比如说,QIIME 1 的分析流程是线性的,用户必须按照一定的顺序执行不同的操作。但 QIIME 2 采用模块化设计,每个模块都有独立的输入、输出和参数。这种设计使得分析流程更加灵活和可扩展,用户可以根据不同的分析需求选择不同的模块进行分析。另外,QIIME 2 相比 QIIME 1 在性能和效率上有所提高。QIIME 2 采用了现代的计算机架构和算法优化,使得分析速度更快、内存占用更少。QIIME 2 提供了更详细的文档和更好的支持,使得用户更容易入门和使用。此外,QIIME 2 还有一个活跃的社区,用户可以在社区中交流和分享经验。总之,QIIME 2 相比 QIIME 1 具有更多的功能、更好的性能和更好的支持,可以更好地满足微生物组数据分析的需求。

2) 宏基因组物种注释

宏基因组测序技术可以通过对环境中微生物 DNA 的直接测序,快速、准确地鉴定环境中存在的细菌菌群,并对其进行分类和物种注释。与 16S rRNA 测序技术不同的是,宏基因组测序技术可以获得细菌基因组的全部基因信息,包括基因功能、代谢途径和代谢产物等,为研究微生物的生态和生理过程提供更为详尽的信息。在宏基因组数据分析中,物种注释通常包括两种方法:基于短序列的分类和基于组装的序列注释。

在基于短序列的分类学注释中,目前常用的一款分析工具是宏基因组系统发育分析(metagenomic phylogenetic analysis, MetaPhlAn)。这是一种准确描述微生物群落的工具,只需几分钟即可处理数百万个宏基因组读数。MetaPhlAn 通过将 reads 映射到一组减少的进化枝特异性标记序列来估计微生物细胞的相对丰度,这些标记序列是通过计算从编码序列中预先选择的,这些序列明确地识别物种或更高分类水平的特定微生物进化枝并涵盖所有主要功能类别。

MetaPhlAn 4 是 MetaPhlAn 的最新版本,其可以利用微生物基因组和 MAG 的综合扩展纲要来定义一组扩展的物种级基因组箱(species-level genome bins, SGB)和准确描述它们在宏基因组中的存在和丰度[14]。SGB 代表现有物种(已知,kSGB)或仅基于 MAG 定义的尚未表征的物种(未知,uSGB)。MetaPhlAn 4 通过利用广泛的宏基因组组件与现有的细菌和古细菌参考基因组集成的框架,扩展和改进了执行宏基因组分类学分析的现有能力。然后进行联合预处理,以允许针对数百万个独特的标记基因进行有效的宏基因组映射,最终量化新群落中分离培养的以及宏基因组组装的生物体。该算法通过以下 4 种主要方式增强了以前版本使用的算法:① 采用 SGBs 作为主要分类单元,每个 SGBs 将微生物基因组和 MAGs 分为一致的现有物种和新定义的基因组簇;② 将超过 1 M 个 MAGs 和基因组整合到 SGB 结构中,建立目前最大的可信微生物参考序列数据库之一;③ 基于分类学标记的微生物基因组的一致性,对微生物分类单元进行整理,并将新的分类学标记分配到仅由 MAGs 定义的 SGB 中;④ 改进程序,从每个 SGB 中提取独特的标记基因,用于基于 MetaPhlAn 参考的映射策略。因此,MetaPhlAn 4 既利用了宏基因组组装的潜力,发现了以前从未见过的分类群,又利用了基于参考分析的灵敏度,提供了准确的分类鉴定和量化。

MetaPhlAn 4 的工作流程简述如下。从跨越 70 927 个物种级基因组箱的 1.01 M 细菌和古细菌参考基因组,以及宏基因组组装基因组的集合中,定义了 5.1 M 独特的 SGB 特异性标记基因(平均每个 SGB 189±34)。扩展的标记数据库允许 MetaPhlAn 4 检测 26 970 个 SGB 的存在并估计其相对丰度,其中 4 992 个候选物种没有参考序列(uSGB)。分析首先通过将输入宏基因组的读数与标记数据库进行比对,然后丢弃低质量比对,计算每个 SGB 中标记的稳健平均覆盖率,最后在所有 SGB 中进行标准化报告 SGB 的相对丰度[14]。

在基于组装的序列注释中,需要将原始的 DNA 序列组装成 contigs 或 scaffolds,这样可以使得物种注释更准确。目前,已经开发了多种组装工具,例如 MEGAHIT、SPAdes、MetaSPAdes、IDBA-UD 等。此外,还可以使用基于聚类的分类方法,如 CD-HIT、UCLUST 等对序列进行聚类和分类。这些方法可以将相似的序列聚类到同一个操作分类单位(OTU)中,以确定样品中的物种组成。

基因组分类数据库工具包(genome taxonomy database toolkit, GTDB-Tk)是一款常用的且计算效率较高的工具包,可通过将细菌和古细菌基因组放入特定领域的串联蛋白质参考树中,提供自动化和客观的分类学分类。GTDB-Tk 通过使用相同的相对进化分歧(relative evolutionary divergence, RED)和平均核苷酸同一性(average nucleotide identity, ANI)标准来建立分类等级,从而确定与最近提出的等级归一化 GTDB 分类法一致的分类学分类。

GTDB-tk 的内部工作流程主要包括以下几个步骤。

① 序列质量控制:GTDB-tk 首先对输入的基因组序列进行质量控制,包括去除低质量的序列、去除低复杂度的序列和去除含有大量未知核苷酸的序列。

② 基因预测:GTDB-tk 使用 HMM 模型库对基因组序列进行基因预测,包括预测

编码基因、tRNA 和 rRNA 基因。

③ 注释比对：GTDB-tk 将预测出的编码基因序列与 GTDB 数据库中的参考序列比对，以确定基因的注释信息。这个过程包括两个步骤：比对和标准化。比对过程使用 DIAMOND 和 HMMER 等工具，标准化过程则将基因注释信息标准化为 GTDB 数据库中定义的标准格式。

④ 系统发育分类：GTDB-tk 使用系统发育分类的方法将基因组序列分类到 GTDB 系统发育树上的特定位置。这个过程包括三个步骤：建立物种树、建立完整性树和将物种树和完整性树结合起来。

a. 建立物种树：GTDB-tk 从输入的基因组序列中提取一组核心基因，并将其与 GTDB 数据库中的参考序列比对，然后使用 RAxML 等工具构建物种树。

b. 建立完整性树：GTDB-tk 从输入的基因组序列中提取一组完整性标记基因，并将其与 GTDB 数据库中的参考序列比对，然后使用 RAxML 等工具构建完整性树。

c. 将物种树和完整性树结合：GTDB-tk 使用 PATRIC 软件包中的工具将物种树和完整性树结合起来，形成一个包含所有基因组序列的整体树。这个过程涉及序列的去冗余、基因注释信息的整合和多序列比对等复杂的计算。

⑤ 物种注释：GTDB-tk 使用 gtdbtk identify 和 classify 命令进行物种注释，将基因组序列分类到 GTDB 系统发育树上的特定位置，并输出物种分类注释结果。

⑥ 输出结果：GTDB-tk 生成多个输出文件，包括分类结果、注释结果、统计信息和中间结果等。这些输出文件可以用于后续的基因组分析和注释。

总的来说，在宏基因组数据的物种注释中，需要根据实验设计和研究目的选择不同的组装工具和分类算法，并结合多个工具的结果进行综合分析，以获得更准确和全面的物种注释结果。

2. 真菌物种注释

真菌是一类广泛存在于自然界中的微生物，对于研究真菌的种类和功能具有重要的意义。真菌物种注释是基于真菌序列的信息，对其分类、识别和注释的过程。真菌物种注释常用的工具和数据库包括 ITSx、UNITE、SILVA 等。

内部转录间隔（internal transcribed spacer, ITS）序列是真菌核糖体 RNA 基因的转录间隔区域，它包含在 18S - 5.8S - 28S 核糖体 RNA 基因的转录间隔区域中。ITS 序列是真菌分类鉴定的重要指标之一，在不同真菌物种间具有高度变异性，因此可以用来区分不同的真菌物种。

ITS 序列的物种注释可以通过使用 ITSx 工具对序列进行分析，该工具可以将 ITS 序列从其他的核糖体 RNA 基因序列中分离出来，并根据 UNITE 数据库中的参考序列进行物种注释。UNITE 数据库是目前最大的专门用于真菌 ITS 序列分析的数据库，其中包含从国际核苷酸序列数据库联盟（International Nucleotide Sequence Database Collaboration, INSDc）获得的精选数据以及直接提交给 UNITE 的数据，囊括大量的

ITS 序列信息和物种注释信息,可以用来进行真菌物种注释和分类分析。

　　SILVA 是一个广泛使用的核糖体 RNA 序列数据库,它包含有来自不同生物领域的核糖体 RNA 序列信息。SILVA 数据库中也包含了大量的真菌 ITS 序列信息,并提供物种注释和分类信息。因此,SILVA 数据库也可以用来进行真菌物种注释和物种分类分析。

　　18S rRNA 基因是真核生物的标准分子标记,通常也可用于鉴定和注释真菌。在真菌群落研究中,通过对样品中的 18S rRNA 基因序列进行扩增和测序,可以获取到真菌的遗传信息,并且通过对比数据库中的 18S rRNA 序列,可以对真菌物种进行注释。18S rRNA 序列也可以用于对比分析真菌的进化关系。通过构建真菌的系统发育树,可以更好地理解真菌群落的组成和演化历史。在 18S rRNA 序列注释中,常用的数据库包括 UNITE、ITSoneDB、SILVA 等,这些数据库中包含了大量的 18S rRNA 序列信息。

10.3.2　常用分析方法与案例

　　传统的统计方法,例如 t 检验、Wilcoxon 秩和检验、ANOVA 或 Kruskal-Wallis 检验,通常用于比较组间更简单的特征,例如确定 α 多样性的差异,或单个已知特定类群相关的丰度在不同疾病表型组间的差异。然而,对于较低级别的分类学差异(例如属、种或 OTU),由于变量数量众多以及多次比较,如果不对结果进行校正,这些传统检验很容易出现假阳性的结果。针对这个问题,一种选择是使用效应大小的线性判别分析(linear discriminant analysis effect size, LEfSe),这是一种专门为微生物组数据开发并被广泛使用的方法。该方法首先计算 Kruskal-Wallis 秩和 p 值以检测组间显著差异丰富的特征,然后进行线性判别分析(linear discriminant analysis, LDA),它可以将物种的相对丰度转化为 LDA 得分,并对不同物种之间的 LDA 得分进行比较,以确定在两组间差异最有意义的微生物群落。理想情况下,所有关联都应在体外或体内直接进行实验验证,以确认检测到的关联。

　　识别差异丰富的分类单元将有助于了解共生生物与人类健康之间的关系,以及识别用于疾病筛查的微生物生物标志物。我们在本章中讨论了多种差异丰度分析方法,包括 edgeR、metagenomeSeq、DESeq2、微生物组或 ANCOM 的组成分析、零膨胀 beta 模型或 ZIBSeq、零膨胀广义 Dirichlet 多项式模型或 ZIGDM,以及相关的计数回归用 β 二项式模型。Kevin C. Lutz 等对这些菌群相关的统计方法进行了更为详细的总结[15],如有需要可进一步查阅相关文献。

10.4　微生物组功能分析

10.4.1　菌群功能注释分类及常用数据库

　　在菌群高通量测序数据的挖掘中,除了物种注释以外,揭示生物群落的功能也尤为重要。"功能"通常指的是基因家族,如 KEGG 同源基因和酶分类号。目前常用于研究微生物群落功能的方法有宏基因组测序、宏转录组测序、宏蛋白组测序和宏代谢组分析等。另外,我们可以通过标记基因序列来预测功能丰度,例如基于 16S rRNA 扩增子或 ITS 序列高通量测序结果预测细菌、古菌、真菌等群落的生态功能。常用的功能数据库主要包括 KEGG、EggNOG(Evolutionary Genealogy of Genes:Non-supervised Orthologous)、GO(Gene Ontology)、COG(Clusters of Orthologous Groups)和 CAZy(Carbohydrate-Active Enzymes Database)等。以下,我们将简要介绍宏基因组测序及基于 16S rRNA 标记基因的功能注释方法,及常用数据库。

1. 宏基因组功能注释

HUMAnN(HMP Unified Metabolic Analysis Network)是当前基于宏基因组短序列进行功能注释的最常用方法之一,该方法最早由 Huttenhower 团队于 2012 年针对 HMP 项目开发,可直接从高通量宏基因组测序数据中描述微生物代谢途径和功能模块[16],HUMAnN1 使用 UniRef90 数据库和 KEGG 代谢通路数据库来注释基因家族和代谢通路。HUMAnN 第二版于 2018 年发表于 *Nature Methods*[17],HUMAnN2 软件采用分层式(tiered)检索策略,可以在环境和宿主相关群体中快速、准确获得种水平的功能组成。采用比对泛基因组的方法鉴定群体的已知物种,并进一步翻译检索未分类的序列,最终定量基因家族和通路;与此同时,研究者引入了贡献多样性(contribution diversity)的概念来解释不同微生物群落类型的生态学组装模式[17]。

在第一层中,HUMAnN2 通过使用 MetaPhlAn2 筛选 DNA 或 RNA 读数来快速识别样品中的已知微生物物种[18]。然后,通过合并已识别物种的预构建,功能注释的泛基因组来构建特定于样本的数据库[19]。在第二层中,HUMAnN2 针对样品的泛基因组数据库对所有样本 reads 进行核苷酸水平的映射。相对于全面的翻译搜索,针对相关泛基因组的核苷酸水平图谱可以快速解释大部分读段,而虚假比对的可能性更少。在第三层也是最后一层,未与已识别物种的泛基因组比对上的 reads 将在一个综合蛋白质数据库中进行加速翻译搜索(默认情况下为 UniRef90 或 UniRef50[20])分层搜索生成元组学 reads 与具有已知或模糊分类法的基因序列的映射。这些图谱按质量和序列长度加权,以估计每个生物体和群落总基因家族丰度,这些丰度可以重新分组到其他功能系统(例如 COGs[21]、KOs[22]、Pfam domains[23]和 GO terms[24])。最后,进一步分析与之相关的代谢酶的基因家族,在群落和个体中以重建和量化完整的代谢途径(默认情况下为 MetaCyc[25])。

与第一版相比,HUMAnN2 不仅能够更快、更准确地注释基因家族和代谢通路,还提供了更多的代谢通路数据库和更高的注释精度,并能将功能分析和物种分类信息整合到一起,通过分层分析提供通路内的物种组成信息。HUMAnN 于 2020 年更新到了第三版本,HUMAnN3 与 HUMAnN2 工作原理一致[26]。HUMAnN3 在物种分类分析部分使用最新版的 MetaPhlAn 3.0,蛋白注释使用 UniProt/UniRef 2019_01 序列和注释信息,蛋白序列比对使用 diamond 0.9,物种数量是 HUMAnN2 的 2 倍以上,基因家族数量是 HUMAnN2 的 3 倍以上,并且包含更多可调节参数的步骤。

2. 16S rRNA 功能预测

微生物群落标记基因测序是菌群研究的重要工具,如 16S rRNA 基因和 ITS 序列,然而其无法提供菌群群落功能的直接证据,对此类数据,我们通常使用标记基因和参考基因数据库进行宏基因组功能预测的计算方法。基于 16S rRNA 扩增子测序数据进行功能预测常用的方法有 PICRUSt、Tax4Fun、FAPROTA、BugBase 等。这里重点介绍使用最为广泛的 PICRUSt 方法。

PICRUSt (phylogenetic investigation of communities by reconstruction of unobserved states)是一款基于标记基因序列来预测功能丰度的软件,由 Langille 等在 2013 年开发[9],最早用于 16S rRNA 基因测序的功能预测(在线版参见:http://picrust. github.io/picrust/install.html#install;基于 Mac OS X 或 Linux 本地版参见:http:// picrust.github.io/picrust/install.html#install)。

PICRUSt 的工作流程主要分为两个步骤:基因内容预测(gene content inference)和宏基因组预测(metagenome inference)。在基因内容预测中,根据 Greengenes 数据库的"close reference"序列划分操作分类单元(OTU)后构建进化树,以及整合微生物基因组(IMG)数据库中参考细菌和古菌基因组的基因内容,来建立已知物种基因信息的进化树;16S 拷贝数的现有注释,通过祖先状态重构(ancestral state reconstruction)以及加权算法来预测 Greengenes 系统发育树中具有未知基因内容的 OTU 的基因内容,包括标记基因拷贝数的预测。宏基因组预测中,将 16S rRNA 测序结果与 Greengenes 数据库进行比对,挑选出与"closed reference"数据库相似性最高的 OTU;根据 OTU 对应基因组中 16S 的拷贝数信息,将每个 OTU 对应序列数除以其 16S 拷贝数以进行标准化;最后,将标准化的数据乘以其对应的基因组中基因含量,实现宏基因组预测的目的。完成宏基因组预测的目的后,可以利用软件基于 KEGG、COG 和 Pfam 三大数据库进行注释,从而赋予基因信息生物学意义。PICRUSt 算法是基于 Greengenes 的 16S rRNA 基因全长序列数据库,对菌群测序结果进行"封闭式"参考 OTU 划分。PICRUSt 开发者对古菌和细菌域的大多数模式微生物的功能进行预测,绝大多数的微生物预测结果与真实的基因功能谱非常接近(古菌的预测精确度为 $0.94 \pm 0.04, n = 103$;细菌的预测精确度为 $0.95 \pm 0.05, n = 2\ 487$)。然而,若测序序列在 Greengenes 数据库中没有同源物种的参考序列,则对应的物种将无法被预测,即原始数据在分析过程中会有一定损失。

2020 年 1 月,Douglas 等正式发表了 PICRUSt2(https://github.com/picrust/ picrust2),在 PICRUSt(以下简称"PICRUSt1")的基础上改进了原来的方法[27]。具体来说,PICRUSt2 包含一个更新、更大的基因家族和参考基因组数据库,可与任何 OTU 筛选或去噪算法互操作,并支持表型预测。基准测试表明,PICRUSt2 总体上比 PICRUSt1 和其他竞争方法更准确。同时,PICRUSt2 还允许添加自定义参考数据库。标准 PICRUSt1 工作流程要求输入序列是根据 Greengenes 数据库的兼容版本进行有参比对而生成的 OTU 表。由于对参考 OTU 的这种限制，默认 PICRUSt1 工作流程与序列去噪方法不兼容，后者会产生扩增子序列变体（ASV）而不是 OTU。ASV 具有更好的分辨率，可以更容易地区分密切相关的生物。此外，PICRUSt1 使用的细菌参考数据库自2013 年以来未进行更新，并且缺少成千上万个最近添加的基因家族。PICRUSt2 算法在多个步骤优化了基因组预测：① 将序列置于参考系统发育中，而不是依赖于仅限于参考OTU 的预测；② 基于更大的参考基因组和基因家族数据库进行预测；③ 更严格地预测通路丰度；并实现复杂表型的预测和自定义数据库的集成。

PICRUSt2 集成了现有的开放源代码工具，以预测环境采样的 16S rRNA 基因序列的基因组。ASV 放置在参考树中，该树用作功能预测的基础。该参考树包含来自 IMG数据库中细菌和古细菌基因组的 20 000 个完整 16S rRNA 基因。PICRUSt2 中的系统发育关系为基于以下 3 个工具的输出：用于放置 ASV 的 HMMER（http：//www.hmmer.org），用于确定这些放置的 AS 在参考系统发育中的最佳位置的 EPA-ng 8，以及 GAPPA9 输出包含 ASV 展示位置的新树。PICRUSt2 默认基因组数据库基于来自 IMG 数据库（2017 年 11 月 8 日）的 41 926 个细菌和古细菌基因组，比 PICRUSt1 使用的 2 011 个IMG 基因组增加了 20 倍以上。PICRUSt2 参考数据库的分类多样性大于 PICRUSt1。多样性增加最明显的是物种和属水平（分别增加 5.3 倍和 2.2 倍）。此外，默认情况下支持基于多个基因家族数据库的 PICRUSt2 预测，包括 KEGG 直系同源物（KO）和酶委员会编号（EC 编号）。PICRUSt2 中的 KO 总数为 10 543，而 PICRUSt1 中的 KO 总数为6 909，增加了 1.5 倍。

3. 真菌功能预测

近年来，肠道真菌在宿主的健康和疾病状态中扮演的角色受到越来越多的关注。高通量测序技术的发展极大地提高了对真菌多样性的量化能力，真菌测序数据也随之逐渐增加，但仍缺乏足够的方法对真菌染色体基因组进行鉴定和功能注释。据了解，NCBI 数据库目前仅包含 200 多个真菌的参考基因组。因此，基于宏基因组测序数据对真菌进行物种和功能鉴定，仍面有较大的局限性。加之测序成本等多因素的限制，基于标记基因序列（如 ITS）来预测真菌的功能丰度仍是目前肠道真菌研究的重要方法。在本章节，我们将介绍基于标记基因序列的真菌功能预测方法。

FUNGuild 是将高通量／克隆文库等方法获得的真菌标记基因序列信息与真菌的生态功能联系起来的一款实用工具[28]。"Guild"即"功能分组"（functional group），其概念早在 1902 年由 Schimper 等提出[29]，广义上指的是一组物种，无论其系统进化上是否相关，由于它们在对环境资源的吸收利用上采取相似的方式而被划分为同一类[30]，这一类群被称为一个功能亚类（guild）。FUNGuild 这个名字来源于"Fungi" ＋ "Functional" ＋"Guild"的联合。FUNGuild 数据库主要集中在属级别（偶尔在物种级别），并基于概率估计提供生活方式和生活模式的功能归属，主要将真菌分为功能三大类（trophic modes）：病理营养型（pathotroph）、共生营养型（symbiotroph）和腐生营养型（saprotroph）。涵盖了 12 个功能亚类：动物病原菌(*animal pathogen*)、植物病原菌(*plant pathogen*)、菌寄生真菌(*mycoparasite*)、丛枝菌根真菌(*arbuscular mycorrhizal fungi*)、外生菌根真菌(*ectomycorrhizal fungi*)、杜鹃花类菌根真菌(*ericoid mycorrhizal fungi*)、未定义根内生真菌(*undefined root endophytes*)、地衣共生真菌(*lichenized fungi*)、未定义腐生真菌(*undefined saprotrophs*)、木质腐生真菌(*wood saprotrophs*)、叶内生真菌(*foliar endophytes*)和地衣寄生真菌(*lichenicolous fungi*)；3 种生长形态类型：酵母形态(yeast)、顺境酵母(facultative yeast)和菌丝体(thallus)；森林、草地和木头三类真菌的生长环境[30]。

FungalTraits[31]是结合了 FUNGuild[28]和 FunFun[32]等先前的工作以及专家知识，研发的一个用户友好型的特征性数据库，分别重新注释了 10 210 个真菌属和 151 个 Stramenopila 属，涵盖 17 种与生活方式相关的特征。FungalTraits 数据库的重点是属和目级功能估计，涵盖其他性状(如菌丝体和子囊层)，以及执行某些生物功能的能力；同时，还允许基于序列接入和物种假设的互补性状估计(地理分布、隔离源和菌根类型)。FunFun 数据库包括大量基因组和酶功能，旨在与其他数据库连接，以探索和预测真菌的功能多样性如何因分类学、群落和其他进化或生态分组变量而异，但其分类覆盖范围有限[32]。

10.4.2　常用分析方法及案例

肠道菌群行使的具体功能是近年来备受关注的研究领域之一，通过肠道菌群功能分析，可以帮助我们了解其对宿主代谢、免疫等的影响，深入了解肠道菌群在人体健康和疾病发生中的作用，为预防和治疗相关疾病提供重要的指导。

肠道菌群功能注释后可得到代谢通路、基因家族等信息，在具体的分析中，首先可以对这些功能数据进行总体描绘展示，例如菌群功能数据对应的采样时间、样本数量、组成情况等；其次可在不同人群分组间进行差异分析。由于菌群数据一般为比较严重的偏态分布，在进行统计分析前可以考虑先将数据进行正态转化，也可以直接用原始数据，在选择统计方法时要注意选择适用对应数据分布的检验方法。例如，需要对比两组间的差异时可以选用 t-test(正态分布数据)或 Wilcoxon 秩和检验(偏态分布数据)，两组以上的多组间比较可以选用方差分析(ANOVA，正态分布数据)或 Kruskal-Wallis 检验(偏态分布数据)。同时，还可以选用回归分析的方法，校正混杂因素后观察菌群功能与研究结局之间的关联。我们可以将差异分析得到的与研究结果显著相关的基因家族进行通路富集分析，通路富集分析可以选择 KEGG(https：// www.genome.jp/ kegg/)、DAVID(https：// david.ncifcrf.gov/ home.jsp)、PANTHER(http：// pantherdb.org)、IMG(https：// img.jgi.doe.gov/)等数据库。此外，网络分析在多组学研究也中也较为常见，通过整合包括菌群物种、菌群功能、代谢组等多组学数据，可揭示不同人群中菌群与宿主间相互作用的差异。

Huttenhower 团队于 2019 年在 *Nature* 杂志上发表了关于炎症性肠病 (inflammatory bowel disease, IBD)肠道微生态系统的多组学研究,该研究纳入 132 名受试者(包含克罗恩病、溃疡性结肠炎患者,以及未患 IBD 的对照组)进行为期一年的随访,共采集 2 965 例粪便、活检和血液标本(每个人多达 24 个时间点),其中对粪便样本进行了宏基因组、16S rRNA、宏转录组、蛋白质组、代谢组和病毒组检测;宏基因组和宏转录组的关键分析均由 HUMAnN2 完成[33]。研究者首先使用 HUMAnN2 将宏基因组和宏转录组的功能配置文件汇总到 KO 级别,用 PERMANOVA 计算相应 Bray-Curtis 距离矩阵,并用 Mantel test 方法检验两个矩阵的相关关系;同时,通过 F-test 比较了不同人群间菌群功能的在纵向变化的差异。最后,整合了宏基因组物种、种级转录比、EC 水平的功能谱(宏基因组、宏转录组和蛋白质组)、代谢物、宿主转录(直肠和回肠)、血清学和粪便钙保护蛋白等多组学数据,进行网络分析以揭示 IBD 患者中肠道菌群和宿主的相互作用,网络内部不同因子之间的关联用 Spearman 相关进行计算。在校正协变量的网络分析中,首先使用混合线性模型校正调整年龄、性别、诊断、失调状态、招募部位和抗生素后,将受试者作为随机效应(或仅使用基线样本时不含随机效应的简单线性模型)得到不同因子的残差,随后用 Spearman 相关计算不同残差间的相关性。

10.5 纵向数据分析与因果推断

10.5.1 纵向数据分析介绍及方法

微生物组随时间变化的机制非常复杂,宿主或环境因素之间的动态相互作用迄今尚未得到充分研究,纵向研究的目标正是解决这些问题。

纵向微生物组数据可定义为跨多个时间点收集的个体丰度数据。纵向微生物组研究旨在捕捉受试者内动态和受试者间差异(受试者间的异质性)以实现不同分析目标的解析。例如,微生物组研究人员可能想要识别随着时间的推移、样本组之间(例如病例与对照组)、人口统计学因素(例如性别)或临床因素(例如出生方式)之间丰度差异的微生物。另一个有意思的领域是识别随时间推移而进化的微生物,并探索它们之间的时间关系(即生物相互作用)。这些生物相互作用可以是正相互作用的形式。因此,纵向微生物组数据的统计分析对应于 3 个主要目标:① 识别差异表达的微生物;② 识别随时间推移同时进化的微生物;③ 识别生物相互作用。

基于这 3 个分析目标,Kodikara 等[34]总结了纵向微生物组研究的现有统计方法,以突出它们的优势和局限性。以下我们对该统计方法进行简单介绍。

首先,纵向微生物组研究有几个共同目标,第一个分析目标是研究感兴趣的分组,例如病例与对照组、疾病组或治疗组,以及微生物丰度与其他因素(如临床结果、疾病或治疗)之间的关联如何随时间变化。第二个分析目标是对具有相似丰度时间模式的微生物进行聚类。这种分析通常需要我们首先对每种微生物的时间轨迹进行建模。第三个分析目标是构建微生物网络以了解微生物组之间的时序关联。后两个目标使用基于距离的方法,但是它们的目标和输出不同。聚类方法旨在将分类单元划分为反映相似时间行为的集群,而网络构建方法旨在发现一组核心分类单元之间的正相关或负相关关系。与揭示相似类群的聚类可视化相反,大多数网络可视化揭示了类群与其优势之间的定向相互作用[34]。

当前,对于第一个目标的统计分析方法包括零膨胀 beta 回归模型(zero-inflated beta regression, ZIBR),负二项混合模型,块引导方法(block bootstrap method, BBM),SplinecomeR,零膨胀高斯混合模型(zero-inflated Gaussian mixed models, ZIGMM),贝叶斯半参数广义线性模型,以及快速零膨胀负二项式混合模型(fast zero-inflated negative binomial mixed model, FZINBMM)等[34]。

以 ZIBR 为例,ZIBR 同时评估每个分类单元随时间和组间的丰度变化。该模型应用于相对丰度(比例)数据,并捕获微生物的存在与否(使用伯努利分布)和非零丰度(使用 beta 分布)。因此,ZIBR 可以被视为逻辑回归和 beta 回归组件的混合体,其目的是捕获主体内的相关性,模型中包含了特定于个体的随机截距。使用 Gauss-Hermite 正交最大似然估计模型的参数。似然比检验用于评估感兴趣的协变量(时间、治疗或其他临床变量)对微生物存在或不存在及其非零丰度的影响。时间及其与给定协变量的相互作用可以合并到模型中。

ZIBR 的优势之一是它能够通过使用逻辑组件来解释数据的稀疏性。然而,ZIBR 同样存在一些局限性。该模型无法明确个体内的相关结构(即自回归相关结构)。在实践中,个体特定的随机截距通常足以捕获这些相关信息。ZIBR 不能处理给定对象在特定时间点的缺失数据。此外,当数据的零值太少或太多时,会影响逻辑组件和 beta 组件的准确性。目前尚不清楚 ZIBR 如何处理组成性数据。由于不同的分类群是通过使用错误发现率(false discovery rate, FDR)来确定的,并且每个分类群是单独分析的,因此对同一个限制条件下分析的分类群是不相关的。其他的局限性包括模型中缺乏横跨部分之间的相关性(即在逻辑和 beta 组件中个体特定的随机截距之间的相关性)。这可能会导致对处理效果的推断不准确,因为对于存在率高或占主导地位的分类群,其相对丰度的大小往往比预期的更大。ZIBR 已在模拟研究中得到验证,并应用于检测炎症性肠炎在治疗期间的菌群丰度差异[35],以及其他微生物组研究[36]。

对于后两个目标,聚类方法可以帮助寻求识别随时间进化相似的微生物。网络模型则有望用于纵向微生物组数据分析,推断微生物之间的相互作用,以了解微生物在疾病中的作用和影响,以及它们随时间的共同进化规律。另一条分析线则是探索微生物网络随时间的变化规律(例如由于抗生素干预)[34]。

总而言之,纵向微生物组数据的方法仍处于起步阶段,仍然需要开发大量的新方法来理解微生物之间的生物学联系和时序关联。这些方法的最终目标是捕捉微生物的复杂相互作用和动态变化规律,从而帮助阐明微生物在维持人类健康和导致疾病发病机制中的作用。

10.5.2 微生物组的因果推断

生物医学研究中的因果推断使我们能够将研究范式从关联关系转变为因果关系。推断因果关系有助于理解生物过程的内部运作。微生物组是高度复杂、多样和动态的环境，并且是人类健康和疾病的关键参与者。因此，了解微生物组中实体之间的关键因果关系，以及内部和外部因素对微生物丰度及其相互作用的影响，对于理解疾病机制和提出适当的防治建议至关重要。微生物组因果推断的方法和技术在不断进化和发展中，包括基于统计推断的方法和基于干预计算的方法。

基于统计推断的微生物组因果推断是一种常用的方法。这种方法基于概率统计理论，使用统计学方法来分析微生物组数据，找出其中的关联关系，推断出可能存在的因果关系。这种方法通常包括线性回归、多元回归、主成分分析、卡方检验、方差分析等。

基于干预计算的微生物组因果推断方法可以用于确定微生物组的因果效应。在这种方法中，通过对微生物组进行干预实验，我们可以探究不同微生物之间的因果关系，从而理解它们之间的相互作用。借助 Do-Calculus 也可以帮助我们识别微生物组内的因果效应，如某个微生物物种对另一个物种的影响[37]。

贝叶斯网络基于概率论中的贝叶斯定理[38]，可以用来表示变量之间的条件依赖关系和独立性关系。在微生物组研究中，贝叶斯网络可以用来探究微生物组成成分之间的因果关系，即某个微生物的存在或缺失，对于其他微生物是否存在或数量的影响。贝叶斯网络通过建立图模型来表示微生物组中菌种之间的条件依赖关系。在这个模型中，每个微生物组成或其他相关变量被视为一个节点，它们之间的关系被表示为一组有向边。每个节点的状态可以通过先验概率和条件概率进行描述。贝叶斯网络的推理过程通过计算后验概率来进行，可以使用贝叶斯网络的结构和参数来进行预测和推理。而在干预计算中，也需要利用条件概率来计算因果效应。因此，贝叶斯网络可以看作是基于统计推断和基于干预计算两种方法的结合。具体来说，在贝叶斯网络中，可以通过调整节点的状态来进行干预，然后计算干预后其他节点的概率分布，以推断因果关系。同时，贝叶斯网络也可以用来表示干预后的因果图模型，从而进一步进行因果推断。

除了上述方法之外，还存在其他方法。其中，孟德尔随机化作为一种利用遗传变异分析暴露对感兴趣结果的因果效应的工具，是近年来广泛流行并利用的工具变量方法。在一些关键的工具变量假设下，包括与暴露相关的遗传变异的存在(即仪器)，该方法能够减少反向因果关系和混杂，但违反假设可能会导致严重的偏差。

而线性非高斯非循环模型算法提供了另一种有趣的结构学习替代方案，它保证了在特定假设下整个有向无环图(directed acyclic graphs, DAG)的可识别性。其他可供选择的因果推理方法包括动态物理系统的腔方法，以及统计模拟器模型的基于近似贝叶斯计算的推理等。通常，不应将基于纯观察数据的预测视为干预实验的替代品，而应将其用作生成因果假设的工具,以指导后续实验的设计。

　　总的来说,微生物组因果推断已经应用于许多人类疾病的研究中,例如肠道炎症、自闭症和哮喘等。通过微生物组因果推断方法的应用实施,我们可以确定微生物与疾病之间的因果关系,从而为治疗和预防疾病提供关键信息,同时也可以为靶向改造微生物组的工程实践和应用提供指导。

10.6　小结与展望

　　肠道微生物组研究发展迅猛,统计方法和应用也在不断创新和完善。回顾过去几年的发展历程,我们可以看到,目前主要的研究方法包括菌群结构多样性分析、物种分析、功能分析和纵向数据分析等。

　　在菌群结构多样性分析方面,研究人员主要关注菌群的多样性定义及其与健康之间的关系。生信分析技术的不断提高,让我们能够更加准确地分析肠道微生物组的多样性变化,并对其与健康状态之间的相关性进行探究。此外,常用的统计分析指标包括 Shannon 多样性指数、特征数、Faith's PD 指数等,这些指标能够从不同角度反映肠道微生物群落的多样性。

　　在物种分析方面,研究人员通常使用基于 16S rRNA 或者宏基因组测序数据进行物种分类和注释,常用的数据库包括 Greengenes、SILVA、Unite 和 NCBI 等。这些数据库提供了高质量的菌种分类和注释信息,为研究人员提供了便捷的分析工具。在统计分析方面,可以通过 LEfSe、DESeq2 等软件进行物种丰度差异分析,以及通过 PICRUSt、HUMAnN2 等工具进行菌群功能预测。在功能分析方面,研究人员通常使用基于基因组测序数据的功能注释和分类。常用的数据库包括 KEGG、MetaCyc 和 COG 等。这些数据库提供了丰富的代谢通路和功能信息,帮助研究人员更好地了解肠道微生物组的功能特征。在分析方法方面,可以通过线性回归模型、LEfSe 等工具进行功能差异分析。

　　在纵向数据分析方面,研究人员通常关注肠道微生物群落的演化趋势以及与健康之间的相关性。通过建立纵向数据集,可以更好地了解肠道微生物群落的动态变化,同时还能够进行因果推断,以评估肠道微生物群落对健康的影响。常用的分析方法包括零膨胀 beta 回归、贝叶斯网络等。

　　除了上面讨论的进展,研究肠道微生物组与宿主之间的功能相互作用,包括识别影响宿主生理的微生物代谢产物,也是一个重要的研究领域。此外,人类肠道微生物组在生命早期的发展以及其与疾病之间的关系也是未来研究的重要方向。通过对早期生命阶段肠道微生物组的研究,可以了解宿主与微生物组之间的相互作用,从而更好地预防和治疗多种疾病。总之,肠道微生物组的研究将持续不断地发展,并且有望为人类健康的维持和重大疾病的防治带来新的方案和应对策略。

参考文献

[1]　Callahan B J, Mcmurdie P J, Holmes S P. Exact sequence variants should replace operational taxonomic units in marker-gene data analysis. Isme J, 2017, 11(12): 2639 – 2643.

[2]　Amir A, Mcdonald D, Navas-Molina J A, et al. Deblur rapidly resolves single-nucleotide community sequence patterns. mSystems, 2017, 2(2).

[3]　Gloor G B, Macklaim J M, Pawlowsky-Glahn V, et al. Microbiome datasets are compositional: And this is not optional. Front Microbiol, 2017, 8: 2224.

[4]　Mcmurdie P J, Holmes S. Waste not, want not: Why rarefying microbiome data is inadmissible. PLoS Comput Biol, 2014, 10(4): e1003531.

[5]　Faust K, Sathirapongsasuti J F, Izard J, et al. Microbial co-occurrence relationships in the human microbiome. PLoS Comput Biol, 2012, 8(7): e1002606.

[6]　Tsilimigras M C, Fodor A A. Compositional data analysis of the microbiome: fundamentals, tools, and challenges. Ann Epidemiol, 2016, 26(5): 330 – 335.

[7]　Hamady M, Knight R. Microbial community profiling for human microbiome projects: Tools, techniques, and challenges. Genome Res, 2009, 19(7): 1141 – 1152.

[8]　Gloor G B, Hummelen R, Macklaim J M, et al. Microbiome profiling by illumina sequencing of combinatorial sequence-tagged PCR products. PLoS One, 2010, 5(10): e15406.

[9]　Langille M G, Zaneveld J, Caporaso J G, et al. Predictive functional profiling of microbial communities using 16S rRNA marker gene sequences. Nat Biotechnol, 2013, 31(9): 814 – 821.

[10]　Knight R, Vrbanac A, Taylor B C, et al. Best practices for analysing microbiomes. Nat Rev Microbiol, 2018, 16(7): 410 – 422.

[11]　Qian X B, Chen T, Xu Y P, et al. A guide to human microbiome research: Study design, sample collection, and bioinformatics analysis. Chin Med J (Engl), 2020, 133(15): 1844 – 1855.

[12]　Tedersoo L, Bahram M, Zinger L, et al. Best practices in metabarcoding of fungi: From experimental design to results. Mol Ecol, 2022, 31(10): 2769 – 2795.

[13]　Miao Z, Lin J S, Mao Y, Et Al. Erythrocyte n-6 polyunsaturated fatty acids, gut microbiota, and incident type 2 diabetes: A prospective cohort study. Diabetes Care, 2020, 43(10): 2435 – 2443.

[14]　Blanco-Míguez A, Beghini F, Cumbo F, et al. Extending and improving metagenomic taxonomic profiling with uncharacterized species using MetaPhlAn 4. Nat Biotechnol, 2023.

[15]　Lutz K C, Jiang S, Neugent M L, et al. A survey of statistical methods for microbiome data analysis. Frontiers in Applied Mathematics and Statistics, 2022, 8.

[16]　Abubucker S, Segata N, Goll J, et al. Metabolic reconstruction for metagenomic data and its application to the human microbiome. PLoS Comput Biol, 2012, 8(6): e1002358.

[17]　Franzosa E A, Mciver L J, Rahnavard G, et al. Species-level functional profiling of metagenomes and metatranscriptomes. Nat Methods, 2018, 15(11): 962 – 968.

[18]　Truong D T, Franzosa E A, Tickle T L, et al. MetaPhlAn2 for enhanced metagenomic taxonomic profiling. Nat Methods, 2015, 12(10): 902 – 903.

[19]　Medini D, Donati C, Tettelin H, et al. The microbial pan-genome. Curr Opin Genet Dev, 2005, 15(6): 589 – 594.

[20]　Suzek B E, Wang Y, Huang H, et al. UniRef clusters: A comprehensive and scalable alternative for improving sequence similarity searches. Bioinformatics, 2015, 31(6): 926 – 932.

[21]　Galperin M Y, Makarova K S, Wolf Y I, et al. Expanded microbial genome coverage and improved protein family annotation in the COG database. Nucleic Acids Res, 2015, 43(Database issue): D261 – D269.

[22]　Kanehisa M, Sato Y, Kawashima M, et al. KEGG as a reference resource for gene and protein annotation. Nucleic Acids Res, 2016, 44(D1): D457 – D462.

[23]　Finn R D, Coggill P, Eberhardt R Y, et al. The Pfam protein families database: towards a more sustainable future. Nucleic Acids Res, 2016, 44(D1): D279 – D285.

[24]　Gene Ontology Consortium: going forward. Nucleic Acids Res, 2015, 43 (Database issue): D1049 – D1056.

[25]　Caspi R, Billington R, Ferrer L, et al. The MetaCyc database of metabolic pathways and enzymes and the BioCyc collection of pathway / genome databases. Nucleic Acids Res, 2016, 44 (D1): D471 – D480.

[26]　Beghini F, Mciver L J, Blanco-Míguez A, et al. Integrating taxonomic, functional, and strain-level profiling of diverse microbial communities with bioBakery 3. Elife, 2021, 10.

[27]　Douglas G M, Maffei V J, Zaneveld J R, et al. PICRUSt2 for prediction of metagenome functions. Nat Biotechnol, 2020, 38(6): 685 – 688.

[28]　Nguyen N H, Song Z, Bates S T, et al. FUNGuild: An open annotation tool for parsing fungal community datasets by ecological guild. Fungal Ecology, 2016, 20: 241 – 248.

[29]　Holmes R S. A comparative electrophoretic analysis of mammalian carbonic anhydrase isozymes: evidence for a third isozyme in red skeletal muscles. Comp Biochem Physiol B, 1977, 57(2): 117 – 120.

[30]　Root R B. The niche exploitation pattern of the blue-gray gnatcatcher. Ecological Monographs, 1967, 37(4): 317 – 350.

[31]　Põlme S, Abarenkov K, Henrik Nilsson R, et al. Fungal Traits: A user-friendly traits database of fungi and fungus-like stramenopiles. Fungal Diversity, 2020, 105(1): 1 – 16.

[32]　Zanne A E, Abarenkov K, Afkhami M E, et al. Fungal functional ecology: Bringing a trait-based approach to plant-associated fungi. Biol Rev Camb Philos Soc, 2020, 95(2): 409 – 433.

[33]　Lloyd-Price J, Arze C, Ananthakrishnan A N, et al. Multi-omics of the gut microbial ecosystem in inflammatory bowel diseases. Nature, 2019, 569(7758): 655 – 662.

[34]　Kodikara S, Ellul S, Ka L C. Statistical challenges in longitudinal microbiome data analysis. Brief Bioinform, 2022, 23(4).

[35]　Chen E Z, Li H. A two-part mixed-effects model for analyzing longitudinal microbiome compositional data. Bioinformatics, 2016, 32(17): 2611 – 2617.

[36]　Sitarik A R, Havstad S, Levin A M, et al. Dog introduction alters the home dust microbiota.

Indoor Air, 2018, 28(4): 539 – 547.

[37] Colnet B, Mayer I, Chen G, et al. Causal inference methods for combining randomized trials and observational studies: a review. 2020.

[38] Puga J L, Krzywinski M, Altman N. Bayesian networks. Nature Methods, 2015, 12(9): 799 – 800.

第 11 章
展　望

合理的膳食营养是人们保持活力、维持健康的关键,是预防和管理慢性非传染性流行病的核心,也是实现健康老龄化的重要抓手。在本书中,笔者从营养素、食物以及膳食模式等角度分别阐述了食物营养与肠道菌群的互作及对人体健康的影响,也从分析方法和多组学等角度介绍了营养与菌群关系研究的新视角。该多学科交叉领域必将在未来产生更多的进展和突破,以下是笔者对这个领域的几方面展望。

11.1　从营养素研究到膳食模式创新

营养素的功能探索一直是营养学的重要研究领域。肠道菌群深刻参与并影响着不同营养素的吸收和代谢,同时菌群本身也受到营养素的调节。未来,围绕这个领域的深入探究能够加深人们对于肠道菌群与宿主互作的认识,也能够帮助人们开发靶向肠道菌群的营养干预方案。

此外,营养学研究也从主要关注营养素拓展到探索食物组以及膳食模式的健康效应。在日常生活中,人们以不同的组合摄入食物,这样的组合构成了膳食模式。膳食模式比营养素更加能够反映真实的食物与营养暴露,因此围绕着食物以及膳食模式的研究能够比较直观地帮助解析膳食营养与肠道菌群的关系。目前已知地中海饮食模式、植物性饮食模式、控制高血压(DASH)饮食模式等都在一定程度上影响着肠道菌群的结构、组成与功能,但这些饮食模式与肠道菌群的关系并不明确,它们本身也不是基于肠道菌群稳态所定义的饮食模式。因此,定向构建基于肠道菌群稳态结构的创新型饮食模式也是值得期待的研究方向。

11.2　大规模的营养微生物组队列研究

为了更加深入理解膳食营养与肠道菌群、宿主健康的关系,未来需要更多的前瞻性队列以及跨越不同队列的营养微生物组联盟来进行协同合作与创新研究。在营养评估方面,食物频率问卷与生物标记物的结合能够更好地反映膳食营养摄入:食物频率问卷在反映日常膳食模式方面具有优势,而营养生物标记物则在反映营养素方面具有更大的优势。因此,在营养-肠道菌群领域的研究中,应该充分结合膳食评估的多种方式,针对不同的膳食营养因素采取特异性的评估策略和分析方式,以更精准地探索营养-肠道菌群互作模式。

此外,前瞻性的实验设计在探索营养与肠道菌群相互关系时具有重要作用。营养-肠道菌群-宿主健康三者的关系错综复杂,前瞻性设计得到的时序关联能够使我们在很大程度上明晰它们两两之间出现的先后顺序,从而能够在群体水平推测可能的因果关联。基于前瞻性设计及肠道菌群重复测量数据的解析也是探索肠道菌群与宿主健康连接的重要研究领域,能够为营养的精准调控提供菌群靶点。

11.3 营养遗传学与肠道微生物组

营养遗传学是指研究人体遗传变异如何与营养因素互作从而影响表型的一门学科。目前极少有研究在营养遗传学的框架下探索营养与人体遗传变异是否有普遍的交互作用影响肠道菌群的结构、组成或功能。该领域的研究一方面能够从宿主遗传的角度深化人们对宿主-肠道菌群互作的认识,另一方面能够帮助实现基于宿主基因的营养干预方案制定,从而更加精准地调节肠道菌群。

营养遗传学的另外一个重要延伸是肠道菌群-宿主遗传互作对宿主表型的调控。肠道菌群如何调节宿主遗传与健康表型的关系是一个非常新颖且重要的科学问题,目前仍然没有很好的答案。解答以上科学问题可以更好地帮助实现疾病的精准预防。

11.4 非细菌的肠道微生物组与营养互作研究

肠道的微生物群落多样且复杂,除了细菌外,还有真菌、病毒、古菌等。目前,大部分的研究集中在肠道细菌组上,近些年肠道病毒组以及真菌组的相关研究也逐渐兴起。已经有大量的研究报道了膳食营养与肠道细菌的相互关系,然而,无论是病毒组还是真菌组,膳食营养与它们的互作关系仍然没有太多的人群研究报道,这个领域仍然缺乏来自前瞻性随访队列的证据。

11.5 深入的机制探索和菌群代谢物挖掘

利用模式生物能够帮助解析营养-肠道菌群与宿主健康联系背后的深入机制,最终有助于制定靶向肠道菌群的精准营养调控策略。不同的营养素、食物以及膳食多样性、膳食模式都能够在肠道菌群中留下印记,可称为营养的肠道菌群指纹图谱。那么不同膳食营养因素能否留下特异性的菌群指纹图谱? 不同菌群指纹图谱通过什么方式影响宿主的健康？这些都是需要领域内学者进一步探索解决的重要科学问题。除了短链脂肪酸、胆汁酸等常见的营养相关代谢物,未来需要挖掘更多的在肠道内具有活性的膳食来源或菌群来源的代谢物,从而帮助我们理解营养与肠道菌群调节宿主健康背后的分子机理。

除了从营养-菌群互作的角度进行探索,对于肠道菌群基因组(宏基因组)的深入挖掘本身也有独特的价值,比如通过对宏基因组中的数据挖掘可以帮助发现新型的抗菌肽等小分子蛋白质,这是理解肠道菌群功能潜质的重要途径,也能够反过来促进人们对菌群与宿主健康以及营养调控原理的理解。这个过程的实现需要通过多学科的交叉与整合,如融合不同的人工智能分析方法或网络分析策略等。

综上所述,精准营养日渐成为科学界和公众关注的前沿领域,肠道菌群作为精准营养学研究的核心内容,正在得到越来越多营养学者的关注。探索营养与肠道菌群的相互关系,揭示营养相关肠道菌群特征对宿主健康的影响,明确营养-肠道菌群-宿主健康关联背后的分子机制,这些都是营养学界关注的重要科研方向。日渐成熟的生物信息分析技术、越来越多的跨学科专业人才团队的出现以及国家在相关领域科研经费投入的显著增加都使得营养与肠道菌群研究领域开始焕发新的生命力,并推动着我国精准营养和精准医学研究的进展。

索　引